装配式建筑结构设计

主　编　苏　彬　朱正国　唐誉兴
副主编　李　娜　黄耀义　李　典　刘晓敏

中国建材工业出版社

图书在版编目（CIP）数据

装配式建筑结构设计/苏彬，朱正国，唐誉兴主编. --北京：中国建材工业出版社，2024.5

ISBN 978-7-5160-3592-4

Ⅰ.①装… Ⅱ.①苏… ②朱… ③唐… Ⅲ.①装配式构件—建筑结构—结构设计—高等职业教育—教材 Ⅳ.①TU3

中国版本图书馆 CIP 数据核字（2022）第 188083 号

装配式建筑结构设计

Zhuangpeishi Jianzhu Jiegou Sheji

主　编　苏　彬　朱正国　唐誉兴

副主编　李　娜　黄耀义　李　典　刘晓敏

出版发行：中国建材工业出版社

地　　址：北京市西城区白纸坊东街 2 号院 6 号楼

邮　　编：100054

经　　销：全国各地新华书店

印　　刷：北京雁林吉兆印刷有限公司

开　　本：787mm×1092mm　1/16

印　　张：18

字　　数：360 千字

版　　次：2024 年 5 月第 1 版

印　　次：2024 年 5 月第 1 次

定　　价：49.80 元

本社网址：www.jccbs.com，微信公众号：zgjcgycbs

前 言

当前我国建筑行业正朝应用新型材料、节能和集约化技术方向发展，整个行业面临着新的发展机遇与挑战，特别是国家大力推广应用的装配式建筑技术越来越受到重视。本书就是以必备的传统建筑结构设计原理为基础，以装配式建筑结构设计的方法及其应用为重点编写而成的。全书共3个模块，主要包括建筑结构基础模块（含混凝土结构构件、钢结构构件、地基基础）、装配式混凝土结构设计模块（主要介绍装配式混凝土结构构件的设计方法等），以及设计实训模块，基本涵盖了传统建筑结构和装配式建筑常用的构件设计。书中对于建筑结构规范图集的应用内容都是按照已发行的结构系列图集及相关国家标准规范、行业标准等文件进行编写的。

本书主要有以下特点：

（1）能够体现立德树人的思政教学理念。党的二十大报告指出："教育是国之大计、党之大计。培养什么人、怎样培养人、为谁培养人是教育的根本问题。育人的根本在于立德。全面贯彻党的教育方针，落实立德树人根本任务，培养德智体美劳全面发展的社会主义建设者和接班人。"本教材知识体系完整、完善。每个模块设置学习目标、学习要点和学习视频，将思政元素融入学习过程中。

（2）能够代替传统建筑结构课程，同时将装配式建筑结构设计内容融入其中，充分满足高职高专学生对传统建筑结构知识学习的要求，达到对装配式建筑结构设计内容的理解和掌握。

（3）"互联网＋"数字化创新教材，引入在线教育创新理念，增加装配式结构构件三维节点的数字资源，通过手机扫描二维码，学生可以反复自主学习，直观了解复杂的结构构件，使学习更有效，为学习其他装配式技术课程打好基础。

（4）符合1＋X装配式建筑构件制作与安装等级证书考试（构件设计部分）的相关要求，经过学习可以直接将对应模块知识应用于证书考试中。

（5）可作为赛教融通课程教材，适用于大学生结构设计、装配式构件安装、装配式构件设计等赛项，其中实训模块内容基本参照相关竞赛环节编制，能够作为熟悉、提高竞赛知识技能的参考书使用。

本书由苏彬、朱正国、唐誉兴担任主编，李娜、黄耀义、李典、刘晓敏担任副主编。具体分工为：苏彬编写项目1、4、5和模块3，朱正国编写项目2和项目6，唐誉兴编写项目3和项目7，李娜编写项目8，恒企工程技术集团有限公司黄耀义、广西景典装配式建筑有限公司李典、黄冈职业技术学院刘晓敏作为合作企业及院校副主编，负责章节内容技术支持及校核工作，苏彬和朱正国总负责本教材编写的组织协调工作，以及全书整体统稿工作等。教材中的三维模型和部分截图来自科学出版社和山东百库教育科技有限公司，对其提供的技术支持表示衷心的感谢。

由于编者水平和经验有限，加之编写时间仓促，难免存有缺漏和不妥之处，敬请广大读者和同行批评指正。

编者

2023 年 11 月

目 录

模块 1　建筑结构基础

模块 2 装配式混凝土结构设计

模块3　设计实训

模块 1

建筑结构基础

01

知识导入

作为一个具有悠久历史的国家，中国从古至今创造过许多伟大的建筑工程奇迹，从古代的长城到现代的三峡大坝，无一不体现了劳动人民的智慧与力量。而这些伟大建筑的成功建造和应用背后，蕴含了工程技术人员对完美建筑结构孜孜不倦的追求。

进入21世纪以来，华夏儿女利用自己的智慧和科技，创造了许多令世界惊叹的工程奇迹，其中包括世界上最大的水利工程、世界上最大的调水工程、世界上最长的高速铁路、世界最长跨海大桥等。港珠澳大桥是世界最长、最具规模和技术难度的跨海大桥，是我国改革开放以来实施的最大跨境交通基础设施工程，也是“一带一路”倡议下的标志性工程，作为连接粤港澳大湾区的核心通道，推动粤港澳大湾区建设进入新阶段。其建设充分体现了中国人民的智慧和创造力，为解决复杂的跨海桥梁工程建设难题提供了新思路，是“一带一路”倡议和粤港澳大湾区发展的重要标志。而以外观复杂的钢结构为主的“鸟巢”体育场，将中国传统文化与现代体育精神相结合，体现了我国人民团结一致、自强不息、勇攀高峰的精神，同时也体现了中国人对奥林匹克精神的追求；该工程是我国建造的最大的体育场，是中国人向世界展示改革开放成果的标志性建筑之一，其高难度建筑结构的建造过程也充分体现了我国的综合国力和精益求精的工匠精神。另外，作为标志性超高层建筑，上海环球金融中心的建设不仅体现了我国的综合国力和民族自信，也同样展示了我国人民勤劳智慧、自强不息、艰苦奋斗的精神，更是从建设到运营过程很大程度上改善了超高层建筑能耗巨大的缺点，充分体现了中国人对绿色发展理念的追求，也展现了我国在经济快速发展的同时，注重环境保护和资源节约的态度。

结构是建筑物的骨架，是组成建筑的基本构件，其安全可靠与否，不仅关系到建筑物的整体使用功能和寿命，而且还会影响到建筑物的安全、使用、维修和改造等。由于结构在建筑中处于承重和传力作用的地位，因此其结构选型、平面布置都要符合力学要求。另外，结构的受力形式也决定了其传力途径。简单说来就是：竖向荷载由柱、梁、墙等构件承受；水平荷载由基础、墙体（柱、墙）及屋面等构件承担；风荷载由墙和柱等构件承担；地震作用由墙和柱等构件和基础（包括地面上或地下）共同承担。

所以说，在建筑设计中，结构设计是重中之重，其重要性不言而喻。很多人认为“建筑是凝固的艺术”，其实不然。建筑作为“凝固的艺术”是由无数个细小的构件构成的，而这些构件是由大量不同类型、不同材料、不同形式的材料组成的。

接下来就让我们一起开始建筑结构设计的学习吧。

项目 1　认识建筑结构

学习目标

了解建筑结构的基本概念及组成；掌握分析建筑结构的功能与极限状态关系，学会应用极限状态的方法进行建筑结构安全性分析计算。

学习要点

建筑和结构的概念和组成分类；框架结构等常见建筑结构形式；建筑结构荷载；承载力极限状态；正常使用极限状态。

建议学时

5 学时

任务 1.1　学习建筑结构的基本概念

1.1.1　建筑和结构的关系

建筑物由建筑和结构两部分组成。其具有两个方面的特质：一是内在特质，即安全性、适用性和耐久性；二是外在特质，即使用性和美学要求。前者取决于结构，后者取决于建筑。

结构是建筑物赖以存在的物质基础，在某种意义上结构支配着建筑，原因是任何建筑物都要耗用大量的材料和劳力来建造。其首先必须抵抗（或承受）各种外界作用（如重力、风力、地震……），合理地选择结构材料和结构形式，既可满足建筑物的美学原则又可以带来经济效益。

经济合理的结构方案是一个成功设计的基础，在决定建筑设计的平面、立面和剖面时就应当考虑结构方案的选择，使之既满足建筑的使用和美学要求，又照顾到结构的合理和施工的难易。

今时今日，虽然每个从事建筑设计的建筑师都或多或少地承认结构知识的重要性，但是按照传统，他们将会被优先培养成为一个艺术家。然而在一个设计团队中往往由建筑师来沟通与各工种包括结构工程师的关系，从设计的各个方面充当协调者。现代建筑技术的发展、新材料和新结构的采用使得建筑师在技术方面的知识受到局限，只有对基本的结构知识有较深刻的了解，建筑师才有可能胜任自己的工作，处理好建筑和结构的关系；反之，不是结构妨碍建筑，就是建筑给结构带来困难。

美观对结构的影响是不容否认的。当结构成为建筑表现的一个完整的组成部分时，两者的融合就能够创造更完美的建筑作品。图 1-1 中的北京奥运会主体育场，外露的空间钢结构恰当地体现了“鸟巢”的创意。今天建筑方案的问题往往已经从“能不能建造”转变为“应不应建造”。所以，建筑师除了在建筑方面有较高的修养外，还应当在结构方面有一定的造诣。

图 1-1　2008 年北京奥运会主体育场（鸟巢）

1.1.2　建筑结构的基本要求

新型建筑材料、新施工技术、结构分析方法的发展，给建筑设计带来了新的灵活性和更广阔的空间。但是，这种灵活性并不能取代现代建筑结构需要满足的基本要求。这些要求包括以下几个方面。

1. 平衡

平衡是最基本的要求，就是保证结构和结构的任何一部分都不发生运动，力的平衡条件总是能够满足。也就是说，从宏观上看，建筑物总应该是静止的。

平衡的要求是结构与“机构”即几何可变体系的根本区别，因此建筑结构的整体或结构的任何部分都应当是几何不变的。

2. 稳定

整体结构或结构的一部分作为刚体不允许发生危险的运动。这种危险可能来自结构自身，例如雨篷的倾覆（图 1-2）；也可能来自地基的不均匀沉陷或地基土的滑移（滑坡），例如意大利的比萨斜塔即为地基不均匀沉降引起的倾斜。

3. 承载能力

结构或结构的任何一部分在预计的荷载作用下必须安全可靠，具备足够的承载能力。结构工程师对结构的承载能力负有不容推卸的责任。

4. 适用

结构应当满足建筑物的使用目的，不应出现影响正常使用的过大变形、过宽的裂缝、局部损坏、振动等。

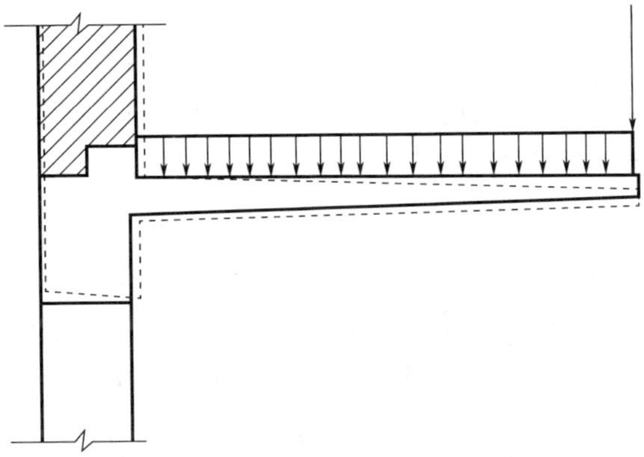

图 1-2　雨篷的倾覆

5. 经济

现代建筑结构部分的造价通常不超过建筑总造价的 30%，因此结构的采用应当是以建筑的总造价最经济为目标。结构的经济性并不是指单纯的造价，而是体现在多个方面。而且结构的造价受材料和劳动力价格比值的影响，还受施工方法、施工速度以及结构维护费用（如钢结构的防锈、木结构的防腐等）的影响。

6. 美观

美学对结构的要求有时甚至超过承载能力的要求和经济要求，象征性建筑和纪念性建筑更是如此。应当懂得，纯粹质朴和真实的结构会增加美的效果，不合理的结构将明显地损害建筑物的美观。

要想实现上述各项要求，在结构设计中就应贯彻执行国家的技术经济政策，做到安全、适用、经济、耐久，保证质量，实现结构和建筑的和谐统一。

1.1.3　建筑结构的分类

根据建筑结构所采用的主要材料及受力和构造特点，可以做如下分类。

1.1.3.1　按材料分类

根据结构所用材料的不同，建筑结构可分为以下几类。

1. 混凝土结构（concrete structure）

混凝土结构包括素混凝土结构、钢筋混凝土结构和预应力混凝土结构。钢筋混凝土结构和预应力混凝土结构都由混凝土和钢筋两种材料组成。钢筋混凝土结构是应用最广泛的结构。除一般工业与民用建筑外，许多特种结构（如水塔、水池、高烟囱等）也用钢筋混凝土建造。

混凝土结构具有节省钢材、就地取材（指占比例很大的砂、石料）、耐火耐久、可模性好（可按需要浇捣成任何形状）、整体性好的优点；缺点是自重较大、抗裂性较差等。

2. 砌体结构（masonry structure）

砌体结构是由块体（如砖、石和混凝土砌块）及砂浆经砌筑而成的结构，目前大量用于居住建筑和多层民用房屋（如办公楼、教学楼、商店、旅馆等）中，并以砖砌体的应用最为广泛。

砖、石、砂等材料具有取材方便、成本低等优点，结构的耐久性和耐腐蚀性也很好；缺点是材料强度较低、结构自重大、施工砌筑速度慢、现场作业量大等，而且黏土砖的烧制要占用大量土地及造成污染。

3. 钢结构（steel structure）

钢结构是以钢材为主制作的结构，主要用于大跨度的建筑屋盖（如体育馆、剧院等）、吊车吨位很大或跨度很大的工业厂房骨架和吊车梁，以及超高层建筑的房屋骨架等。

钢结构材料质量均匀、强度高，构件截面小、重量轻，可焊性好，制造工艺比较简单，便于工业化施工；缺点是钢材易锈蚀，耐火性较差，价格较贵。

4. 木结构（wood structure）

木结构是以木材为主制作的结构。但受自然条件的限制，我国木材相当缺乏，目前仅在山区、林区和农村有一定的采用。

木结构制作简单、自重轻、加工容易；缺点是木材易燃、易腐、易受虫蛀。

1.1.3.2 按受力和构造特点分类

根据结构的受力和构造特点，建筑结构可分为以下几种主要类型。

1. 混合结构

混合结构的楼、屋盖一般采用钢筋混凝土结构构件，而墙体及基础等采用砌体结构，故称之为混合结构。

2. 排架结构

排架结构的承重体系是屋面横梁（屋架或屋面大梁）和柱及基础，主要用于单层工业厂房。屋面横梁与柱的顶端铰接，柱的下端与基础顶面固接（图 1-3）。

3. 框架结构

框架结构由横梁和柱及基础组成主要承重体系。框架横梁与框架柱为刚性连接，形成整体刚架；底层柱脚与基础顶面固接（图 1-4）。

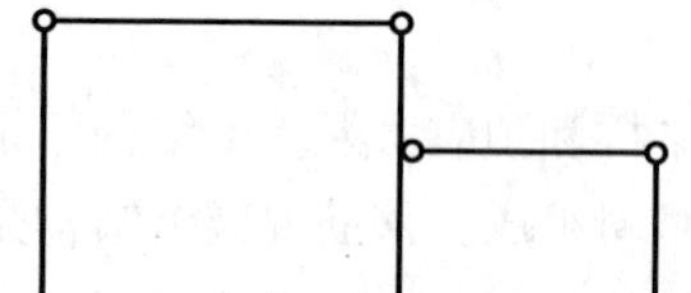

图 1-3　排架结构的杆件连接

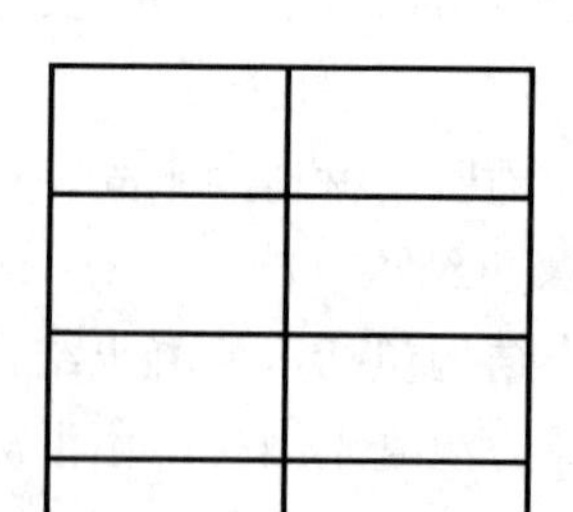

图 1-4　框架结构的杆件连接

4. 剪力墙结构

纵横布置的成片钢筋混凝土墙体称为剪力墙。剪力墙的高度往往从基础到屋顶，宽度可以是房屋的全宽。剪力墙与钢筋混凝土楼、屋盖整体连接，形成剪力墙结构。

5. 其他形式的结构

除上述形式的结构外，在高层和超高层房屋结构体系中，还有框架-剪力墙结构、框架-筒体结构、筒中筒结构等（参见 1.1.4.1 节）；单层房屋中除排架结构外，还有刚架结构；在单层大跨度房屋的屋盖中，有壳体结构、网架结构、悬索结构等（参见 1.1.4.2 节）。

1.1.4　建筑结构选型

一个好的建筑设计，需要通过好的结构形式去实现。而结构形式的最佳选择，要考虑到建筑方面的使用功能、结构上的安全合理、艺术的造型美观、造价的经济，以及施工的可能条件，进行综合分析比较才能最后确定。

以下就多层和高层房屋以及单层大跨度房屋的常见结构形式的受力特点、适用范围进行简单介绍，以供选择结构形式时参考。

1.1.4.1　多层和高层房屋结构

通常把 10 层及 10 层以上（或高度大于 28m）的房屋结构称为高层房屋结构，而把 9 层及以下的房屋结构称为多层房屋结构。多层和高层房屋结构的主要承重结构体系有混合结构体系、框架结构体系、剪力墙结构体系等。

1. 混合结构体系

混合结构体系是多层民用房屋中最常用的一种结构形式。其墙体、基础等竖向构件采用砌体结构，而楼盖、屋盖等水平构件则采用钢筋混凝土梁板结构。

结合抗震设计要求，在进行混合结构房屋设计和选型时，应注意以下问题：

（1）房屋的层数和高度限值。对非抗震设计和设防烈度为 6 度时，混合结构房屋的层数和总高度不应超过表 1-1 的规定。其中，横墙较少的多层砌体房屋是指同一楼层内开间大于 4.20m 的房间占该层总面积的 40％以上；横墙很少的多层砌体房屋是指同一楼层内开间不大于 4.20m 的房间占该层总面积不到 20％且开间大于 4.8m 的房间占该层总面积的 50％以上。

表 1-1　房屋的层数和总高度限值

横墙类型	一般情况下		横墙较少时		横墙很少时	
房屋类别	高度（m）	层数	高度（m）	层数	高度（m）	层数
多层砌体房屋	21	7	18	6	＜18	5
底层框架-剪力墙砌体房屋	22	7	19	6	＜19	5

注：1. 承重横墙的最小厚度，对普通砖为 240mm，对多孔砖、小砌块为 190mm，小砌块砌体房屋不包括配筋混凝土小型空心砌块砌体房屋。

2. 房屋总高度指室外地面至主要屋面板板顶或檐口的高度，半地下室从地下室室内地面算起，全地下室和嵌固条件好的半地下室允许从室外地面算起；对带阁楼的坡屋面应算到尖墙的 1/2 高度处。

3. 室内外高差大于 0.6m 时，房屋总高度允许比表中数据少量增加，但增加量应小于 1.0m。

（2）层高和房屋最大高宽比。限制房屋的高宽比是为了保证房屋的刚度和房屋的整体抗弯承载力。普通砖、多孔砖和小砌块砌体房屋的层高不应超过 3.6m；底部框架-抗震墙房屋的底部层高不应超过 4.5m。多层砌体房屋总高度与总宽度的最大比值宜符合表 1-2 的要求。

表 1-2　房屋最大高宽比

设防烈度	6 度	7 度	8 度	9 度
最大高宽比	2.5	2.5	2.0	1.5

注：1. 单面走廊房屋的总宽度不包括走廊宽度。
2. 建筑平面接近正方形时，其高宽比宜适当减小。

（3）纵横墙布置。在进行结构布置时，应优先采用横墙承重或纵横墙共同承重方案；纵横墙的布置宜均匀对称，沿平面内宜对齐，沿竖向应上下连续，同一轴线上的窗间墙宜均匀。楼梯间不宜设置在房屋的尽端和转角处。

房屋的承重横墙在抗震时通常就是抗震横墙，其间距不应超过表 1-3 的要求。

表 1-3　房屋抗震横墙最大间距（m）

房屋类别		设防烈度			
		6 度	7 度	8 度	9 度
多层砌体房屋	现浇或装配整体式钢筋混凝土楼、屋盖	15	15	11	7
	装配式钢筋混凝土楼、屋盖	11	11	9	4
	木屋盖	9	9	4	—
底部框架-抗震墙	上部各层	同多层砌体房屋			—
	底层或底部两层	18	15	11	—

注：1. 多层砌体房屋的顶层，除木屋盖外，横墙最大间距可适当放宽，但应采取相应加强措施。
2. 多孔砖抗震横墙厚度为 190mm 时，横墙最大间距应比表中数值减少 3m。

2. 框架结构体系

框架结构体系包括全框架结构（一般简称为框架结构）、底部框架上部砖房等结构形式。现浇钢筋混凝土框架结构房屋的适用高度（指室外地面到主要屋面面板的板顶高度，不包括局部突出屋顶部分，下同）分别为 60m（设防烈度 6 度）、50m（设防烈度 7 度）、40m［设防烈度 8 度（0.2g）］、35m［设防烈度 8 度（0.3g）］和 24m（设防烈度 9 度）。

现浇框架结构的整体性和抗震性能都较好，建筑平面布置也相当灵活，广泛用于 6～15 层的多层和高层房屋，如学校的教学楼、实验楼、商业大楼、办公楼、医院、高层住宅等（其经济层数为 10 层左右，房屋的高宽比以 5～7 为宜）。在水平荷载作用下，框架的整体变形为剪切型。

3. 剪力墙结构体系

在高层和超高层房屋结构中，水平荷载起到主导作用，房屋需要具有良好的抗侧移能力。纯框架结构的抗侧移能力较弱，混合结构由于墙体材料强度低和自重大，只限于多层房屋中使用，故在高层和超高层房屋结构中，需要采用抗侧移能力强的结构体系，如剪力墙结构体系。

钢筋混凝土剪力墙是指以承受水平荷载为主要目的（同时也承受相应范围内的竖向荷载）而在房屋结构中设置的成片钢筋混凝土墙体（图 1-5），其长度可与房屋的总宽度相同，其高度可为房屋的总高，其厚度最薄时可达 140mm。《混凝土结构设计规范》（GB 50010）规定：当钢筋混凝土墙的长度大于其厚度的 4 倍时，宜按钢筋混凝土剪力墙要求进行设计。在水平荷载作用下，剪力墙如同一个巨大的悬臂梁，其整体变形为弯曲型。

（1）框架-剪力墙结构。在框架的适当部位（如山墙、楼、电梯间等处）设置剪力墙，组成框架-剪力墙结构（图 1-6）。框架-剪力墙结构的抗侧移能力优于框架结构，其适用范围见表 1-4。在水平荷载作用下，框架-剪力墙结构的整体变形为弯剪型。

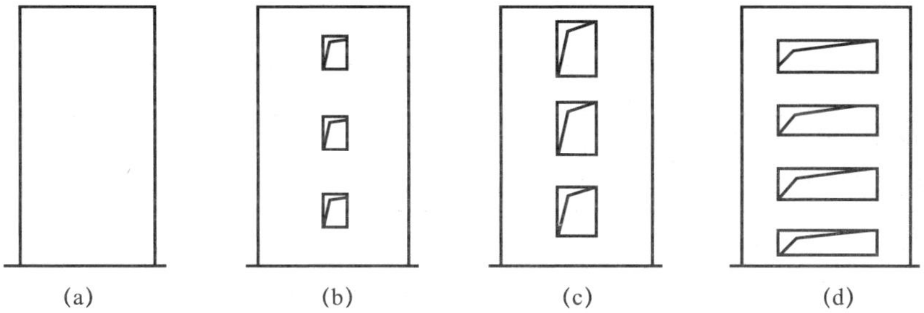

图 1-5　钢筋混凝土剪力墙

（a）整体墙；（b）整体小开口墙；（c）双肢墙；（d）壁式框架

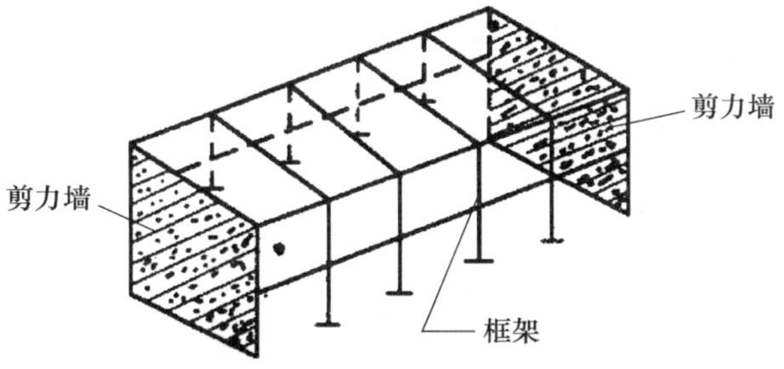

图 1-6　框架-剪力墙结构

表 1-4　现浇钢筋混凝土框架-剪力墙结构房屋适用的最大高度

设防烈度	≤6 度	7 度	8 度（0.2g）	8 度（0.3g）	9 度
适用最大高度（m）	130	120	100	80	50

由于剪力墙在一定程度上限制了建筑平面布置的灵活性，因此框架-剪力墙结构一般用作办公楼、旅馆、公寓、住宅等民用建筑。

在框架-剪力墙结构中，剪力墙宜贯通房屋全高，且横向与纵向剪力墙宜互相连接。剪力墙不应设置在墙面需开大洞口的位置。剪力墙开洞时，洞口面积不大于墙面面积的 1/6，洞口应上下对齐，洞口梁高不小于层高的 1/5。房屋较长时，纵向剪力墙不宜设置在房屋的端开间。

（2）剪力墙结构。当纵横交叉的房屋墙体都由剪力墙组成时形成剪力墙结构（图 1-7）。剪力墙结构适用于 40 层以下的高层旅馆、住宅等房屋，其适用高度见表 1-5。

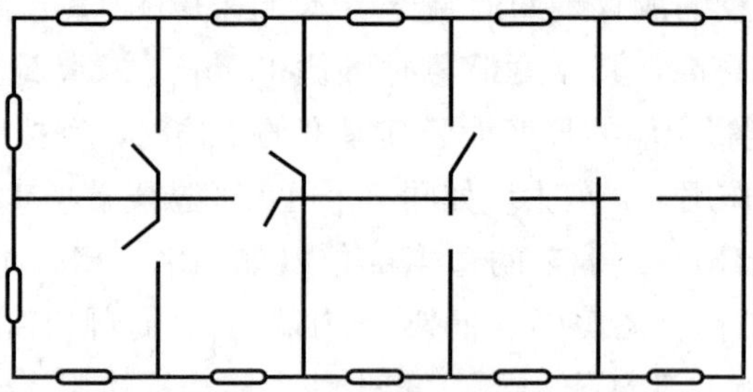

图 1-7　剪力墙房屋平面

表 1-5　剪力墙结构房屋总高度限值

设防烈度	≤6 度	7 度	8 度	9 度
房屋最大高度（m）	140	120	100	60

注：1. 房屋总高度同表 1-4。

2. 房屋高度在超过 80m 的情况下，设防烈度为 8 度时，不宜采用框支剪力墙结构；设防烈度为 9 度时，不应采用框支剪力墙。

剪力墙结构中的剪力墙设置应符合下列要求：

①剪力墙有较大洞口时，洞口位置宜上下对齐；

②较长的剪力墙宜结合洞口设置弱连系梁，将一道剪力墙分成较均匀的若干墙段，各墙段的高宽比不宜小于 2；

③房屋底部有框支层时，落地剪力墙的数量不宜少于上部剪力墙数量的 50%，其间距不大于四开间和 24m 的较小值，落地剪力墙之间楼盖的长宽比不应超过表 1-6 规定的数值；

④剪力墙之间无大洞口的楼，屋盖的长宽比不宜超过表 1-6 的规定，否则应考虑楼盖平面内变形的影响。

表 1-6　抗震墙之间楼、屋盖的长宽比

楼、屋盖类型		设防烈度			
		6 度	7 度	8 度	9 度
框架-抗震墙（剪力墙）结构	现浇或叠合楼、屋盖	4	4	3	2
	装配式楼、屋盖	3	3	2	不宜采用
板柱-抗震墙结构的现浇楼、屋盖		3	3	2	—
框支层的现浇楼、屋盖		2.5	2.5	2	—

所谓框支剪力墙，是指为适应房屋下部有大空间的需要而设置的由框架支承的剪力墙（图 1-8）。

为避免房屋刚度的突然变化，框架一般扩展到 2～3 层，其层高逐渐变化，框架最上一层作为刚度过渡层，可设置设备层。

(3) 筒体结构。将房屋的剪力墙集中到房屋的外部或内部组成一个竖向、悬臂的封闭筒体，可以大大增强房屋的整体空间受力性能和抗侧移能力，这种结构称为筒体结构。筒体和框架结合形成框筒结构，内筒和外筒结合（两者之间用很强的连系梁连接）形成筒中筒结构（图 1-9）。外筒柱截面宜采用扁宽矩形，柱的长边方向位于框架平面内。筒体结构一般用于 30 层以上的超高层建筑。

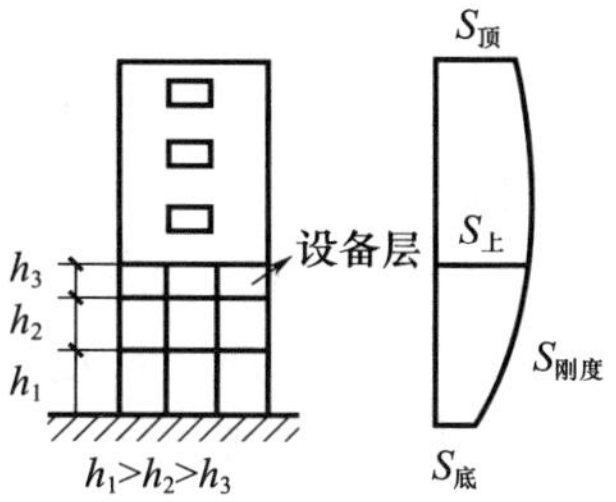

图 1-8　框支剪力墙

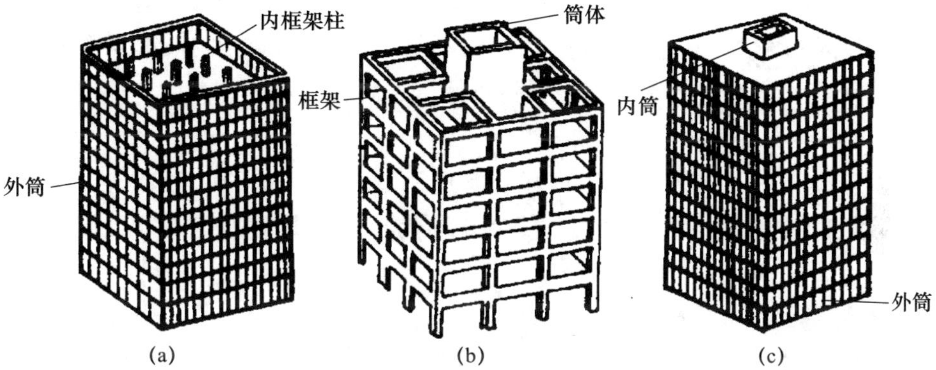

图 1-9　筒体结构

(a) 外筒内框；(b) 内筒外框；(c) 筒中筒

4. 高层房屋结构的布置要点

高层房屋结构一般都是钢筋混凝土结构或钢结构。在一个独立的结构单元内，宜使结构平面和侧移刚度均匀对称，尽量减少结构的侧移刚度中心与水平荷载合力中心间的距离。这也就是“规则结构”的设计概念。尤其对有抗震设防要求的高层建筑，在结构平面布置和竖向布置时，应考虑下列要求。

(1) 平面宜简单、规则、对称，尽量减少偏心；平面长度 L 不宜过长，与其宽度 B 的比值 L/B 不宜大于 6（抗震设防烈度为 6 度和 7 度时）或 5（抗震设防烈度为 8 度和 9 度时）；房屋平面局部突出部分的长度 l 不宜大于突出部分的宽度 b（即 $l/b\leqslant1$），且不宜大于该方向总尺寸 B_{max} 的 30%（图 1-10）。

(2) 结构竖向体型应力求规则、均匀，避免有过大的外挑和内缩。其立面局部收进尺寸不大于该方向总尺寸的 25%（图 1-11）。

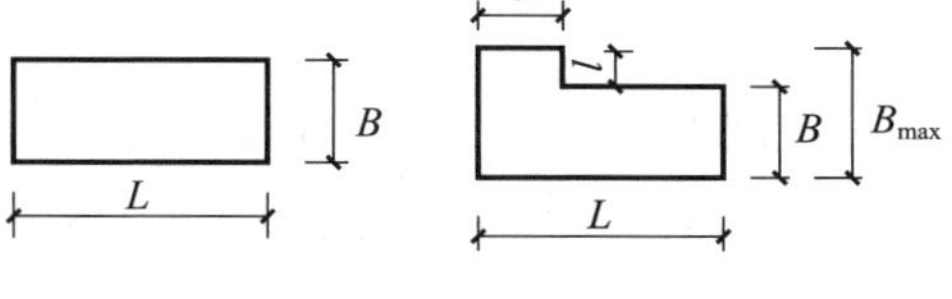

图 1-10　平面布置

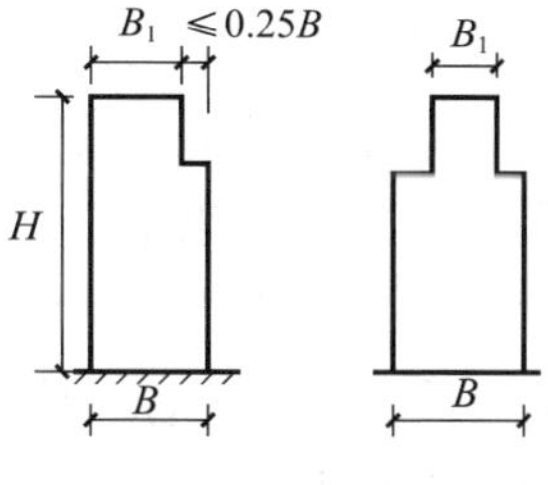

图 1-11　立面收进

(3) 结构沿竖向的侧移刚度变化宜均匀，构件截面由下至上应逐渐减小，不应突变。某一楼层刚度减小时，其刚度应不小于相邻上层刚度的70%，连续三层刚度逐层降低后，应不小于降低前刚度的一半。

在考虑结构选型和结构布置时，对建筑装修有较高要求的房屋和高层建筑，应优先采用框架-剪力墙结构或剪力墙结构。钢筋混凝土房屋宜选用不设防震缝的合理建筑结构方案。当必须设置时，防震缝最小宽度应符合下列要求：①框架结构房屋，当高度不超过15m时，不应小于100mm；当高度超过15m时，在抗震设防烈度为6度、7度、8度和9度的情况下相应每增高5m、4m、3m和2m时宜加宽20mm。②框架-抗震墙(剪力墙)房屋不应小于①款规定的70%且不宜小于100mm。③抗震墙(剪力墙)房屋的防震缝宽度，可采用①款数值的50%，但不宜小于100mm。防震缝两侧结构类型不同时，宜按需要较宽防震缝的结构类型和较低房屋高度确定缝宽。

1.1.4.2 单层大跨度房屋结构

单层大跨度房屋的结构形式很多，既有适用于工业建筑的，也有适用于民用建筑(一般公共建筑)的类型。下面介绍一些主要结构形式及其受力特点，可供结构选型时作为参考。

1. 钢筋混凝土单层厂房结构

(1) 排架结构。属于一般钢筋混凝土单层厂房常用结构形式(图1-12)。其屋架(或薄腹梁)与柱顶铰接，柱下端则嵌固于基础顶面。

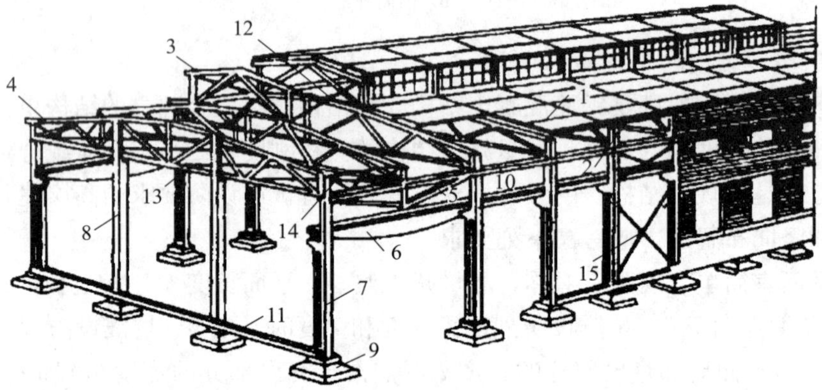

图1-12 钢筋混凝土排架结构厂房

1—屋面板；2—天沟板；3—天窗架；4—屋架；5—托架；6—吊车梁；7—排架柱；8—抗风柱；9—基础；10—连系梁；11—基础梁；12—天窗架垂直；13—屋架下弦横向水平支撑；14—屋架墙部垂直支撑；15—柱间支撑

作用在排架结构上的荷载包括竖向荷载和水平荷载。竖向荷载除结构自重及屋面活荷载外，还有吊车的竖向作用；水平荷载包括风荷载(按抗震设计时，则为水平地震力)和吊车对排架的水平刹车力。

由屋架(或屋面大梁)、柱、基础组成的横向平面排架(即沿跨度方向排列的排架)，是厂房的主要承重体系。通过屋面板、支撑、吊车梁、连系梁等纵向构件将各横向平面排架联结起来，构成整体空间结构。

排架结构的屋面构件及吊车梁、柱间支撑等，都可由标准图集选定。排架柱及基础由计算确定，排架柱按偏心受压构件进行配筋。

（2）刚架结构。刚架是一种梁柱合一的结构构件。钢筋混凝土刚架结构常作为中小型单层厂房的主体结构。它可以有三铰、两铰及无铰等几种形式，可以做成单跨或多跨结构（图 1-13）。

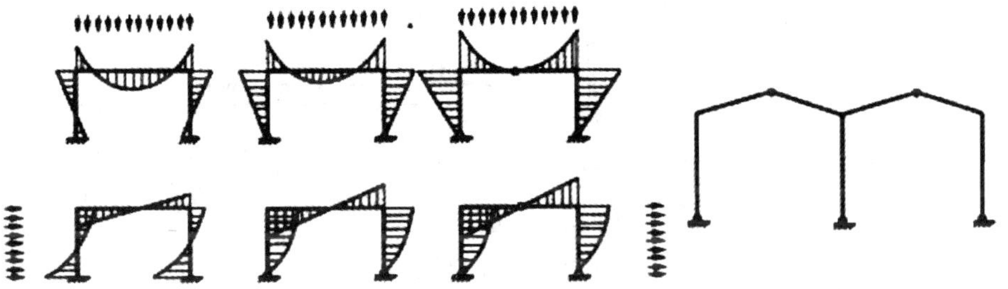

(a) (b) (c) (d)

图 1-13 刚架结构形式和受力

（a）无铰刚架（单跨）；（b）双铰刚架；（c）三铰刚架；（d）双筒双架

刚架的横梁和立柱整体浇筑在一起，铰接处形成刚节点，该处需要较大截面，因而刚架一般做成变截面。刚架横梁通常为人字形（也可做成弧形）；为便于排水，其坡度一般取 1/5～1/3；整个刚架呈“门”形（故常称为门式刚架），可使室内有较大的空间。门式刚架的杆件一般采用矩形截面，其截面宽度一般不小于 200mm（无吊车时）或 250mm（有吊车时）；门式刚架不宜用于吊车吨位较大的厂房（以不超过 10t 为宜），其跨度一般为 18m 左右。

（3）拱结构。拱是以承受轴压力为主的结构。由于拱的各截面上的内力大致相等，因而拱结构是一种有效的大跨度结构，在桥梁和房屋中都有广泛的应用。

拱同样可分为三铰、双铰或无铰等几种形式，其轴线常采用抛物线形状（当拱的矢高 f≤拱跨度的 1/4 时，也可用圆弧代替）（图 1-14）。拱的矢高 f 一般为（1/8～1/2）l_0；矢高小的拱水平推力大，拱体受力也大；矢高大时则相反，但拱体长度增加。合理选择矢高是设计中应充分考虑的问题。

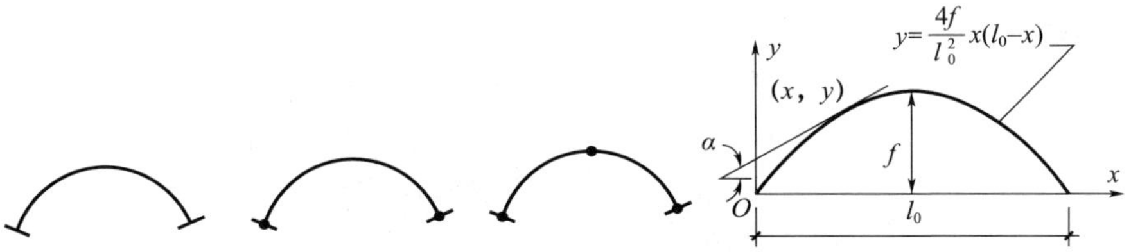

(a) (b) (c) (d)

图 1-14 拱的形式及拱轴线

（a）无铰拱；（b）双铰拱；（c）三铰拱；（d）抛物线拱轴

拱体截面一般为矩形截面或 I 形截面等实体截面；当截面高度较大（如大于 15m）时，可做成格构式、折板式或波形截面。

为了可靠地传递拱的水平推力，可以采取如下一些措施：①推力直接由钢拉杆承担（图 1-15）。这种结构方案可靠，应用较多。由于拱下部的柱子不承担推力，柱所需截面也较小。②拱推力经由侧边框架（刚架）传至地基［图 1-16（a）］。此时框架应有足够的刚度，其基础应为整片式基础。③当拱的水平推力不大且地基承载力大、压缩性小时，水平推力可直接由地基抵抗［图 1-16（b）］。

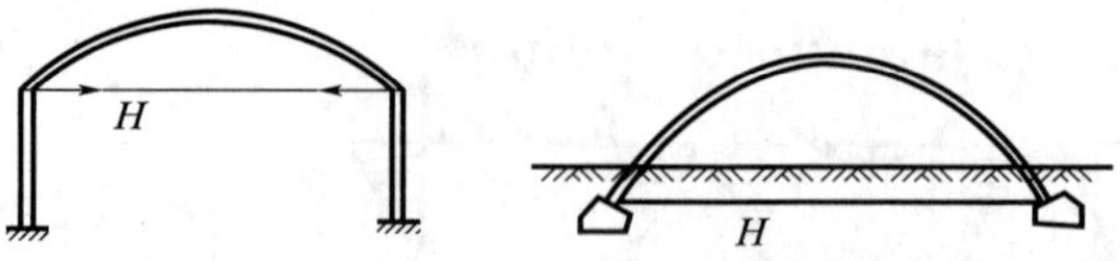

图 1-15　带拉杆的拱

（a）室内拉杆拱；（b）落地拱

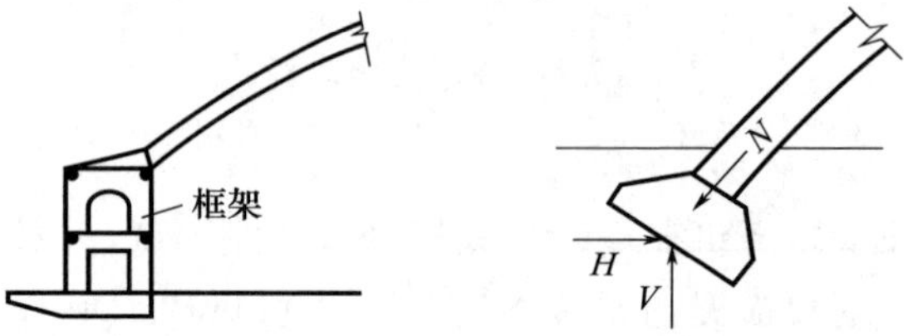

图 1-16　水平推力的传递

（a）推力经由侧边框架传至地基；（b）水平推力由地基抵抗

2. 其他形式的结构

前述的几种结构都是平面受力的杆体结构体系，其特点是可以忽略各组成构件间的空间受力作用，故计算较简单，但跨度不能太大。当结构构件的空间受力性能不可忽略时，即成为空间受力结构。在单层大跨度房屋中，薄壳结构、网架结构、悬索结构、折板结构等就是这样的空间受力结构。

（1）薄壳结构。薄壳结构是一种以受压为主的空间受力曲面结构（图 1-17）。其曲面厚度很薄（壁厚往往小于曲面主曲率的 1/20），不致产生明显的弯曲应力，但可以承受曲面内的轴力和剪力。

图 1-17　大跨度的薄壳屋顶

（2）网架结构。网架是由平面桁架发展起来的一种空间受力结构。在节点荷载作用下，网架杆件主要承受轴力。网架结构的杆件多用钢管或角钢制作，其节点为空心球节点或钢板焊接节点。网架结构按外形划分为平板网架和曲面网架（图 1-18）。曲面网架的机理和薄壳结构类似，以下仅对平板网架进行介绍。平板网架的平面形状可有正方形、矩形、扇形、菱形、多边形、圆形及椭圆形等。平板网架可以是正放的（网架弦杆与边界方向平行或垂直），也可以是斜放的（弦杆与边界斜交）（图 1-19）。

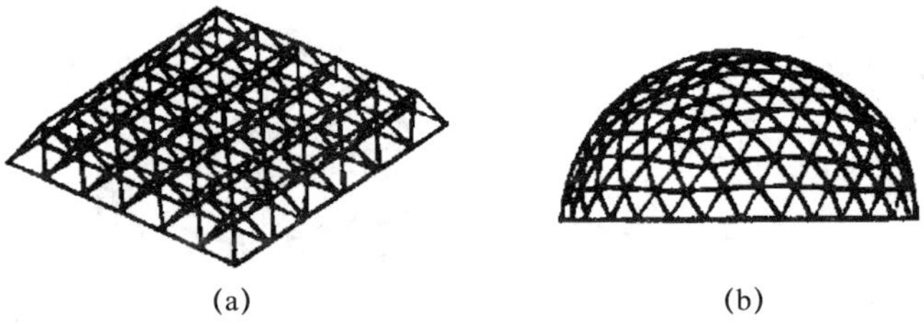

图 1-18　平板网架和曲面网架

（a）平板网架；（b）曲面网架

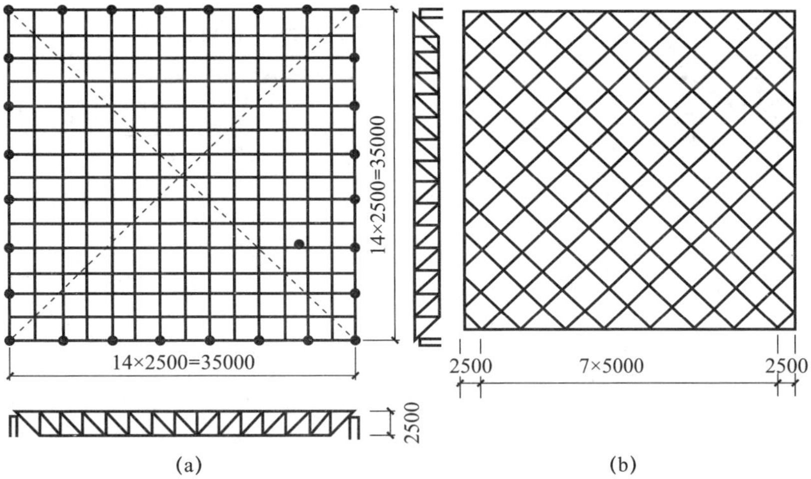

图 1-19　网架的正放和斜放

（a）两向正放网架；（b）两向斜放网架

（3）悬索结构。悬索结构广泛用于桥梁结构，用于房屋建筑则适用于大跨度建筑物，如体育建筑（体育馆、大运动场等）、工业车间、文化生活建筑（陈列馆、杂技厅、市场等）及特殊构筑物等。

悬索结构包括索网、侧边构件及下部支承结构（图 1-20）。索网由多根悬挂于侧边构件上的钢索组成，柔性的悬索（钢索）只受轴心拉力作用，并只能单向受力，其水平拉力与悬索的下垂度 f 成反比［图 1-20（d）］，与拱类似。悬索结构应充分注意对水平力的处理。悬索结构的侧边构件是用来固定索网的，一般采用钢筋混凝土结构，它们都以环向受压为主。下部支承结构一般为立柱或斜撑柱，工程实际中有不少是用拱兼作侧边构件和支承结构的。侧边构件和支承结构是悬索结构的重要组成部分，它决定了整个建筑的体型和空间。

索网分单层悬索和双层悬索。单层悬索只有承重索，其屋面刚度小，必须采用承重屋面，跨越的空间不能太大。双层悬索的索网包括承重索和稳定索，承重索位于下层形成下垂曲线，承受屋面荷载；稳定索位于上层形成上拱曲线，保证屋面的稳定性和承受风的反向吸力，其刚度大、稳定性好，且跨度越大越经济。

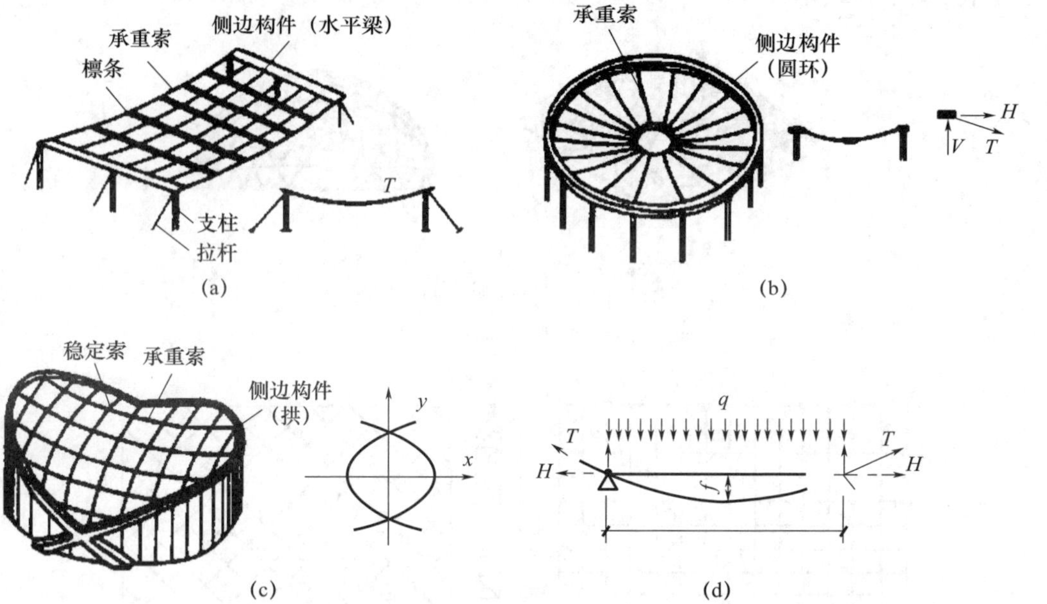

图 1-20　悬索屋盖的组成及悬索的受力

（a）单层单轴悬索；（b）单层双轴悬索（圆形）；（c）双层双曲悬索；（d）悬索的受力

（4）折板结构。折板结构可视为柱面壳的曲线由内接多边形代替的结构，其计算和组成构造也大致相同。折板的截面形式可以多种多样（图 1-21）。折板的厚度一般不大于 100mm，板宽不大于 3m，折板高度（含侧边构件）一般不小于跨度的 1/10。

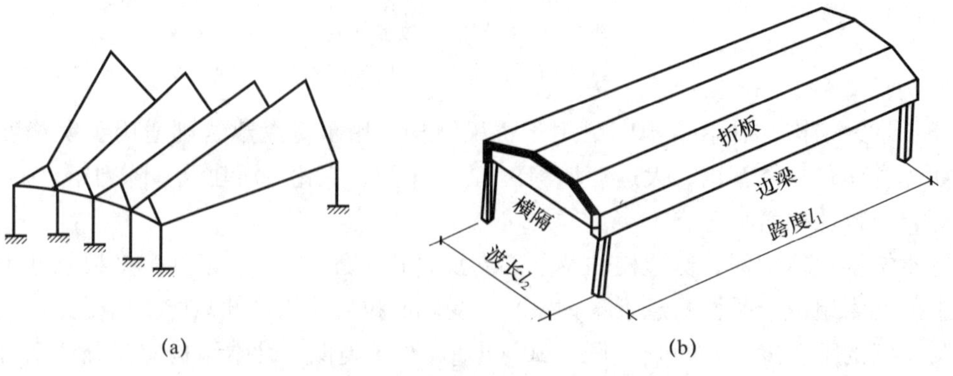

图 1-21　折板的截面形状

上述各种形式的屋盖结构均有很多工程实例，由于篇幅所限，本书不过多涉及。

任务 1.2　了解建筑结构的功能和极限状态

如前所述，建筑结构作为建筑的骨架，需要承受各种外部作用。如何使结构设计符合“技术先进、经济合理、安全适用、确保质量”的要求，需要有统一的设计标准和设计方法。以概率理论为基础的极限状态设计法，以可靠指标度量结构构件的可靠度，采用分项系数的设计表达式进行设计。这是我国现行结构规范采用的设计方法。

1.2.1　设计基准期和设计使用年限

1.2.1.1　设计基准期（design reference period）

结构设计所采用的荷载统计参数、与时间有关的材料性能取值，都需要选定一个时间参数，它就是设计基准期。我国所采用的设计基准期为 50 年。

1.2.1.2　设计使用年限（design working life）

设计使用年限是设计规定的一个时期。在这一规定时期内，房屋建筑在正常设计、正常施工、正常使用和维护下不需要进行大修就能按其预定目的使用。结构的设计使用年限应按表 1-7 确定。

表 1-7　设计使用年限分类

类别	1	2	3	4
设计使用年限（年）	5	25	50	100
示例	临时性结构	易于替换的结构构件	普通房屋和构筑物	纪念性建筑和特别重要的建筑结构

1.2.2　结构的功能要求、作用和抗力

1.2.2.1　结构的功能要求

结构在规定的设计使用年限内，应满足安全性、适用性、耐久性等各项功能要求。

1. 结构安全性要求

（1）在正常施工和正常使用时，能承受可能出现的各种作用。

（2）在设计规定的偶然事件发生时及发生后，仍能保持必需的整体稳定性。所谓整体稳定性，是指在偶然事件发生时和发生后，建筑结构仅产生局部的损坏而不致发生连续倒塌。

2. 结构适用性要求

结构在正常使用时具有良好的工作性能。如受弯构件在正常使用时不出现过大的挠度等。

3. 结构耐久性要求

结构在正常维护下具有足够的耐久性能。所谓足够的耐久性能，是指结构在规定的

工作环境中，在预定时期内，其材料性能的恶化不致导致结构出现不可接受的失效概率。从工程概念上讲，就是指在正常维护条件下结构能够正常使用到规定的设计使用年限。

对于混凝土结构，其耐久性应根据环境类别和设计使用年限进行设计。耐久性设计应包括下列内容：①确定结构所处的环境类别；②提出材料的耐久性质量要求；③确定构件中钢筋的混凝土保护层厚度；④在不利的环境条件下应采取的防护措施；⑤满足耐久性要求的相应的技术措施；⑥提出结构使用阶段的维护与检测要求。

混凝土结构的环境类别共分为五类，见表 1-8。

表 1-8 混凝土结构耐久性设计的环境类别

环境类别	条件
一	室内干燥环境； 无侵蚀性静水浸没环境
二 a	室内潮湿环境； 非严寒和非寒冷地区的露天环境； 非严寒和非寒冷地区与无侵蚀性的水或土壤直接接触的环境； 严寒和寒冷地区的冰冻线以下与无侵蚀性的水或土壤直接接触的环境
二 b	干湿交替环境； 水位频繁变动环境； 严寒和寒冷地区的露天环境； 严寒和寒冷地区冰冻线以上与无侵蚀性的水或土壤直接接触的环境
三 a	严寒和寒冷地区冬季水位变动区环境； 受除冰盐影响环境； 海风环境
三 b	盐渍土环境； 受除冰盐作用环境； 海岸环境
四	海洋环境
五	受人为或自然的侵蚀性物质影响的环境

注：1. 室内潮湿环境是指构件表面经常处于结露或湿润状态的环境；
2. 严寒和寒冷地区的划分应符合现行国家标准《民用建筑热工设计规范》GB 50176 的有关规定。
3. 海岸环境和海风环境宜根据当地情况，考虑主导风向及结构所处迎风、背风部位等因素的影响，由调查研究和工程经验确定；
4. 受除冰盐影响环境是指受到除冰盐盐雾影响的环境；受除冰盐作用环境是指被除冰盐溶液溅射的环境以及使用除冰盐地区的洗车房、停车楼等建筑；
5. 暴露的环境是指混凝土结构表面所处的环境。

根据不同的环境和设计使用年限，对结构混凝土的最大水灰比、最小水泥用量、最低混凝土强度等级、最大氯离子含量、最大碱含量等都有具体规定，以满足其耐久性要求。

1.2.2.2 作用和作用效应

1. 作用（action）

作用指施加在结构上的集中力或分布力（称为直接作用，即通常所说的荷载）以及引起结构外加变形或约束变形的原因（称为间接作用）。本书主要涉及直接作用即荷载。

结构上的各种作用可按下列性质分类：

（1）按时间的变异分类（图1-22）。可分为永久作用、可变作用和偶然作用。

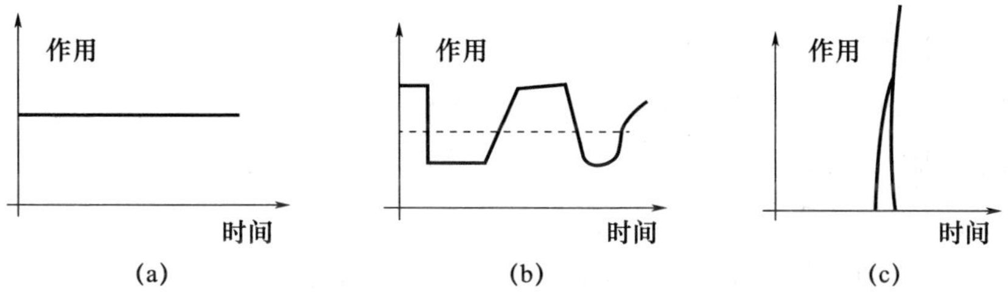

图1-22 作用按时间变异的分类

（a）永久作用；（b）可变作用；（c）偶然作用

①永久作用是指在设计基准期内量值不随时间变化，或其变化与平均值相比可以忽略不计的作用，如结构及建筑装修的自重、土壤压力、基础沉降及焊接变形等。

②可变作用是指在设计基准期内其量值随时间而变化，且其变化与平均值相比不可忽略的作用，如楼面活荷载、雪荷载、风荷载等。

③偶然作用是指在设计基准期内不一定出现，而一旦出现其量值很大且持续时间很短的作用，如地震、爆炸、撞击等。

（2）按随空间位置的变异分类。可以分为固定作用（在结构上具有固定分布，如自重等）和自由作用（在结构上一定范围内可以任意分布，如楼面上的人群荷载、吊车荷载等）。

（3）按结构的反应特点分类。可以分为静态作用（它使结构产生的加速度可以忽略不计）和动态作用（它使结构产生的加速度不可忽略）。一般的结构荷载，如自重、楼面人群荷载、屋面雪荷载等，都可视为静态作用，而地震作用、吊车荷载、设备振动等则是动态作用。

2. 作用的随机性质

一个事件可能有多种结果，但事先不能肯定哪一种结果一定发生（不确定性），而事后有唯一结果，这种性质称为事件的随机性质。

显然，结构上的作用具有随机性质。像人群荷载、风荷载、雪荷载以及吊车荷载等，都不是固定不变的，其数值可能较大，也可能较小；它们可能出现，也可能不出现；而一旦出现，则可测定其数值大小和位置；风荷载还具有方向性。即使是结构构件的自重，由于制作过程中不可避免的误差、所用材料种类的差别，也不可能与设计值完全相等。这些都是作用的随机性。

3. 作用效应（effect of an action）

由作用引起的结构或结构构件的反应，例如内力、变形和裂缝等，称为作用效应；荷载引起的结构的内力和变形，也称为荷载效应。

根据结构构件的连接方式（支承情形）、跨度、截面几何特性以及结构上的作用，可以用材料力学或结构力学方法算出作用效应。例如，当简支梁的计算跨度为 l_0、截面刚度为 B、荷载为均布荷载 q 时，则可知该简支梁的跨中弯矩 M 为 $\frac{1}{8}ql_0^2$、支座边剪力 V 为 $\frac{1}{2}ql_n$（l_n 为净跨）、跨中挠度为 $5ql_0^4/384B$ 等。

作用和作用效应是一种因果关系，故作用效应也具有随机性。

1.2.2.3　抗力（resistance）

结构或结构构件承受作用效应的能力称为抗力。

影响结构抗力的主要因素是结构的几何参数和所用材料的性能。由于结构构件的制作误差和安装误差会引起结构几何参数的变异，结构材料由于材质和生产工艺等的影响，其强度和变形性能也会有差别（即使是同一工地按同一配合比制作的某一强度等级的混凝土，或是同一钢厂生产的同一种钢材，其强度和变形性能也不会完全相同），因此结构的抗力也具有随机性。

任务1.3　学习极限状态设计方法

1.3.1　按可靠指标的设计准则

在建筑结构设计时，根据建筑物的安全等级，按规定的可靠指标（也称目标可靠指标）进行设计的设计准则，称为按可靠指标的设计准则。

建筑结构的安全等级是根据结构破坏可能产生的后果（危及人的生命、造成经济损失、产生社会影响等）的严重性而划分的，共分为三级（表 1-9）。同一建筑物内的各种结构构件宜与整个结构采用相同的安全等级，但允许根据部分结构构件的重要程度和综合经济效果对其安全等级做适当调整（如提高某一结构构件的安全等级所需额外费用很少，又能减轻整个结构的破坏，从而大大减少人员伤亡和财物损失，则可将该构件的安全等级提高一级；相反，如某一构件的破坏并不影响整个结构或其他结构构件，则可将该构件的安全等级降低一级，但不得低于三级）。

表 1-9　建筑结构的安全等级

安全等级	破坏后果	建筑物类型
一级	很严重	重要的房屋
二级	严重	一般的房屋
三级	不严重	次要的房屋

结构构件设计时采用的可靠指标，是根据对现有结构构件可靠度进行分析，并考虑使用经验和经济因素等确定的。结构构件承载能力极限状态的可靠指标不小于表 1-10 的规定。

表 1-10　结构构件承载能力极限状态的可靠指标

破坏类型	安全等级		
	一级	二级	三级
延性破坏	3.7	3.2	2.7
脆性破坏	4.2	3.7	3.2

上述按可靠指标的设计准则虽然直接运用了概率论的原则，但是在确定可靠指标时，做了若干假定和简化（如假定 R 和 S 均服从正态分布，且互相独立等），因此这个准则只能称为近似概率设计准则。

1.3.2　概率极限状态设计法

按可靠指标的设计准则或近似概率设计准则并不直接用于具体设计，具体的设计方法是极限状态设计法。

1.3.2.1　极限状态的定义和分类

1. 极限状态（limit state）

整个结构或结构的一部分超过某一特定状态就不能满足设计规定的某一功能要求，此特定状态称为该功能的极限状态。

结构的各种极限状态都规定有明确的标志及限值。

2. 极限状态的分类

根据结构的功能要求，极限状态分为承载能力极限状态和正常使用极限状态两类。

（1）承载能力极限状态。结构或结构构件达到最大承载力、疲劳破坏或者达到不适于继续承载的变形时，称该结构或结构构件达到承载能力极限状态。

当结构或结构构件出现下列状态之一时，即认为超过了承载能力极限状态：①整个结构或结构的一部分作为刚体失去平衡。例如，雨篷倾覆、烟囱在风力作用下发生整体倾覆、挡土墙在土压力作用下发生整体滑移。②结构构件或其连接因超过材料强度而破坏（包括疲劳破坏），或因过度变形而不适于继续承载。例如，轴心受压钢筋混凝土柱中混凝土达到轴心受压强度而压碎；钢结构轴心受拉构件当钢材达到屈服点时，其变形导致不适于继续承载；钢结构或钢筋混凝土结构吊车梁在吊车荷载数十万次或数百万次的反复作用下，钢材、混凝土或钢筋可能发生疲劳破坏而导致整个吊车梁破坏。③结构转变为机动体系。如图 1-23 所示，软钢配筋的钢筋混凝土两跨连续梁在荷载作用下形成机动体系。④结构或结构构件丧失稳定（如压屈等）。⑤地基丧失承载能力而破坏（如失稳等）。

（2）正常使用极限状态。这种极限状态对应于结构或结构构件达到正常使用或耐久性能的某项规定限值。当结构或结构构件出现下列状态之一时，应认为超过了正常使用极限状态：①影响正常使用或外观的变形；②影响正常使用或耐久性能的局部损坏（包括裂缝）；③影响正常使用的振动；④影响正常使用的其他特定状态。

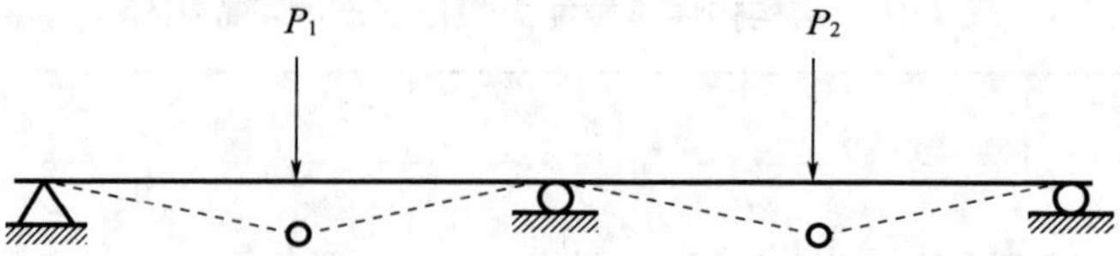

图 1-23　两跨连续梁形成机构

1.3.2.2　承载能力极限状态设计

承载能力极限状态采用下列设计表达式进行设计：

$$\gamma_0 S \leqslant R \tag{1-1}$$

式中　γ_0——结构重要性系数，对安全等级为一级或设计使用年限为 100 年及以上的结构构件，其值不小于 1.1；对安全等级为二级或设计使用年限为 50 年的结构构件，不小于 1.0；对安全等级为三级或设计使用年限为 5 年的结构构件，不小于 0.9；

S——荷载效应组合的设计值；

R——结构构件抗力的设计值，按有关建筑结构设计规范的规定确定，也是本书讲述的基本内容。

1. 基本组合（fundamental combination）的荷载效应组合设计值

（1）由可变荷载效应控制的组合。

$$S = \gamma_G S_{Gk} + \gamma_{Q1} S_{Q1k} + \sum_{x+1}^{n} \gamma_{Qi} \Psi_{Ci} S_{Qik} \tag{1-2a}$$

式中　γ_G——永久荷载的分项系数，当其效应对结构不利时，应取 1.2；有利时，一般情况下取 1.0；对结构的倾覆、滑移或漂浮验算，应取 0.9；

γ_{Q1}、γ_{Qi}——第 1 个和第 i 个可变荷载分项系数，一般情况下应取 1.4（当其效应对结构构件承载能力有利时取 0）；

S_{Gk}——永久荷载标准值的效应；

S_{Q1k}——在基本组合中起控制作用的一个可变荷载标准值的效应；

S_{Qik}——第 i 个可变荷载标准值的效应；

Ψ_{Ci}——可变荷载 Q_i 的组合值系数，对民用建筑楼屋面均布活荷载，一般取 0.7（书库、储藏室、通风机房及电梯机房取 0.9），屋面积灰荷载取 0.9，软钩吊车荷载取 0.7（硬钩吊车及 A8 级软钩吊车取 0.95），其余情况不应大于 1.0。

（2）由永久荷载效应控制的组合。

$$S = \gamma_G S_{Gk} + \sum_{x+1}^{n} \gamma_{Gk} \Psi_{Ci} S_{Qik} \tag{1-2b}$$

式中 γ_G——意义同前，但取值为 1.35，且参与组合的仅限于竖向荷载。

其余符号意义同式（1-2a）。

2. 基本组合的简化规则

对于一般排架、框架结构，基本组合可采用简化规则，并从下列组合中取最不利值确定。

（1）由可变荷载效应控制的组合。

$$S=\gamma_G S_{Gk}+\gamma_{Q1} S_{Qik} \tag{1-3a}$$

$$S=\gamma_G S_{Gk}+0.9\sum_{x+1}^{n}\gamma_{Qi} S_{Qik} \tag{1-3b}$$

（2）由永久荷载效应控制的组合。仍按式（1-2b）确定。

1.3.2.3 正常使用极限状态设计

根据不同的设计要求，采用荷载的标准组合、频遇组合或准永久组合，并按下列设计式进行设计：

$$S\leqslant C \tag{1-4}$$

式中 C——结构或结构构件达到正常使用要求的规定限值，如变形、裂缝、振幅等限值。

1. 荷载组合（1oad combinations）

（1）标准组合（nominal combinations）。主要用于当一个极限状态被超越时将产生严重的永久性损害的情况，其荷载效应组合的设计值 S 按式（1-5）采用：

$$S=S_{Gk}+S_{Qik}+\sum_{i=2}^{n}\Psi_{Cr} S_{Qik} \tag{1-5}$$

对照式（1-5）和式（1-2a）可知：当式（1-2a）的荷载分项系数均取 1 时，就是式（1-5）。

（2）准永久组合（quasi-permanent combinations）。荷载准永久值是针对可变荷载而言的，主要用于长期效应是决定性因素时的一些情况。准永久值反映可变荷载的一种状态，按照在设计基准期内荷载达到和超过该值的总持续时间与设计基准期的比值为 0.5 来确定。准永久组合的荷载效应组合的设计值 S 按式（1-6）采用：

$$S=S_{Gk}+\sum_{i=1}^{n}\Psi_{qi} S_{Qik} \tag{1-6}$$

式中 Ψ_{qi}——可变荷载 Q_i 的准永久值系数。

2. 具体设计内容

混凝土结构构件在按承载能力极限状态设计后，应按规范规定进行裂缝控制验算以及受弯构件的挠度验算。砌体结构构件因其截面尺寸大，可不进行正常使用极限状态验算。

（1）裂缝控制验算。根据所处环境类别和结构类别，首先选用相应的裂缝控制等级及最大裂缝宽度限值 W_{lim}。裂缝控制等级共分为三级（表 1-11）。

表 1-11 结构构件的裂缝控制等级及最大裂缝宽度的限值（mm）

环境类别	钢筋混凝土结构		预应力混凝土结构	
	裂缝控制等级	W_{lim}	裂缝控制等级	W_{lim}
一	三级	0.30（0.40）	三级	0.20
二 a		0.20		0.10
二 b			二级	—
三 a、三 b			一级	—

注：1. 对处于年平均相对湿度小于 60％地区一类环境下的受弯构件，其最大裂缝宽度限值可采用括号内的数值；

2. 在一类环境下，对钢筋混凝土屋架、托架及需作疲劳验算的吊车梁，其最大裂缝宽度限值应取为 0.20mm；对钢筋混凝土屋面梁和托梁，其最大裂缝宽度限值应为 0.30mm；

3. 在一类环境下，对预应力混凝土屋架、托架及双向板体系，应按二级裂缝控制等级进行验算；对一类环境下的预应力混凝土屋面梁、托梁、单向板，应按表中二 a 类环境的要求进行验算；在一类和二 a 类环境下需作疲劳验算的预应力混凝土吊车梁，应按裂缝控制等级不低于二级的构件进行验算；

4. 表中规定的预应力混凝土构件的裂缝控制等级和最大裂缝宽度限值仅适用于正截面的验算；预应力混凝土构件的斜截面裂缝控制验算应符合本规范第 7 章的有关规定；

5. 对于烟囱、筒仓和处于液体压力下的结构，其裂缝控制要求应符合专门标准的有关规定；

6. 对于处于四、五类环境下的结构构件，其裂缝控制要求应符合专门标准的有关规定；

7. 表中的最大裂缝宽度限值为用于验算荷载作用引起的最大裂缝宽度。

裂缝控制等级为一级的构件严格要求不出现裂缝，按荷载效应标准组合计算时，构件受拉边缘混凝土不应产生拉应力；裂缝控制等级为二级时，一般要求不出现裂缝，按荷载效应标准组合时，构件受拉边缘混凝土拉应力不应大于 f_{tk}；裂缝控制等级为三级的构件允许出现裂缝，但按荷载效应准永久组合并考虑长期作用影响计算时，构件最大裂缝宽度不应超过表 1-11 的限值。

（2）受弯构件的挠度验算。计算钢筋混凝土受弯构件的最大挠度时，应按荷载效应准永久组合并考虑荷载长期作用的影响。其计算值不超过表 1-12 规定的挠度限值。

表 1-12 受弯构件的挠度限值

构件类型	楼盖、屋盖及楼梯构件			吊车梁	
	$l_0<7m$	$7m\leqslant l_0\leqslant 9m$	$l_0>9m$	手动吊车	电动吊车
挠度限值	$l_0/200$（$l_0/250$）	$l_0/250$（$l_0/300$）	$l_0/300$（$l_0/400$）	$l_0/500$	$l_0/600$

注：1. l_0 为构件的计算跨度，对悬臂构件，l_0 按实际悬臂长度的 2 倍取用；

2. 括号内数值适用于使用上对挠度有较高要求的构件；

3. 若构件预先起拱且使用上允许，则在计算挠度时可将计算值减去起拱值，预应力构件尚可减去预加力产生的反拱值。

1.3.3 结构构件设计的一般内容

采用极限状态设计法进行结构构件设计时，主要有如下内容：

（1）确定计算简图。对具体的建筑进行结构选型，确定适当的结构形式；进行结构平面布置，确定结构的计算单元和计算简图（包括构件截面尺寸选择、计算跨度的确定、荷载取值，不同荷载有不同的计算简图）；选择结构材料和相应强度等级。

（2）用力学方法进行荷载效应计算（即 S_{Gk} 及 S_{Qik}，$i=1$，2，…，n）。

（3）利用荷载效应组合公式进行荷载效应组合设计值 S_d 的计算。

（4）确定构件抗力 R_d，按相应公式进行抗力计算（如确定配筋等）。

结构选型已在之前介绍，力学计算由力学课程解决，抗力的计算则是本书要解决的主要问题。下面就荷载取值和材料强度取值做简要说明，以加深对设计方法的理解。

1.3.3.1 荷载取值

各类荷载取值按《建筑结构荷载规范》（GB 50009—2012）的规定取用。永久荷载采用标准值作为代表值，其中结构自重标准值可按设计尺寸与材料重力密度标准值计算；可变荷载则应采用标准值、组合值、频遇值或准永久值作为代表值。荷载标准值可以理解为设计基准期内最大荷载概率分布某一分位值，具有95%的保证率。

常用材料和构件自重如表1-13所示，其中钢筋混凝土可取 $25kN/m^3$；主要民用建筑楼面均布活荷载标准值及组合值系数、准永久值系数见表1-14，屋面均布活荷载标准值见表1-15。屋面均布活荷载不与雪荷载同时组合，仅取其中较大者。

表1-13 常用材料和构件自重

名称	自重	备注
普通砖	$18kN/m^3$	240×115×53－684块/m^3 机器制 砂：白灰=92：8 厚5mm
普通砖	$19kN/m^3$	
灰砂砖	$18kN/m^3$	
马赛克	$0.12kN/m^3$	
石灰砂浆、混合砂浆	$17kN/m^3$	
水泥砂浆	$20kN/m^3$	
素混凝土	$22\sim24kN/m^3$	
振捣或不振捣		
泡沫混凝土	$4\sim6kN/m^3$	
加气混凝土	$5.5\sim7.5kN/m^3$	单块
钢筋混凝土	$24\sim25kN/m^3$	
浆砌机砖	$19kN/m^3$	
黏土砖空斗砌体	$17kN/m^3$	中填碎瓦砾·一眠一斗
黏土砖空斗砌体	$13kN/m^3$	全斗
黏土砖空斗砌体	$15kN/m^3$	能承重
水泥粉刷墙面	$0.36kN/m^2$	20mm厚，水泥粗砂
水刷石墙面	$0.5kN/m^2$	25mm厚，包括打底
石灰粗砂粉刷	$0.34kN/m^2$	20mm厚
木框玻璃窗	$0.2\sim0.3kN/m^2$	
玻璃幕墙	$1.0\sim1.5kN/m^2$	一般按单位面积玻璃自重增大20%～30%采用

续表

名称	自重	备注
钢框玻璃窗	0.4～0.45kN/m²	
油毡防水层	0.35～0.4kN/m²	八层做法，三毡四油上铺小石子
三夹板顶棚	0.18kN/m²	吊木在内
铝合金龙骨吊顶	0.1～0.12kN/m²	一层矿棉吸声板 15mm 厚，无保温层
水磨石地面	0.65kN/m²	10mm 面层，20mm 水泥砂浆底

表 1-14　主要民用建筑楼面均布活荷载标准值及相关系数

项次	类别	标准值（kN/m²）	组合值系数 Ψ_c	准永久值系数 Ψ_q
1	住宅宿舍、办公楼、旅馆、医院病房、托幼所	2.0	0.7	0.4
2	教室、实验室、阅览室、会议室、医院门诊部、一般厨房	2.0	0.7	0.5
3	食堂、餐厅、一般资料档案室	2.5	0.7	0.5
4	礼堂、影剧院、有固定座位看台	3.0	0.7	0.3
5	商店、展览厅、车站、港口、机场大厅及其旅客等候室	3.5	0.7	0.5
6	书库、档案库、储藏室	5.0	0.9	0.8
7	电梯机房、通风机房	7.0	0.9	0.8
8	消防疏散楼梯	3.5	0.7	0.3
9	阳台	2.5	0.7	0.5

表 1-15　屋面均布活荷载

项次	类别	标准值（kN/m²）	组合值系数 Ψ_c	准永久值系数 Ψ_q
1	不上人的屋面	0.5	0.7	0
2	上人的屋面	2.0	0.7	0.4
3	屋顶花园	3.0	0.7	0.5

注：1. 上人屋面当兼作其他用途时，应按相应楼面活荷载采用。

2. 屋顶花园活荷载不包括花园土石等材料自重。

1.3.3.2　材料强度取值

材料强度是确定抗力的重要参数，材料强度标准值 f_k 是材料强度的代表值，一般取概率分布的 0.05 分位值，即具有 95%的保证率。而在进行承载能力计算时，采用材料强度设计值，它是在标准值的基础上，除以大于 1 的材料分项系数得出的（如混凝土材料分项系数 $\gamma_c=1.4$，钢筋材料分项系数 $\gamma_s=1.1$，预应力用钢丝、钢绞线、热处理钢筋为 1.2），从而有更高的保证率。

【小结】

在进行建筑结构设计时，结构构件需满足安全性、适用性和耐久性等功能要求。当结构或结构的一部分超过某一特定状态就不能满足上述某功能要求时，该特定状态称为该功能的极限状态。这与数学中的极限概念是相似的。极限状态可分为承载能力极限状态和正常使用极限状态。承载能力极限状态涉及安全性问题，超过该极限状态造成的后果要比超过正常使用极限状态（涉及适用性、耐久性）的后果严重，因此任何结构构件都必须进行承载力计算（必要时还需进行倾覆、滑移等验算）。处于地震区的结构还应按规定进行结构构件的抗震承载力计算。对于正常使用极限状态，可通过适当的构造规定去满足，或在必要时进行变形和裂缝控制的验算。

在进行承载能力极限状态计算时，采用荷载设计值（等于荷载标准值乘以相应的荷载分项系数）、材料强度设计值（等于材料强度标准值除以相应材料分项系数）、结构重要性系数、可变荷载的组合系数等进行；在进行正常使用极限状态验算时，则采用荷载标准值、材料强度标准值以及结构重要性系数、荷载组合系数及准永久值系数等进行。各项数值和系数的取值是以概率理论为基础，根据结构的不同可靠指标确定的，设计时可直接引用。

【习题】

一、选择题

1. 下列四种结构体系中，适用的最大高度最高的体系是（　　）。

A. 现浇框架结构　　B. 预制框架结构

C. 现浇框架-剪力墙结构　　D. 部分框支墙现浇剪力墙结构

2. 在水平荷载作用下，结构变形曲线为弯剪型（底部为弯曲型变形，顶部为剪切型变形）的是（　　）。

A. 框架结构　　B. 混合结构

C. 剪力墙结构　　D. 框架-剪力墙结构

3. 建筑结构功能要求主要是（　　）。

A. 安全性　　B. 适用性　　C. 耐久性　　D. 以上都是

4.《建筑结构可靠性设计统一标准》根据建筑结构破坏后果的严重程度，将建筑结构划分为三个等级，以下与其设计使用年限对应正确的是（　　）。

A. 一类－100 年；二类－50 年；三类－5 年及以上

B. 一类－100 年；二类－50 年；三类－5 年及以下

C. 一类－50 年；二类－20 年；三类－5 年及以上

D. 一类—50 年；二类—20 年；三类—5 年及以下

5. 影响结构耐久性的最主要的两个因素是（　　）。

A. 混凝土耐久性、结构所受荷载大小

B. 混凝土耐久性、钢筋锈蚀

C. 所选用混凝土的强度等级、结构所受荷载大小

D. 所选用混凝土的强度等级、钢筋锈蚀

6. 材料强度的设计值是指用于（　　）时的材料强度的代表值。

A. 承载力计算　　B. 抗剪计算

C. 预应力计算　　D. 抗弯计算

7. 结构极限状态分类可分为（　　）。

A. 承载能力极限状态、抵抗能力极限状态

B. 承载能力极限状态、正常使用极限状态

C. 抗压能力极限状态、抵抗能力极限状态

D. 抗压能力极限状态、正常使用极限状态

8.（　　）是结构用于各种作用引起的内力和变形的总称。

A. 外力效应　　B. 内力效应

C. 破坏效应　　D. 荷载效应

9.《建筑结构荷载规范》对于不同功能设计的荷载给予了相应的规定量值，这种量值称为（　　）。

A. 荷载设计值　　B. 荷载规定值

C. 荷载固定值　　D. 荷载代表值

10. 混凝土规范把设计使用年限与耐久性结合，将设计使用年限划分为（　　）。

A. 二类　　B. 三类

C. 四类　　D. 五类

11. 下列作用中，不属于可变荷载范畴的是（　　）。

A. 楼面活荷载　　B. 风荷载

C. 雪荷载　　D. 撞击力或爆炸力

12. 下列情况下，属于构件超过承载能力极限状态的是（　　）。

A. 在荷载作用下产生较大变形而影响使用

B. 构件在动力荷载作用下产生较大的振动

C. 构件受拉区混凝土出现裂缝

D. 构件因过度变形而不适于继续承载

13. 下列情况中，属于构件超过正常使用极限状态的是（　　）。

A. 构件因过度变形而不适于继续承载

B. 构件丧失稳定性

C. 构件在荷载作用下产生较大的变形而影响使用

D. 构件因超过材料强度而破坏

14. 下列荷载作用中，属于静力荷载的是（　　）。

A. 吊车荷载　　B. 地震作用　　C. 积灰荷载　　D. 撞击力

15. 对于土压力（Ⅰ）、风荷载（Ⅱ）、积灰荷载（Ⅲ）、结构自重（Ⅳ），属于活荷载的是（　　）。

A. Ⅰ、Ⅱ　　B. Ⅲ、Ⅳ　　C. Ⅰ、Ⅳ　　D. Ⅱ、Ⅲ

二、简答题

1. 什么是结构的可靠性和结构功能的极限状态?

2. 什么是材料强度的标准值和设计值?

3. 什么是建筑结构的承载能力极限状态和正常使用极限状态?

项目 2 钢筋混凝土构件配筋计算

任务 2.1 钢筋混凝土构件基本构造

学习目标

(1) 能用本课程的专业术语进行生产实践交流。

(2) 能根据梁、板、柱构件的配筋计算前的假设和构造要求准确查找相关规范数据。

(3) 能根据梁、板、柱构件的配筋计算原理准确计算梁、板、柱构件的受力钢筋截面面积和数量。

(4) 能根据构件的计算配筋的结果形成构件的结构施工图。

(5) 能准确理解建筑结构施工图纸中的钢筋位置和数量，指导施工实践生产。

学习要点

(1) 了解建筑结构构件的基本概念及类别；掌握建筑结构构件梁、板、柱的基本构造要求。

(2) 了解钢筋混凝土受弯构件的破坏特征；掌握矩形截面适筋梁或板的单筋和双筋正截面配筋计算方法。

(3) 了解钢筋混凝土 T 形截面梁类型区分方法；掌握 T 形截面梁正截面配筋计算方法。

(4) 了解钢筋混凝土受弯构件斜截面的破坏特征；掌握斜截面腹筋配筋计算方法。

(5) 了解钢筋混凝土受压构件截面的破坏特征；掌握受压构件中轴心受压和偏心受压对称配筋计算方法。

建议学时

20 学时

2.1.1 梁的基本构造

1. 梁板截面形状与尺寸

如图 2-1 所示，梁板截面常用矩形、T 形、工字形、花篮形、箱形等形式。

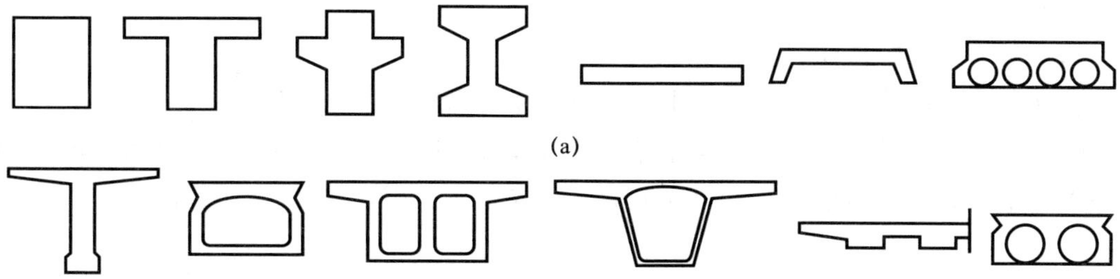

图 2-1　梁板截面常用形式

(a) 房屋建筑工程；(b) 公路桥涵工程

(1) 模数要求。

当梁高 $h \leqslant 800$mm 时，h 为 50mm 的倍数；$h > 800$mm 时，h 为 100mm 的倍数。梁宽 $b \geqslant 200$mm，b 为 50mm 的倍数；200mm 以下的梁宽可为 150mm 或 180mm。

(2) 梁的高跨比。

梁的高跨比 h/L_0，可参照表 2-1 的规定选择，其中 L_0 为梁的计算跨度。

表 2-1　梁的高跨比选择

支承情形 / 构件类型	简支	两端连续	悬臂
独立梁或整体肋形梁的主梁	$\frac{1}{12} \sim \frac{1}{8}$	$\frac{1}{14} \sim \frac{1}{8}$	$\frac{1}{6}$
整体肋形梁的次梁	$\frac{1}{18} \sim \frac{1}{10}$	$\frac{1}{20} \sim \frac{1}{12}$	$\frac{1}{8}$

注：当梁的跨度超过 9m 时，表中数值宜乘以 1.2。

(3) 梁的宽度一般取梁高的 1/2.5～1/3。

普通钢筋混凝土矩形截面梁基本形式的三维模型，可扫描二维码：

2. 材料选择与一般构造

(1) 材料选择。

①混凝土强度等级。梁常用的混凝土等级有 C20、C25、C30、C35 和 C40。楼盖一般不提倡采用高强度混凝土，因为高强度等级水泥收缩很大，容易引起楼面开裂，且提高混凝土强度等级对增大梁正截面受弯承载力的作用不显著。

②钢筋强度。梁纵向受力钢筋应采用 HRB400、HRB500、HRBF400、HRBF500 钢筋；梁的箍筋宜采用 HRB400、HRBF400、HPB300、HRB500、HRBF500 钢筋，也

可采用 HRB335、HRBF335 钢筋。

(2) 钢筋的常用直径。

①纵向受力钢筋直径一般不小于 10mm，且宜优先选择直径较小的钢筋；当采用两种不同直径的钢筋时，其直径至少相差 2mm，以便施工识别，但也不宜大于 6mm。钢筋伸入支座的数量：当梁宽 $b \geqslant 100$mm 时，不应少于 2 根，梁宽 $b < 100$mm 时，可以为 1 根。

②架立钢筋设置在梁的受压区，用来固定箍筋并与受力钢筋形成钢筋骨架。架立筋还可以承受温度、收缩应力。

③梁内箍筋由抗剪计算和构造要求确定。箍筋的直径与梁高有关：对截面高度大于 800mm 的梁，箍筋直径不宜小于 8mm；对截面高度为 800mm 及以下的梁，箍筋直径不宜小于 6mm；对梁中配有计算需要的纵向受压钢筋时，箍筋直径尚不应小于 $d/4$（d 为纵向受压钢筋的最大直径）。

④弯起钢筋是利用梁的部分下部纵向受力钢筋在支座附近弯起成型的。弯起钢筋在弯起前抵抗梁内正弯矩，在弯起段可抵抗剪力，在连续梁中间支座的弯起钢筋还可抵抗支座负弯矩。弯起钢筋的弯起角度一般为 45°，当梁高＞800mm 时，弯起角度可采用 60°。梁底的角部钢筋不应弯起，梁顶的角部钢筋不应弯下。为了施工安装的方便，钢筋骨架中一般不再设置弯起钢筋，斜截面抗剪一般由加密区箍筋代替，弯起钢筋一般只出现在主次梁铰接处作为吊筋出现，吊筋也可以被附加箍筋代替。

(3) 混凝土保护层厚度及钢筋间净距。

一类环境下梁受力钢筋的混凝土保护层最小厚度可取为 20mm（混凝土强度等级＞C25 时）或 25mm（混凝土强度等级≤C25 时），且不小于受力钢筋直径，下部钢筋的净距 d_2 不小于 25mm 且不小于受力钢筋最大直径；上部钢筋净距 d_1 不小于 30mm 且不小于受力钢筋最大直径的 1.5 倍。当梁的下部纵向钢筋布置成两排时，上下排钢筋必须对齐（图 2-2），两层以上的钢筋中距应比下面两层增加一倍，各层钢筋之间的净间距不应小于 25mm 和 d。在梁的配筋密集区域可采用并筋（钢筋束）的配筋形式。

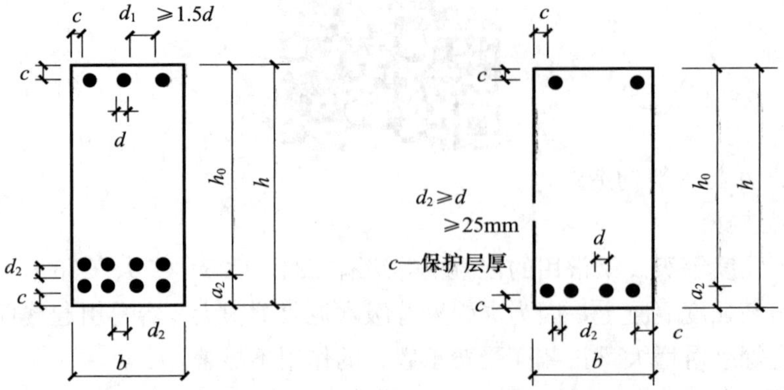

图 2-2　混凝土保护层及钢筋净距

3. 纵向受拉钢筋的配筋率

(1) 梁的配筋方式。

分式单筋截面配筋方式和双筋截面配筋方式。

(2) 纵向受拉钢筋的配筋率。

$$\rho=\frac{A_s}{bh_0}(\%) \tag{2-1}$$

按照我国经验，单筋矩形截面梁的经济配筋率为 0.6%～1.5%；T 形截面梁的经济配筋率为 0.9%～1.8%。

梁的最小配筋率

$$\rho_{min}=\left\{0.2, 45\frac{f_t}{f_y}\right\}_{max}\% \tag{2-2}$$

式中　f_t——混凝土轴心抗拉强度设计值，按附表 3 采用；

f_y——普通钢筋的抗拉强度设计值，按附表 6 采用。

4. 箍筋的配筋率

(1) 箍筋的作用。

箍筋与纵筋共同形成骨架，固定钢筋位置，提高混凝土强度、延性和抗震性，还具有抗剪和抗扭性能。

(2) 箍筋的形式与肢数。

箍筋的形式一般有封闭式和开口式两种。箍筋的肢数有单肢箍、双肢箍和四肢箍等，如图 2-3 所示。

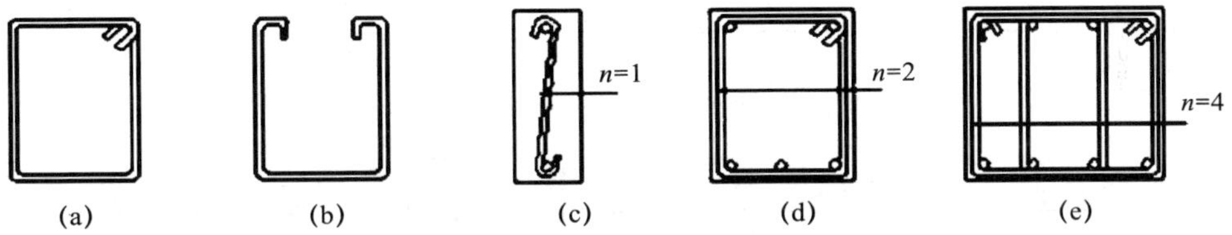

图 2-3　箍筋的形式和肢数

(a) 封闭式；(b) 开口式；(c) 单肢箍；(d) 双肢箍；(e) 四肢箍

(3) 箍筋的配筋率

配箍率反映了梁中箍筋的数量，以下式表示：

$$\rho_{sv}=\frac{A_{sv}}{bs}=\frac{nA_{sv1}}{bs} \tag{2-3}$$

式中　A_{sv}——配置在同一截面内箍筋各肢的全部截面面积；

n——同一截面内箍筋的肢数（图 2-3）；

A_{sv1}——单肢箍筋的截面面积；

s——沿构件长度方向箍筋的间距；

b——梁的宽度。

抗剪箍筋的最小配箍率：

$$\rho_{svmin}=0.24\frac{f_t}{f_{yv}} \tag{2-4}$$

抗剪扭箍筋的最小配箍率：

$$\rho_{stmin}=0.28\frac{f_t}{f_{yv}} \tag{2-5}$$

式中　f_{yv}——箍筋的抗拉强度设计值，按附表 3 采用，但在受剪、受扭、受冲切承载力计算时，取值不应大于 $360N/mm^2$。

2.1.2　板的基本构造

1. 截面尺寸

板的截面形式如图 2-4 所示，对一般工业与民用建筑楼面和屋面，单向现浇板的最小厚度是：屋面板 60mm，民用建筑楼板 60mm，工业建筑楼板 70mm，行车道下的楼板 80mm；双向板 80mm，无梁楼板 150mm；板的高跨比（h/L_0）不小于表 2-2 的规定（板高跨比的倒数称为跨厚比）。现浇钢筋混凝土板的最小厚度见表 2-3。

表 2-2　板的高跨比（h/L_0）

支承情况	板类型		
	单向板	双向板	悬臂板
简支	$\geq\frac{1}{35}$	$\geq\frac{1}{45}$	—
连续	$\geq\frac{1}{40}$	$\geq\frac{1}{50}$	$\geq\frac{1}{12}$

表 2-3　现浇钢筋混凝土板的最小厚度

板的类别		最小厚度
单向板	屋面板	60
	民用建筑楼板	60
	工业建筑楼板	70
	行车道下的楼板	80
双向板		80
密肋楼盖	面板	50
	肋高	250
悬臂板（根部）	悬臂长度不大于 500mm	60
	悬臂长度 1200mm	100
无梁楼盖		150
现浇空心楼盖		200

钢筋混凝土单向板的跨厚比不大于 30，双向板不大于 40，悬臂板不大于 12，单向板设计时可取单位宽度 $b=1000mm$ 进行计算，如图 2-4 所示。

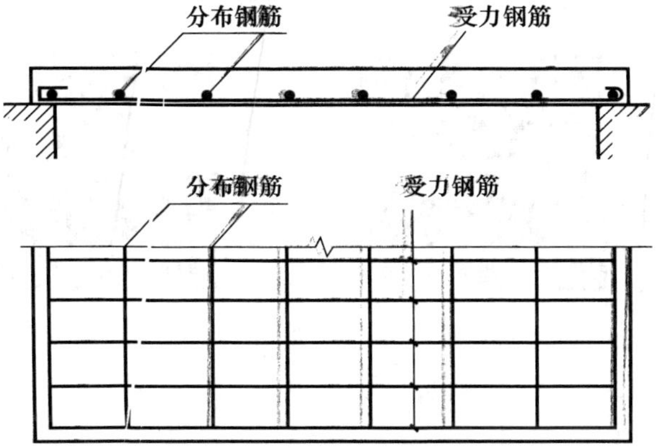

图 2-4　单向板的配筋示意图

2. 材料选择与一般构造

(1) 材料选择。

①板常用混凝土：C20、C25 和 C30。

②板受力筋：HRB400、HRB500、HRBF400、HRBF500、HRB335、RRB400、HPB300 钢筋。分布钢筋宜采用 HRB335 级。

③常用钢筋直径：6mm、8mm、10mm 和 12mm。其中现浇板的板面钢筋直径不宜小于 8mm，间距不宜大于 200mm，配筋面积不宜小于跨中相应方向板底钢筋面积的 1/3。

(2) 一般构造。

分布钢筋作用：将板上荷载均匀地传给受力钢筋，同时可以抵抗因混凝土收缩及温度变化而在垂直受力钢筋方向所产生的拉力。

钢筋间距：受力筋间距一般为 70～200mm；当板厚 $h\leqslant 150$mm 时，受力筋间距不宜大于 200mm；当板厚 $h>150$mm 时，受力筋间距不宜大于 $1.5h$，且不应大于 250mm。分布筋间距不宜大于 250mm。

3. 受拉钢筋的配筋率

(1) 受力钢筋的配筋率。

板的经济配筋率为 0.3%～0.8%。板的受拉钢筋的最小配筋率可适当降低，但不应小于 0.15%。最小配筋率同梁，按式 (2-1) 计算。

(2) 分布钢筋的配筋率。

单位长度上分布钢筋的截面面积不应小于单位宽度上受力钢筋截面面积的 15%，且不宜小于该方向板截面面积的 0.15%。

2.1.3　柱的基本构造

1. 柱截面形状与尺寸

如图 2-5 所示，柱的截面形式有方形、圆形、矩形、多边形、工字形等。

基本钢筋混凝土柱方形、矩形柱三维模型可扫描二维码：

方形柱：　　　　矩形柱：

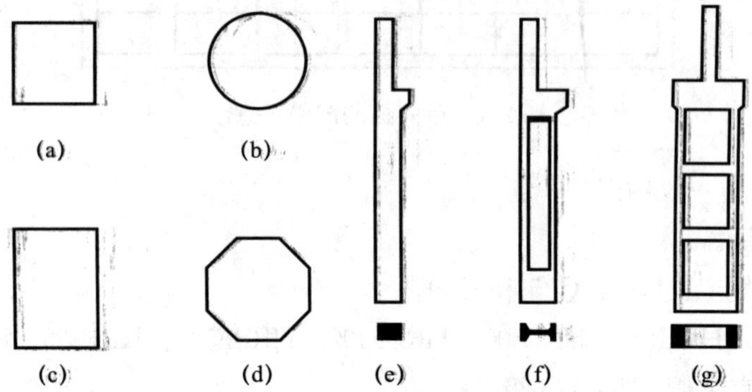

图 2-5　柱的截面形式

(a) 方形；(b) 圆形；(c) 矩形；(d) 多边形；(e) 矩形；(f) 工字形；(g) 双腹柱

注：(a)(b)(c)(d) 轴心受压构件常用截面形状；(e)(f)(g) 偏心受压构件常用截面形状

(1) 截面尺寸$\geqslant b\times h=250\text{mm}\times 250\text{mm}$。常取 $L/b\leqslant 30$，$L/h\leqslant 25$。

(2) 框架柱截面尺寸$\geqslant b\times h=300\text{mm}\times 400\text{mm}$，一般取 $h/b=1.5\sim 3.0$。

(3) I 字形截面翼缘厚度≥120mm，腹板厚度≥100mm。

(4) 截面长边或直径小于 300mm，强度设计值应乘以系数 0.8。

2. 材料选择与一般构造

(1) 材料选择。

常用钢筋：HRB400、HRB500、HRBF400、HRBF500、HRB335、RRB400、HPB300。

①柱常用混凝土等级：C25、C30、C35 和 C40，混凝土强度等级对受压构件的承载能力影响较大。

②纵向受力钢筋应采用 HRB400、HRB500、HRBF400、HRBF500 钢筋，不宜采用高强度钢筋，因为混凝土达到抗压强度 f_c，应变为 2×10^{-3}，相应的纵筋应力值 $\sigma_s=E_s\varepsilon'_s\approx 2\times 10^5\times 2\times 10^{-3}=400\text{N/mm}^2$，HRB400、HRBF400 和 RRB400 的钢筋已达屈服，强度大于 400N/mm^2 钢筋不屈服，但混凝土破坏了，钢筋无作用了。

(2) 柱子钢筋的常用直径。

①纵筋直径不宜小于 12mm；

②纵向构造钢筋：当截面高度 $h\geqslant 600\text{mm}$ 时，在柱侧面应设 10～16mm 的纵向构造钢筋，并相应地设置复合箍筋或拉筋，如图 2-6 所示。

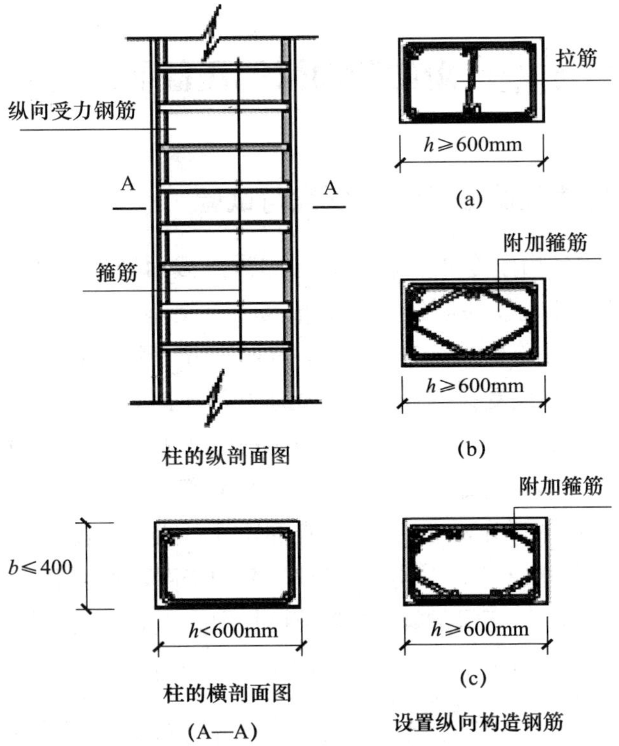

图 2-6　柱子钢筋构造

③箍筋直径不应小于 $d/4$，且不应小于 6mm。当纵筋配筋率超过 3%时，直径不应小于 8mm；在纵筋搭接长度范围内，直径不宜小于搭接钢筋直径的 0.25 倍。

（3）钢筋的间距。

①纵向受力钢筋净距不应小于 50mm。

②箍筋间距不应大于 400mm 及构件截面的短边尺寸，且不应大于 $15d$。

（4）钢筋定位与连接。

①纵筋的作用：纵筋与箍筋一起形成骨架，帮助混凝土承担压力，或作为弯拉受拉钢筋。

②箍筋的作用：箍筋固定纵筋位置，增加构件延性，提高抗震性能，具有抗剪和抗扭受力性能，能减小纵筋的用量。为了能箍住纵筋，防止纵筋压曲，柱中箍筋应做成封闭式。对于截面形状复杂的构件，不可采用具有内折角的箍筋，避免产生向外的拉力，致使折角处的混凝土破损。

（5）纵筋的配筋率。

$$\rho' = \frac{A'_s}{A} = \frac{A'_s}{bh} \times 100\% \tag{2-6}$$

柱的最小配筋率 ρ_{min} 按附表 11 中的受压构件纵向受力钢筋的最小配筋百分率采用，即同时一侧纵向钢筋的配筋率不应小于 0.2%。全部纵筋配筋率不宜超过 5%，一般配筋率控制在 1%～2%之间为宜。

任务 2.2 矩形截面梁的正截面承载力计算

2.2.1 受弯构件正截面承载力研究与试验

钢筋混凝土受弯构件由于弯矩引起的破坏称为正截面破坏，破坏面与构件的轴线垂直。试验用试件一般设计成较易制作的矩形截面梁，支座为铰支支座。采用对称加载方式，这种加载方式可实现跨中仅受有弯矩的“纯弯段”，从而排除剪力的影响（自重忽略）。在梁的受拉区配置纵向受拉钢筋，伸入支座并可靠锚固。在支座至集中荷载区段，由于存在剪力，故配有足够的箍筋，以防止该段发生剪切破坏（图 2-7）。在跨中的纵向钢筋表面及沿截面高度的混凝土表面都贴有应变片，以测定钢筋应变和沿截面高度的混凝土应变。在梁的跨中布置量测挠度的百分表或挠度计，在支座处布置百分表量测沉降以消除支座下沉的影响。荷载分级施加，相应记录各测点的应变、跨中挠度，观察梁的变形和裂缝的出现和开展情形，直至梁破坏为止。记录的跨中挠度值可整理成弯矩-挠度曲线，如图 2-8 所示。

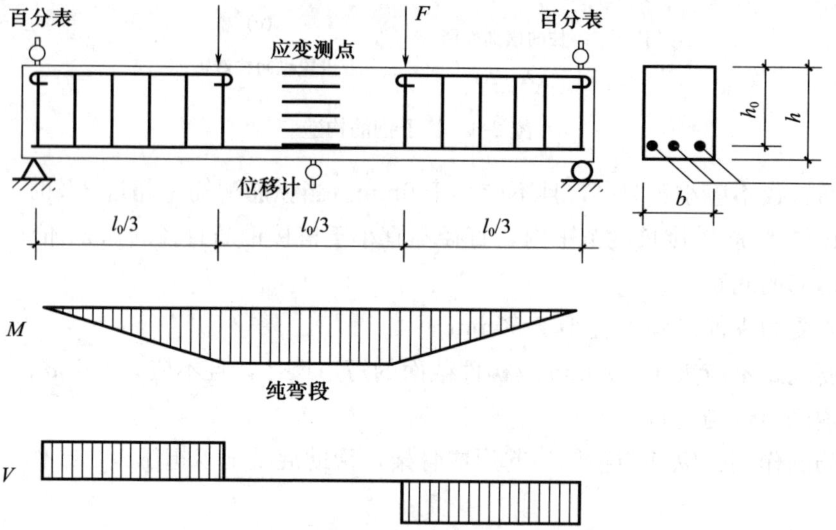

图 2-7　钢筋混凝土梁受弯性能试验

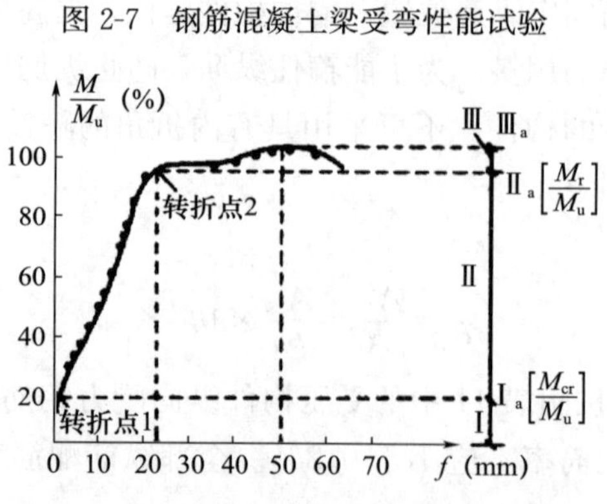

图 2-8　钢筋混凝土梁弯曲弯矩-挠度曲线

1. 受弯构件正截面受力破坏特征

受弯构件正截面受弯破坏的破坏形态有适筋破坏、超筋破坏和少筋破坏三种，如图 2-9所示。

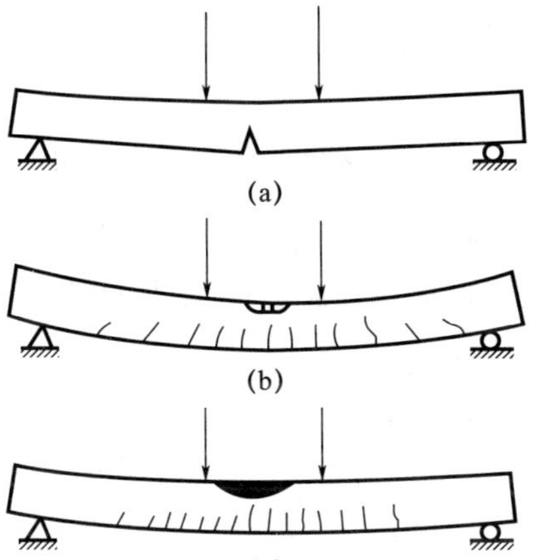

图 2-9　梁的正截面破坏形态

(a) 少筋梁；(b) 适筋梁；(c) 超筋梁

(1) 适筋破坏。

前述试验梁是具有正常配筋率的适筋梁。其破坏特征是：受拉钢筋首先屈服；随着受拉钢筋塑性变形的发展，受压混凝土边缘纤维达到极限压应变，混凝土压碎；梁在破坏前有明显预兆，破坏前裂缝和变形急剧发展，这种破坏称“延性破坏”。

(2) 超筋破坏。

当构件受拉区配筋量很高时，则破坏时受拉钢筋不会屈服，破坏是因混凝土受压边缘达到极限压应变，混凝土被压碎而引起的。发生这种破坏时，受拉区混凝土裂缝不明显，破坏前无明显预兆，是一种“脆性破坏”。由于超筋梁的破坏属于脆性破坏，破坏前无警告，并且受拉钢筋的强度未被充分利用而不经济，故尽量避免采用。

(3) 少筋破坏。

当梁的受拉区配筋量很小时，其抗弯能力及破坏特征与不配筋的素混凝土梁类似，受拉区混凝土一旦开裂，则裂缝处的钢筋拉应力迅速达到屈服强度并进入强化段，甚至钢筋被拉断。受拉区混凝土裂缝很宽，构件挠度很大，而受压混凝土并未达到极限压应变。这种破坏是“一裂即坏”型，破坏弯矩往往低于构件开裂时的弯矩，属于脆性破坏，故设计不允许少筋梁。

2. 适筋梁正截面受弯破坏的三个受力阶段

如图 2-10 所示。

(1) 阶段Ⅰ——弹性工作阶段。

当弯矩较小时，构件基本上处于弹性工作阶段，沿截面高度的混凝土应力和应变的分布均为直线，与材料力学的规律相同，混凝土受拉区未出现裂缝。荷载逐渐增加后，受拉区混凝土塑性变形发展，拉应力图形呈曲线分布。当荷载增加到使受拉混凝土边缘

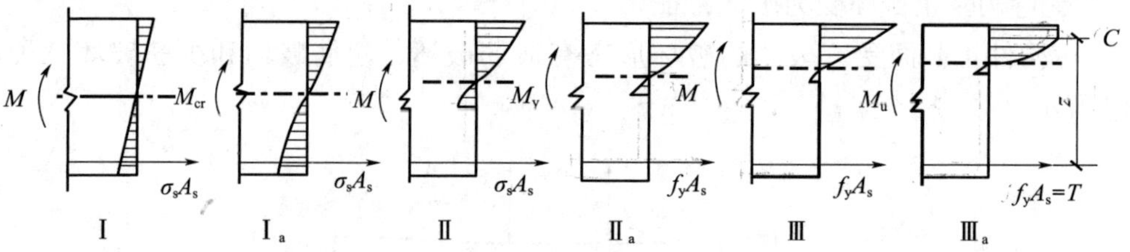

图 2-10　梁受弯破坏的三个阶段

纤维拉应变达到混凝土极限拉应变时，受拉混凝土将开裂，受拉混凝土应力达到混凝土抗拉强度。这种“将裂未裂”的状态标志着阶段Ⅰ的结束，称为Ⅰ_a状态。Ⅰ_a阶段可作为受弯构件抗裂度计算的依据。

（2）阶段Ⅱ——带裂缝工作阶段。

当荷载继续增加时，受拉混凝土边缘纤维应变超过其极限拉应变，混凝土开裂。在开裂截面，受拉混凝土逐渐退出工作，拉力主要由钢筋承担；随着荷载的增大，裂缝向受压区方向延伸，中和轴上升，裂缝宽度加大，新裂缝逐渐出现；混凝土受压区的塑性变形有所发展，压应力图形呈曲线形分布。当荷载增加到使钢筋应力达到屈服强度 f_y 时，标志着第Ⅱ阶段的结束，称为Ⅱ_a状态。Ⅱ阶段可作为使用阶段验算变形和裂缝开展宽度的依据。

（3）阶段Ⅲ——破坏阶段。

随着受拉钢筋的屈服，裂缝急剧开展，宽度变大，构件挠度大大增加，形成破坏前的预兆。由于中和轴高度上升，混凝土受压区高度不断缩小。当受压区混凝土边缘纤维达到极限压应变时，受压混凝土压碎，构件完全破坏。作为第Ⅲ阶段的结束，称为Ⅲ_a状态。Ⅲ_a阶段可作为正截面受弯承载力计算的依据。

在梁受力的三个阶段中，阶段Ⅱ是梁的正常使用阶段，即普通钢筋混凝土梁是带裂缝工作的，正常使用极限状态就是当裂缝宽度及挠度达到一定限值时的状态。状态Ⅲ_a则是梁的承载力极限状态。在三个受力阶段中，沿截面高度的应变（平均应变）基本符合平截面假定：

①截面应变保持平面。

试验表明：在纵向受拉钢筋应力达到屈服强度之前及达到的瞬间，截面的平均应变基本符合平截面假定。作为计算手段，即使钢筋已经屈服甚至进入强化段，计算值与试验值也符合较好（图 2-10）。世界上一些主要国家的有关规范，也都采用了平截面假定。

②不考虑混凝土的抗拉强度。

进入破坏阶段后，由于裂缝的发展，开裂截面中和轴以下的受拉混凝土及所承受的拉应力很小，忽略其作用偏于安全。

③混凝土受压的应力与应变关系曲线符合方程。

④纵向受拉钢筋的极限拉应变取为 0.01。

⑤纵向钢筋的应力取等于钢筋应变与其弹性模量的乘积。

3. 正截面承载力计算的等效矩形应力图

根据上述基本假定，对于仅在受拉区配受力钢筋的矩形截面受弯构件（称为单筋矩形截面），其计算简图示于图 2-11，则利用力的平衡条件（受拉钢筋合力与受压混凝土压应力合力相等）和力矩平衡条件（受压混凝土压应力合力对受拉钢筋合力点取矩）就可建立平衡方程，得出计算公式，但直接利用混凝土压应力图形需要积分运算，将比较烦琐。如图 2-11（b）所示。

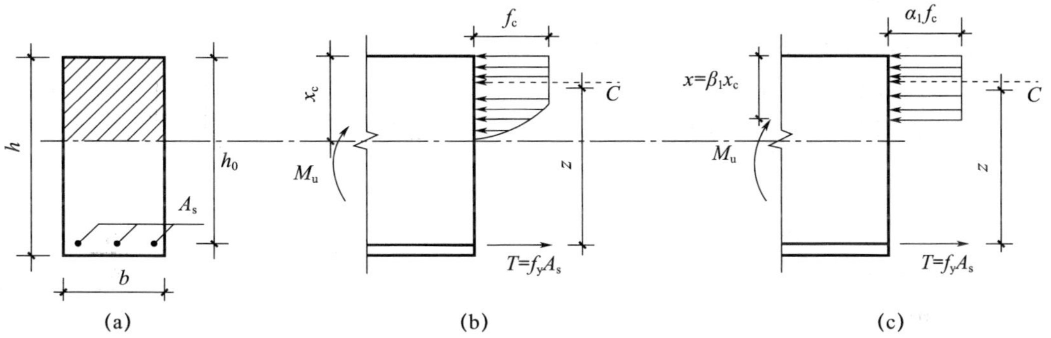

图 2-11　矩形截面受压区混凝土应力的等效应力图

（a）截面图；（b）理论应力图；（c）等效矩形应力图

当混凝土的应力图形采用等效矩形应力图形后（两个图形的压应力合力相等，合力 C 作用位置完全相同），可求得按等效矩形应力图形计算的受压区高度 X 与按平截面假定确定的受压区高度 X_c 的关系为 $X=\beta_1 X_c$，β_1 的取值见表 2-4。此时矩形应力图的应力取值为 $\alpha_1 f_c$，系数 α_1 见表 2-5。

表 2-4　系数 β_1 的取值

混凝土强度等级	<C50	C55	C60	C65	C70	C75	C80
β_1	0.80	0.79	0.78	0.77	0.76	0.75	0.74

表 2-5　矩形应力图应力值系数 α_1

混凝土强度等级	<C50	C55	C60	C65	C70	C75	C80
α_1	1.0	0.99	0.98	0.97	0.96	0.95	0.94

等效矩形应力图形的两个等效条件：

（1）混凝土压应力合力 C 的大小相等；

（2）两图形中受压区合力 C 的作用点位置不变。

2.2.2　矩形受弯构件正截面承载力计算

1. 单筋受弯构件正截面承载力计算

根据上述基本假定，对于仅在受拉区配受力钢筋的矩形截面受弯构件（称为单筋矩形截面），其计算简图示于图 2-11（c），则利用力的平衡条件（受拉钢筋合力与受压混凝土压应力合力相等）和力矩平衡条件（受压混凝土压应力合力对受拉钢筋合力点取矩）就可建立平衡方程，得出计算公式。

根据$\sum X=0$： $$f_yA_s-\alpha_1 f_c bx \quad (2\text{-}7)$$

根据$\sum M=0$： $$\gamma_0 M\leqslant M_u=\alpha_1 f_c bx(h_0-0.5x) \quad (2\text{-}8)$$

式中 γ_0——结构重要性系数（取1时可以省略）；

M——正截面受弯承载力设计值（荷载作用效应）；

M_u——构件抗力（抗弯）；

f_c——混凝土轴心抗压强度设计值；

f_y——受拉钢筋抗拉强度设计值；

A_s——受拉钢筋截面面积；

b——矩形截面宽度；

h_0——截面有效高度（$h-a_s$）。

（1）适用条件。

①$\rho\geqslant\rho_{min}$，以防止发生少筋破坏。

②$\xi\leqslant\xi_b$，以防止发生超筋破坏。

设：相对受压区高度$\xi=\dfrac{x}{h_0}$或$x=\xi\times h_0$，混凝土界限受压区高度x_b与截面有效高度h_0的比值称为界限相对受压区高度，记为ξ_b，按表2-6取值。由于当相对受压区高度$\xi>\xi_b$时，属于超筋梁，所以$x\leqslant x_b=\xi_b h_0$。

表2-6 界限相对受压区高度ξ_b值

钢筋级别	混凝土强度等级						
	≤C50	C55	C60	C65	C70	C75	C80
HPB300	0.576	0.566	0.556	0.547	0.537	0.528	0.518
HRB335、HRBF335	0.550	0.541	0.531	0.522	0.512	0.503	0.493
HRB400、HRBF400、RRB400	0.518	0.508	0.499	0.490	0.481	0.472	0.463
HRB500、HRBF500	0.482	0.473	0.464	0.455	0.447	0.438	0.429

（2）截面设计。

截面设计的一般步骤是：先按构造的有关规定确定截面尺寸b和h；选择适当的混凝土强度等级和钢筋级别；然后由内力分析得出的弯矩设计值M，从式（2-9）解出x的值：

$$x=h_0-\sqrt{h_0^2-\frac{2M}{\alpha_1 f_c b}} \quad (2\text{-}9)$$

看是否满足：$x\leqslant x_b=\xi_b h_0$；若不满足说明超筋，需重新选择截面或材料。若满足则将x代入式（2-7）求出A_s。即：$A_s=\dfrac{\alpha_1 f_c bx}{f_y}$，且$A_s\geqslant\rho_{min}bh$，保证不出现少筋，若$A_s<\rho_{min}bh$，则取$\rho_{min}bh$。

【例题2-1】已知矩形截面简支梁计算跨度$l_0=5.6$m，梁上作用均布荷载，其中恒荷载标准值$g_k=2.0$kN/m（未包括梁自重），活荷载标准值$q_k=15.7$kN/m；一类环境。

采用C20混凝土（$f_c=9.6\text{N/mm}^2$，$f_t=1.1\text{N/mm}^2$）、HRB335级纵向钢筋（$f_y=300\text{N/mm}^2$，$\xi_b=0.55$），试设计梁的截面尺寸和配筋。

【解】①截面尺寸设计。

按表2-1，取$h=L/12=5600/12=467\text{mm}$；模数化，选$h=450\text{mm}$；$b=(1/2\sim1/3.5)h=225\sim129\text{mm}$，选$b=200\text{mm}$。

②内力计算。

由$b\times h=200\text{mm}\times450\text{mm}$，梁自重（略去抹灰）：

$g_{1k}=0.2\times0.45\times25=2.25\text{kN/m}$

恒荷载设计值：$g=1.2(g_k+g_{1k})=1.2\times(2.0+2.25)=5.1\text{kN/m}$

活荷载设计值：$q=1.4q_k=1.4\times15.7=22\text{kN/m}$

弯矩设计值：$M=\frac{1}{8}(g+q)l_0^2=(5.1+22)\times5.6^2=106.23\text{kN}\cdot\text{m}$

③配筋计算。

取$a_s=40\text{mm}$（先假设按排钢筋布置），$h_0=h-a_s=450-40=410\text{mm}$，由式（2-9）

得：$x=410-\sqrt{410^2-\frac{2\times106.23\times10^6}{1\times9.6\times200}}=170.33\text{mm}<\xi_b h_0=225.5\text{mm}$；

所以不会超筋；将$x=170.33$代入式（2-7）得

$A_s=\frac{1\times9.6\times200\times170.33}{300}=1090\text{mm}^2\geqslant\rho_{\min}bh=180\text{mm}^2$

所以不会少筋；选配3Φ22，$A_s=1140\text{mm}^2$（二级钢筋）

（3）承载力验算（截面复核）。

已知：M、b、h、A_s、混凝土强度等级及钢筋强度等级，求M_u。

①先判断是否少筋；在不少筋的情况下进入下步计算。

②由式（2-9）计算出X值，判断X是否$\leqslant\varepsilon_b h_0$，成立则不超筋，将$X$代入（2-8）中计算出$M_u$；

若$M_u\geqslant M$，承载力满足；若$M_u<M$，则不满足。

③若$X>\xi_b h_0$；只能取$X=\xi_b h_0$代入式（2-8）中计算出M_u，然后比较M_u、M。

当M_u大于M过多时，该截面设计不经济。

【例题2-2】已知一钢筋混凝土梁的截面尺寸$b=250\text{mm}$，$h=500\text{mm}$，混凝土强度等级为C30，纵向受拉钢筋采用4Φ18（HRB400级），环境类别为一类，弯矩设计值为$M=110\text{kN}\cdot\text{m}$。试验算此梁是否安全。

【解】查表可得，$f_y=360\text{N/mm}^2$，$f_c=14.3\text{N/mm}^2$，$f_t=1.43\text{N/mm}^2$，$\alpha=1.0$，$\varepsilon_b=0.576$，$A_s=1018\text{mm}^2$。

$A_s>A_{\min}=\rho_{\min}bh=0.2\%\times250\times500=250\text{mm}^2$

由附表10可知，当环境类别为一类，最外层钢筋的混凝土保护层厚度可取20mm。假定箍筋直径为8mm，可求得，$a_s=20+8+18/2=37\text{mm}$，则$h_0=500-37=463\text{mm}$。

由式（2-7）可得：$x=\frac{f_yA_s}{\alpha_1 f_c b}=\frac{360\times1018}{1.0\times14.3\times250\times463}=102.3\text{mm}\leqslant\xi_b h_0=266.7\text{mm}$；满足适筋梁要求。

由式（2-8）可得截面所能负担的极限弯矩为：

$M_u=1.0\times14.3\times250\times102.3\times(463-102.3/2)=150.6\times10^6\text{N}\cdot\text{mm}=150.6\text{kN}\cdot\text{m}$

由于 $M_u=150.6\text{kN}\cdot\text{m}>M=110\text{kN}\cdot\text{m}$，则此梁安全。

2. 双筋截面受弯构件正截面承载力设计方法

双筋矩形截面是指不仅在受拉区配置纵向受力钢筋，而且在受压区也配置纵向受力钢筋的矩形截面，也即在矩形截面的受压区配置受压钢筋以承受部分压力的截面，如图 2-12所示。在一般情形下，利用受压钢筋承受压力是不经济的，但在下列情况下则需采用双筋截面：①当截面承受的弯矩值较大，即 $M>\alpha_1\xi_b(1-0.5\xi_b)f_c b h_0^2$ 且截面尺寸受到限制不能调整时；②同一截面在不同荷载效应组合下受到变号弯矩作用时；③在抗震设计中，需要配置受压钢筋以增加构件的截面延性时。

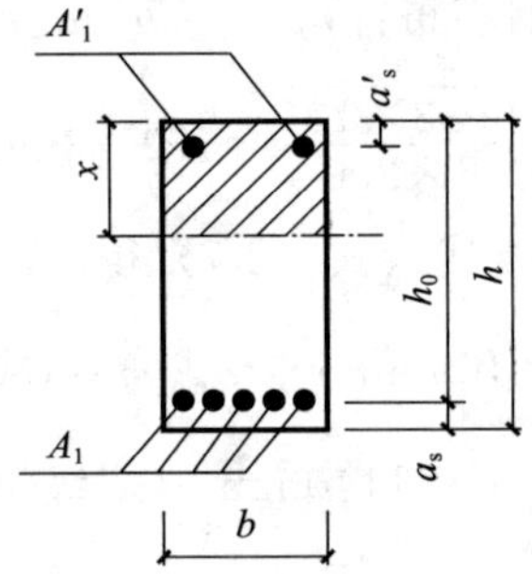

图 2-12　双筋矩形截面梁

（1）基本计算公式。

如图 2-13 所示，根据静力学平衡原理；双筋矩形截面受弯构件正截面承载力基本计算公式：

$$f_yA_s=\alpha_1 f_c bx+f'_yA'_s \tag{2-10}$$

$$M_u=\alpha_1 f_c bx(h_0-0.5x)+f'_yA'_s(h_0-a'_s) \tag{2-11}$$

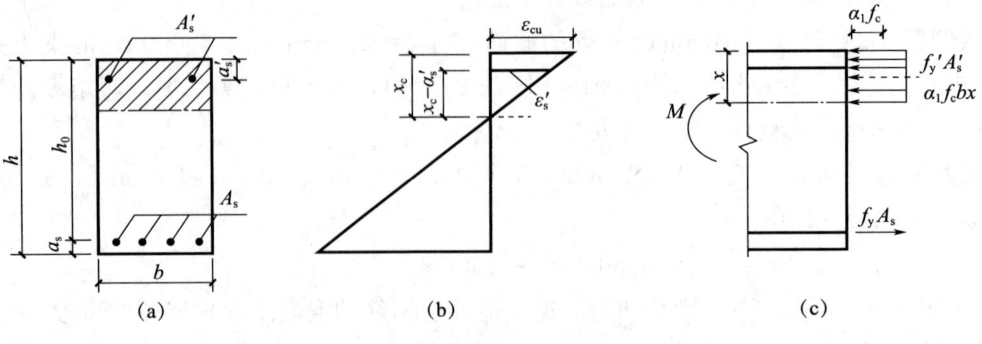

图 2-13　双筋截面梁的截面等效应力图

（a）截面；（b）截面应变图；（c）截面等效应力图

（2）适用条件（$2a'_s \leqslant x \leqslant \xi_b h_0$）。

在满足 $\xi \leqslant \xi_b$ 的条件下，双筋梁具有和单筋适筋梁相同的破坏特征：受拉钢筋首先屈服，然后是受压混凝土边缘纤维达到极限压应变、受压混凝土压碎。根据平截面假定还可以得出：当 $x \geqslant 2a'_s$时，对 HPB300、HRB335、HRB400 和 HRB500 级钢筋，破坏时受压钢筋将受压屈服 $f'_y = f_y$。

（3）计算方法。

情况一：求纵向受拉钢筋 A_s 和纵向受压钢筋 A'_s，取：

$$A'_s \geqslant \frac{\gamma_0 M - \alpha_1 f_c b h_0^2 \xi_b (1-0.5\xi_b)}{f'_y (h_0 - a'_s)} \tag{2-12}$$

$$A_s \geqslant \frac{\alpha_1 f_c b h_0 \xi_b}{f_y} + A'_s \frac{f'_y}{f_y} = \frac{\alpha_1 f_c b h_0 \xi_b}{f_y} + A'_s \tag{2-13}$$

【例题 2-3】已知一矩形截面梁，$b \times h = 200\text{mm} \times 500\text{mm}$，混凝土强度等级为 C40，HRB335 级钢筋，截面弯矩设计值 $M = 330\text{kN} \cdot \text{m}$，环境类别为一类。试求纵向受力钢筋截面面积。

【解】①截面有效高度的确定：根据“环境类别为一类”和“混凝土强度等级为 C40，查附表 10，混凝土保护层最小厚度 $c = 25\text{mm}$，假定箍筋直径为 10mm，纵筋直径为 25mm 钢筋按两排放置：$a_s = c + d_{箍} + \frac{d_{纵}}{2} = 25 + 10 + \frac{25}{2} = 57.5\text{mm}$。为了便于计算，取

$$h_0 = h - a_s = 500 - 60 = 440\text{mm}$$

②单双筋截面设计判断：单筋矩形截面所能承担的最大弯矩为：

$$M_{u,max} = \alpha_1 f_c b h_0^2 \xi_b (1-0.5\xi_b) = 1.0 \times 19.1 \times 200 \times 440 \times 0.550 \times (1-0.5 \times 0.550)$$
$$= 2.949 \times 10^8 \ (\text{N} \cdot \text{mm}) = 294.9 \ (\text{kN} \cdot \text{m}) < M = 330\text{kN} \cdot \text{m}$$

故采用双筋截面设计。

③补充条件，求解纵向受拉钢筋 A_s 和纵向受压钢筋 A'_s；本题符合情况一，

故可取 $\xi = \xi_b = 0.55$

则：$A'_s \geqslant \frac{\gamma_0 M - \alpha_1 f_c b h_0^2 \xi_b (1-0.5\xi_b)}{f'_y (h_0 - a'_s)} = \frac{\gamma_0 M - M_{u,max}}{f'_y (h_0 - a'_s)}$

$$= \frac{1.0 \times 330 \times 10^6 - 2.949 \times 10^8}{300 \times (440-35)} = 288.9\text{mm}^2$$

再由式（2-13）得：$A_s \geqslant \frac{1.0 \times 19.1 \times 200 \times 440 \times 0.550}{300} + 288.9 = 3370.4\text{mm}^2$

④选配纵向受力钢筋：根据附表受拉钢筋选配 7 根 25（$A_s = 3436\text{mm}^2$）；受压钢筋选配 2 根 14（$A'_s = 308\text{mm}^2$）。

情况二：已知 A'_s，求 A_s。

由式（2-11）得 $x = h_0 - \sqrt{h_0^2 - \frac{2[M_u - f'_y A'_s (h_0 - a'_s)]}{\alpha_1 f_c b}} \leqslant \xi_b$（不超筋），且 $\geqslant \frac{2a'_s}{h_0}$（保证 A'_s屈服），再代入式（2-10）中求得：$A_s = \frac{\alpha_1 f_c b x}{f_y} + A'_s$

情况三：若情况二出现 $\xi>\xi_b$ 时，求纵向受拉钢筋 A_s，按情况一 A_s 和 A'_s 均未知重新设计计算。

情况四：情况二出现 $\xi<\frac{2a'_s}{h_0}$ 时，说明 A'_s 不能达到其抗压强度，按单筋截面求纵向受拉钢筋 A_s。

（2）截面校核。

在所有参数已知的情况下，截面校核可参照单筋矩形截面做法，利用式（2-10）计算 x 或 ξ，但应注意：

当 $\xi>\xi_b$（$x>\xi_b h_0$）时，取 $\xi=\xi_b$（$x=\xi_b h_0$）按式（2-11）计算承载力 M_u；

当 $\xi<\frac{2a'_s}{h_0}$（$x<2a'_s$），取 $x=2a'_s$ 利用式（2-11）求解承载力 M_u。

【例题 2-4】 已知混凝土强度等级 C30，钢筋采用 HRB335 级；环境类别为二类 b，梁截面尺寸为 $b\times h=200\text{mm}\times400\text{mm}$；受拉钢筋已配 3 根 25（$A_s=1473\text{mm}^2$），受压钢筋已配 2 根 16（$A'_s=402\text{mm}^2$）；要求该梁能承受 $M=90\text{kN}\cdot\text{m}$ 的弯矩设计值。试验算该梁是否安全。

【解】 a. 截面混凝土保护层最小厚度：$c=35\text{mm}$。

b. 确定钢筋的排数：

$b_{\min}=2\times35+3\times25+2\times25=195\text{mm}<b=200\text{mm}$，故一排放得下。

c. 截面有效高度：

$h_0=h-a_s=400-47.5=352.5\text{mm}$，故截面有效高度 352.5mm。

d. 检验适用条件：由式（2-10），得：$f_yA_s=\alpha_1 f_c bx+f'_yA'_s$

则：$x=\frac{f_yA_s-f'_yA'_s}{\alpha_1 f_c b}=\frac{300\times1473-300\times402}{1.0\times14.3\times200}=112.3\text{mm}$

$<x_b=\xi_b h_0=0.550\times352.5=193.9\text{mm}$，不超筋；

$>2a'_s=2\times43=86\text{mm}$，保证 A'_s 屈服，满足要求。

e. 验算此梁正截面承载力是否安全：

$M_u=\alpha_1 f_c bx\ (h_0-0.5x)\ +f'_yA'_s(h_0-a'_s)$

$=1.325\times10^8\text{N}\cdot\text{mm}=132.5\text{kN}\cdot\text{m}>M=90\text{kN}\cdot\text{m}$，故截面安全。

任务 2.3　T 形截面构件正截面承载力计算

2.3.1　I 形、T 形等异形截面构件的形成机理

在现浇楼盖或屋盖中，板和梁整浇在一起共同受力，梁的跨中截面就是 T 形截面。对于截面尺寸较大的预制梁和预制板，为了减轻自重、节省材料，也做成 T 形截面或 I 形截面，如图 2-14、图 2-15 所示。

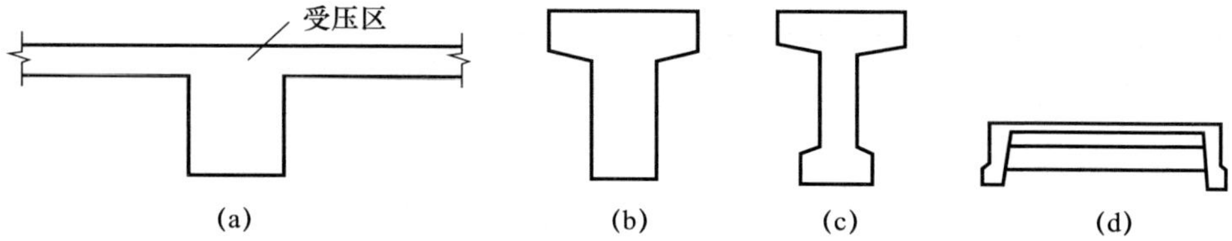

图 2-14　T 形截面受弯构件

（a）整浇肋形梁；（b）吊车梁；（c）屋面梁；（d）槽板

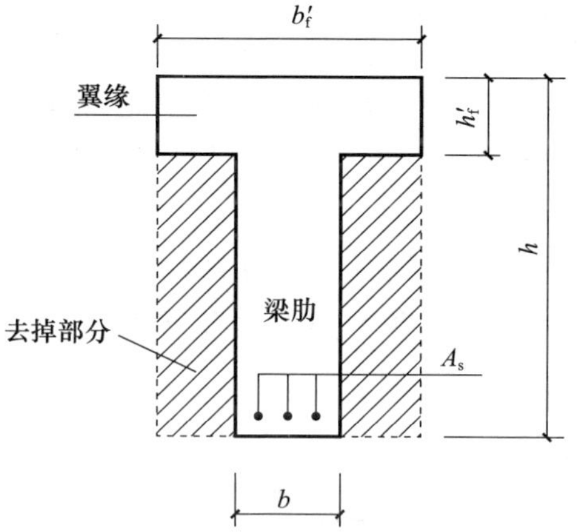

图 2-15　T 形截面受弯构件

在进行正截面承载力计算时，因为不考虑受拉混凝土的作用，故 I 形截面受弯构件的正截面承载力并不因受拉区混凝土的差异而受影响。

T 形截面受弯构件一般采用单筋截面，其破坏特征与单筋矩形截面受弯构件的相同，故 T 形截面正截面承载力计算公式和适用条件与单筋矩形截面类似。

2.3.2　T 形截面受弯构件正截面承载力计算

1. 翼缘计算宽度 b_f'的确定

在 T 形截面受弯构件中，承受压应力的翼缘混凝土应力的分布是不均匀的，离肋部越远，压应力越小。因此在计算时，需取翼缘计算宽度 b_f'，并假定在该宽度范围内压应力均匀分布，且在达到正截面承载力时，该应力可取为轴心抗压强度 $a_1 f_c$。T 形截面（或倒 L 形截面）受弯构件翼缘计算宽度 b_f'见表 2-7，取表中有关各项的最小值。

表 2-7　受弯构件受压区有效翼缘计算宽度

情况		T 形、I 形截面		倒 L 形截面
		肋形梁（板）	独立梁	肋形梁（板）
1	按计算跨度 l_0 考虑	$l_0/3$	$l_0/3$	$l_0/6$
2	按梁（肋）净距 s_n 考虑	$b+s_n$	—	$b+s_n/2$

续表

情况			T形、I形截面		倒L形截面
			肋形梁（板）	独立梁	肋形梁（板）
3	按翼缘高度 h'_f 考虑	$h'_f/h_0 \geqslant 0.1$	—	$b+12h'_f$	—
		$0.1>h'_f/h_0 \geqslant 0.05$	$b+12h'_f$	$b+6h'_f$	$b+5h'_f$
		$h'_f/h_0<0.05$	$b+12h'_f$	b	$b+5h'_f$

注：1. 表中 b 为梁的腹板厚度；

2. 肋形梁在梁跨内设有间距小于纵肋间距的横肋时，可不考虑表中情况 3 的规定；

3. 加腋的 T 形、I 形和倒 L 形截面，当受压区加腋的高度 h_h 不小于 h'_f 且加腋的长度 b_h 不大于 $3h_h$ 时，其翼缘计算宽度可按表中情况 3 的规定分别增加 $2b_h$（T 形、I 形截面）和 b_h（倒 L 形截面）；

4. 独立梁受压区的翼缘板在荷载作用下经验算沿纵肋方向可能产生裂缝时，其计算宽度应取腹板宽度 b。

2. 两类 T 形截面的判别

根据受压区的高度不同，T 形截面可分为两类，如图 2-16 所示：当混凝土受压区高度 $x \leqslant h'_f$ 时（亦即 $\xi \leqslant h'_f/h_0$ 时），称为第Ⅰ类 T 形截面；当 $x>h'_f$ 时（亦即 $\xi>h'_f/h_0$ 时），称为第Ⅱ类 T 形截面。

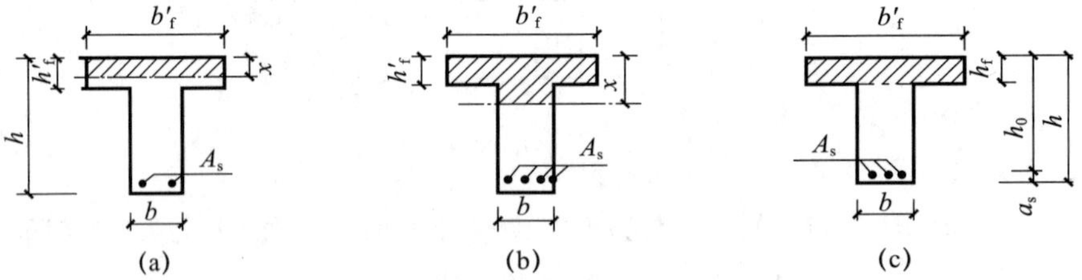

图 2-16　T 形截面的分类及判别图形

(a) 第Ⅰ类 T 形；(b) 第Ⅱ类 T 形；(c) 判别图形

(1) 第Ⅰ类 T 形截面如图 2-17 所示，基本计算公式（$x \leqslant h'_f$）。

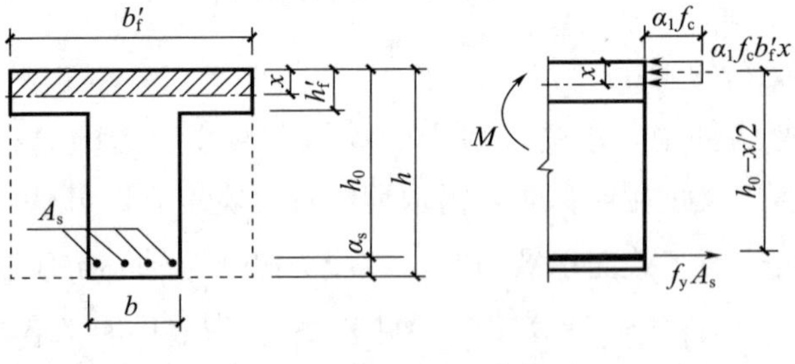

图 2-17　第Ⅰ类 T 形截面

对于第Ⅰ类 T 形截面：由静力学平衡公式可以推导出：

$$f_y A_s = \alpha_1 f_c b'_f x \tag{2-14}$$

$$M \leqslant M_u = \alpha_1 f_c b'_f x (h_0 - 0.5x) \tag{2-15}$$

求解方法同单筋矩形截面梁，注意 b 和 b'_f 的变化。另外，在弯矩设计值已知的情况下可令 $x=h'_f$ 代入式（2-15），若 $M \leqslant M_u$，则为Ⅰ类截面，反之为Ⅱ类。

（2）第Ⅱ类 T 形截面如图 2-18 所示，基本计算公式（$x \geqslant h_f'$）。

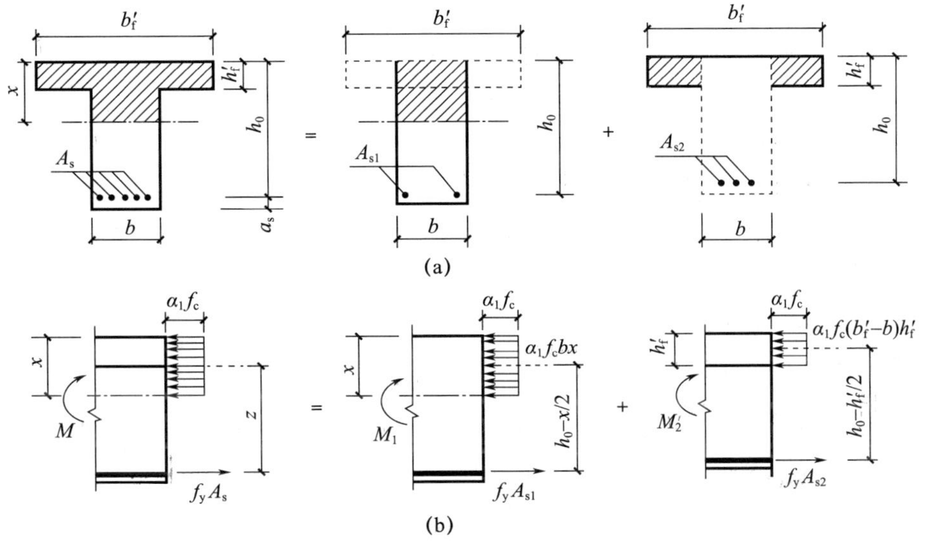

图 2-18　Ⅱ类 T 形截面

（a）截面分解示意图；（b）截面应力分解示意图

对于第Ⅱ类 T 形截面，所需受拉钢筋可看做由两部分组成。即：$A_s = A_{s1} + A_{s2}$

由静力学平衡公式可以推导出：

$$f_y A_s = \alpha_1 f_c b_f' x + \alpha_1 f_c (b_f' - b) h_f' \tag{2-16}$$

$$M_u = \alpha_1 f_c bx(h_0 - 0.5x) + \alpha_1 f_c (b_f' - b) h_f' (h_0 - 0.5h_f') \tag{2-17}$$

①计算参数 x：

$$x = h_0 - \sqrt{h_0^2 \frac{2[M_u - \alpha_1 f_c (b_f' - b) h_f' (h_0 - 0.5h_f')]}{\alpha_1 f_c b}} \tag{2-18}$$

②若 $x \leqslant \xi_b h_0$ 不超筋：

将 x 值代入式（2-16）求得 $A_s = \frac{\alpha_1 f_c \left[bx + (b_f' - b) h_f'\right]}{f_y} \geqslant \rho_{min} bh$ 即可，一般情况下，第Ⅱ类 T 形截面不需验算最小配筋率。

③ $x > \xi_b h_0$，只能取 $x = \xi_b h_0$ 代入式（2-16）计算 A_s。

【例题 2-5】已知一肋梁楼盖的次梁如图 2-19 所示，弯矩设计值 $M = 300\text{kN}\cdot\text{m}$，梁的截面尺寸为 $b \times h = 200\text{mm} \times 500\text{mm}$，$b_f' = 2100\text{mm}$，$h_f' = 100\text{mm}$；混凝土等级为 C25，钢筋采用 HRB335 级，环境类别为一类。求受拉钢筋截面面积 A_s。

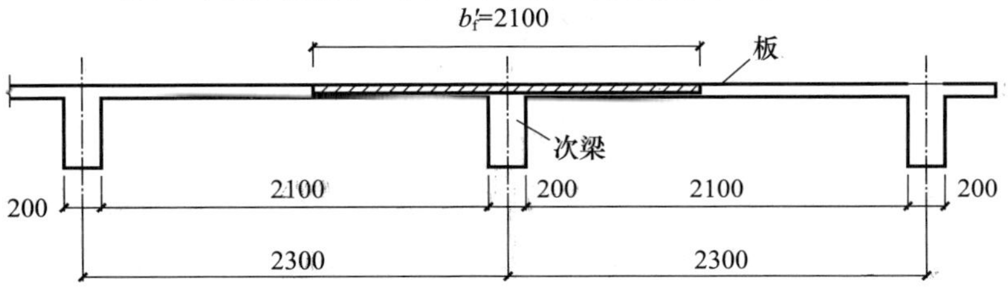

图 2-19　肋梁楼盖尺寸

【解】①截面有效高度的确定：$h_0=h-a_s=500-35=465\text{mm}$。

②判别类型：令 $x=h'_f$。

$\alpha_1 f_c b'_f h'_f(h_0-0.5h'_f)=1.0\times11.9\times2100\times100\times(410-0.5\times100)=899\times10^6\text{N}\cdot\text{mm}=899\text{kN}\cdot\text{m}$

$>\gamma_0 M=1.0\times300=300\text{kN}\cdot\text{m}$，故为第Ⅰ类T形截面，

③计算实际受压区高度 x：

由式（2-15）得：$x=h_0-\sqrt{h_0^2-\dfrac{2M}{\alpha_1 f_c b'_f}}=465-\sqrt{410^2-\dfrac{2\times465\times10^6}{1\times11.9\times2100}}=26.6\text{mm}$ $<h'_f$，所以与上面判别一致。

④计算 A_s：

由式（2-14）得 $A_s=\dfrac{\alpha_1 f_c b'_f x}{f_y}=2214\text{mm}^2>\rho_{s,\min}bh=0.002\times200\times600=240\text{mm}^2$，故不少筋。最小配筋率计算：

$$\rho_{s,\min}=\left\{0.2\%,\ 45\frac{f_t}{f_y}\%\right\}_{\max}=\left\{0.2\%,\ 45\times\frac{1.27}{300}\%\right\}_{\max}=\{0.2\%,\ 0.1905\%\}_{\max}=0.2\%$$

所以选配 5 根 Φ25 钢筋（$A_s=2454\text{mm}^2$）。

【例题 2-6】已知弯矩设计值 $M=650\text{kN}\cdot\text{m}$，梁的截面尺寸为 $b\times h=300\text{mm}\times700\text{mm}$，$b'_f=600\text{mm}$，$h'_f=120\text{mm}$；混凝土等级为C30，钢筋采用HRB335级，环境类别为一类。求受拉钢筋截面面积 A_s。

【解】①截面有效高度 $h_0=h-a_s=700-60=640\text{mm}$。

②判别类型：

$\alpha_1 f_c b'_f h'_f(h_0-0.5h'_f)=1.0\times14.3\times600\times120\times(640-0.5\times120)=5.972\times10^8\text{N}\cdot\text{mm}=597.2\text{kN}\cdot\text{m}<\gamma_0 M=1.0\times650=650\text{kN}\cdot\text{m}$，故为第Ⅱ类T形截面。

③计算实际受压区高度 x。由式（2-18）得：

$$x=640-\sqrt{640^2-\frac{2\times[650\times10^6-14.3\times(600-300)\times120\times(640-0.5\times120)]}{14.3\times300}}=$$

$144.2\text{mm}>h'_f$，所以与上面判别一致，且 $<\xi_b h_0$，故不超筋。

④计算纵向受拉钢筋截面面积 A_s：

由式（2-16）得：$A_s=\dfrac{\alpha_1 f_c[bx+(b'_f-b)h'_f]}{f_y}$

$$=\frac{1.0\times14.3\times[300\times144.2+(600-300)\times120]}{300}=3778.9\text{mm}^2$$

由于是第Ⅱ类T形截面，故不需验算最小配筋率。

所以选配 8Φ25 钢筋（$A_s=3927\text{mm}^2$）。

⑤截面校核。

所有参数条件已知的情况下，先由式（2-15），令 $x=h'_f$ 代入，判断T形截面类型，然后利用相应式（2-14）或式（2-16）计算 x 或 ξ，再代入式（2-15）或式（2-17）中计算 M_u，最后比较 M 和 M_u 的大小进行判别是否安全。注意在第Ⅱ类T形截面校核中，若

出现 $\xi>\xi_b$，则取 $\xi=\xi_b$ 计算。

【例题 2-7】 已知某 T 形梁截面尺寸：$b\times h=200\text{mm}\times400\text{mm}$，$b'_f=2000\text{mm}$，$h'_f=80\text{mm}$，采用 C25 混凝土（$f_c=11.9\text{N/mm}^2$），配有 HPB300 级钢筋 3Φ20（$f_y=270\text{N/mm}^2$，$A_s=942\text{mm}^2$，$\xi_b=0.614$），要求该截面承受弯矩设计值 $M=70\text{kN}\cdot\text{m}$，试问此设计是否满足正截面承载力要求？

【解】 取 $a_s=35\text{mm}$，$h_0=h-a_s=400-35=365\text{mm}$

①判别类型

$f_yA_s=270\times942=254340\text{N}<f_cb'_fh'_f=11.9\times2000\times80=1904000\text{N}$，为第Ⅰ类 T 形。

②求 ξ

$$\xi=\frac{f_yA_s}{f_cb'_fh_0}=\frac{270\times942}{11.9\times2000\times365}=0.0293<0.614\text{，不会超筋。}$$

③求 M_u

$M_u=\xi(1-0.5\xi)f_cb'_fh_0^2=0.0293\times(1-0.5\times0.0293)\times11.9\times2000\times365^2$

$=91.47\text{kN}\cdot\text{m}>M=70\text{kN}\cdot\text{m}$

故满足要求。

任务 2.4　受弯构件斜截面承载力计算

2.4.1　概述

如前所述，受弯构件在弯矩作用下将出现垂直裂缝，垂直裂缝的发展导致正截面破坏，保证正截面承载力的主要措施是在构件内配置适当的纵向受力钢筋。而在受弯构件的支座附近区段，不仅有弯矩作用，同时还有较大的剪力作用，该区段称为剪弯段，如图 2-20 所示。

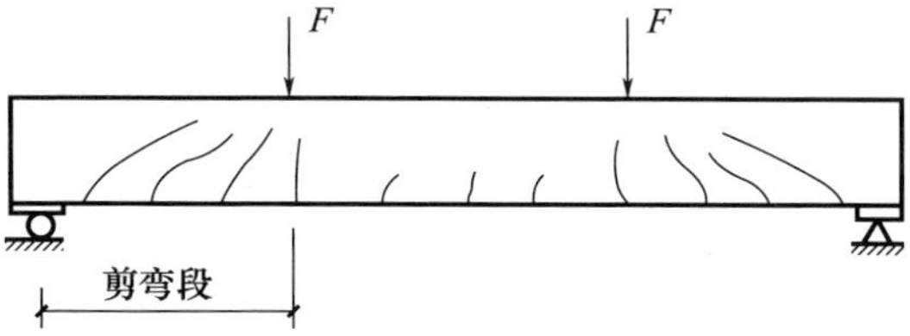

图 2-20　梁上剪弯段内的斜裂缝

钢筋混凝土受弯构件在剪力和弯矩的共同作用下，发生斜截面受剪破坏或斜截面受弯破坏。工程设计中，要保证斜截面受剪承载力和斜截面受弯承载力两方面。前者由计算和构造要求满足，后者通过构造要求来保证。为了防止斜截面受弯破坏，还需要采用梁内纵向钢筋的弯起、截断和锚固来满足相应的斜截面受弯承载力构造要求。

为了防止斜截面破坏，应当使构件具有合理的截面尺寸和合理的配筋构造并在梁中配置必要的箍筋（板由于所受剪力很小，一般靠混凝土即足以抵抗，故一般不需要在板内配置箍筋）。当梁承受的剪力较大时，在优先采用箍筋的前提下，还可利用梁内跨中的部分受拉钢筋在支座附近弯起以承担部分剪力，称之为弯起钢筋，箍筋和弯起钢筋统称为腹筋。

在试验研究中，采用较多的梁是矩形截面简支梁，如图 2-21 所示，荷载为对称施加的集中荷载。为了研究方便，一种梁不配腹筋，称为无腹筋梁；另一种梁配有箍筋，称为有腹筋梁。

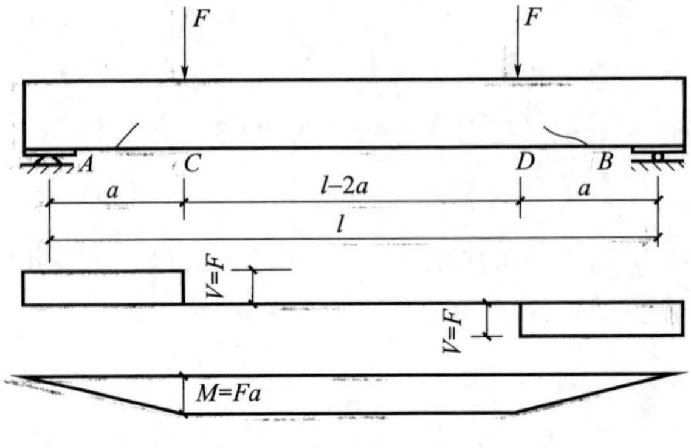

图 2-21　对称集中加载的钢筋混凝土简支梁

2.4.2　无腹筋梁的受剪性能

斜裂缝形成前的应力状态如图 5-22 所示。

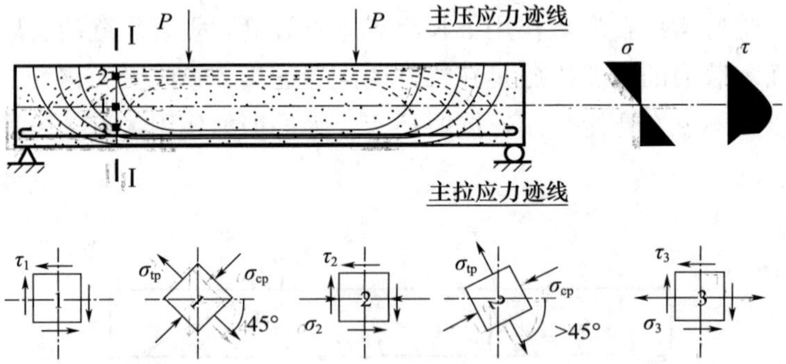

图 2-22　斜裂缝形成前的应力状态

斜裂缝形成前，主拉应力和主压应力为：

$$\sigma_{tp}=\frac{\sigma}{2}+\sqrt{\frac{\sigma^2}{4}+\tau^2}\text{；}\ \sigma_{tp}=\frac{\sigma}{2}-\sqrt{\frac{\sigma^2}{4}+\tau^2}\text{；}\ \tan2\alpha=\frac{-2\tau}{\sigma}$$

斜裂缝出现后，当主拉应力达到混凝土抗拉强度时，在剪弯段内将出现斜裂缝。斜裂缝出现后，引起剪弯段内的应力重新分布，不再维持匀质弹性体的受力状态。分析如图 2-23 所示以斜裂缝 CB 为界的隔离体可知：

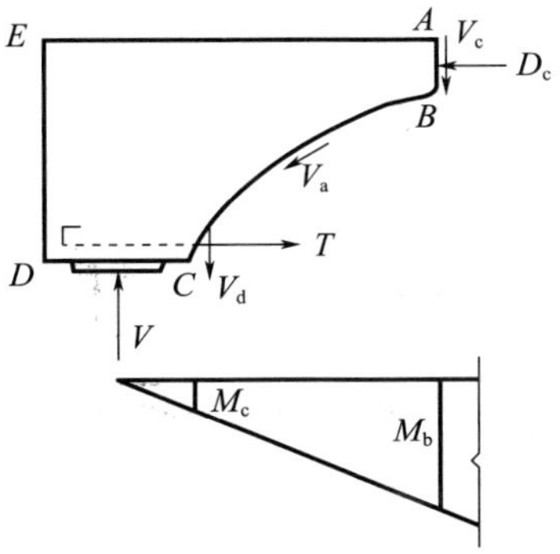

图 2-23 隔离体受力图

(1) 斜裂缝的出现使混凝土剪压区 AB（AB 是混凝土剪应力和压应力共同作用区域，故称为剪压区）减小，因而使混凝土压应力和剪应力增加，其分布也不同于材料力学的分布；

(2) 与斜裂缝相交的纵向钢筋拉力大大增加（开裂前该拉力 T 取决于 C 处截面弯矩，开裂后由平衡关系可知，该拉力取决于斜裂缝端点 B 处的弯矩）；

(3) 对配有箍筋的梁，与斜裂缝相交的箍筋应力在斜裂缝出现前后会发生突变（与轴心受拉构件类似）。

2.4.3 有腹筋梁的受剪性能

1. 受弯构件斜截面配筋

腹筋主要由箍筋、弯起钢筋（或斜筋）组成。

对于计算不需要箍筋的梁：当 $h<150$mm 时，可不设置箍筋；当 150mm$\leqslant h \leqslant$300mm 时，可仅在构件端部各 1/4 跨度范围内设置箍筋，但当在构件中部 1/2 跨度范围内有集中荷载作用时，则应沿梁全长设置箍筋；当 $h>300$mm 时，应沿梁全长设置箍筋。

2. 箍筋的作用

(1) 箍筋或弯起钢筋可以直接承担部分剪力，提高梁的受剪承载力；

(2) 箍筋或弯起钢筋能限制开裂，增大剪压区面积，提高剪压区抗剪能力；

(3) 箍筋或弯起钢筋可提高斜裂缝交界面集料咬合和摩阻，减少斜裂缝宽度；

(4) 箍筋或弯起钢筋可延缓裂缝，提高纵筋的销栓作用；

(5) 固定纵筋，形成骨架；

(6) 参与斜截面受弯。

此外，箍筋与纵向钢筋形成空间骨架，便于施工和有利于混凝土强度的发挥。试验表明：配有适量箍筋的梁，其斜截面抗剪承载力随配箍率和箍筋强度的增大而提高。

3. 有腹筋梁的受剪破坏形态

有腹筋梁的斜截面破坏主要有三种破坏形态（图 2-24）。继续增加荷载后，剪弯段内斜裂缝条数增加，裂缝宽度变大，斜裂缝向集中荷载作用点发展。在接近破坏时，斜裂缝中的一条发展成为临界斜裂缝（破坏斜裂缝）。由于临界斜裂缝向荷载作用点延伸，使剪压区高度减小，最后，剪压区混凝土在剪应力和压应力作用下达到复合应力极限强度，梁被破坏。在破坏时，纵向钢筋的拉直力一般低于屈服强度，而与斜裂缝相交的箍筋则往往受拉屈服（在箍筋配置不太多时）。

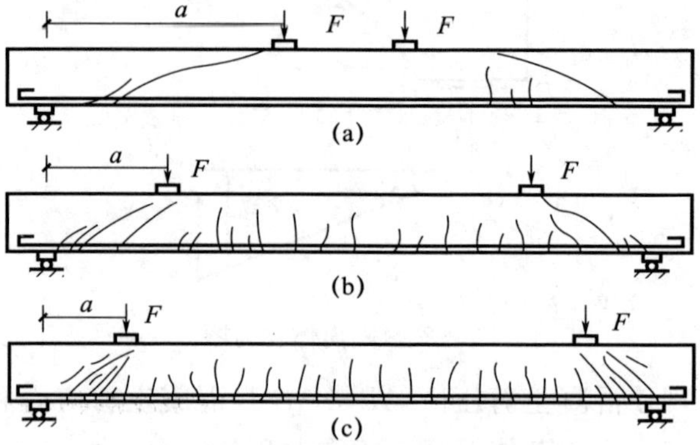

图 2-24　斜截面破坏主要形态

（a）斜拉破坏；（b）剪压破坏；（c）斜压破坏

（1）斜拉破坏。

当剪跨比 λ 较大（一般 λ>3）且箍筋配置过少、间距太大时，斜裂缝一旦出现，该裂缝往往成为临界斜裂缝，迅速向集中荷载作用点延伸，将梁沿斜裂缝劈成两部分（箍筋被拉断）而导致梁的破坏。斜拉破坏实际上是混凝土被拉坏。

整个斜拉破坏的过程急速而突然，破坏荷载与出现斜裂缝时的荷载相当接近。破坏前梁的变形很小，且往往只有一条斜裂缝。斜拉破坏具有明显的脆性。

（2）剪压破坏。

当剪跨比适中（一般 1<λ≤3）及配箍量适当、箍筋间距不大时，常发生 2.4.3 之 3 所述的破坏即剪压破坏。当斜裂缝中的某一条发展成为临界斜裂缝后，随着荷载的增加，斜裂缝向荷载作用点缓慢发展，剪压区高度逐渐减小，斜裂缝宽度变大，最后剪压区混凝土被压碎，梁丧失承载能力。

剪压破坏有一定的预兆，破坏时箍筋屈服，破坏荷载比出现裂缝时的荷载高，承载力随配箍量的增大而增大。但与适筋梁的正截面破坏相比，剪压破坏仍属于脆性破坏。

（3）斜压破坏。

这种破坏发生在剪跨比很小（通常 λ≤1）或腹板宽度很窄的 T 形梁或 I 形梁上。其破坏过程是：首先在荷载作用点与支座间的梁腹部出现若干条平行的斜裂缝（即腹剪型斜裂缝），随着荷载的增加，梁腹被这些斜裂缝分割为斜向“短柱”，最后因混凝土短柱被压碎而破坏。

发生上述破坏时的破坏荷载很高，但变形很小，箍筋不会屈服，属于脆性破坏。

除上述主要破坏形态外，还可能发生纵筋的锚固破坏或局部挤压破坏等破坏形态。

2.4.4　影响斜截面受剪承载力的主要因素

（1）剪跨比与跨高比：试验表明，在一定的剪跨比范围内，随着剪跨比的增加，抗剪承载力降低。

①广义剪跨比 $\lambda=\dfrac{M}{Vh_0}$，称为广义剪跨比。

②计算剪跨比 $\lambda=\dfrac{a}{h_0}$，称为计算剪跨比。

③跨高比：梁的跨度 l 与截面有效高度 h_0 的比值，称为跨高比。

（2）混凝土强度：斜截面破坏的几种主要形态都与混凝土强度有关，斜拉破坏取决于混凝土的抗拉强度，剪压破坏取决于剪压区混凝土的抗压强度，斜压破坏取决于梁腹部的混凝土抗压强度。在其他条件相同时，斜截面抗剪承载力随混凝土强度的提高而增大。试验表明，两者大致呈线性关系。

（3）箍筋配筋率：

$$\rho_{sv}=\frac{A_{sv}}{bs}=\frac{nA_{sv1}}{bs}\geqslant 0.24\frac{f_t}{f_{yv}} \tag{2-19}$$

式中　A_{sv}——配置在同一截面内箍筋各肢截面总面积；$A_{sv}=nA_{sv1}$，其中 n 为同一截面内箍筋肢数，A_{sv1} 为单肢箍筋截面面积；

b——梁的腹板宽度（矩形截面梁即为梁的宽度）；

s——沿构件长度方向的箍筋间距。

（4）纵筋配筋率。

纵向钢筋的配筋率 ρ 对梁的斜截面抗剪承载力也有一定影响：配筋率越大时，斜截面抗剪承载力较大。这是因为：配筋率越大时，剪压区高度增大，从而提高了混凝土的抗剪能力；同时，穿越斜裂缝的纵筋可以抑制斜裂缝的开展，纵筋本身的横截面也能抵抗少量剪力。

此外，梁的截面尺寸和截面形状也对斜截面承载力有一定影响：大截面尺寸的梁的相对抗剪能力稍低，T 形、I 形截面梁的抗剪能力略高于矩形截面梁。

（5）斜截面上的骨料咬合力。

（6）截面尺寸和形状。

2.4.5　斜截面受剪承载力计算的基本假定

（1）构件发生剪压破坏时，斜截面所承受的剪力由三部分组成。

（2）构件剪压破坏时，与斜裂缝相交的箍筋和弯起钢筋的拉应力都达到其屈服强度，但要考虑拉应力可能不均匀，特别是靠近剪压区的箍筋有可能达不到屈服强度。

（3）斜裂缝处的骨料咬合力和纵筋的销栓力，未列入。

（4）截面尺寸的影响仅在不配腹筋的厚板计算时才予以考虑。

（5）剪跨比仅在计算受集中荷载作用为主的构件时才考虑 λ 的影响。

2.4.6　受弯构件斜截面受剪承载力设计计算方法

1. 剪压破坏计算公式

（1）基本公式：

$$V_u=V_{cs}+V_{sb}=V_c+V_{sv}+V_{sb}=\alpha_{cv}f_tbh_0+f_{yv}\frac{nA_{sv1}}{s}h_0+0.8f_{yb}A_{sb}\sin\alpha_{sb} \tag{2-20}$$

（2）均布荷载作用下矩形、I形、T形截面简支梁的斜截面受剪承载力基本计算公式：

$$V_u=V_{cs}+V_{sb}=V_c+V_{sv}+V_{sb}=0.7f_tbh_0+f_{yv}\frac{nA_{sv1}}{s}h_0+0.8f_{yb}A_{sb}\sin\alpha_{sb} \tag{2-21}$$

（3）集中荷载作用为独立梁的斜截面受剪承载力基本计算公式：

$$V_u=V_{cs}+V_{sb}=V_c+V_{sv}+V_{sb}=\frac{1.75}{\lambda+1.0}f_tbh_0+f_{yv}\frac{nA_{sv1}}{s}h_0+0.8f_{yb}A_{sb}\sin\alpha_{sb} \tag{2-22}$$

式中 λ——计算截面的剪跨比，取$\lambda=a/h_0$；当$\lambda<1.5$时，取$\lambda=1.5$，当$\lambda>3$时，取$\lambda=3$；集中荷载作用点至支座之间的箍筋，应均匀配置；

α_{cv}——一般取0.7；

A_{sb}——弯起钢筋的截面面积；

f_y——弯起钢筋的抗拉强度设计值；

α_{sb}——弯起钢筋与梁轴线的夹角，一般取45°；当梁高$h>800$mm时，可取$\alpha_{sb}=60°$。

0.8——应力不均匀系数，用以考虑靠近剪压区的弯起钢筋在斜截面破坏时可能达不到钢筋抗拉强度设计值。

为简化计算，一般受弯构件对于矩形、I形和T形截面采用同一计算公式。

2. 适用范围

（1）截面的最小尺寸（上限值）——防止发生斜压破坏。

①当$\frac{h_w}{b}\leqslant4$时，应满足：

$$\gamma_0V\leqslant0.25\beta_cf_cbh_0 \tag{2-23}$$

②当$\frac{h_w}{b}\geqslant6$时，应满足：

$$\gamma_0V\leqslant0.2\beta_cf_cbh_0 \tag{2-24}$$

③当$4<\frac{h_w}{b}<6$时，按直线内插法取用。

式中 β_c——混凝土强度影响系数：当混凝土强度等级不超过C50时，取$\beta_c=1.0$；大于C50时，分别为0.96（C55）、0.93（C60）、0.90（C65）、0.86（C70）、0.83（C75）、0.8（C80）；

f_c——混凝土轴心抗压强度设计值；

h_w——截面的腹板高度：对矩形截面取有效高度h_0；对T形截面，取有效高度减去翼缘高度；对I形截面，取腹板净高。

在设计时，如果不能满足式（2-23）或式（2-24）的要求，必须加大截面尺寸或提高混凝土强度等级，直到满足为止。

（2）箍筋的最小含量（下限值）——防止发生斜拉破坏。

最小配箍率，

$$\rho_{sv,min}\geqslant0.24\frac{f_t}{f_{yv}} \tag{2-25}$$

（3）箍筋最大间距。

试验表明，若箍筋的配箍率过小或箍筋间距过大，则在斜裂缝出现后可导致斜拉破坏的发生。为了防止斜拉破坏，按规定，梁中箍筋间距不宜超过梁中箍筋的最大间距 s_{max}（表2-8），并且当 $V>0.7f_tbh_0$ 时，配箍率 ρ_{sv} 应不小于最小配箍率 $\rho_{sv,min}$［式（2-25)］。此外，箍筋的直径不应过小，不得小于表2-9规定的梁中箍筋最小直径。

表2-8 梁中箍筋的最大间距 s_{max}（mm）

梁高 h	$V>0.7f_tbh_0$	$V\leqslant 0.7f_tbh_0$
$150<h<\leqslant 300$	150	200
$300<h\leqslant 500$	200	300
$500<h\leqslant 800$	250	350
$h>800$	300	400

表2-9 梁中箍筋最小直径（mm）

梁高 h	箍筋最小直径
$h\leqslant 800$	6
$h>800$	8

3. 计算方法

（1）计算截面的确定。

（2）检验截面尺寸。

（3）检验是否需要计算配筋。

①如 $\gamma_0V\leqslant V_c$，则按构造要求配筋。

②如 $\gamma_0V>V_c$，则需计算配筋。

（4）仅配箍筋。

式（2-20）或式（2-21），$\dfrac{A_{sv1}}{s}$ 为未知数，解得 $\dfrac{A_{sv1}}{s}$ 值，定箍筋直径，计算箍筋间距。

（5）既配箍筋，又配弯起钢筋。

先假定箍筋用量或根据已有纵筋情况确定弯起钢筋用量，求出弯起钢筋 A_{sb} 的用量或箍筋 $\dfrac{A_{sv1}}{s}$ 的用量。

（6）检验最小配筋率，若如 $\rho_{sv}<\rho_{sv,min}$，重新计算箍筋 $\dfrac{A_{sv1}}{s}$ 的用量。

【例题2-8】 如图2-25所示的矩形截面简支梁，截面尺寸为 $b\times h=250\text{mm}\times 600\text{mm}$，环境类别为一类，混凝土强度等级为C35（$f_c=16.7\text{N/mm}^2$，$f_t=1.57\text{N/mm}^2$），纵向钢筋为HRB500级钢筋（$f_y=435\text{N/mm}^2$），箍筋为HPB300级钢筋（$f_{yv}=270\text{N/mm}^2$）。梁承受均布荷载设计值100kN/m（包括梁自重），根据正截面受弯承载力计算所配置的纵筋为4Φ22。要求确定腹筋数量。

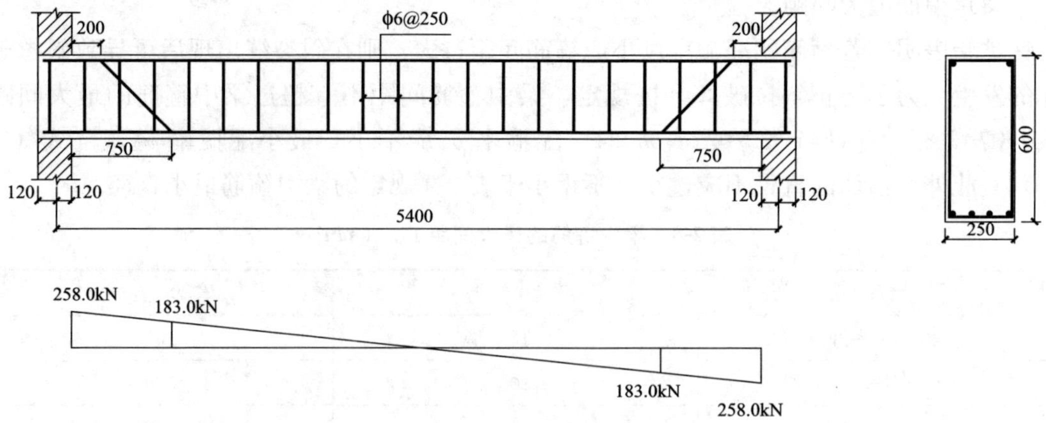

图 2-25 矩形截面简支梁

【解】（1）求剪力设计值。

支座边缘截面的剪力设计值为：$V=\frac{1}{2}\times100\times(5.4-0.24)=258.00\text{kN}$

（2）验算截面尺寸。

查附表 10，$c=20\text{mm}$，则 $a_s=40\text{mm}$，$h_w=h_0-a_s=600-40=560\text{mm}$，$h_w/b=560/250=2.24<4$，应按式（2-23）验算；因为混凝土强度等级为 C35，低于 C50，故 $\beta_c=1.0$，则：$0.25\beta_c bh_0=0.25\times1.0\times16.7\times250\times560=584.5\text{kN}>V=258\text{kN}$，故截面尺寸满足要求。

（3）验算是否按计算配置腹筋。

由式（2-20）得：$\alpha_{cv}f_t bh_0=0.7\times1.57\times250\times560=153.86\text{kN}<V=258\text{kN}$，故需按计算配置腹筋。

（4）计算腹筋数量。

①若只配箍筋：

由式（2-20）得：$\frac{A_{sv}}{s}\geqslant\frac{V-\alpha_{cv}f_t bh_0}{f_{yv}h_0}=\frac{258\times10^3-153.86\times10^3}{270\times560}=0.689$

根据构造要求，该梁的箍筋直径不宜小于 6mm，最大间距 $s_{max}=250\text{mm}$，参考表 2-8，故选用双肢 $\phi8$ 箍筋，$A=101\text{mm}^2$，则：

$s\leqslant\frac{A_{sv}}{0.689}=\frac{101}{0.689}=147<s_{max}=250\text{mm}$；取 $s=140\text{mm}$，相应的箍筋的配筋率为：

$\rho_{sv}=\frac{A_{sv}}{bs}=\frac{101}{250\times140}=0.289\%>\rho_{sv,min}=0.24\times\frac{1.57}{270}=0.14\%$

故所配双肢 φ8@140 箍筋满足要求。

②若既配箍筋又配弯起钢筋。

选用双肢 φ6@250 箍筋（满足表 2-8 构造要求），由式（2-21）得：

$$A_{sb}\geqslant\frac{V-V_{cs}}{0.8f_y\sin\alpha}=\frac{258\times10^3-\left(153.86\times10^3+270\times\frac{57}{250}\times560\right)}{0.80\times435\times\sin45^\circ}=283\text{mm}^2$$

将跨中抵抗正弯矩钢筋弯起 1Φ22（$A_{sb}=380.1\text{mm}^2$）。梁外边缘至纵筋外表面的距离为保护层厚度与箍筋直径之和，即 20＋6＝26mm，则弯起钢筋的水平投影长度为 600－2×62＝548mm，近似取 550mm。弯起钢筋的上弯点取 200mm＜s_{max}＝250mm，则弯起钢筋的下弯点至支座边缘的距离为 200＋550＝750mm。再验算弯起点的斜截面。弯起点处对应的剪力设计值 V 和该截面的受剪承载力设计值 V_{cs}，计算如下：

$$V_1=\frac{1}{2}\times100\times(5.4-0.24-1.5)=183.0\text{kN}$$

$$V_{cs}=153.86+270\times\frac{57}{250}\times560=188.33\text{kN}>V=183.0\text{kN}$$

故该截面满足受剪承载力要求，所以该梁只需配置一排弯起钢筋。

任务 2.5　受压构件承载力计算

2.5.1　轴心受压受压构件

轴心受压构件截面多为正方形，根据需要也可做成矩形、圆形、环形和多边形等多种形状，按照配置方式不同，轴心受压构件可分为配置普通箍筋的和配置螺旋箍筋（或环式焊接箍筋）的两大类构件（图 2-26）。后者又称为螺旋式或焊接环式间接钢筋柱。

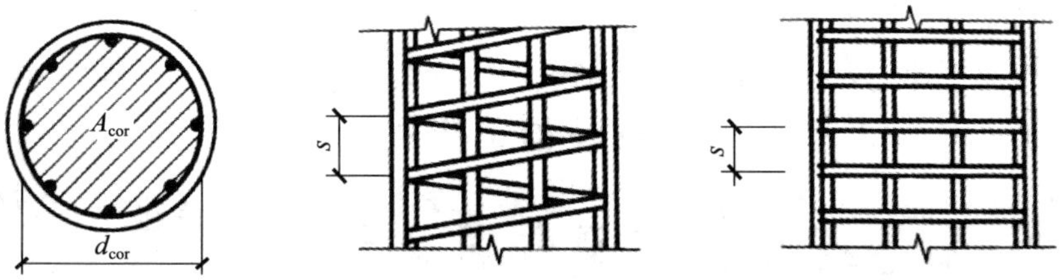

图 2-26　螺旋式或焊接环式间接钢筋柱

1. 试验研究分析

对钢筋混凝土轴心受压短柱的试验表明：在整个加载过程中，可能的初始偏心距对构件承载力无明显影响；由于钢筋和混凝土之间存在黏结力，两者的压应变相等。当达到极限荷载时，钢筋混凝土短柱的极限压应变大致与混凝土棱柱体受压破坏时的压应变相同，即 $\varepsilon_{c,max}=\varepsilon_0=0.002$。

（1）轴心受压普通箍筋短柱的正截面受压破坏特征。

配有纵筋和箍筋的短柱，在轴心荷载作用下，临近破坏时，柱四周出现明显的纵向裂缝，箍筋间纵筋压屈外凸，混凝土压碎，如图 2-27 所示。混凝土压应变值 ε_0 为 1.5×10^{-3}～2.5×10^{-3}，钢筋混凝土短柱应力峰值压应变 2.5×10^{-3}～3.5×10^{-3}。主要原因是纵向钢筋起到了调整混凝土应力的作用。

图 2-27　长短柱正截面受压破坏特征

（2）轴心受压普通箍筋长柱的正截面受压破坏特征。

长细比较大的柱子，破坏时，首先在一侧出现纵向裂缝，随后混凝土被压碎，纵筋被压屈向外凸出，如图 2-26 所示。

长细比越大，初始偏心距将越大，附加弯矩和相应的侧向挠度也越大，承载能力降低越多。

（3）轴心受压螺旋式箍筋柱的正截面受压破坏特征。

柱截面尺寸受限制，可考虑采用螺旋筋或焊接环筋（也称“间接钢筋”）以提高承载力。螺旋筋柱能约束核心混凝土在纵向受压时产生的横向变形，从而提高了混凝土抗压强度和变形能力。

对于高强度钢筋，在构件破坏时可能达不到屈服，此时钢筋应力约为：

$$0.002E_s = 0.002 \times 2 \times 10^5 = 400\text{N/mm}^2$$

钢材的强度不能被充分利用。总之，在轴心受压短柱中，无论受压钢筋在构件破坏时是否屈服，构件的最终承载力都由混凝土压碎来控制。

对于钢筋混凝土轴心受压长柱，轴向压力的可能初始偏心距影响不能忽略。构件受荷后，由于初始偏心距将产生附加弯矩，而附加弯矩产生的水平挠度又加大了原来初始偏心距，这样相互影响的结果使长柱最终在轴向力和弯矩的共同作用下发生破坏，其破坏荷载低于同条件下的短柱破坏荷载。规范采用一个降低系数 φ 来反映这种承载力随长细比增大而降低的现象，并称之为“稳定系数”。φ 值的变化见表 2-10。

表 2-10　钢筋混凝土轴心受压构件的稳定系数 φ

$\frac{l_0}{b}$	$\frac{l_0}{d}$	$\frac{l_0}{i}$	φ	$\frac{l_0}{b}$	$\frac{l_0}{d}$	$\frac{l_0}{i}$	φ
≤8	≤7	≤28	≤1.00	30	26	104	0.52
10	8.5	35	0.98	32	28	111	0.48
12	10.5	42	0.95	34	29.5	118	0.41
14	12	48	0.92	36	31	125	0.40

续表

$\frac{l_0}{b}$	$\frac{l_0}{d}$	$\frac{l_0}{i}$	φ	$\frac{l_0}{b}$	$\frac{l_0}{d}$	$\frac{l_0}{i}$	φ
16	14	55	0.87	38	33	132	0.36
18	15.5	62	0.81	40	34.5	139	0.32
20	17	69	0.75	42	36.5	146	0.29
22	19	76	0.70	44	38	153	0.26
24	21	83	0.65	46	40	160	0.23
26	22.5	90	0.60	48	41.5	167	0.21
28	24	97	0.56	50	43	174	0.19

注：表中 l_0 为构件计算长度，规定详见表 2-11；b 为矩形截面的短边尺寸；d 为圆形截面的直径；i 为截面最小回转半径。

表 2-11 框架结构各层柱的计算长度 l_0

楼盖类型	柱的类别	l_0
现浇楼盖	底层柱	$1.0H$
	其余各层柱	$1.25H$
装配式楼盖	底层柱	$1.25H$
	其余各层柱	$1.5H$

注：表中 H 对底层柱为基础顶面到一楼顶面的高度；其余各层柱为上、下两层楼盖顶面之间的高度。

2. 普通箍筋柱轴心压力正截面承载力计算公式

根据以上分析，配有纵向钢筋和普通箍筋的轴心受压短柱破坏时，横截面的计算应力图形如图 2-28 所示。在考虑长柱承载力的降低和可靠度的调整因素后，规范给出的轴心受压构件承载力计算公式如下：

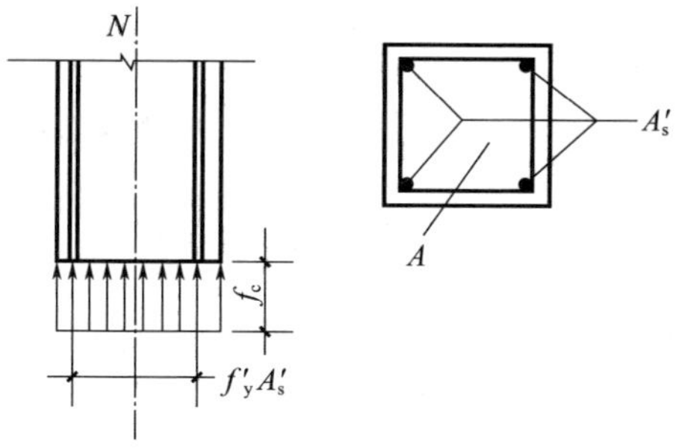

图 2-28 普通箍筋柱正截面受压承载力计算简图

$$N_u = 0.9\varphi(f_cA + f'_yA'_s) \tag{2-26}$$

式中 N_u——轴向压力承载力设计值；

0.9——可靠度调整系数；

φ——钢筋混凝土轴心受压构件的稳定系数，见表 2-10；

f_c——混凝土的轴心抗压强度设计值；

A——构件截面面积；

f'_y——纵向钢筋的抗压强度设计值；

A'_s——全部纵向钢筋的截面面积。

当纵向钢筋配筋率大于3%时，式（2-26）中 A 应改用（$A-A'$）。

构件计算长度与构件两端支承情况有关，当两端铰支时，取 $l_0=l$（l 是构件实际长度）；当两端固定时，取 $l_0=0.5l$；当一端固定，一端铰支时，取 $l_0=0.7l$；当一端固定，一端自由时，取 $l_0=2l$。

轴心受压构件在加载后荷载维持不变的条件下，由于混凝土徐变，则随着荷载作用时间的增加，混凝土的压应力逐渐变小，钢筋的压应力逐渐变大，一开始变化较快，经过一定时间后趋于稳定。在荷载突然卸载时，构件回弹，由于混凝土徐变变形的大部分不可恢复，故当荷载为零时，会使柱中钢筋受压而混凝土受拉；若柱的配筋率过大，还可能将混凝土拉裂，若柱中纵筋和混凝土之间有很强黏结应力时，则能同时产生纵向裂缝，这种裂缝更为危险。为了防止出现这种情况，故要控制柱中纵筋的配筋率，要求全部纵筋配筋率不宜超过5%。

【例题 2-9】已知：某四层四跨现浇框架结构的底层内柱，截面尺寸为400mm×400mm，轴心压力设计值 $N=2410\text{kN}$，$H=3.9\text{m}$，混凝土强度等级为C30，钢筋用HRB400级。求：纵向钢筋截面面积。

【解】按《混凝土结构设计规范》规定：$l_0=H=3.9\text{m}$

由 $l_0/b=3900/400=9.75$，查表2-10，得 $\varphi=0.983$

按式（2-26）求 A'_s

$$N_u=0.9\varphi(f_cA+f'_yA'_s)$$

$$A'_s=\frac{1}{f'_y}\left(\frac{N}{0.9\varphi}-f_cA\right)=\frac{1}{360}\times\left(\frac{2410\times10^3}{0.9\times0.983}-14.3\times400\times400\right)=1121\text{mm}^2$$

如果采用4Φ20，$A'_s=1256\text{mm}^2$。

$\rho'=\frac{A'_s}{A}=\frac{1256}{400\times400}=0.0079<0.03$，且$>\rho'_{min}=0.6\%$；故上述 A 的计算不用减去 A'。

截面每一侧配筋率：$\rho'=\frac{A'_s}{A}=\frac{0.5\times1256}{400\times400}=0.0039>0.2\%$，满足。

故满足受压纵筋最小配筋率的要求（全部纵向钢筋的 $\rho'_{min}=0.6\%$；一侧纵向钢筋的 $\rho'_{min}=0.2\%$）。选用4Φ20，$A'_s=1256\text{mm}^2$。

3. 轴心受压螺旋箍筋柱的正截面受压承载力计算

当柱承受很大轴心压力，并且柱截面尺寸由于建筑上及使用上的要求受到限制，若设计成普通箍筋的柱，即使提高了混凝土强度等级和增加了纵筋配筋量也不足以承受该轴心压力时，可考虑采用螺旋箍筋或焊接环筋以提高承载力。这种柱的截面形状一般为圆形或多边形，图2-29所示为螺旋箍筋柱和焊接环筋柱的构造形式。螺旋箍筋柱和焊接环筋柱的配箍率高，而且不会像普通箍筋那样容易“崩出”，因而能约束核心混凝土在纵向受压时产生的横向变形，从而提高了混凝土抗压强度和变形能力，这种受到约束的混凝土称为“约束混凝土”。同时，在螺旋箍筋或焊接环筋中产生了拉应力。当外力逐渐加大，它的应力达到抗拉屈服强度时，就不再能有效地约束混凝土的横向变形，混凝土的抗压强度就不能再提高，这时构件破坏。可见，在柱的横向采用螺旋箍筋或焊接环筋也能像直接配置纵向钢筋那样起到提高承载力和变形能力的作用，故把这种配筋方式称为“间接配筋”。螺旋箍筋或焊接环筋外的混凝土保护层在螺旋箍筋或焊接环筋受到较大拉应力时就开裂，故在计算时不考虑此部分混凝土。

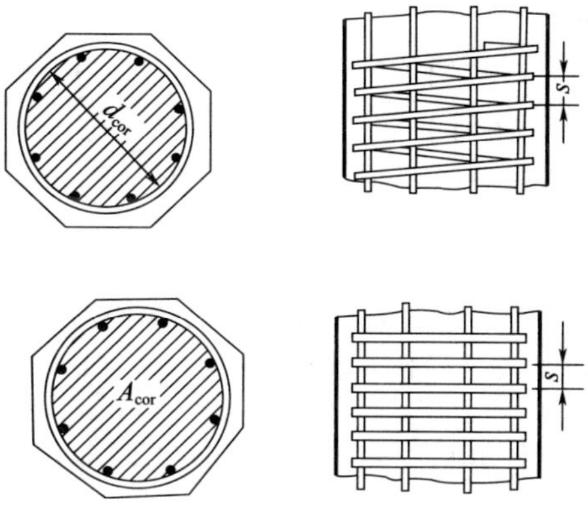

图 2-29　螺旋箍筋和焊接环筋柱

《混凝土结构设计规范》规定螺旋式或焊接环式间接钢筋柱的承载力计算公式为：

$$N_u = 0.9(f_c A_{cor} + 2\alpha f_{yv} A_{ss0} + f'_y A'_s \qquad (2\text{-}27)$$

其中：

$$A_{ss0} = \frac{\pi d_{cor} A_{ss1}}{s} \qquad (2\text{-}28)$$

式中　A_{ss1}——单根间接钢筋的截面面积；

f_{yv}——间接钢筋的抗拉强度设计值；

s——沿构件轴线方向间接钢筋的间距；

d_{cor}——构件的核心直径，按间接钢筋内表面确定，如图 2-30 所示；

A_{ss0}——间接钢筋的换算截面面积，见式（2-28）；

A_{cor}——构件的核心截面面积。

式中 α 称为间接钢筋对混凝土约束的折减系数，当混凝土强度等级小于等于 C50 时，取 $\alpha=1.0$；当混凝土强度等级为 C80 时，取 $\alpha=0.85$；当混凝土强度等级在 C50 与 C80 之间时，按直线内插法确定。为使间接钢筋外面的混凝土保护层对抵抗脱落有足够的安全，按式（2-27）算得的构件承载力不应比按式（2-26）算得的大 50%。

凡属下列情况之一者，不考虑间接钢筋的影响而按式（2-26）计算构件的承载力：

（1）当 $l_0/d>12$ 时，此时因长细比较大，有可能因纵向弯曲引起螺旋筋不起作用；

（2）当按式（2-27）算得受压承载力小于按式（2-26）算得的受压承载力时；

（3）当间接钢筋换算截面面积 A_{ss0} 小于纵筋全部截面面积的 25%时，可以认为间接钢筋配置得太少，套箍作用的效果不明显。

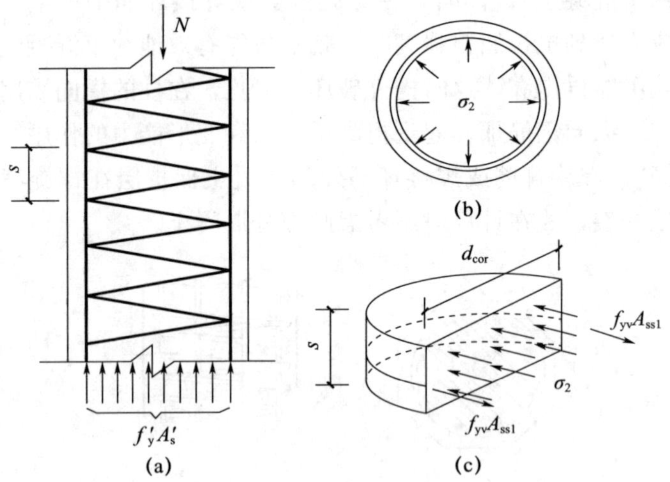

图 2-30 螺旋箍筋柱的计算简图

(a) 竖向力平衡；(b) 混凝土对螺旋箍筋的挤压应力；(c) 混凝土受到的被动挤压应力

间接钢筋间距不应大于 80mm 及 $d_{cor}/5$，也不小于 40mm。间接钢筋的直径按箍筋有关规定采用。

【例题 2-10】已知：某旅馆底层门厅内现浇钢筋混凝土柱，承受轴心压力设计值 $N=5300\text{kN}$，从基础顶面至二层楼面高度为 $H=5.2\text{m}$。混凝土强度等级为 C30，由于建筑要求柱截面为圆形，直径为 $d=470\text{mm}$。柱中纵筋用 HRB400 级钢筋，箍筋用 HPB235 级钢筋。求：柱中配筋。

【解】先按配有普通纵筋和箍筋柱计算。

(1) 求计算长度 l_0。

取钢筋混凝土现浇框架底层柱的计算长度 $l_0=H=5.2\text{m}$

(2) 求计算稳定系数 φ。

$l_0/d=5200/470=11.1$；查表 2-10 得 $\varphi=0.938$

(3) 求纵筋 A'_s。

已知圆形混凝土截面积为 $A=\pi d^2/4=3.14\times470^2/4=17.34\times10^4\text{mm}^2$

由式 (2-26) 得：

$$A'_s=\frac{1}{f'_y}\left(\frac{N}{0.9\varphi}-f_cA\right)=\frac{1}{360}\times\left(\frac{5300\times10^3}{0.9\times0.938}-14.3\times17.34\times10^4\right)=10551\text{mm}^2$$

(4) 求配筋率。

$$\rho'=\frac{A'_s}{A}=\frac{10551}{17.34\times10^4}=0.061>5\%$$，不可以。

配筋率太高，若混凝土强度等级不再提高，并因 $l_0/d<12$，可采用螺旋箍筋柱。

(5) 下面再按螺旋箍筋柱来计算。

假定纵筋配筋率 $\rho'=0.045$，则得 $A'_s=\rho'A=7803\text{mm}^2$，选用 16⌀25，

$A'_s=7854\text{mm}^2$。混凝土的保护层取用 30mm，得：

$$d_{cor}=d-30\times2=470-60=410\text{mm}$$

$$A_{cor}=\pi d_{cor}^2/4=3.14\times410^2/4=13.20\times10^4\text{mm}^2$$

(6) 混凝土强度等级小于 C50，$\alpha=1.0$；按式 (2-27) 求螺旋箍筋的换算截面面积 A_{s0} 得：

$$A_{ss0}=\frac{N/0.9-(f_cA_{cor}+f'_yA'_s)}{2f_{yv}}$$

$$=\frac{5300\times10^3/0.9-(14.3\times13.20\times10^4+360\times7854)}{2\times210}=2795\text{mm}^2$$

$A_{ss0}>0.25A'_s=0.25\times7854=1964\text{mm}^2$，满足构造要求。

(7) 假定螺旋箍筋直径 $d=10$mm，则单肢螺旋箍筋面积 $A_{ss1}=78.5\text{mm}^2$。螺旋箍筋的间距 s 可通过式 (2-28) 求得：$s=\pi d_{cor}A_{ss1}/A_{ss0}=3.14\times410\times78.5/2795=36.16$mm

取 $s=40$mm，以满足不小于 40mm，并不大于 80mm 及 $0.2d_{cor}$ 的要求。

(8) 根据所配置的螺旋箍筋 $d=10$mm，$s=40$mm，重新用式 (2-27) 及式 (2-28) 求得间接配筋柱的轴向力设计值 N_u 如下：

$$A_{ss0}=\frac{\pi d_{cor}A_{ss1}}{s}=\frac{3.14\times410\times78.5}{40}=2527\text{mm}^2$$

$$N_u=0.9(f_cA_{cor}+2\alpha f_{yv}A_{ss0}+f'_yA'_s)$$

$$=0.9\times(14.3\times13.20\times10^4+2\times1\times210\times2527+360\times7854)$$

$$=5198.74\text{kN}$$

按式 (2-26) 得：$N_u=0.9\varphi(f_cA+f'_yA'_s)$

$$=0.9\times0.938[14.3\times(17.34\times10^4-7854)+360\times7854]$$

$$=4385.41\text{kN}$$

且 $1.5\times4385.41=6578.15\text{kN}>5198.74\text{kN}$

说明该柱能承受的轴心受压承载力设计值 $N_u=5198.74\times10^3$kN。此值虽小于轴心压力设计值 $N=5300$kN，但相差仅 1.91%，小于工程允许值 5%，故可认为满足要求。

2.5.2 偏心受压构件承载力计算

试验表明，钢筋混凝土柱在承受偏心受压荷载后，会产生纵向弯曲。但长细比小的柱，即所谓“短柱”，由于纵向弯曲小，在设计时一般可忽略不计。对于长细比较大的柱则不同，它会产生比较大的纵向弯曲，设计时必须予以考虑。

1. 偏心受压长柱的正截面受压破坏特征

偏心受压长柱在纵向弯曲影响下，可能发生失稳破坏和材料破坏两种破坏类型。长细比很大时，构件的破坏不是由材料引起的，而是由于构件纵向弯曲失去平衡引起的，称为“失稳破坏”。当柱长细比在一定范围内时，虽然在承受偏心、受压荷载后，偏心距由 e_i 增加到 e_i+f，如图 2-31 所示，使柱的承载能力比同样截面的短柱减小，但就其破坏特征来讲与短柱一样都属于“材料破坏”，即因截面材料强度耗尽而产生破坏。$N_0>N_1>N_2$，表明构件长细比的加大会降低构件的正截面受压承载力。

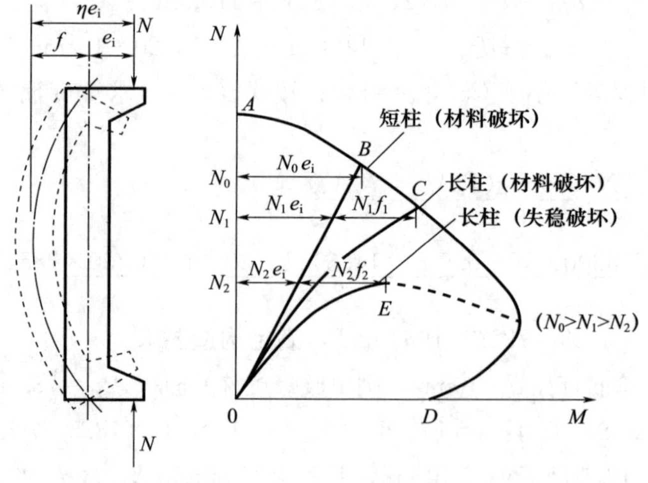

图 2-31　不同长细比柱从加荷到破坏的 N-M 关系

2. 偏心受压构件的二阶弯矩效应

偏心受压构件相对轴心受压构件而言要复杂些，需要考虑到偏心距对内力的影响以及杆件弯曲而导致的附加效应，即二阶弯矩效应。偏心受压构件的二阶弯矩通常是由纵向弯曲和结构侧移两种情况引起的。

（1）纵向弯曲引起的二阶弯矩。

先来研究构件两端作用有相等端弯矩的情况。图 2-32 中的偏心受压构件，可用构件两端作用有轴心压力 N 和相等的端弯矩 $M_0 = Ne_i$的计算简图代替，如图 2-32（a）所示。构件在 M_0 的作用下将产生如图 2-32（a）由虚线所示的弯曲变形，使轴心压力 N 又有了新的偏心距，构件上任意点的弯矩将增加一个数值，并引起附加挠度。图 2-32（a）中的实线是 N 和 M_0 共同作用下达到平衡时的挠曲线，图中 y 表示任一点的挠度。因此，构件上任一点的弯矩：

$$M = M_0 + Ny = Ne_i + Ny \tag{2-29}$$

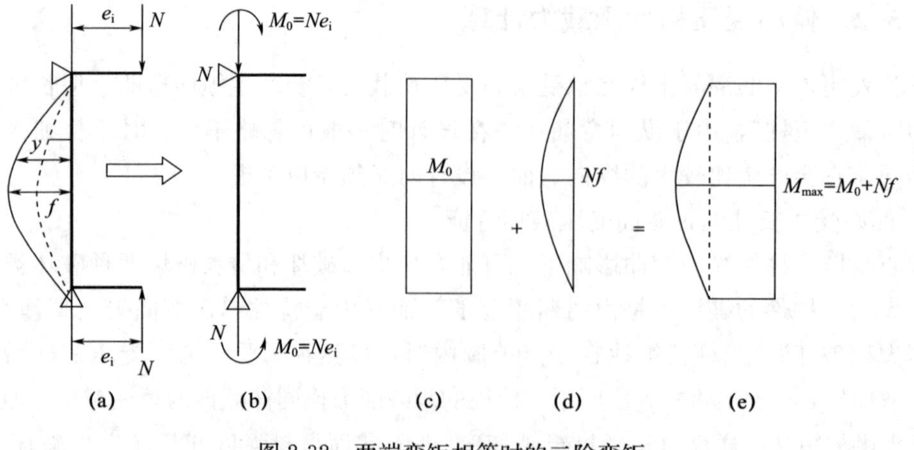

图 2-32　两端弯矩相等时的二阶弯矩

式中　Ne_i——一阶弯矩；

Ny——由纵向弯曲引起的二阶弯矩。

令 f 为最大弯矩 M_{max} 点的挠度，则有：

$$M_{max}=Ne_i+Nf \tag{2-30}$$

显然，Nf 是偏心受压构件上由纵向弯曲引起的最大的二阶弯矩（以下简称二阶弯矩）。承受 N 和 M_{max} 作用的截面是构件上的最危险截面，称为临界截面。设计时一般取临界截面为控制截面。

研究表明，当两个端弯矩不相等但符号相同时，弯矩增量仍将较大，但临界截面上的弯矩比两端弯矩相等时的小。如果两端弯矩符号相反，则构件上会有一个反弯点，弯矩增量将很小或可能不增加。因此，对于纵向弯曲引起的二阶弯矩，只需考虑两端作用有相等端弯矩的情况。

（2）结构侧移引起的二阶弯矩。

偏心受压构件是整体结构的一部分，例如框架结构中的柱子。上述二阶弯矩分布的规律，仅适用于没有水平侧移或水平侧移可忽略不计的结构中的偏心受压构件，即指偏心受压构件的两端没有发生相对位移的情况。研究表明，对于有侧移的框架结构，二阶弯矩主要是指上部竖向荷载在框架侧移中产生的附加弯矩，二阶弯矩的大小取决于上部竖向荷载的大小和框架层间侧移值的大小。

3. 二阶弯矩效应与弯矩增大系数

规范规定：对于反弯点位于柱高中部的偏心受压构件，二阶弯矩效应虽能增大截面的曲率和弯矩，但增大后的弯矩通常不可能超过柱端控制弯矩，因此在满足式（2-31）、式（2-32）和轴压比 N/f_cbh 不大于 0.9 条件下，此种情况可不予考虑。但对于反弯点不在杆件高度范围内的细长且轴压比偏大的偏心受压构件，须按截面的两个主轴方向分别考虑轴向压力在挠曲杆件中产生的附加弯矩影响。规范规定，除排架结构柱外，其他偏心受压构件考虑轴向压力在挠曲杆件中产生的二阶效应后控制截面的弯矩设计值应按下列公式计算：

$$\frac{M_1}{M_2}\leqslant 0.9 \tag{2-31}$$

$$l_0/i\leqslant 34-12(M_1/M_2) \tag{2-32}$$

$$C_m=0.7+0.3\frac{M_1}{M_2};\quad \eta_{ns}=1+\frac{1}{1300\ (M_2/N+e_a)\ /h_0}\left(\frac{l_c}{h}\right)^2\zeta_c$$

$\zeta_c=\dfrac{0.5f_cA}{N}$；若 $\zeta_c>1$，取 $\zeta_c=1$；

$$M=C_m\eta_{ns}M_2 \tag{2-33}$$

式中　M_1——柱顶弯矩；

M_2——柱底弯矩。

对于排架结构柱，考虑二阶效应后的弯矩设计值可按下式计算：

$$M=\eta_sM_0 \tag{2-34}$$

$$\eta_s=1+\frac{1}{1500\ (M_0/N+e_a)\ /h_0}\left(\frac{l_0}{h}\right)^2\zeta_c$$

式中　M_0——一阶弹性分析柱端弯矩设计值。

4. 大、小偏心受压构件的判别

(1) 用相对受压区高度 ξ 来判别：

当 $\xi\leqslant\xi_b$ 时，属于大偏心受压破坏形态；当 $\xi>\xi_b$ 时，属于小偏心受压破坏形态。

(2) 用偏心距来判断：

当 $e_i>0.3h_0$ 时，先按大偏压计算；当 $e_i<0.3h_0$ 时，先按小偏压计算。

5. 大偏心受压构件正截面承载力计算

(1) 大偏心受压构件非对称配筋计算：

如图 2-33 所示。

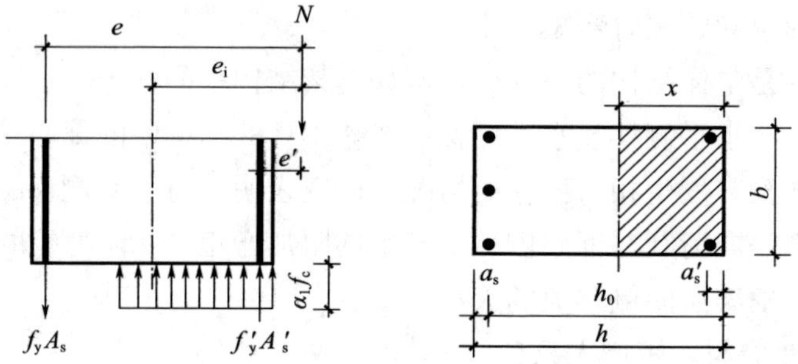

图 2-33　矩形截面大偏心受压构件正截面受压承载力计算简图

由静力学平衡方程可以推导出以下大偏心受压计算公式。

$$N\leqslant N_u=\alpha_1 f_c bx+f'_y A'_s-f_y A_s \tag{2-35}$$

$$Ne\leqslant N_u e=\alpha_1 f_c bx(h_0-0.5x)+f'_y A'_s(h_0-a'_s) \tag{2-36}$$

$$e=\eta e_i+\frac{h}{2}-a_s;\ e_i=e_0+e_a$$

式中　N_u——受压承载力设计值；

e——轴向力作用点至受拉钢筋 A_s 合力点之间的距离；

η——考虑二阶弯矩影响的轴向力偏心距增大系数，按式 (2-33)、式(2-34) 计算；

e_i——初始偏心距；

e_0——轴向力对截面重心的偏心距，$e_0=\frac{M}{N}$；

e_a——附加偏心距，其值取偏心方向截面尺寸的 1/30 和 20mm 中的较大者；

x——混凝土受压区高度。

对于式 (2-35)、式 (2-36) 若进行配筋计算，两式联立有三个未知数 x，A_s，A'_s，无法求解。考虑充分利用混凝土材料的抗压性能，一般先令 $x=\xi_b h_0$；通过式 (2-36) 解出 A'_s，再由式 (2-35) 解出 A_s。

对于大偏心受压构件，仍应按轴心受压构件验算垂直于弯矩作用平面的受压承载力，当其不小于 $\gamma_0 N$ 值时为满足，否则应重新设计。

公式适用条件：

①为了保证构件破坏时受拉区钢筋应力先达到屈服强度，要求 $x \leqslant \xi_b h_0$；

②为了保证构件破坏时，受压钢筋应力能达到屈服强度，与双筋受弯构件一样，要求满足：$x \geqslant 2a'_s$；a'_s 为纵向受压钢筋合力点至受压区边缘的距离。

【例题 2-11】 已知柱的轴向力设计值 $N=300\text{kN}$，柱顶弯矩 $M_1=159\text{kN}\cdot\text{m}$，柱底弯矩 $M_2=165\text{kN}\cdot\text{m}$；截面尺寸 $b=300\text{mm}$，$h=400\text{mm}$，$a_s=a'_s=35\text{mm}$；混凝土强度等级为 C25，采用 HRB335 级钢筋；计算长度 $\frac{l_0}{h}=6$。要求设计成非对称配筋，求钢筋面积 A_s、A'_s。

【解】 ①确定基本参数：

查附表 3、附表 6 得，$f_c=11.9\text{N/mm}^2$，$f_y=f'_y=300\text{N/mm}^2$，柱的长细比 $\frac{l_0}{h}=6$，$A=300\times400=120000\text{mm}^2$。

$$e_a=\left\{20,\ \frac{1}{30}\right\}_{max}=\{20,\ 13.33\}_{max}=20\text{mm}$$

$$\zeta_c=\frac{0.5f_cA}{N}=\frac{0.5\times11.9\times120000}{30000}=2.381>1，取\ \zeta_c=1$$

$$C_m=0.7+0.3\frac{M_1}{M_2}=0.7+0.3\times0.963=0.989$$

$$\eta_{ns}=1+\frac{1}{1300\ (M_2/N+e_a)\ /h_0}\left(\frac{l_c}{h}\right)^2\zeta_c$$

$$=1+\frac{1}{1300\times\ (165000000/300000+20)\ /365}\times6^2\times1=1.018$$

$$M=C_m\eta_{ns}M_2=0.989\times1.018\times165=166\text{kN}\cdot\text{m}$$

$$e_0=\frac{M}{N}=\frac{166}{300}=0.553=553\text{mm}$$

$$e_i=e_0+e_a=553+20=573\text{mm}$$

②判断大小偏心：

$e_i=573\text{mm}>0.3h_0=109.5\text{mm}$；故可先按大偏心受压情况计算。

③计算钢筋截面面积 A_s、A'_s：

由于本题是非对称配筋，故可取 $\xi_b=0.550$，

$$e=\eta e_i+\frac{h}{2}-a_s=1.018\times573+0.5\times400-35=748\text{mm}$$

由式（2-36）得：

$$A'_s\geqslant\frac{\gamma_0 Ne-\alpha_1 f_c bh_0{}^2\xi_b\ (1-0.5\xi_b)}{f'_y\ (h_0-a'_s)}$$

$$=\frac{1.0\times300\times10^3\times748-1.0\times11.9\times300\times365^2\times0.550\times\ (1-0.5\times0.550)}{300\times\ (365-35)}$$

$$=311.6\text{mm}^2>\rho_{min}bh=0.2\%\times300\times400=240\text{mm}^2$$

满足要求。

将 x、A'_s 代入式（2-35）求 A_s 得：

$$A_s \geqslant \frac{\alpha_1 f_c b h_0 \xi_b}{f_y} + A'_s \frac{f'_y}{f_y} - \frac{\gamma_0 N}{f_y}$$

$$= \frac{1.0 \times 11.9 \times 300 \times 365 \times 0.550}{300} + 311.6 - \frac{1.0 \times 300 \times 10^3}{300} = 1901\text{mm}^2$$

④选配纵向受力钢筋。

受拉钢筋选配 4Φ25（$A=1960\text{mm}^2$）；受压钢筋选配 2Φ14（$A=308\text{mm}^2$）。

⑤按轴心受压构件验算垂直于弯矩作用平面的受压承载力。

由 $\frac{l_0}{h}=6$，$h=400\text{mm}$ 得 $l_0=6h=2400\text{mm}$

故 $\frac{l_0}{b}=2400/8$；查表 2-10 得 $\varphi=1$；由式（2-26）

$N_u=0.9\varphi(f_cA+f'_yA'_s)=0.9\times1\times[11.9\times(300\times400-1960-308)+300\times1960]=731710\text{N}=731.7\text{kN}$，$\gamma_0 N=1.0\times300=300\text{kN}$，$731.7\text{kN}>300\text{kN}$，满足要求。

（2）大偏心受压构件对称配筋计算：

当采用对称配筋时，$A_s=A'_s$；$f_y=f'_y$；

则由式（2-35）得

$$N \leqslant N_u = \alpha_1 f_c b x \tag{2-37}$$

将式（2-37）求得的 x 代入式（2-36）即可求出 A_s，A'_s。

【例题 2-12】已知柱的轴向力设计值 $N=300\text{kN}$，柱顶弯矩 $M_1=159\text{kN}\cdot\text{m}$，柱底弯矩 $M_2=165\text{kN}\cdot\text{m}$；截面尺寸 $b=300\text{mm}$，$h=400\text{mm}$，$a_s=a'_s=35\text{mm}$；混凝土强度等级为 C25，采用 HRB335 级钢筋；计算长度 $\frac{l_0}{h}=6$。要求设计成对称配筋，求钢筋面积 $A_s=A'_s=?$

【解】本题与例题 2-11 的前两步计算相同，从第③点开始进行对称配筋解答。

（3）检验适用条件：

由式（2-36），得：

$x=\frac{\gamma_0 N}{\alpha_1 f_c b}=\frac{1.0\times300\times10^3}{1.0\times11.9\times300}=84.03\text{mm}<\xi_b h_0=0.550\times365=200.75\text{mm}$，确认为大偏心受压；且 $>2a'_s=2\times35=70\text{mm}$，保证 A'_s 屈服。

（4）计算 A_s，A'_s：

由式（2-36）得：

$$A_s = A'_s \geqslant \frac{\gamma_0 Ne - \alpha_1 f_c b x (h_0 - 0.5x)}{f'_y(h_0 - a'_s)}$$

$$= \frac{1.0\times300\times10^3\times748 - 1.0\times11.9\times300\times84.03\times(365-0.5\times84.03)}{300\times(365-35)}$$

$$=1233\text{mm}^2 > \rho_{min} bh = 0.2\%\times300\times400 = 240\text{mm}^2$$，满足要求。

$\frac{A_s+A'_s}{bh}\times100\%=\frac{1233\times2}{300\times400}=2.05\%>0.6\%$，满足要求。

(5) 选配纵向受力钢筋：根据附表，受拉受压钢筋均选配 4Φ20 ($A_s = A'_s = 1256\text{mm}^2$)。

与例题 2-11 比较，可以看出当采用对称配筋时，钢筋用量需要多一些。

例题 2-11 中，$A_s + A'_s = 1960 + 308 = 2268\text{mm}^2$；

本题中，$A_s + A'_s = 1233 \times 2 = 2466\text{mm}^2$。多用的量不大，可以接受。

在实际工程中，偏心受压构件在不同内力组合下，可能有相反方向的弯矩。当其数值相差不大时，或即使相反方向的弯矩值相差较大，但按对称配筋设计求得的纵向钢筋的总量比按不对称配筋设计所得纵向钢筋的总量增加不多时，均宜采用对称配筋。装配式柱为了保证吊装不会出错，一般采用对称配筋。

6. 小偏心受压构件正截面承载力计算（选学）

(1) 小偏心受压构件非对称配筋计算。

①基本计算公式：

$$N \leqslant N_u = \alpha_1 f_c bx + f'_y A'_s - \sigma_s A_s \tag{2-38}$$

$$Ne \leqslant N_u e = \alpha_1 f_c bx(h_0 - 0.5x) + f'_y A'_s (h_0 - a'_s) \tag{2-39}$$

$$\sigma_s = \frac{\xi - \beta_1}{\xi_b - \beta_1} f_y$$

②适用条件：

a. $\xi > \xi_b$ 或 $x > x_b = \xi_b h_0$。

b. $-f'_y \leqslant \sigma_s \leqslant f_y$。

(2) 小偏心受压构件对称配筋计算。

小偏心受压构件采用对称配筋（$A_s = A'_s$）时，采用近似计算法：

$$\xi = \frac{\gamma_0 N - \alpha_1 f_c b h_0 \xi_b}{\dfrac{\gamma_0 Ne - 0.43\alpha_1 f_c b h_0^2}{(\beta_1 - \xi_b)(h_0 - a'_s)} + \alpha_1 f_c b h_0} + \xi_b \tag{2-40}$$

$$A_s = A'_s = \frac{\gamma_0 Ne - \alpha_1 f_c b h_0^2 \xi (1 - 0.5\xi)}{f'_y (h_0 - a'_s)} \tag{2-41}$$

【小结】

(1) 受弯构件及其常见截面形式及正截面承载力的定义。

(2) 单筋矩形截面的承载力计算公式及其适用条件，单筋矩形截面承载力计算方法，区分截面设计与截面复核两类问题，熟悉基本公式法和系数法。

(3) 双筋截面梁的概念、应用范围、构造要求，双筋矩形截面的承载力计算公式及其适用条件，区分截面设计与截面复核两类问题。

(4) T 形截面受弯构件受力特点，T 形截面梁的压应力分布和受弯构件翼缘计算宽度 b'_f 的取值。两类 T 形截面的分类和判断，第一类和第二类 T 形截面的基本公式及其适用条件，区分截面设计与截面复核两类问题。

(5) 斜截面受剪是一个复杂的问题，其受力机理复杂，目前的计算公式多为基于试验资料分析而得到的经验公式。

(6) 在弯矩和剪力共同作用区段，当梁内的主拉应力超过混凝土的抗拉强度时，出现斜裂缝。斜裂缝有弯剪斜裂缝和腹剪斜裂缝两类。斜裂缝出现后，梁的应力状态会发生很大变化。

(7) 斜截面受剪破坏主要有斜压破坏、剪压破坏和斜拉破坏三种。影响斜截面受剪承载力的主要因素有剪跨比、混凝土强度、箍筋的配筋率和纵筋的配筋率等。

(8) 当弯剪区的剪力大而弯矩小时，易发生斜压破坏，其破坏特征是混凝土被斜向压坏，箍筋没有屈服。设计时用截面限制条件来避免该种破坏。

(9) 当弯剪区的弯矩大而剪力小时，易发生斜拉破坏，其破坏特征是一旦斜裂缝出现，就很快形成临界斜裂缝，与临界斜裂缝相交的腹筋很快屈服甚至被拉断，破坏过程短且突然。设计时用最小箍筋配筋率和最大箍筋间距来避免该种破坏。

(10) 剪压破坏的发生条件介于斜压破坏和斜拉破坏之间，其破坏特征是与临界斜裂缝相交的腹筋首先屈服，然后剪压区混凝土被压碎而破坏，可见，破坏时腹筋和混凝土的强度都得到利用。因此，现行《混凝土结构设计规范》(GB 50010) 以该破坏形态为基础来建立斜截面的受剪承载力计算公式，并通过设计计算来避免该种破坏。

(11) 受弯构件斜截面受剪承载力的设计计算同样有截面设计和截面复核两个方面，在应用公式进行设计计算时，应理解计算公式的限制条件。

(12) 用于斜截面受剪的腹筋优先使用箍筋，当剪力较大时，可既配箍筋又配弯起钢筋。

(13) 轴心受压构件可分为配置普通箍筋轴心受压构件和配置螺旋箍筋轴心受压构件两种。

(14) 根据长细比不同，轴心受压构件的破坏形态有短柱破坏、长柱破坏和失稳破坏三种。短柱破坏和长柱破坏均是材料破坏，并采用稳定系数来考虑长柱承载力的降低程度。

(15) 螺旋式或焊接环式箍筋通过对核心混凝土的套箍作用而间接提高构件的承载力。对轴心受压承载力而言，同样体积的钢筋，采用间接钢筋（螺旋式或焊接环式）要比直接用纵向受压钢筋更为有效。

(16)) 偏心受压破坏可分为大偏心受压破坏和小偏心受压破坏两种。大偏心受压破坏时，受拉钢筋先屈服，然后受压区混凝土压碎；小偏心受压破坏时，远离轴向压力一侧的钢筋未屈服，受压区混凝土压碎。两者的本质区别在于远离轴向压力一侧的钢筋是否屈服。

(17) “受拉钢筋达到屈服应变 ε_y 的同时受压区边缘混凝土达到极限压应变 ε_{cu}” 为大、小偏心受压破坏的界限破坏。因此，当 $\xi \leqslant \xi_b$ 时，为大偏心受压构件；当 $\xi > \xi_b$ 时，为小偏心受压构件。非对称配筋在设计之前，无法求出，因此采用偏心距的大小来近似判别；当 $e_i \leqslant 0.3h_0$ 时，可按小偏心受压设计；当 $e_i > 0.3h_0$ 时，可先按大偏心受压设计。

（18）柱子对称配筋方式相对于非对称配筋虽然会增加10%左右的钢筋用量，但由于其独特的优势，故常在实践中采用。

【习题】

1. 某钢筋混凝土简支梁，计算跨度为5m，结构安全等级为二级，承受的均布恒荷载标准值 $g_k=8kN/m$（未含梁自重），均布活荷载标准值 $q_k=20kN/m$，采用的混凝土强度为C25，HRB335级钢筋，梁的截面尺寸 $b\times h=250mm\times600mm$，试计算梁的纵向受力钢筋截面面积。

2. 某钢筋混凝土简支平板，计算跨度为3m，板宽为2m，结构安全等级为二级，承受的均布恒荷载标准值 $g_k=3kN/m^2$（已含板自重），均布活荷载标准值 $q_k=2kN/m^2$，采用的混凝土强度为C20，HPB300级钢筋，取板厚为80mm，试计算板的纵向受拉钢筋截面面积。

3. 已知矩形截面简支梁，梁的截面尺寸 $b\times h=200mm\times450mm$，梁的计算跨度 $L=5.20m$，承受均布线荷载：活荷载标准值8kN/m，恒荷载标准值9.5kN/m（不包括梁的自重），采用混凝土强度等级C40，HRB400钢筋，结构安全等级为二级，环境类别为二类。试求所需钢筋的截面面积。

4. 框架结构二层左跨结构梁KL-1A，在恒载作用下，承受弯矩设计值 $M=5998kN\cdot m$，采用钢筋混凝土矩形截面，截面尺寸为 $b\times h=250mm\times500mm$，混凝土强度等级为C20，钢筋为HRB335，环境类别为1类，试计算并选配纵向受力钢筋。

5. 框架结构三层右跨结构梁KL-2A，截面尺寸 $b\times h=250mm\times500mm$，受拉钢筋为2Φ22+1Φ20，采用的混凝土强度为C25，承受弯矩设计值为 $M=117.2kN\cdot m$，试验算该梁是否安全。

6. 已知一双筋矩截面梁，$b\times h=200mm\times500mm$，混凝土C25，HRB335钢筋，截面弯矩设计值 $M=260kN\cdot m$，试求纵向受拉和受压钢筋截面面积。

7. 已知T形截面梁的尺寸为 $b=200mm$，$h=500mm$，$b_f'=400mm$，$h_f'=80mm$，混凝土强度等级为C30，钢筋为HRB335，环境类别为一类，承受弯矩设计值 $M=250kN\cdot m$，求该截面所需的纵向受拉钢筋。

8. 工程实例中，框架结构二层右跨结构梁KL-1C，在活载作用下，承受剪力设计值 $V=49.6kN$，截面尺寸为 $b\times h=250mm\times500mm$，混凝土强度等级为C20，箍筋为HPB335级，$a_s=35mm$，试计算、确定箍筋的数量。

9. 一承受均布荷载的矩形截面简支梁，截面尺寸 $b\times h=200mm\times400mm$，采用C20混凝土，箍筋采用HRB335级，已配双肢Φ6@200，求该梁所能承受的最大剪力设计值 V。若梁净跨为4.26m，求按受剪承载力计算的梁所能承担的均布荷载设计值为多少。

10. 钢筋混凝土简支梁的截面尺寸为 $b\times h=180mm\times450mm$，承受均布恒载设计值

g=18.8kN/m，均布活载设计值 q=12.0kN/m，简支梁的计算跨度为 5.1m，混凝土强度等级 C25，采用 HRB335 钢筋作为箍筋，按正截面受弯承载力计算配置的纵向受拉钢筋为 3ϕ18。环境类别为二 a 类，试进行斜截面受剪承载力计算。

11. 已知某柱的计算长度为 3m，承受轴心力设计值 N=1600kN，采用 C25 混凝土，HRB335 级纵向钢筋，试设计该柱截面和配筋。

12. 某钢筋混凝土圆形截面柱，直径不超过 350mm，承受轴心压力设计值 N=1900kN，计算长度 l_0=4m，混凝土强度等级为 C30，柱中纵筋用 HRB400 级钢筋，箍筋用 HRB335 级。

13. 一钢筋混凝土矩形截面柱，截面尺寸为 $b\times h$=300mm×400mm，柱的计算长度为 3.2m。采用 C25 混凝土，HRB335 级钢筋。该柱承受轴向压力设计值 N=320kN，柱顶弯矩设计值 M=160kN·m，柱底弯矩设计值 M=160kN·m，取 $a_s=a'_s$=45mm，试计算该柱的配筋。

14. 工程实例中，框架底层柱 KZ-4B 截面尺寸为 $b\times h$=500mm×500mm，柱的计算长度为 4.5m，采用 C30 混凝土，HRB400 级钢筋。该柱承受轴向压力设计值 N=726kN，柱顶的弯矩设计值 M=38kN·m，柱底弯矩设计值 M=37.1kN·m，取 a_s=a'_s=45mm，试计算该柱的配筋。已知 A'_s=1017mm^2（4ϕ18），试计算受拉侧钢筋截面面积 A_s。

15. 某钢筋混凝土矩形截面柱，截面尺寸为 $b\times h$=300mm×600mm，柱的计算长度为 7.2m，采用 C35，HRB400 级钢筋。该柱的轴向力设计值 N=550kN，弯矩设计值 M=450kN·m；$a_s=a'_s$=45mm，求钢筋截面面积 $A'_s=A_s$=？

项目 3　建筑地基基础

学习目标

了解建筑地基与基础的基本概念及重要性；了解地基基础设计的一般规定；掌握浅基础类型与构造；理解基础埋置深度的选择；掌握基础底面承载力计算；掌握无筋扩展基础的设计；掌握柱下钢筋混凝土独立基础的设计。

学习要点

地基、基础的基本概念；地基基础设计的一般规定；浅基础的类型与构造；基础埋置深度选择；基础底面尺寸的确定及软弱下卧层的计算；无筋扩展基础的设计；柱下钢筋混凝土独立基础的设计。

建议学时

7 学时

任务 3.1　学习地基与基础的基本概念

3.1.1　地基与基础的概念

1. 地基与基础的关系

房屋结构承受的荷载，最终通过基础传到地基上。地基、基础和上部结构三部分是彼此联系、相互影响和共同作用的，如图 3-1 所示。设计时应根据场地的工程地质条件，综合考虑地基、基础和上部结构三部分的共同作用和施工条件，选取安全可靠、经济合理的施工方案。

2. 基础

建筑物向地基传递荷载的下部结构就是基础。基础依据埋置深浅分为两类：①浅基础：通常把埋深不大（一般浅于 5m），不需要采用特殊方法施工的基础统称为浅基础（如墙下条形基础、柱下扩展基础等）；②深基础：若浅层地基不良，需要基础埋置较深时，一般都需要用特殊的施工方法和装备来修建的基础称为深基础（如桩基础、沉井、沉箱、地下连续墙等）。

3. 地基

建筑物的全部荷载都由它下面的地层来承担，受建筑物影响的那一部分地层称为地

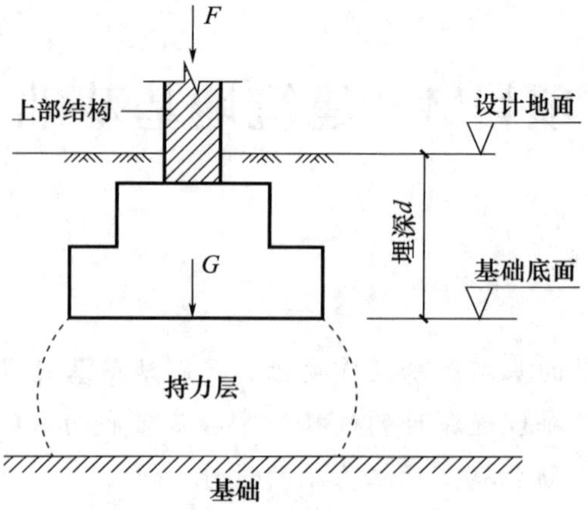

图 3-1　地基及基础示意图

基。地基按是否经过人工处理分为两种：①基础直接砌筑在未经人工处理的天然土层上，这种地基就称为天然地基，多数支承建筑物的土层都可以采用天然地基；②当天然地基的承载力或变形不能满足设计要求时，对地基要进行人工加固处理，经人工处理后的地基称为人工地基。

基础下的地基可能有若干层，直接与基础接触的第一层土，并承受压力的土层称为持力层，地基范围内持力层下部的所有土层称为下卧层。

3.1.2　地基与基础的重要性

地基和基础是建筑物的根基，又属于地下隐蔽工程，它的勘察、设计和施工质量直接关系到建筑物的安危。实践表明，许多建筑物的工程质量事故往往发生在地基基础之上，而且，一旦事故发生，补救并非易事。此外，随着城市的发展，高层建筑越来越多，基础的埋置深度越来越大，因此，基础工程费用占建筑物总造价的比例越来越高。所以地基与基础在建筑工程中的重要性是显而易见的。工程实践中地基基础事故屡见不鲜，主要问题包括：①强度问题；②变形问题；③渗透问题；④冻融问题。

任务 3.2　学习地基与基础设计的一般规定

3.2.1　地基基础设计等级

根据建筑物规模和功能特征、地基复杂程度以及由于地基问题可能造成建筑物破坏或影响正常使用的程度，地基基础设计分为甲级、乙级和丙级三个设计等级，其建筑和地基类型分述如下。

1. 甲级

①30 层以上的高层建筑；

②重要的工业与民用建筑物；

③体型复杂，层数相差超过10层的高低层连成一体建筑物；

④大面积的多层地下建筑物（如地下车库、商场、运动场等）；

⑤对地基变形有特殊要求的建筑物、场地和地基条件复杂的一般建筑物、复杂地质条件下的坡上建筑物（包括高边坡）；

⑥对原有工程影响较大的新建建筑物；

⑦位于复杂地质条件及软土地区的二层及二层以上地下室的基坑工程。

2. 乙级

指除甲级、丙级以外的工业与民用建筑物。

3. 丙级

指场地和地基条件简单，荷载分布均匀的七层及七层以下民用建筑及一般工业建筑物；次要的轻型建筑物。

3.2.2　地基基础设计的内容与规定

建筑物的结构和构件在规定的时间内，均应满足预定的功能要求，以保证建筑物必须具有的可靠性。根据建筑物地基基础设计等级及长期荷载作用下地基变形对上部结构的影响程度，地基基础设计应符合下列规定：

（1）所有建筑物的地基计算均应满足承载力计算的有关规定。

（2）设计等级为甲级、乙级的建筑物，均应按地基变形设计。

（3）表3-1所列范围内设计等级为丙级的建筑物可不作变形验算，如有下列情况之一时，仍应作变形验算：

①地基承载力特征值小于130kPa，且体型复杂的建筑；

②在基础上及其附近有地面堆载或相邻基础荷载差异较大，可能引起地基产生过大的不均匀沉降时；

③软弱地基上的建筑物存在偏心荷载时；

④相邻建筑距离过近，可能发生倾斜时；

⑤地基内有厚度较大或厚薄不均的填土，其自重固结未完成时。

表3-1　可不作地基变形计算的丙级建筑物

地基主要受力层情况	f_{ak}（kPa）			$60<f_{ak}<80$	$80\leq f_{ak}<100$	$100\leq f_{ak}<130$	$130\leq f_{ak}<160$	$160\leq f_{ak}<200$	$200\leq f_{ak}<300$
	各土层坡度（%）			≤5	≤5	≤10	≤10	≤10	≤10
建筑类型	砌体承重结构、框架结构层数			≤5	≤5	≤5	≤6	≤6	≤7
	单层排架结构（6m柱距）	单跨	吊车起重（t）	5～10	10～15	15～20	20～30	30～50	50～100
			厂房跨度（m）	≤12	≤18	≤24	≤30	≤30	≤30
		多跨	吊车起重（t）	3～5	5～0	10～15	15～20	20～30	30～75
			厂房跨度（m）	≤12	≤18	≤24	≤30	≤30	≤30

（4）对经常受水平荷载作用的高层建筑、高耸结构和挡土墙等，以及建造在斜坡上或边坡附近的建筑物和构筑物，尚应验算其稳定性；

（5）基坑工程应进行稳定性验算；

（6）当地下水埋藏较浅，建筑地下室或地下构筑物存在上浮问题时，尚应进行抗浮验算。

3.2.3 地基基础设计所需资料

在一般情况下，进行地基基础设计时，需具备下列资料：

（1）建筑场地的地形图；

（2）建筑场地的工程地质勘察报告；

（3）建筑物的平面图、立面图、剖面图，作用在基础上的荷载、设备基础、各种管道的布置和标高；

（4）建筑场地环境，邻近建筑物基础类型与埋深，地下管线分布；

（5）工程总投资情况；

（6）建筑材料的供应情况；

（7）施工单位的设备和技术力量；

（8）工期的要求。

3.2.4 地基基础设计的步骤

天然地基浅基础的设计，应根据上述资料和建筑物的类型、结构特点，按下列步骤进行：

（1）选择基础的材料和构造形式；

（2）确定基础的埋置深度；

（3）确定地基土的承载力特征值；

（4）确定基础底面尺寸，必要时进行下卧层强度验算；

（5）规范要求做地基变形的建筑物，进行地基变形验算；

（6）对建于斜坡上的建筑物和构筑物及经常承受较大水平荷载的高层建筑和高耸结构，进行地基稳定性验算；

（7）确定基础的剖面尺寸；

（8）绘制基础施工图。

3.2.5 极限状态设计原则简介

1. 确定基础底面积时

按地基承载力确定基础底面积及埋深（或按单桩承载力确定桩数）时，传至基础（或承台）底面上的荷载效应按正常使用极限状态下荷载效应的标准组合 S_k。

$$S_k = S_{Gk} + S_{Q1k} + \sum_{i=2}^{n} \psi_{ci} S_{Qik} \tag{3-1}$$

式中　S_k——按永久荷载标准值 G_k 计算的荷载效应值；

S_{Qik}——按可变荷载 Q_{ik} 计算的荷载效应值；

ψ_{ci}——可变荷载 Q_{ik} 的组合值系数。

2. 计算地基变形时

传至基础底面上的荷载效应采用正常使用极限状态下荷载效应的准永久组合 S_{qk}。

$$S_{qk} = S_{Gk} + \sum_{i=2}^{n} \psi_{qi} S_{Qik} \tag{3-2}$$

式中　ψ_{qi}——准永久值系数。

3. 确定基础高度、基础内力和配筋时

上部结构传来的荷载效应组合和相应的基底反力，应按承载能力极限状态下荷载效应的基本组合，采用相应分项系数。

基础设计安全等级、结构设计使用年限、结构重要性系数等，均与上部结构相同，但结构重要性系数不应小于 1.0。

任务 3.3　学习浅基础的类型与构造

3.3.1　浅基础按材料分类

常用浅基础按材料可分为砖基础、毛石基础、灰土和三合土基础、混凝土基础、钢筋混凝土基础。

1. 砖基础

砖基础多用于低层建筑的墙下基础，其剖面一般都做成阶梯形，通常称为大放脚。一般来说，在砖基础下面，先做 100mm 厚的 C15 混凝土垫层。大放脚从垫层上开始砌筑，为保证大放脚的刚度，大放脚应做成两皮一收、一皮一收或一皮一收与两皮一收相间隔。一皮即一层砖，标志尺寸为 60mm。一次两边各收进 1/4 砖长（图 3-2）。

砖基础的优点是可就地取材、价格低、砌筑方便，其缺点是强度低且抗冻性差。

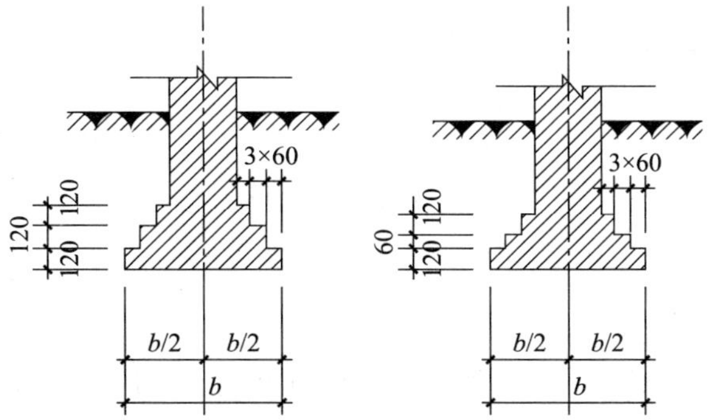

图 3-2　砖基础

(a) 两皮一收；(b) 二一间隔

2. 毛石基础

毛石基础做成阶梯形（图 3-3），每阶高度和毛石墙厚度不宜小于 400mm，每阶伸出宽度不宜大于 200mm。

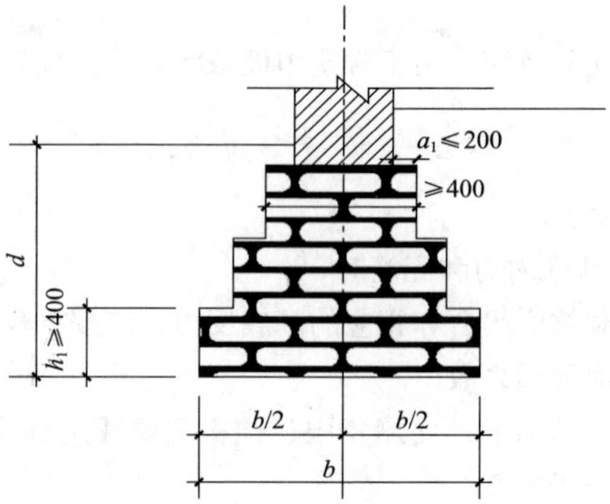

图 3-3　毛石基础

3. 灰土和三合土基础

我国华北地区和西北地区广泛采用灰土基础。这种基础是用石灰和土拌制经夯实而成的，石灰用块状生石灰经硝化 1～2 天后立即使用；土料用塑性指数较低的黏性土。我国南方则常用三合土基础。灰土基础和三合土基础都是在基槽内分层夯实而成的。

4. 混凝土基础

混凝土基础外形一般为锥形或台阶形（图 3-4）。混凝土强度等级通常为 C15。混凝土基础适用于地下水位较高、土质条件较差、基底宽度不大于 1100mm 的浅基础。当混凝土基础体积较大时，在混凝土中掺入 30%～40%的毛石，即为毛石混凝土基础。

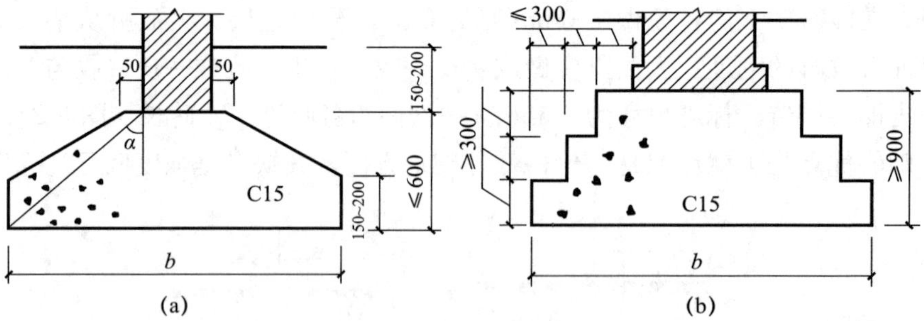

图 3-4　混凝土基础

（a）锥形混凝土基础；（b）台阶形混凝土基础

5. 钢筋混凝土基础

钢筋混凝土基础的强度、耐久性、整体性和抗冻性均很好，因为钢筋抗拉程度较高，故用钢筋承受弯矩引起的拉应力，所以钢筋混凝土基础具有较好的抗弯性能。其常用于荷载较大、地基均匀性较差以及基础位于地下水位以下时的墙柱基础。

3.3.2 浅基础按结构类型分类

1. 无筋扩展基础

无筋扩展基础，是指由砖、毛石、混凝土或毛石混凝土、灰土和三合土等材料组成而且不配置钢筋的条形基础或独立基础（图 3-1～图 3-4）。

无筋扩展基础都是用抗弯性能较差的材料建造的，在受弯时很容易因弯曲变形过大而拉坏，因此，必须限制基础的悬挑长度。

2. 扩展基础

扩展基础指墙下钢筋混凝土条形基础和柱下独立基础。

（1）墙下钢筋混凝土条形基础。

墙下钢筋混凝土条形基础是承重墙下基础的主要形式之一。当上部结构荷载较大而地基土又较软弱时，可采用墙下钢筋混凝土条形基础。此基础可分为无肋式和有肋式两种。当地基土分布不均匀时，常常用有肋式来调整基础的不均匀沉降，增加基础的整体性（图 3-5，三维模型可扫描二维码）。

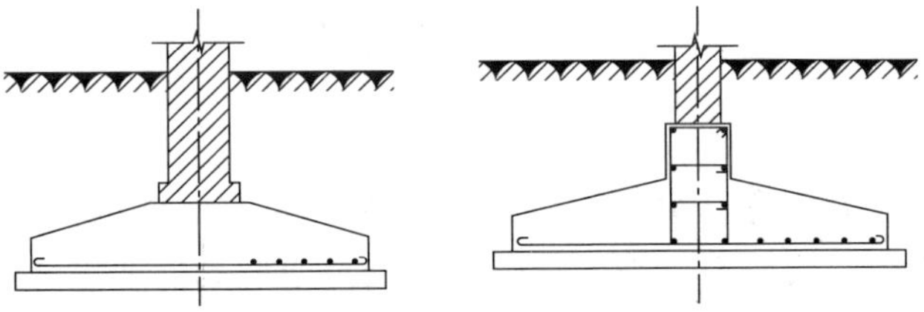

(a) (b)

图 3-5 墙下钢筋混凝土条形基础

（a）无肋式；（b）有肋式

（2）柱下独立基础。

独立基础是柱下基础的基本形式。现浇柱下独立基础的截面可做成台阶形和锥形；预制柱一般采用杯形基础（图 3-6）。

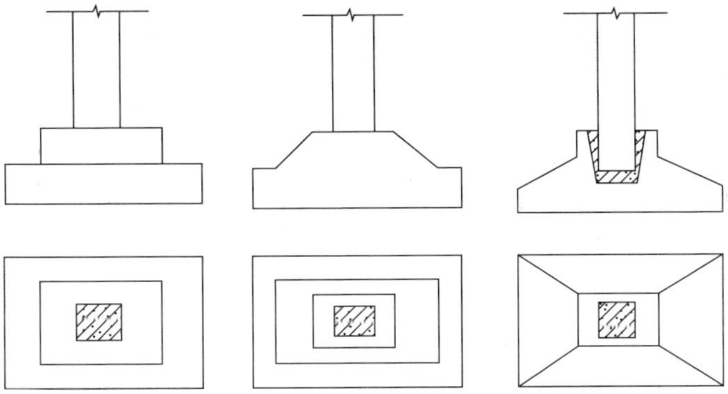

(a) (b) (c)

图 3-6 柱下独立基础

（a）台阶形基础；（b）锥形基础；（c）杯形基础

3. 柱下钢筋混凝土条形基础、柱下十字交叉基础

当荷载较大而地基土软弱或柱距较小，如采用柱下独立基础，基础底面积很大而互相靠近时，为增加基础的整体性和抗弯刚度，可将同一柱列的柱下基础连通做成钢筋混凝土条形基础（图 3-7）。柱下钢筋混凝土条形基础常用于框架结构。

对于荷载较大的建筑物，如果地基土软弱且在两个方向存在分布不均匀的问题时，可用十字交叉基础来增强基础的整体刚度，减小基础的不均匀沉降，如图 3-8 所示。

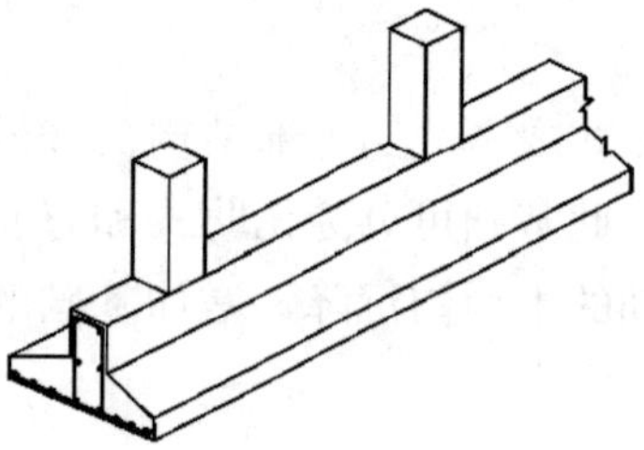

图 3-7　柱下钢筋混凝土条形基础

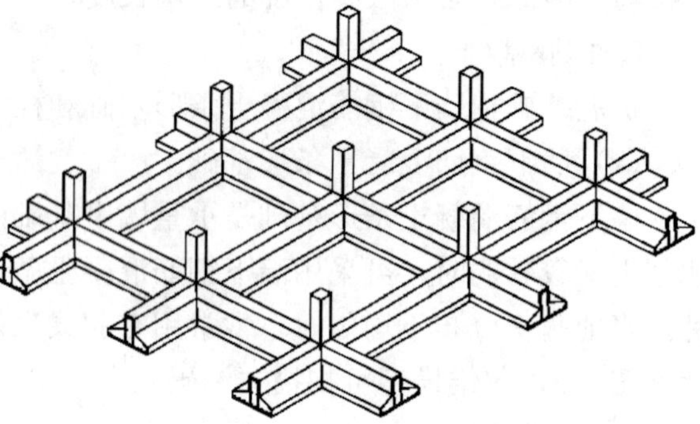

图 3-8　柱下十字交叉基础

4. 筏板基础

如果地基土特别软或在两个方向存在分布不均匀的问题，而上部结构荷载又很大，特别是带有地下室的高层建筑物，采用十字交叉基础仍不满足变形条件要求或相邻基础距离很小时，可将整个基础底板连成一个整体而成为钢筋混凝土筏板基础（俗称满堂基础），筏板基础的整体性很好，所以它能较好地调整基础各部分之间的不均匀沉降。筏板基础按构造不同分为平板式筏板基础和梁板式筏板基础两种（图 3-9）。当在柱间设有梁时称为梁板式筏板基础，形如倒置的肋形楼盖。当在柱间不设梁则为平板式筏板基础，形如倒置的无梁楼盖。

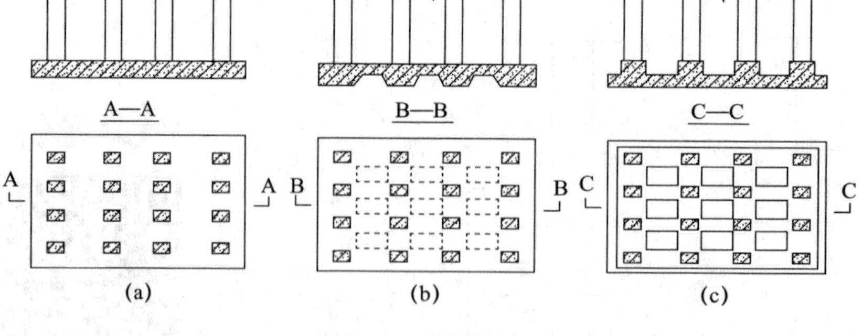

图 3-9　筏板基础

（a）平板式；（b）（c）梁板式

5. 箱形基础

当地基特别软弱或分布不均匀，荷载又很大时，特别是带有地下室的建筑物，可将

基础做成由钢筋混凝土底板、顶板和钢筋混凝土纵横墙组成的箱形基础。它是筏板基础的进一步发展。箱形基础整体抗弯刚度相当大，使上部结构不易开裂，且基础的空心部分可作地下室。由于深埋和空腹，可减少基底的附加应力，这对建筑物设计和基础设计十分有利。箱形基础可采用多层结构，在高层建筑物及重要的构筑物中常被采用（图 3-10）。但箱形基础耗用的钢筋及混凝土用量均较大，故采用这类型的基础时，应根据地基土质情况、荷载大小及上部结构型式等各方面因素作技术、经济比较后确定。

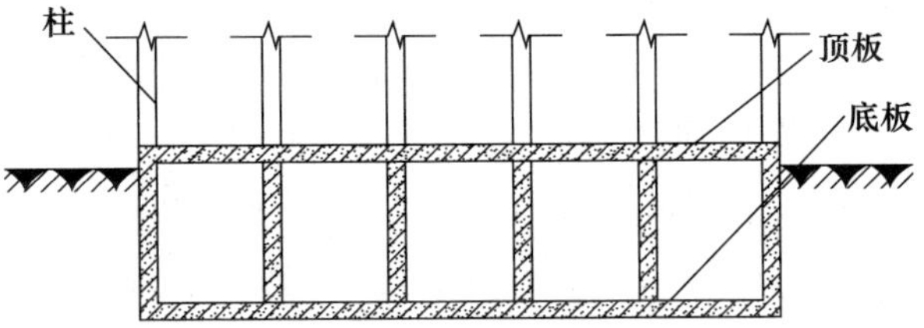

图 3-10　箱形基础

任务 3.4　确定基础埋置深度

为了防止基础被破坏以及让建筑物选择一个合适的地基，基础需要有一定的埋置深度。基础的埋置深度一般是指室外设计地面至基础底面的距离。

基础埋深的确定对建筑物的安全和正常使用以及对施工工期、工程造价、施工技术等都有影响。所以选择合理的基础的埋置深度是很重要的。

一般来说，在保证建筑物安全稳定、耐久适用的前提下，基础应尽量浅埋，以节省工程量而且便于施工。基础的埋置深度，应按以下条件综合考虑后确定：

1. 建筑物用途，有无地下室、设备基础和地下设施，基础的型式及构造

确定基础埋深时，应了解建筑物的用途及使用要求。当有地下室、设备基础和地下设施时，建筑物就需要根据地下部分的设计标高、管沟及设备基础的具体标高加大基础的埋深。又如，对于高层建筑物，为满足稳定性及抗震要求，基础也应该加大埋深。

另外，基础的型式和构造有时也对基础埋深起决定性作用。例如，采用无筋扩展基础，当基础底面积确定后，由于基础本身的构造要求（即满足台阶宽高比允许值要求），就决定了基础最小高度，从而决定了基础的埋深。此外，为了保证基础不受人类及生物活动的影响，基础埋置地表以下的最小埋深为 0.5m（岩石地基可不受此限）。

2. 作用在地基土的荷载大小和性质

基础埋深的选择必须考虑荷载的性质和大小的影响。一般来说，荷载大的基础需要承载力高、压缩性低的土层作为持力层。比如对同一层土而言，荷载小的基础可能是良好的持力层；而对荷载大的基础则可能不适宜作持力层。尤其是承受较大的水平荷载的基础或承受较大的上拔力的基础（如输电塔等），往往需要有较大的基础埋深，以提供

足够的抗拔力，保证基础的稳定性。

3. 工程地质和水文地质条件

这是决定基础埋深的关键因素之一，应进行多方面比较后才确定。

(1) 尽量浅埋。

在满足地基稳定和变形要求的前提下，基础应尽量浅埋。当上层地基的承载力大于下层土时，宜利用上层土作持力层。但基础埋深不宜小于 0.5m（岩石地基除外）。

(2) 宜埋置在地下水位之上。

如果存在地下水，宜将基础埋在地下水位以上，以避免地下水对基坑开挖、基础施工以及使用期间的影响。若基础必须埋在地下水位以下时，应考虑施工期间的基坑降水、坑壁支撑以及是否会产生流砂、涌水等现象。需采取必要的施工措施，保护地基土不受扰动。对于有侵蚀性的地下水，应采取防止基础受侵蚀破坏的措施。对位于江河岸边的基础，其埋深应考虑流水的冲刷作用，施工时宜采取相应的保护措施。

(3) 满足稳定要求或抗滑要求。

4. 相邻建筑物的基础埋深

一般新建筑物基础埋深不宜大于相邻原有建筑物基础，而且应考虑当必须大于原有建筑物基础时，两相邻基础之间应保持一定净距，其数值应根据原有建筑荷载大小和土质情况确定。一般取两相邻基础底面高差的 1～2 倍，如图 3-11 所示。若不能满足上述要求，在施工中应采取有效措施，如分段施工、设置临时支撑、打板桩、浇注地下连续墙等。

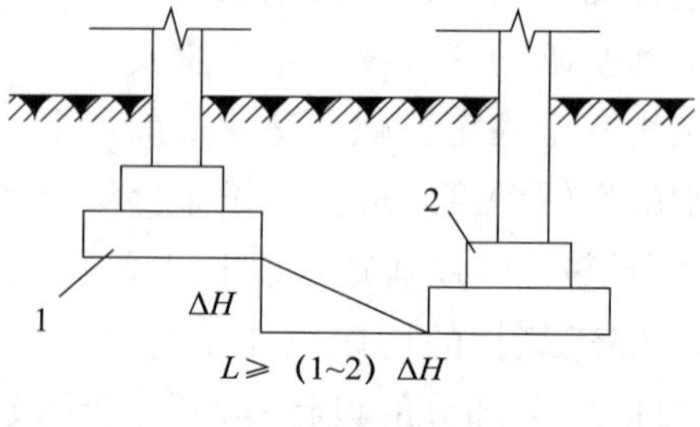

图 3-11　相邻基础的埋深

1—原有基础；2—新基础

5. 考虑地基土冻胀和融陷的影响

对于埋置在非冻胀土中的基础，其埋深可不考虑冻深的影响。对于埋置在弱冻胀、冻胀和强冻胀土中的基础，应按计算确定基底下允许残留冻土层的厚度。

6. 高层建筑基础

高层建筑筏板基础和箱形基础的埋置深度应满足地基承载力、变形和稳定性的要求。在抗震设防区，除岩石地基外，天然地基上的箱形基础和筏板基础的埋置深度不宜小于建筑物高度的$\frac{1}{15}$（桩箱或桩筏基础的埋置深度不宜小于建筑物高度的$\frac{1}{18}$～$\frac{1}{20}$，此深度不包括桩长）。位于岩石地基上的高层建筑，其基础埋深应满足抗滑要求。

任务3.5 学习基础底面承载力计算

3.5.1 地基承载力特征值

在设计地基基础时，必须知道地基承载力特征值。地基承载力特征值是指由载荷试验测定的地基土压力变形曲线线性变形段内规定的变形所对应的压力值（其最大值为比例界限值）。地基承载力特征值可由载荷试验或其他原位测试、公式计算，并结合工程实践经验等方法综合确定。

在岩土工程勘察报告中，将根据钻探取样、室内土工试验、触探，并结合其他原位测试方法进行地基评价，提供地基承载力特征值 f_{ak}。当基础宽度大于 3m 或埋置深度大于 0.5m 时，尚应按下式修正：

$$f_a = f_{ak} + \eta_b \gamma (b-3) + \eta_d \gamma_m (d-0.5) \tag{3-3}$$

式中 f_a——修正后的地基承载力特征值（kPa）；

f_{ak}——地基承载力特征值（kPa）；

b——基础底面宽度（m）；当 b 大于 6m 时取 6m，小于 3m 时取 3m；

d——埋置深度（m）；

γ——基础底面以下土的重度（kN/m^3）；

γ_m——基础底面以上土的加权平均重度（kN/m^3）；

η_b、η_d——基础宽度和埋深的地基承载力修正系数，按土的类别查表 3-2。

表 3-2 承载力修正系数

土的类别		η_b	η_d
淤泥和淤泥质土		0.0	1.0
人工填土		0.0	1.0
e 或 I_L 大于等于 0.85 的黏性土			
红黏土	含水比 $a_w > 0.8$	0.0	1.2
	含水比 $a_w \leqslant 0.8$	0.2	1.4
大面积压实填土	压实系数大于 0.95、黏粒含量 $\rho_c \geqslant 10\%$ 的粉土	0.0	1.5
	最大干密度大于 $2.1t/m^2$ 的级配砂石	0.0	2.0
粉土	黏粒含量 $\rho_c \geqslant 10\%$ 的粉土	0.3	1.5
	黏粒含量 $\rho_c < 10\%$ 的粉土	0.5	1.6
e 或 I_L 均小于 0.85 的黏性土		0.3	3.0
粉砂、细砂（不包括很湿与饱和时的稍密状态）		2.0	3.0
中砂、粗砂、砾砂和碎石土		3.0	4.4

注：1. 强风化和全风性的岩石，可参照所风化形成的相应土类取值，其他状态下的岩石不修正；

2. 地基承载力特征值按深层平板载荷试验确定时 η_d 取 0。

3.5.2 基础底面承载力计算

根据修正后的地基承载力特征值、基础埋置深度及作用在基础上的荷载值等条件，就可以计算基础底面承载力。传至基础底面上的荷载效应应按正常使用极限状态下荷载效应的标准组合。按照实际荷载的不同组合，基础底面承载力计算分为轴心荷载作用与偏心荷载作用两种情况。

1. 轴心荷载作用时（图 3-12）

$$p_k \leqslant f_a \tag{3-4}$$

式中 f_a——修正后的地基承载力特征值（kPa）；

p_k——相应于荷载效应标准组合时基础底面处的平均压力值（kPa）。

$$p_k = \frac{F_k + G_k}{A} \tag{3-5}$$

式中 F_k——相应于荷载效应标准组合时，上部结构传至基础顶面的竖向力值（kN）；

G_k——基础自重和基础上的土重（kN），$G_k = \gamma_G A d$；

γ_G——基础及其上回填土的平均重度，一般取 20kN/m^3；

A——基础底面面积（m^2）。

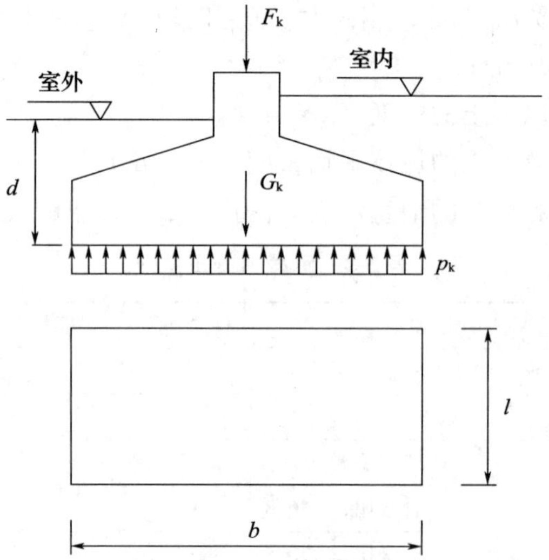

图 3-12 轴心荷载作用时地基压力

2. 偏心荷载作用时

偏心荷载作用下，除满足式（3-4）的要求外，尚应满足

$$p_{kmax} \leqslant 1.2 f_a \tag{3-6}$$

式中 p_{kmax}——相应于荷载效应标准组合时，基础底面边缘的最大压力值（kN）。

$$p_{kmax} = \frac{F_k + G_k}{A} + \frac{M_k}{W} \tag{3-7}$$

式中 M_k——相应于荷载效应标准组合时，作用于基础底面的力矩值（kN·m）；

W——基础底面的抵抗矩（m^3）。

当偏心距 $e>b/6$ 时（图3-13），基础底面部分脱开，应力将重新分布，p_{kmax} 应按下式计算：

$$p_{kmax}=\frac{2(F_k+G_k)}{3la} \tag{3-8}$$

式中 l——垂直于力矩作用方向的基础底面边长（m）；

a——合力作用点至基础底面最大压应力所在边缘的距离（m）。

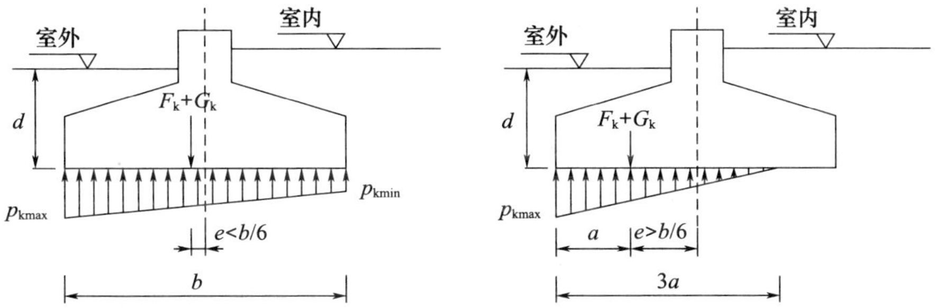

图3-13 偏心荷载作用时基底压力

【例题3-1】 某基础底面尺寸 $b=3m$，$l=2m$，基础顶面作用轴心力 $F_k=450kN$，弯矩 $M_k=150kN\cdot m$，基础埋深 $d=1.5m$，已知基础底面以上土的加权平均重度 $\gamma_m=18kN/m$，基础底面以下土的重度 $\gamma=18kN/m$，地基承载力特征值 $f_{ak}=113kPa$。基础宽度和埋深的地基承载力修正系数为 $\eta_b=0.3$、$\eta_d=1.5$，试校核基底应力。

【解】 求修正后的地基承载力特征值：

$$f_a=f_{ak}+\eta_d\gamma_m(d-0.5)=113+1.5\times18\times(1.5-0.5)=140kPa$$

基础自重及基础上回填土重：

$$G_k=\gamma_G Ad=20\times3\times2\times1.5=180kN$$

偏心距：

$$e=\frac{M}{F_k+G_k}=\frac{150}{450+180}=0.238m<b/6$$

抵抗距：

$$W=\frac{lb^2}{6}=\frac{2\times3^2}{6}=3m^3$$

最大基底应力：

$$p_{kmax}=\frac{F_k+G_k}{A}+\frac{M_{kd}}{W}=\frac{450+180}{3\times2}+\frac{150}{3}=155kN/m^2>1.2f_a$$

平均应力：

$$p_k=\frac{F_k+G_k}{A}=\frac{450+180}{3\times2}=105kN>f_a$$

故基底应力满足要求。

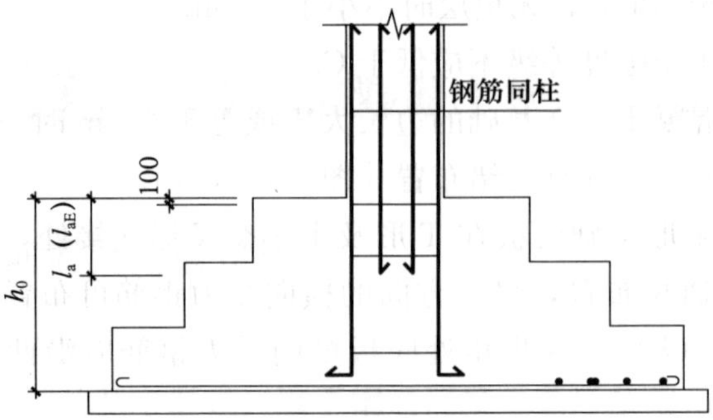

图 3-16　现浇柱的基础中插筋构造示意图

3.6.3　柱下钢筋混凝土独立基础计算

柱下钢筋混凝土独立基础的计算，主要包括基础底面尺寸的确定，基础冲切承载力验算以及基础底板配筋。基础底面尺寸的确定按照满足基础底面承载力计算。

在基础冲切承载力验算和基础底板配筋计算时，上部结构传来的荷载效应组合和相应的基底反力应按承载能力极限状态下荷载效应的基本组合，采用相应的分项系数。分项系数可按《建筑结构荷载规范》(GB 50009—2012) 的规定选用。

(1) 柱下钢筋混凝土独立基础冲切承载力验算。

在基底土净反力（即不考虑 G_x 的作用）作用下，基础可能发生冲切破坏；破坏面为大致沿柱边 45°方向的锥形斜面（图 3-17）。破坏的原因是混凝土斜截面上的主拉应力超过混凝土抗拉强度，从而引起斜拉破坏。

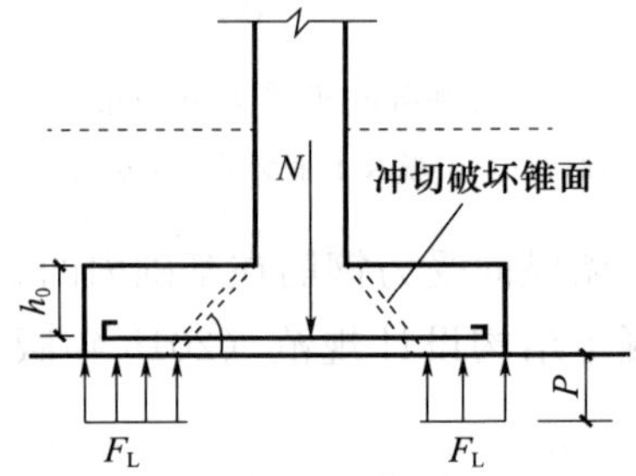

图 3-17　基础冲切承载力计算

为了防止冲切破坏的发生，对矩形截面柱的阶形基础，在柱与基础交接处以及基础变阶处的受冲切承载力应进行计算，并满足如下要求（图 3-17）：

$$F_t \leqslant 0.7\beta_h f_t b_m h_0 \tag{3-9}$$

$$F_t = p_s A_l \tag{3-10}$$

$$b_m = (b_t + b_b)/2 \tag{3-11}$$

式中　F_t——相应于荷载效应基本组合时作用在A_l上的地基土净反力设计值 (kN)；

β_h——受冲切承载力截面高度影响系数，当 h 不大于 800mm 时取 1.0；当 h 大于等于 2000mm 时取 0.9，其间按线性内插法取用；

f_t——混凝土轴心抗拉强度设计值（kPa）；

b_m——冲切破坏锥体最不利一侧计算长度，即斜截面上下边长 b_t、b_b 的平均值（m）；

h_0——验算冲切面的有效高度，取两个配筋方向的截面有效高度的平均值（m）；

p_s——按荷载效应基本组合计算并考虑结构重要性系数的基础底面地基反力设计值（可扣除基础自重及其上的土重），当基础偏心受力时，可取用最大的地基反力设计值（kPa）；

A_l——考虑冲切荷载时取用的多边形面积（m^2）（图 3-18 中阴影面积 *ABCDEF*）。

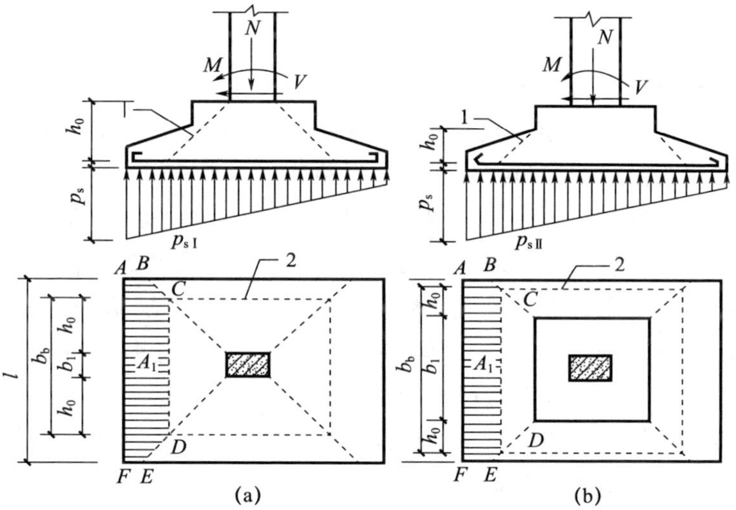

图 3-18 基础冲切承载力计算

（2）柱下钢筋混凝土独立基础底板配筋验算。

在基底反力设计值 p_s 的作用下，基础底板发生弯曲，受力状态如同倒置的变截面悬臂板。在进行基础的受弯承载力计算时，可以把基础分为 4 块，分别计算各块板的最大弯矩设计值，并据此配置底板钢筋。

①轴心受压基础底板弯矩。

在结构传下的轴向力设计值 N 的作用下（图 3-19），$p_s=N/ab$，在基础根部的Ⅰ—Ⅰ、Ⅱ—Ⅱ截面，其弯矩 M_{I} 及 M_{II} 为：

$$M_{\mathrm{I}}=\frac{p_s}{24}(a-h_c)^2(2b+b_c) \tag{3-12}$$

$$M_{\mathrm{II}}=\frac{p_s}{24}(b-b_c)^2(2a+h_c) \tag{3-13}$$

②偏心受压基础底板弯矩。

地基反力设计值 p_s 不是均匀分布的，在利用底板弯矩式时，需将 p_s 作适当修改：在求 M_{I} 时，取 p_s 为基础根部及边缘应力平均值，求 M_{II}时，取基底土反力平均值。

【小结】

房屋结构承受的荷载，最终通过基础传到地基上，建筑物向地基传递荷载的下部结构就是基础。地基和基础是建筑物的根基，又属于地下隐蔽工程，它的勘察、设计和施工质量直接关系到建筑物的安危。了解地基基础设计的一般规定，掌握浅基础类型与构造，理解基础埋置深度的选择，掌握基础底面承载力计算，掌握柱下钢筋混凝土独立基础的设计是本章学习的主要目的。

(1) 基础依据埋置深浅分为浅基础和深基础。按是否经过人工处理分为天然地基和人工地基。

(2) 地基基础设计分为甲级、乙级和丙级三个设计等级，所有建筑物的地基计算均应满足承载力计算的有关规定；设计等级为甲级、乙级的建筑物，均应按地基变形设计；部分设计等级为丙级的建筑物可不作变形验算。

(3) 常用浅基础按材料可分为砖基础、毛石基础、灰土和三合土基础、混凝土基础、钢筋混凝土基础。按结构类型分为无筋扩展基础、扩展基础、柱下钢筋混凝土条形基础、柱下十字交叉基础、筏板基础、箱形基础等。无筋扩展基础，是指由砖、毛石、混凝土或毛石混凝土、灰土和三合土等材料组成而且不配置钢筋的条形基础或独立基础。扩展基础指墙下钢筋混凝土条形基础和柱下独立基础。

(4) 基础的埋置深度一般是指室外设计地面至基础底面的距离。一般来说，在保证建筑物安全稳定、耐久适用的前提下，基础应尽量浅埋，以节省工程量而且便于施工。基础的埋置深度，应综合考虑后确定。

(5) 根据修正后的地基承载力特征值、基础埋置深度及作用在基础上的荷载值等条件，就可以计算基础底面承载力。传至基础底面上的荷载效应应按正常使用极限状态下荷载效应的标准组合。按照实际荷载的不同组合，基础底面承载力计算分为轴心荷载作用与偏心荷载作用两种情况。

(6) 当上部结构荷载较大而地基土又较软弱时，需要加大基础的底面积而又不想增加基础高度和埋置深度时可采用扩展基础。柱下钢筋混凝土独立基础属于扩展基础，常用于多层框架柱和单层工业厂房柱。设计时，需确定基础底面积、基础高度及基础配筋。

【习题】

一、选择题

1. 按地基承载力确定基础底面积及埋深时，传至基础（或承台）底面上的荷载效应按（　　）。

A. 正常使用极限状态下荷载效应的标准组合

B. 正常使用极限状态下荷载效应的基本组合

C. 承载能力极限状态下荷载效应的标准组合

D. 承载能力极限状态下荷载效应的基本组合

2. 以下不属于深基础结构形式的是（　　）。

A. 箱形基础　　B. 桩基础　　C. 地下连续墙　　D. 沉井基础

3. 除岩石地基外，基础的埋深不宜小于（　　）。

A. 0.5m　　B. 1m　　C. 1.5m　　D. 2m

4. 以下各种基础不是无筋扩展基础的是（　　）。

A. 砖基础　　B. 钢筋混凝土基础　　C. 毛石基础　　D. 混凝土基础

5. 当偏心距（　　）时，基础底面应力为三角形分布。

A. $e>b/6$　　B. $e\geqslant b/6$　　C. $e<b/6$　　D. $e\leqslant b/6$

二、简答题

1. 简述天然地基上浅基础设计的一般步骤。

2. 基础的埋置深度应综合考虑哪些因素？

3. 按照结构类型分有哪些浅基础？

三、计算题

某柱基基底承受的轴心荷载 $F_k=1.5\text{kN}$，基础埋深为1m，地基土为中砂，$\gamma=18\text{kN/m}^3$，$f_a=280\text{kPa}$。试确定该基础的底面边长。

项目4 钢 结 构

学习目标

了解钢结构的基本概念及构件类型；掌握分析常见钢结构构件截面内力的方法，学会应用极限状态的方法进行钢结构安全性分析计算；了解钢结构及其连接的构造做法。

学习要点

钢结构的截面分类；钢结构构件类型；受弯构件；轴心受力构件；拉弯和压弯构件；焊缝及螺栓连接。

建议学时

8学时

任务4.1 熟悉钢结构材料特点与截面类型

4.1.1 钢结构的材料和钢结构特点

钢结构是指用热轧型钢、钢板、钢管或冷加工的薄壁型钢等钢材通过焊接、螺栓连接或铆接等方式制造的结构。设计钢结构时，应从工程实际出发，合理地选用材料、结构方案和构造措施，满足结构构件在运输、安装和使用过程中的强度、稳定性和刚度要求，并符合防火、防腐蚀要求。宜优先采用通用和标准化的结构和构件，减少制作和安装工作量。

钢结构主要用于大跨度屋盖结构（如钢屋架、钢网架、悬索结构、三铰拱架等，跨度可达60m甚至100m以上）、重型厂房结构（如重型机械制造业、钢铁联合企业许多车间的主要承重结构，其中的“重”在于吊车起重量达百吨以上、作业繁重等）、大跨度桥梁结构、高耸结构（如高压输电塔架、桅杆结构等）和超高层房屋结构等。随着国民经济的发展，钢结构的应用越来越广泛。

在钢结构设计文件中，应注明建筑结构的设计使用年限、钢材牌号、连接材料的型号（或钢号）和对钢材所要求的力学性能、化学成分及其他的附加保证项目。此外，还应注明所要求的焊缝形式、焊缝质量等级、端面刨平顶紧部位及对施工的要求。对有特殊设计要求和在特殊情况下的钢结构设计，尚应符合现行有关国家标准的要求。

钢结构的设计方法与其他结构（如混凝土结构、砌体结构等）的设计方法相同，是以概率理论为基础的极限状态设计方法。在进行承载能力计算时，以截面应力设计值不超过材料强度设计值的方式表达。

4.1.1.1 钢结构的材料

钢结构的材料包括钢材和连接材料。

1. 钢材

（1）钢材的品种。

用于钢结构的国产钢材主要是碳素结构钢中的低碳钢（含碳量不高于0.2%）Q235钢，以及低合金高强度结构钢中的Q345钢、Q390钢、Q420钢和Q460钢等，其质量应分别符合现行国家标准《碳素结构钢》（GB/T 700）和《低合金高强度结构钢》（GB/T 1591）的规定。当采用其他牌号的钢材时，尚应符合相应有关标准的规定和要求。

由于沸腾钢（Q235F）脱氧不充分，含氧量较高，内部组织不够致密，硫、磷的偏析大，氮以固熔氮的形式存在，故冲击韧性较低，冷脆性倾向亦大，因此要对其使用范围加以限制。不应采用Q235沸腾钢的承重结构和构件包括：直接承受动力荷载或振动荷载且需要验算疲劳强度的焊接结构；工作温度低于－20℃时的直接承受动力荷载或振动荷载但可不验算疲劳强度的焊接结构以及承受静力荷载的受弯及受拉的重要承重焊接结构；工作温度等于或低于－30℃的所有承重焊接结构；工作温度等于或低于－20℃的直接承受动力荷载且需要验算疲劳强度的非焊接结构。

（2）钢材的合格保证。

承重结构采用的钢材应具有抗拉强度、伸长率、屈服强度和硫、磷含量的合格保证，对焊接结构尚应具有碳含量的合格保证。焊接承重结构以及重要的非焊接承重结构还应具有冷弯试验的合格保证。某些结构的钢材尚应具有常温或低温下的冲击韧性的保证。

原因在于：钢材的抗拉强度是衡量钢材抵抗拉断的性能指标，能直接反映钢材内部组织的优劣，并与疲劳强度有比较密切的关系，因此抗拉强度是钢材合格保证的“首要指标”；而钢材的伸长率则是衡量钢材塑性性能的指标，它反映钢材在外力作用下产生永久变形时抵抗断裂的能力，因此承重结构的钢材应具有足够的伸长率；钢材的屈服强度（屈服点）则是衡量结构承载能力和确定强度设计值的重要指标。故对于承重钢结构的钢材，必须具有上述三项合格保证（对于非承重构件，只需抗拉强度、伸长率两项保证）。

钢材的冷弯性能也是塑性指标之一，是衡量钢材质量的一个综合性指标。通过冷弯试验，可以检验钢材颗粒组织、结晶情况和非金属夹杂物分布等缺陷，在一定程度上也是鉴定焊接性能的一个指标。

硫、磷是建筑钢材中的主要杂质，对钢材的力学性能和焊接接头的裂纹敏感性都有较大影响：硫能生成易于熔化的硫化铁，当热加工或焊接温度达到800～1200℃时，可能出现裂纹，故称为热脆，硫化铁又能形成夹杂物，不仅促使钢材起层，还会引起应力集中，降低钢材的塑性和冲击韧性；磷则以固溶体的形式溶解于铁素体中，这种固溶体很脆，形成的富磷区促使钢材变脆（冷脆），降低钢的塑性、韧性及可焊接性。故所有承重结构钢材对硫、磷均应有含量限制。

此外，建筑钢的焊接性能主要取决于碳含量，在焊接结构中碳的合适含量宜控制在0.12%～0.2%之间，超出该范围的幅度越多，焊接性能变差的程度越大。因此对焊接承重结构尚应具有碳含量的合格保证，在焊接结构中不能使用Q235-A钢。

（3）钢材的规格。

我国钢结构中常用钢板及型钢有如下规格：

①钢板。

常用的有热轧钢板和带钢，其中钢板厚度0.5～200mm，宽度600～2000mm，相应长度1200～6000mm；带钢厚度1.2～25mm，宽度600～1900mm。其他还有冷轧钢板、花纹钢板等。

②热轧工字钢。

热轧工字钢翼缘内表面是斜面，斜度为1∶6。它的翼缘厚度比腹板厚度大，翼缘宽度比截面高度小很多，因此截面对弱轴（腹板厚度中线）的惯性矩较小。热轧工字钢的规格以代号I×截面高度（mm）×翼缘宽度（mm）×腹板厚度（mm）表示，也可以用型号表示，即以代号和截面高度的厘米数表示，如I16。截面高度相同的工字钢，可能有几种不同的腹板厚度和翼缘宽度，需在型号后加a、b、c予以区别，如I32a、I32b、I32c等。一般按a、b、c顺序腹板厚度及翼缘宽度依次递增2mm。我国生产的热轧工字钢规格有I10～I63号。

③热轧H型钢。

热轧H型钢分为宽翼缘H型钢、中翼缘H型钢和窄翼缘H型钢，此外还有H型钢桩，其代号分别为HW、HM、HN和HP。它们的规格标记采用高度H（mm）×宽度B（mm）×腹板厚度t_1（mm）×翼缘厚度t_2（mm）表示。如H340×250×9×14。H型钢翼缘内外表面平行，内表面无斜度，翼缘端部为直角，与其他构件连接方便，同时截面材料分布合理，力学性能好，是我国目前正在积极推广采用的钢材。

④热轧剖分T型钢。

剖分T型钢是由H型钢剖分而成。其代号与H型钢相应采用TW、TM、TN分别表示宽翼缘T型钢、中翼缘T型钢和窄翼缘T型钢，其规格标记亦与H型钢相同。用剖分T型钢代替由双角钢组成的T形截面，其截面力学性能更为优越，且制作方便。

⑤热轧槽钢。

热轧槽钢翼缘内表面是倾斜的，呈1∶10的斜度，翼缘厚度比腹板厚度大，翼缘宽度比截面高度小很多，截面对弱轴（平行于腹板的主轴）惯性矩小，且与弱轴不对称。热轧槽钢的规格以代号[和截面高度（mm）×翼缘宽度（mm）×腹板厚度（mm）表示。另外，也可以用型号表示，即用代号和截面高度的厘米数以及a、b、c等表示（a、b、c意义与工字钢同），如[200×73×7也可以表示为[20a。

⑥热轧角钢。

角钢由两个互相垂直的肢组成，两肢长度相等时称为等边角钢，若不等则为不等边角钢。角钢的代号为L，其规格用代号和长肢宽度（mm）×短肢宽度（mm）×肢厚度（mm）表示，例如L 90×90×6、L 125×80×8 等。

⑦钢管。

钢管以外径和壁厚表示，如 ϕ300×8 表示外径为 300mm、壁厚为 8mm 的钢管。此外，还有冷弯薄壁型钢。

2. 连接材料

钢结构的连接材料包括：用于手工电弧焊连接的焊条和自动焊或半自动焊的焊丝；用于螺栓连接的普通螺栓和高强度螺栓；还有铆钉连接的铆钉。连接材料应符合下列要求：

(1) 焊条及焊丝。

手工焊接采用的焊条，应符合现行国家标准《非合金钢及细晶粒钢焊条》（GB/T 5117）或《热强钢焊条》（GB/T 5118）的规定。选择的焊条型号应与主体金属力学性能相适应。对直接承受动力荷载或振动荷载且需要验算疲劳强度的结构，宜采用低氢型焊条。

自动焊接或半自动焊接采用的焊丝和相应的焊剂应与主体金属力学性能相适应，并应符合现行国家标准的规定。

当为手工焊接时，Q235 钢采用 E43 焊条，Q345 钢采用 E50 焊条，Q390 钢及 Q1420 钢均采用 E55 焊条。

(2) 螺栓。

普通螺栓应符合现行国家标准《六角头螺栓　C 级》（GB/T 5780）和《六角头螺栓》（GB/T 5782）的规定。

高强度螺栓应符合现行国家标准《钢结构用高强度大六角头螺栓》（GB/T 1228）、《钢结构用高强度大六角螺母》（GB/T 1229）、《钢结构用高强度垫圈》（GB/T 1230）、《钢结构用高强度大六角头螺栓、大六角螺母、垫圈技术条件》（GB/T 1231）或《钢结构用扭剪型高强度螺栓连接副》（GB/T 3632）及其技术条件《钢结构用扭剪型高强度连接副》（GB/T 3632）的规定。

关于焊钉、铆钉和锚栓，本书中不赘述。

选用合适的钢材牌号和材性，是保证承重结构的承载能力和防止在一定条件下出现脆性破坏的重要措施。

4.1.1.2　钢结构的特点

组成钢结构的钢材，内部组织均匀，各向同性，是较理想的匀质材料，故此与其他结构材料相比优点很多。

(1) 钢材的材质均匀，和力学计算的假定比较符合，故材料力学的计算假定和计算公式适用于钢结构的应力分析和有关计算（在钢材屈服前或刚达到屈服，可以认为它是完全弹性的；在承载能力极限状态下，又可假定它是完全塑性或部分塑性的）。

(2) 钢材的强度高，抗拉和抗压性能都好，因此采用钢结构可以大大减轻自重。例如，与同样跨度、同样受力的钢筋混凝土屋架相比，钢屋架的重量仅为钢筋混凝土屋架的 1/4～1/3。

（3）钢材的塑性好、抗冲击韧性强，适用于承受动力荷载和对抗震能力要求高的结构。

（4）钢结构加工制造简便、构件精确度高、施工周期短。钢材在冶炼和轧制过程中的质量易于控制，材质的波动范围小。

但是相对来说，钢材的耐腐蚀性能较差，故钢结构必须注意经常性的维护。此外，钢材虽然耐热（长期经受 100℃的辐射热时，强度并无多大变化），但当温度达到 150℃以上时，就需采取隔热措施；而且钢材不耐火，钢结构必须采取防火措施；钢结构的造价目前还较贵。

4.1.1.3　钢材及连接的强度设计值

1. 钢材的强度设计值

钢材的强度设计值（design value of strength）应根据钢材厚度或直径采用。其抗拉、抗压和抗弯强度设计值用 f 表示，抗剪强度设计值用 f_v 表示，端面承压（刨平顶紧）强度设计值用 f_{ce}表示。钢材的厚度越大，强度设计值越低。

钢材的强度设计值可查《钢结构设计规范》(GB 50017—2017)。

2. 连接的强度设计值

（1）焊缝的强度设计值。

根据焊接方法和焊条型号、构件钢材和焊缝形式，焊缝的强度设计值可查《钢结构设计规范》(GB 50017—2017)，其中抗压、抗拉、抗剪强度分别表示为 f_c^w、f_t^w、f_v^w；角焊缝的抗拉、抗压和抗剪强度均表示为 f_f^w。

（2）螺栓连接的强度设计值。

根据螺栓的性能等级、锚栓和构件钢材的牌号确定的螺栓连接的强度设计值见附表16，其中 f_t^b、f_v^b、f_c^b 分别表示抗拉、抗剪、承压强度。

3. 强度折减系数

计算下列情况的结构构件或连接时，应将上述规定的强度设计值乘以相应的折减系数。

（1）单面连接的单角钢。

①按轴心受力计算强度和连接时，取 0.85；

②按轴心受压计算稳定性时：

对等边角钢：$0.6+0.0015\lambda$，但不大于 1.0；

对短边相连的不等边角钢：$0.5+0.0025\lambda$，但不大于 1.0；

对长边相连的不等边角钢：0.70。

λ 为长细比，对中间无连系的单角钢压杆，应按最小回转半径计算；当 $\lambda<20$ 时，取 $\lambda=20$。

（2）无垫板的单面施焊对接焊缝时，取 0.85。

（3）施工条件较差的高空安装焊缝和铆钉连接时，取 0.90。

当几种情况同时存在时，其折减系数应连乘。

4.1.2 钢结构的构件类型

根据钢结构构件的受力情形，可分为轴心受力构件（轴心受压和轴心受拉）、受弯构件、偏心受力构件（压弯构件或拉弯构件）等。

4.1.2.1 轴心受力构件

轴心受力构件广泛用于平面桁架、空间桁架和支撑系统中。对支承楼（屋）盖及工作平台的轴心受压构件，也称为轴心受压柱。轴心受压构件的截面分类见表 4-1 和表 4-2。

表 4-1 轴心受压构件的截面分类（板厚 $t<40$mm）

截面形式	对 x 轴	对 y 轴
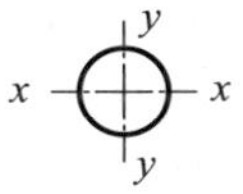 轧制	a类	a类
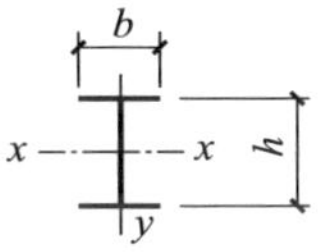 轧制，$b/h<0.8$	a类	b类
轧制，$b/h>0.8$ 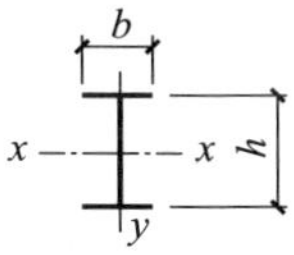	b类	b类
焊接，翼缘为焰切边 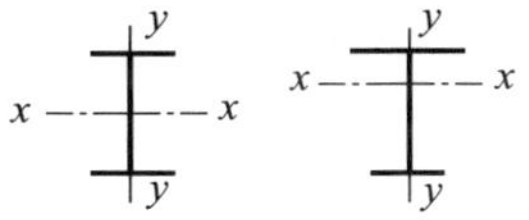		
焊接 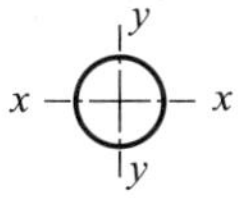		
轧制 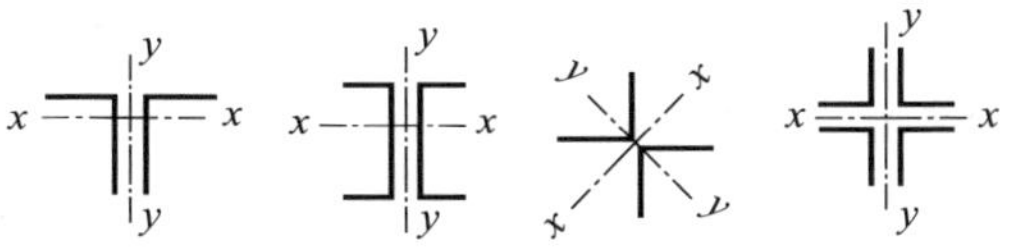		
轧制，等边角钢 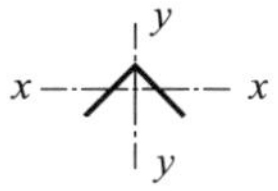		
轧制，焊接（板件宽厚比＞20） 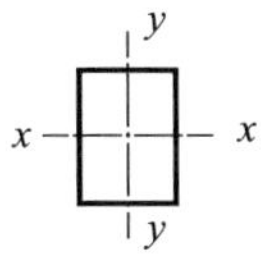		
轧制或焊接 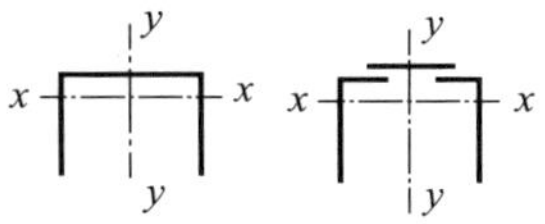		
焊接 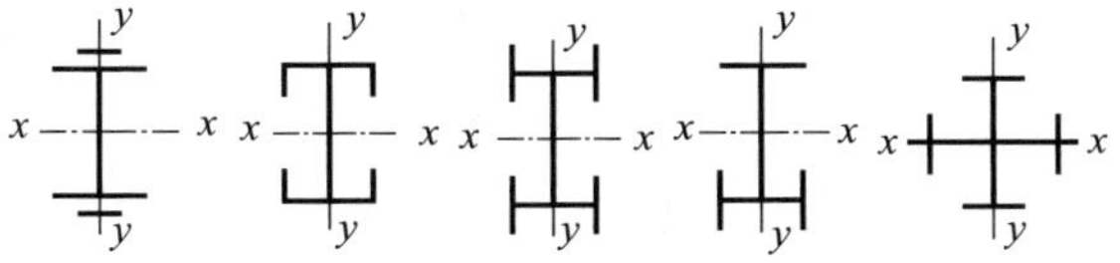		
轧制截面和翼缘为焰切边的焊接截面 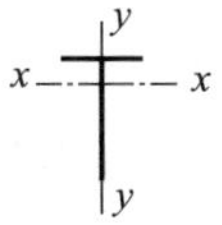		

续表

<table>
<tr><th colspan="2">截面形式</th><th>对 x 轴</th><th>对 y 轴</th></tr>
<tr><td>格构式
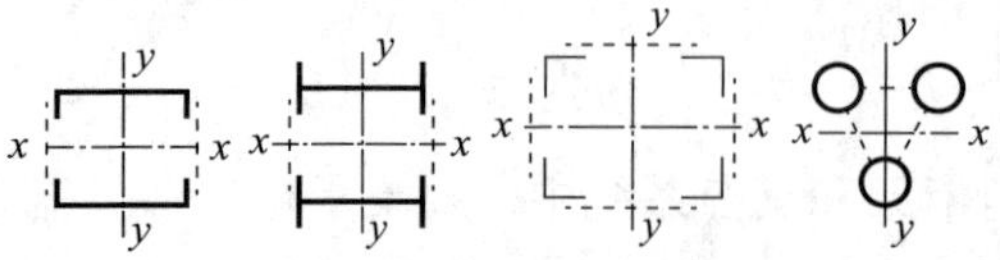</td><td>焊接，板件边缘焰切
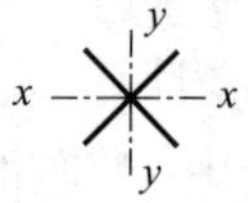</td><td>b类</td><td>b类</td></tr>
<tr><td colspan="2">焊接，翼缘为轧制或剪切边
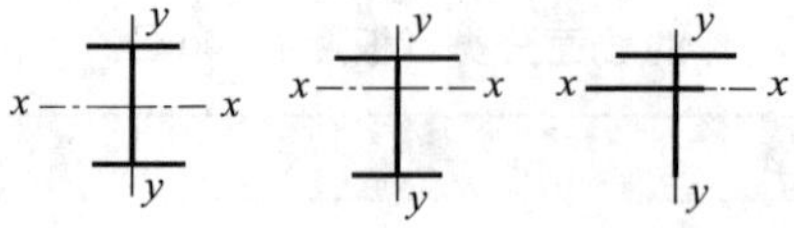</td><td>b类</td><td>c类</td></tr>
<tr><td>焊接，板件边缘轧制或剪切
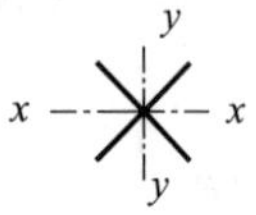</td><td>焊接，板件宽厚比≤20
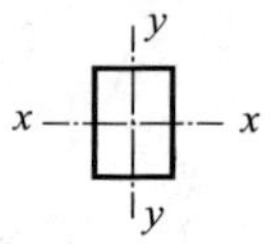</td><td>c类</td><td>c类</td></tr>
</table>

表 4-2　轴心受压构件的截面分类（板厚 $t \geqslant 40$mm）

<table>
<tr><th colspan="2">截面形式</th><th>对 x 轴</th><th>对 y 轴</th></tr>
<tr><td rowspan="2">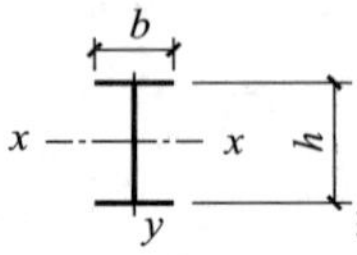
轧制工字形或 H 形截面</td><td>$t<80$mm</td><td>b类</td><td>c类</td></tr>
<tr><td>$t \geqslant 80$mm</td><td>c类</td><td>d类</td></tr>
<tr><td rowspan="2">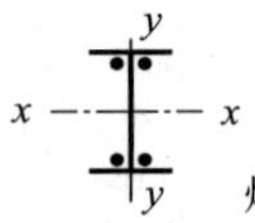
焊接工字形截面</td><td>翼缘为焰切边</td><td>b类</td><td>b类</td></tr>
<tr><td>翼缘为轧制或剪切边</td><td>c类</td><td>d类</td></tr>
<tr><td rowspan="2">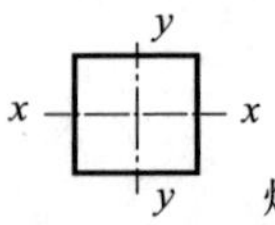
焊接箱形截面</td><td>板件宽厚比>20</td><td>b类</td><td>b类</td></tr>
<tr><td>板件宽厚比≤20</td><td>c类</td><td>c类</td></tr>
</table>

根据截面形式、对截面哪一个主轴屈曲、钢材边缘加工方法、组成截面板材厚度等四个因素，截面分为 a、b、c、d 四类：

a 类有两种截面，残余应力的影响最小，稳定系数 φ 值最高；

b 类有多种截面，φ 值低于 a 类；

c 类截面，残余应力影响较大，φ 值更低；

d 类截面，为厚板工字形截面绕弱轴（γ 轴）屈曲的情形，其残余应力在厚度方向变化影响更显著，φ 值最低。

表 4-1 中的截面包括实腹式截面和格构式截面。格构式截面（图 4-1）由肢件和缀材组成，缀材包括缀板和缀条，其作用是保证连接的肢板能共同工作，防止肢件失稳。与肢件垂直的主形心轴称为实轴，与缀材垂直的主形心轴称为虚轴。

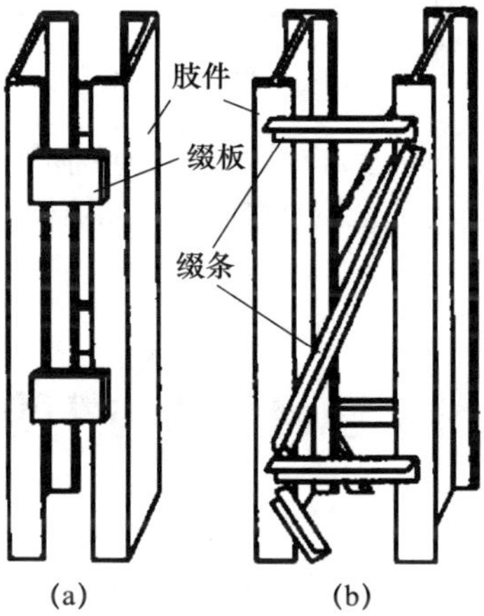

图 4-1　格构式截面

4.1.2.2　受弯构件

钢梁是钢结构中应用最广泛的受弯构件，有热轧型钢梁［图 4-2（a）（b）（c）］、冷弯薄壁型钢梁［图 4-2（d）（e）（f）］以及采用焊接和栓接的 I 字形和箱形组合梁［图 4-2（g）（h）（i）（j）］，还有钢和混凝土的组合梁［图 4-2（k）］。

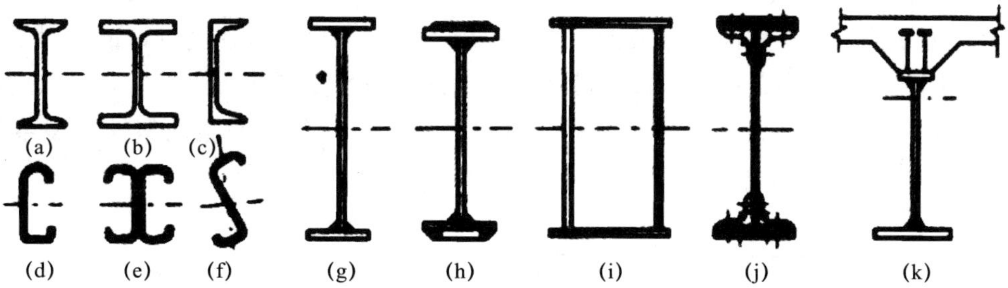

图 4-2　钢梁的截面形式

4.1.2.3　拉弯构件和压弯构件

拉弯构件和压弯构件即偏心受拉或偏心受压构件。其截面形式可以是实腹式也可以是格构式。当弯矩有正有负且大小接近时，宜采用双轴对称截面［图 4-3（a）］，否则宜采用单轴对称截面以节省钢材，此时截面受力较大的一侧适当加大［图 4-3（b）］。在这两种情形下，都应使弯矩作用在最大刚度平面内。

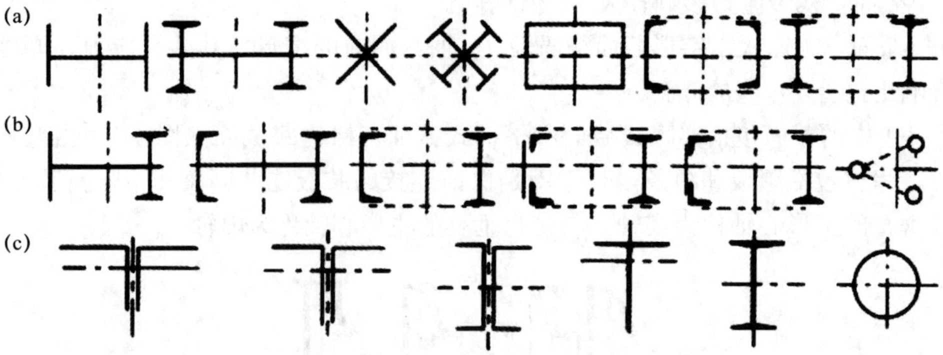

图 4-3　拉弯和压弯构件的截面形式

（a）双轴对称重型截面；（b）单轴对称重型截面；（c）普通桁架拉弯和压弯杆件的截面形式

任务 4.2　学习受弯构件的计算方法

4.2.1　受弯构件的强度

4.2.1.1　抗弯强度计算

1. 钢梁的弯曲正应力

钢梁的弯曲正应力沿截面高度的分布随弯矩的不同而不同：在弹性阶段时，应力呈三角形分布（材料力学的计算公式适用）；完全塑性时，应力为矩形分布；部分塑性时，介于上述两种应力的中间状态（图 4-4）。

因此，在弹性极限状态［图 4-4（c）］计算时（如直接承受动力荷载的实腹构件），可按材料力学公式计算截面边缘最大应力，此应力不应超过钢材强度设计值。对承受静力荷载或间接承受动力荷载的构件，可考虑截面部分塑性变形［图 4-4（d）］，在材料力学公式基础上，可将净截面模量（也称为抵抗矩）乘以大于 1 的截面塑性发展系数 γ_x（或 γ_y）。

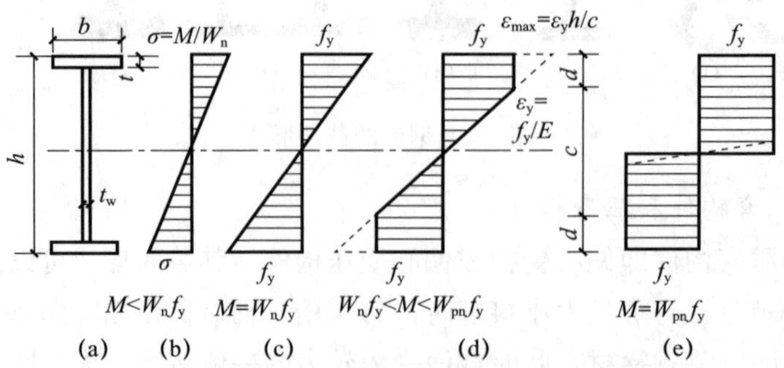

图 4-4　梁的弯曲正应力

（a）～（e）分别对应各种弯矩作用情况

2. 截面塑性发展系数 γ_x 和 γ_y 的取值

对工字形截面：$\gamma_x=1.05$，$\gamma_y=1.20$。对箱形截面：$\gamma_x=\gamma_y=1.05$；对需要计算疲劳的梁，宜取 $\gamma_x=\gamma_y=1.0$；当梁受压翼缘的自由外伸宽度与其厚度之比大于 $13\sqrt{235/f}$，而不超过 $15\sqrt{235/f}$时，应取 $\gamma_x=1.0$，f_y 为钢材牌号所指屈服点。对其他截面，可按表 4-3 采用。

表 4-3　截面塑性发展系数 γ_x、γ_y

<table>
<tr><th>项次</th><th>截面形式</th><th>γ_x</th><th>γ_y</th></tr>
<tr><td>1</td><td>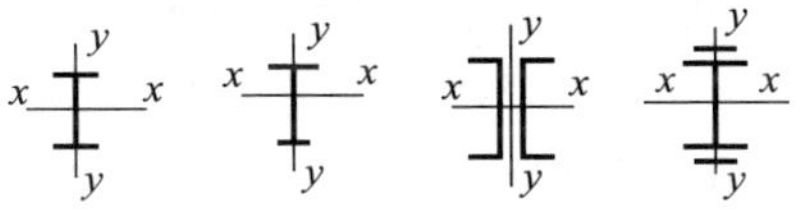</td><td>1.05</td><td>1.2</td></tr>
<tr><td>2</td><td>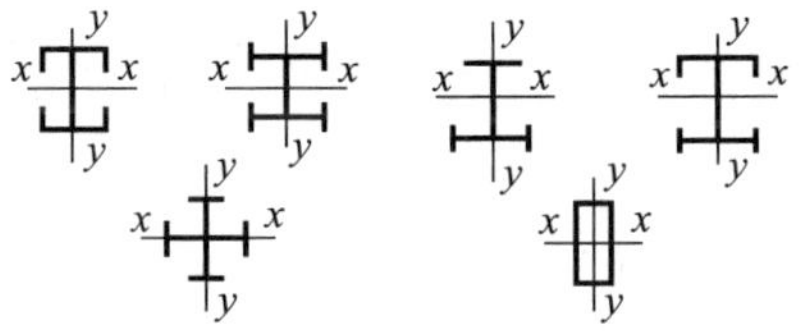</td><td>1.05</td><td>1.05</td></tr>
<tr><td>3</td><td>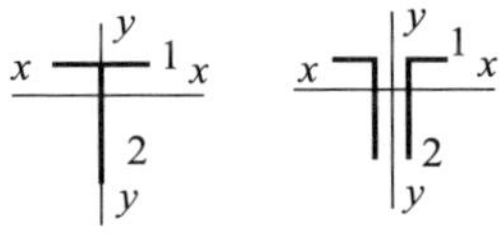</td><td>$\gamma_{a1}=1.05$</td><td>1.2</td></tr>
<tr><td>4</td><td>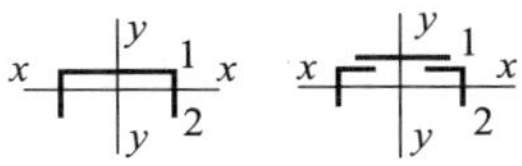</td><td>$\gamma_{a2}=1.2$</td><td>1.05</td></tr>
<tr><td>5</td><td>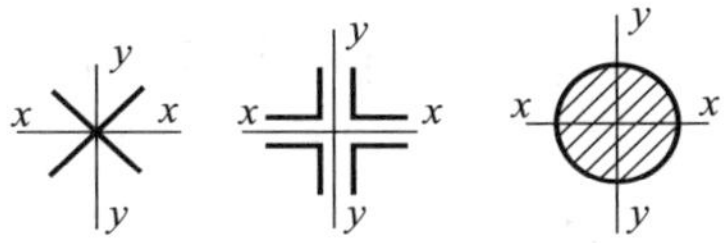</td><td>1.2</td><td>1.2</td></tr>
<tr><td>6</td><td>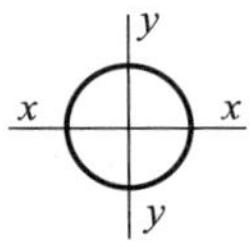</td><td>1.15</td><td>1.15</td></tr>
<tr><td>7</td><td>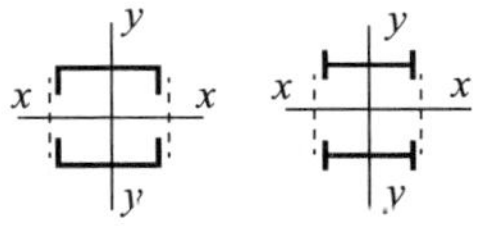</td><td rowspan="2">1.0</td><td>1.05</td></tr>
<tr><td>8</td><td>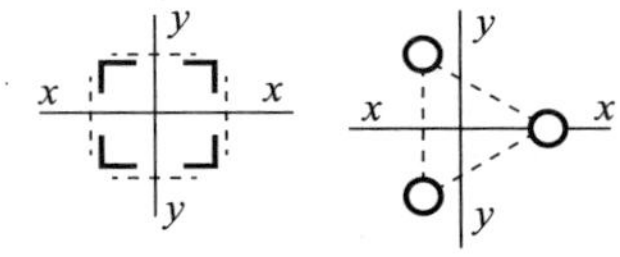</td><td>1.0</td></tr>
</table>

3. 抗弯强度计算

对主平面受弯的实腹构件，不考虑腹板屈曲后强度时，其抗弯强度可按下列公式计算：

$$\frac{M_x}{\gamma_x W_{nx}}+\frac{M_y}{\gamma_y W_{ny}}\leqslant f \tag{4-1}$$

式中 M_x、M_y——同一截面处绕 x 轴和 y 轴的弯矩（对工字形截面，x 轴为强轴，y 轴为弱轴）；

W_{nx}、W_{ny}——对 x 轴和 y 轴的净截面模量；

f——钢材的抗弯强度设计值，可查《钢结构设计规范》（GB 50017—2017）。

当只有绕 x 轴的弯矩作用时，式（4-1）左侧只有前一项。

4.2.1.2 抗剪强度计算

弯曲产生的最大剪应力，也可按材料力学公式计算，且不应超过钢材的抗剪强度。即：

$$\tau=\frac{V\cdot S}{I\cdot t_w}\leqslant f_v \tag{4-2}$$

式中 V——计算截面沿腹板平面作用的剪力；

S——计算剪应力处以上毛截面对中和轴的面积矩；

I——毛截面惯性矩；

t_w——腹板厚度；

f_v——钢材的抗剪强度设计值，可查《钢结构设计规范》(GB 50017—2017)。

4.2.1.3 局部承压强度计算

当梁的上翼缘受有沿腹板平面作用的集中荷载且该处又未设置支承加劲肋时，或受到移动的集中荷载如吊车轮压作用时，腹板计算高度上边缘应进行局部承压强度计算，计算公式如下：

$$\sigma_c=\frac{\psi\cdot F}{t_w\cdot l_z}\leqslant f \tag{4-3}$$

式中 F——集中荷载，对动力荷载应考虑动力系数；

ψ——集中荷载增大系数，对重级工作制吊车梁取 $\psi=1.35$，其他梁取 1.0；

l_z——集中荷载在腹板计算高度上边缘的假定分布长度，$l_z=a+5h_y+5h_R$；其中 a 为集中荷载沿梁跨度方向的支承长度，对钢轨上的轮压可取 50mm；h_y 为自梁顶面至腹板计算高度上边缘的距离；h_R 为轨道高度，对梁顶无轨道的梁取 $h_R=0$；

f——钢材的抗压强度设计值，可查《钢结构设计规范》(GB 50017—2017)。

在梁支承处，当不设置支承加劲肋时，也应按式（4-3）计算在支承反力作用下的腹板计算高度下边缘的局部压应力，并取 $\psi=1.0$。

对轧制型钢梁，腹板的计算高度 h_0 取为腹板与上、下翼缘相接处两内弧起点间的距离；对焊接组合梁，为腹板高度。

此外，在梁的腹板计算高度边缘处，若同时受较大的正应力、剪应力和局部压应力，或同时受有较大正应力和剪应力时，尚应计算折算应力，并限制其数值的大小。

4.2.2 钢梁的整体稳定性计算

工字钢梁的截面高而窄，承受荷载后在弯矩作用平面内产生弯曲变形，侧向保持平直。但当荷载达到某一数值后，梁在扰力作用下可能突然发生侧向弯曲和扭转（图 4-5），由于变形很快增加，导致梁不能继续承载。这种现象称为梁丧失整体稳定性，或称梁的侧向失稳。

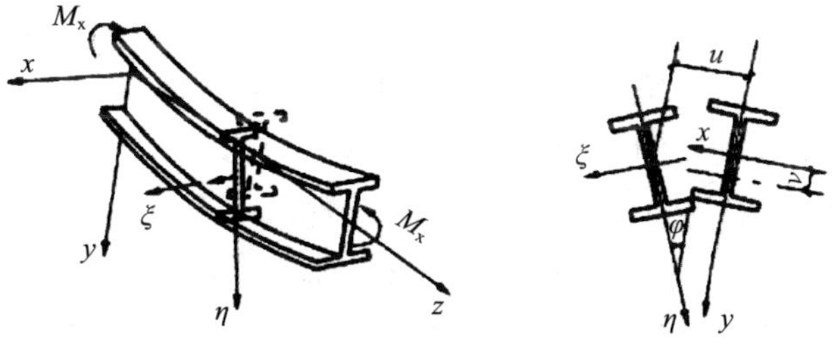

图 4-5 钢梁丧失整体稳定

(a) 整体；(b) 截面

钢梁整体稳定性（overall stability）的主要影响因素有：梁侧向支承点间距 l 或无支跨度 l_0（l 或 l_0 越小，稳定性越好）；梁的截面尺寸和惯性矩（增加受压翼缘的宽度，可显著提高整体稳定性）；梁端支承对截面的约束（约束使梁的侧向计算长度减小，从而提高稳定性）；荷载类型和作用位置（跨中点一个集中荷载时对稳定有利、纯弯曲对稳定不利；荷载作用于受压翼缘，整体稳定性降低；荷载作用于下翼缘时，整体稳定性提高）。

符合下列情况之一时，可不计算梁的稳定性：①有铺板（各种钢筋混凝土板和钢板）密铺在梁的受压翼缘上并与其牢固相连、能阻止梁受压翼缘的侧向位移时；②H 型钢或等截面工字形简支梁受压翼缘的自由长度 l_1 与其宽度 b_1 之比不超过表 4-4 的数值时。

表 4-4 H 型钢或工字形截面简支梁不需计算整体稳定性的最大 l_1/b_1 值

钢号	跨中无侧向支承点的梁		跨中有侧向支承点的梁，无论荷载作用于何处
	荷载作用在上翼缘	荷载作用在下翼缘	
Q235	13.0	20.0	16.0
Q345	10.5	16.5	13.0
Q390	10.0	15.5	12.5
Q420	9.5	15.0	12.0

对跨中无侧向支承点的梁，l_1 为梁的跨度；对跨中有侧向支承点的梁，l_1 为受压翼

缘侧向支承点间距离（梁的支座处应视为有侧向支承）。

除前述可不计算梁的稳定性情况外，在最大刚度主平面内受弯的构件，其整体稳定性应按下式计算：

$$\frac{M_x}{\varphi_b \cdot W_x} \leqslant f \tag{4-4a}$$

式中 M_x——绕强轴作用的最大弯矩；

W_x——按受压纤维确定的梁毛截面模量；

φ_b——梁的整体稳定性系数。

在两个主平面受弯的H型钢截面或工字形截面构件，其整体稳定性按下式计算：

$$\frac{M_x}{\varphi_b W_x} + \frac{M_y}{\gamma_y W_y} \leqslant f \tag{4-4b}$$

式中 W_x、W_y——按受压纤维确定的对 x 轴和对 y 轴毛截面模量；

φ_b——绕强轴弯曲所确定的梁整体稳定系数。

对于轧制普通工字钢简支梁，其整体稳定系数 φ_b 可按表4-5采用。

表4-5 轧制普通工字钢简支梁的 φ_b

项次	荷载情况			工字钢型号	自由长度 l_1（m）								
					2	3	4	5	6	7	8	9	10
1	跨中无侧向支承点的梁	集中荷载作用于	上翼缘	10～20	2.0	1.30	0.99	0.80	0.68	0.58	0.53	0.48	0.43
				22～32	2.40	1.48	1.09	0.86	0.72	0.62	0.54	0.49	0.45
				36～63	2.80	1.60	1.07	0.83	0.68	0.56	0.50	0.45	0.40
2			下翼缘	10～20	3.10	1.95	1.34	1.01	0.82	0.69	0.63	0.57	0.52
				22～40	5.50	2.80	1.84	1.37	1.07	0.86	0.73	0.64	0.56
				45～63	7.30	3.60	2.30	1.62	1.20	0.96	0.80	0.69	0.60
3		均布荷载作用于	上翼缘	10～20	1.70	1.12	0.84	0.68	0.57	0.50	0.45	0.41	0.37
				22～40	2.10	1.30	0.93	0.73	0.60	0.51	0.45	0.40	0.36
				45～63	2.60	1.45	0.97	0.73	0.59	0.50	0.44	0.38	0.35
4			下翼缘	10～20	2.50	1.55	1.08	0.83	0.68	0.56	0.52	0.47	0.42
				22～40	4.00	2.20	1.45	1.10	0.85	0.70	0.60	0.52	0.46
				45～63	5.60	2.80	1.80	1.25	0.95	0.78	0.65	0.55	0.49
5	跨中有侧向支承点的梁（无论荷载作用点在截面上的高度）			10～20	2.20	1.39	1.01	0.79	0.66	0.57	0.52	0.47	0.42
				22～40	3.00	1.80	1.24	0.96	0.76	0.65	0.56	0.49	0.43
				45～63	4.00	2.20	1.38	1.01	0.80	0.66	0.56	0.49	0.43

注：1. 荷载作用于上翼缘系指荷载作用点在翼缘表面，方向指向截面形心；荷载作用于下翼缘系指荷载作用于翼缘表面，方向背向截面形心；

2. 表中集中荷载是指一个或少数几个集中荷载位于跨中央附近情况；

3. 表中数字适用于Q235钢，对其他钢号，表中数值应乘以 $235/f_y$；

4. 当所得的 φ_b 大于0.6时，应由 $1.07-(0.282/\varphi_b)$ 代替 φ_b。

对于均匀弯曲的受弯构件，当 $\lambda_y \leqslant 120\sqrt{235/f_y}$ 时，其整体稳定系数可按下列近似公式计算：

（1）双轴对称时的工字形截面（含 H 型钢）：

$$\varphi_b = 1.07 - \frac{\lambda_y^2}{44000} \cdot \frac{f_y}{235} \tag{4-4c}$$

（2）弯矩作用在对称轴平面（绕 x 轴）的 T 形截面：

①弯矩使翼缘受压时的双角钢 T 形截面

$$\varphi_b = 1 - 0.0017\gamma_y \sqrt{f_y/235} \tag{4-4d}$$

②弯矩使翼缘受拉且腹板宽厚比不大于 $18\sqrt{235/f_y}$ 时

$$\varphi_b = 1 - 0.0005\gamma_y \sqrt{f_y/235} \tag{4-4e}$$

对其他情形下的 φ_b，可参见《钢结构设计规范》(GB 50017—2017) 附录 C 确定。

4.2.3 钢梁的局部稳定

由翼缘和腹板等板件组成的钢梁，在压应力作用下可能会出现板件向其平面外发生波状鼓曲的现象，即局部失稳。为了防止局部失稳，常用的方法包括：为保证梁受压翼缘的局部稳定，可限制翼缘的宽厚比；为保证梁腹板的局部稳定，可在腹板两侧成对地设置横向加劲肋，有时还在弯曲应力大的区段的受压区设置纵向加劲肋。

4.2.4 钢梁的挠度验算

梁的刚度不足时将导致挠度过大，影响结构构件的正常使用。因此应进行梁的挠度验算；梁在荷载标准组合下产生的挠度值 V_{max} 不应超过《钢结构设计规范》(GB 50017—2017) 规定的允许挠度值 $[\upsilon]$。

《钢结构设计规范》规定的受弯构件、挠度允许值分为永久和可变荷载标准值产生的挠度 $[\upsilon_T]$ 和可变荷载标准值产生的挠度 $[\upsilon_Q]$。对楼（屋）盖梁或桁架、工作平台梁和平台板为：①主梁或桁架，$[\upsilon_T] = l/400$，$[\upsilon_Q] = l/500$；②抹灰顶棚的次梁，$[\upsilon_T] = l/250$，$[\upsilon_Q] = l/350$；③其他梁（包括楼梯梁），$[\upsilon_T] = l/250$，$[\upsilon_Q] = l/300$；④平台板，$[\upsilon_T] = l/150$。

【例题 4-1】一工作平台的做法采用预制的密铺钢筋混凝土楼板和钢梁，梁平面布置如图 4-6 所示。楼面恒载标准值（自重，不含钢梁）为 $g_k = 5.0\text{kN/m}^2$，活载标准值 $q_k = 18.5\text{kN/m}^2$；钢材为 Q235，板与钢梁焊接。试确定次梁截面。

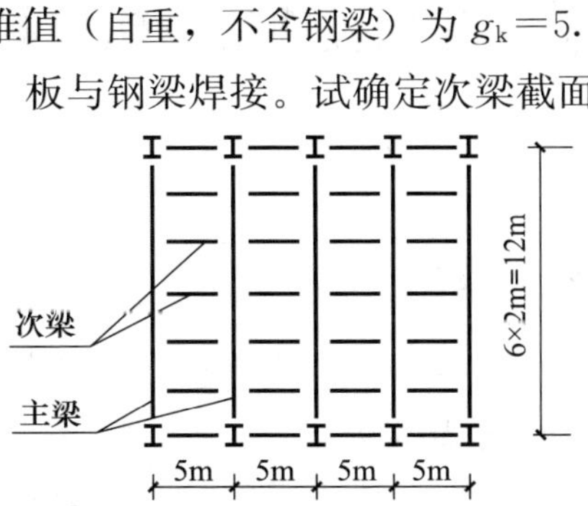

图 4-6 例题 4-1 附图

【解】次梁采用工字钢。整体稳定性由梁上铺板来保证，故只需考虑梁的强度及刚度。

（1）截面选择。

荷载设计值 $g+q=1.2g_k+1.3q_k=1.2\times5+1.3\times18.5=30.05\text{kN/m}^2$

弯矩设计值 $M=\frac{1}{8}(g+q)l^2=\frac{1}{8}\times30.05\times2\times5^2=187.8\text{kN}\cdot\text{m}$

对工字形截面，$\gamma_x=1.05$，Q235 钢，$f=215\text{N/mm}^2$；则型钢所需净截面模量由式（4-1)得

$$W_{nx}\geqslant\frac{M_x}{\gamma_x f}=\frac{187.8\times10^6}{1.05\times215}=832\times10^3\text{mm}^3=832\text{cm}^3$$

由附表 3，选用工字钢 I36a，其 $W_x=875\text{cm}^3$，$I_x=15800\text{cm}^4$，质量 60.037kg/m，$t_w=10\text{mm}$。

（2）加上钢梁自重后的弯矩设计值。

$$M_{max}=\frac{1}{8}\times1.2\times\frac{60.037\times9.8}{1000}\times5^2+187.8=190\text{kN}\cdot\text{m}$$

（3）验算。

①抗弯强度验算

$M_{max}=\frac{190\times10^6}{1.05\times875\times10^3}=206.8\text{N/mm}^2<f=215\text{N/mm}^2$，满足要求。

②刚度验算

用荷载标准值验算，本例中为均布荷载。

荷载标准值 $g_k+q_k=(5+18.5)\times2+\frac{60.037}{1000}=47\text{kN}\cdot\text{m}=47\text{N/mm}$

梁的跨中挠度为

$$\upsilon_{max}=\frac{5(g_k+q_k)l_0^4}{384EI}=\frac{5\times47\times5000^4}{384\times206\times10^3\times15800\times10^4}=11.75\text{mm}$$

$$<[\upsilon_T]=\frac{5000}{250}=200\text{mm}$$，满足要求。

任务 4.3 学习轴心受力构件的计算方法

4.3.1 轴心受力构件的强度

在轴心力作用下，构件截面应力是均匀分布的。在轴向力设计值作用下，截面应力不超过材料强度设计值时，则强度满足要求。

除高强度螺栓摩擦型连接处外，轴心受拉构件和轴心受压构件的强度可按下式计算：

$$\sigma=\frac{N}{A_n}\leqslant f \tag{4-5}$$

式中　N——轴心拉力或轴心压力；

A_n——净截面面积。

高强度螺栓摩擦型连接处的强度应按下列公式计算：

$$\sigma=\left(1-0.5\frac{n_1}{n}\right)\frac{N}{A_n}\leqslant f \tag{4-6a}$$

$$\sigma=\frac{N}{A}\leqslant f \tag{4-6b}$$

式中　n——在节点或拼接处，构件一端连接的高强度螺栓数目；

n_1——所计算截面（最外列螺栓处）上高强度螺栓数目；

A——构件的毛截面面积。

4.3.2　轴心受压构件的稳定性

在轴心受压构件的截面平均应力低于钢材屈服强度时，当有外力造成扰动的情况下，构件可能产生较大的弯曲变形或扭转变形或弯扭变形从而丧失承载能力，称为丧失整体稳定性（图 4-7）。轴心受压构件的失效，很大程度上是由于整体稳定性丧失所致。故轴心受压构件必须进行整体稳定计算，这是一种很重要的轴心受压构件的承载能力极限状态。

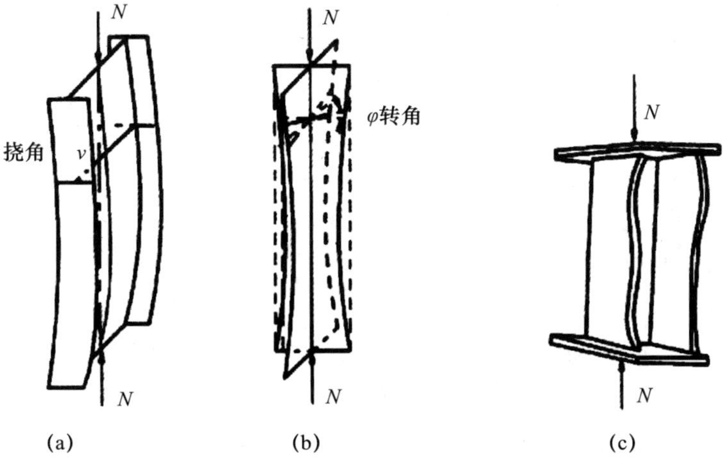

图 4-7　轴心受压杆的失稳

（a）整体弯曲屈曲；（b）整体扭转屈曲；（c）翼缘的波状鼓曲（局部失稳）

在一根平直的钢尺的两端，沿钢尺的轴心方向施加轴向压力 N，当压力增大到一定数值时，平直的钢尺会突然离开它本身的平面而发生屈曲（buckling），这种现象就是轴心压杆的失稳（图 4-8）。压杆将要丧失稳定时的状态称为临界状态，此时的截面平均应力称为屈曲强度或压屈强度。

杆件的屈曲强度普遍低于钢材的屈服点，所以轴心受压杆的承载能力往往是由稳定

图 4-8　钢板尺失稳时的屈曲现象

要求控制的。钢结构的压杆失稳会造成各种工程事故。

当截面面积相同时，空心管形截面压杆的屈曲强度比矩形截面压杆的屈曲强度大得多，因为前者的截面惯性矩远比后者的截面惯性矩大，故在钢结构中都将压杆的截面做成扩展开的截面，即尽量使截面积远离中心轴线，如工字形、槽形等，这样既可用较少的钢材做成承载能力较大的压杆，又能使重量减轻。杆件截面的扩展程度，可通过截面的回转半径 i 表示，$i=\sqrt{I/A}$，回转半径越大，截面就扩展得越开。杆件两端的连接情况（如铰接、固定等）及杆件长度即计算长度 l_0 也对杆件屈曲强度产生影响，屈曲强度与计算长度的平方成反比。计算长度 l_0 与回转半径之比称为长细比 λ（slenderness ratio）。显然，长细比越大，屈曲强度越低，因此长细比是反映压杆稳定性的重要指标。

轴心受压构件的稳定性还与构件截面分类有关，见表 4-1、表 4-2。

4.3.2.1　实腹式轴心受压构件

1. 整体稳定

引入考虑截面分类和长细比对稳定性影响的系数 φ，则轴心受压构件的屈曲强度可以表示为 $\varphi \cdot f$，所以其稳定性计算可以按下式：

$$\frac{N}{\varphi A}\leqslant f \tag{4-7}$$

式中　φ——轴心受压构件的稳定系数，取截面两主轴稳定系数中的较小值，可查《钢结构设计规范》（GB 50017—2017）附录 D；

A——构件的毛截面面积；

f——钢材的抗压强度设计值。

2. 局部稳定

对于实腹式轴心受压构件，由于截面大都由翼缘和腹板等矩形板件组成，彼此相互支承，还有加劲肋和顶板及底板相连，因而组合的板件有不同的支承情况。在轴心压力作用下，有可能在丧失整体稳定或达到受压承载力之前，薄板先发生屈曲（板件偏离原来的平面位置而发生波状鼓曲），称为丧失局部稳定［图 4-7（c）］，它将导致构件较早丧失承载能力。对于实腹构件，通常采用限制板件宽厚比的办法来防止局部失稳。

对于轴心受压构件，翼缘板自由外伸宽度 b 与其厚度之比，应当满足：

$$\frac{b}{t}\leqslant(10+0.1\gamma)\sqrt{\frac{235}{f_y}} \tag{4-8}$$

式中　λ——构件两方向长细比的较大值；当 $\lambda<30$ 时，取 $\lambda=30$；当 $\lambda>100$ 时，取 $\lambda=100$。

在工字形和 H 形截面的轴心受压构件中，要求腹板计算高度 h_0 与其度之比，应当满足：

$$\frac{h_0}{t_w} \leqslant (25+0.5\gamma)\sqrt{\frac{235}{f_y}} \tag{4-9}$$

4.3.2.2 格构式轴心受压构件

格构式轴心受压构件的稳定性仍按式（4-7）计算，但对虚轴的长细比取值应该按换算长细比。

4.3.3 构件的允许长细比

构件刚度受长细比的影响，受拉构件和受压构件的长细比不宜超过《钢结构设计规范》规定的容许长细比。

一般建筑结构的桁架受拉杆件在承受静力荷载时，容许长细比 [λ] =350；其他的拉杆、支撑、系杆等，[λ] =400。

受压构件的长细比不宜超过表4-6的数值。

表4-6 钢结构受压构件的容许长细比 [λ]

项次	构件名称	容许长细比 [λ]
1	柱、桁架和天窗架中的杆件	150
	柱的缀条、吊车梁或吊车桁架以下的柱间支撑	
2	支撑（吊车梁或吊车桁架以下的柱间支撑除外）	200
	用以减少受压构件长细比的杆件	

注：1. 当桁架的受压腹杆内力等于或小于承载能力的50%时，容许长细比可取为200；
2. 跨度等于或大于60m的桁架，其受压弦杆、端压杆和直接承受动力荷载的受压腹杆的长细比不宜大于120；
3. 计算单角钢受压构件的长细比时，应采用角钢的最小回转半径，但计算在交叉点相互连接的交叉杆件在平面外的长细比时，可采用与角钢肢边平行轴的回转半径。

4.3.4 实腹式轴心受压构件的截面设计

4.3.4.1 设计原则

实腹式轴心受压构件的设计原则可按以下几点考虑。①肢宽壁薄。在满足宽厚比限值条件下尽量使截面远离形心轴，以增大回转半径。②等稳定性。使构件在两个主轴方向的稳定系数接近，两个主轴方向的稳定承载力基本相等。在一般情况下，可取 $\lambda_x \sim \lambda_y$。③制造省工、构造简单。宜尽量选择热轧型钢和自动焊接截面。

4.3.4.2 设计步骤

1. 初步选择截面

首先假定构件长细比，可在50～100范围内确定；查出稳定系数 φ_x、φ_y，取其中较小值求截面面积 $A=N/(\varphi_{min}f)$，求回转半径 i_x、i_y 并初选截面高度 h 和宽度 b（回转半径和截面高宽的关系见附表3）；在上述基础上，确定型钢型号或组合截面各板件尺寸（对焊接工字形截面，宜取 $b \approx h$，h_0 和 b 取10mm倍数，t 和 t_w 取2mm倍数，并宜取 $t_w=0.4t \sim 0.7t$）。

2. 进行截面验算

对初选的截面进行强度、刚度、稳定性等验算；不满足时调整截面尺寸直至满足要求为止。

3. 满足构造规定

为了提高构件的抗扭刚度，防止构件在施工和运输过程中发生变形，对于实腹式组合截面，当 $h_0/t_w>80$ 时，应在一定位置设置成对的横向加劲肋（图 4-9）。横向加劲肋的间距不得大于 $3h_0$，其外伸宽度 b_s 不小于 $\left(\frac{h_D}{30}+40\right)$mm，厚度 t_s 应不小于 $b_s/15$。

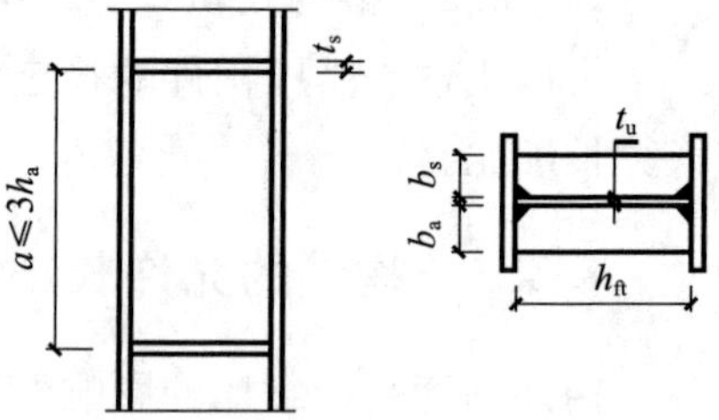

图 4-9 实腹式柱的横向加劲肋

为了增加大型实腹式柱抗扭刚度，在其受到较大水平力处，以及运输单元的端部，应设置横隔（即加宽的横向加劲肋）。横隔的间距一般不大于柱截面较大宽度的 9 倍或 8m。

【例题 4-2】某轴心受压柱采用 Q235 热轧工字钢，构件承受的压力设计值 $N=255$kN，上下端均为铰支，支柱高度为 9m，在支柱的两个三分点处设有侧向支撑，以阻止柱在弱轴方向过早失稳（图 4-10），容许长细比 $[\lambda]=150$。

【解】（1）由于轴压力很小，可假定长细比 $\lambda=150$，已知 $l_x=9$m，$l_y=3$m，$f=215\text{N/mm}^2$，$f_y=235\text{N/mm}^2$，截面为 b 类，由《钢结构设计标准》（GB 50017—2017），查得 $\varphi=0.308$，则支柱截面面积：

$$A=\frac{N}{\varphi\cdot f}=\frac{255\times10^3}{0.308\times215}=3851\text{mm}^2$$
$$=38.5\text{cm}^2$$

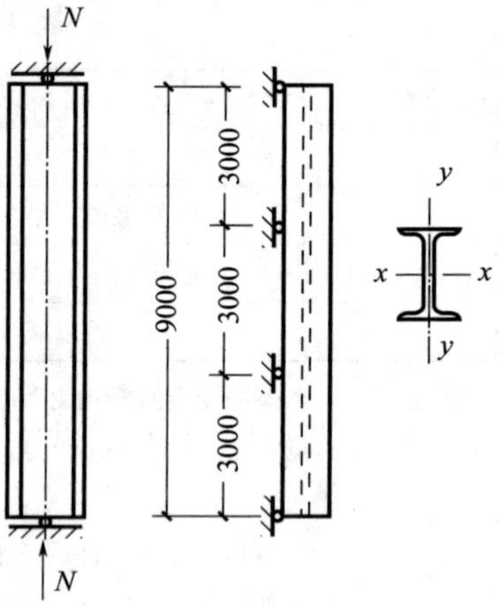

图 4-10 例题 4-2 附图

由附表 17，初选 I20b，$A=39.578\text{cm}^2$，$t_w=9$mm，$t=11.4$mm，$i_x=7.96$cm，$i_y=2.06$cm，$h=200$mm，$b=102$mm。

（2）验算。

①长细比。

$$\gamma_x=\frac{l_x}{i_x}=\frac{900}{7.96}=113.1<[\gamma]$$

$$\gamma_y=\frac{l_y}{i_y}=\frac{300}{2.06}=145.6<[\gamma]$$

②整体稳定性验算。

由 $b/h=102/200<0.8$，故对 x 轴为 a 类，由《钢结构设计标准》，$\varphi_x=0.540$；对 y 轴为 b 类，由《钢结构设计标准》附录 D，得 $\varphi_y=0.324$，比较后取 $\varphi_{min}=0.324$。

$$\frac{N}{\varphi\cdot A}=\frac{255\times10^3}{0.324\times39.578\times10^2}=198.9\text{N/mm}^2<f=215\text{N/mm}^2\text{，满足要求。}$$

对于轧制型钢，其翼缘和腹板厚度一般较厚，故可以满足局部稳定要求。

任务4.4　学习拉弯构件和压弯构件的计算方法

轴心拉力和弯矩共同作用下的构件称为拉弯构件，也称为偏心受拉构件；轴心压力和弯矩共同作用下的构件称为压弯构件，也即偏心受压构件。钢屋架下弦杆当在节点间有非轴向荷载时，就是拉弯构件；厂房的钢框架柱、高层建筑的框架柱等，都属于压弯构件。

拉弯构件和压弯构件的截面形式如图4-3所示。钢结构框架主次梁连接或梁柱连接位置三维模型可扫描二维码：

主次梁节点：　　梁柱节点：

4.4.1　强度计算

对于拉弯构件，以截面出现塑性铰作为强度极限。而压弯构件的应力分布与受弯构件类似（图4-11），应力状态分别有弹性受力极限状态、弹塑性受力状态和塑性区发展到全截面时的塑性受力极限状态。设计时根据构件承受的荷载性质、截面受力特点等规定的不同截面应力状态作为承载力计算的依据。考虑截面塑性时，与受弯构件计算相仿，引入截面塑性发展系数 γ_x、γ_y（表4-3），则对弯矩作用在主平面内的拉弯构件和压弯构件，其强度可按下列公式计算：

$$\frac{N}{A_n} \pm \frac{M_x}{\gamma_x W_{nx}} \pm \frac{M_y}{\gamma_y W_{ny}} \tag{4-10a}$$

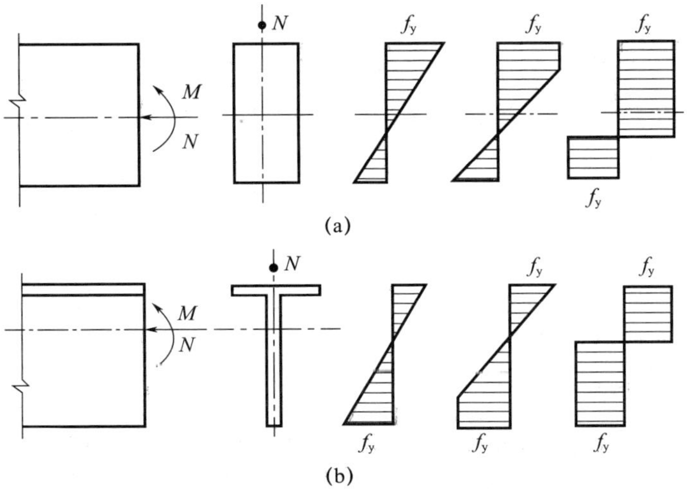

图4-11　压弯构件截面应力分布

（a）矩形截面；（b）T形截面

式（4-10a）的符号意义同前，其实质是应力的叠加，即弯矩作用下的截面边缘最大应力与轴心受力的轴力作用下截面应力的叠加。当为单向受弯时，公式可简化为

$$\frac{N}{A_n}+\frac{M}{\gamma W_n}\leqslant f \tag{4-10b}$$

与受弯构件一样，在采用 γ 值时，为了保证受压翼缘在塑性发展时不致发生局部失稳，当压弯构件受压翼缘的自由外伸长度与其厚度之比大于 $13\sqrt{235/f_y}$ 而不超过 $15\sqrt{235/f_y}$ 时，应取 $\gamma_x=1.0$；对需验算疲劳强度的拉弯、压弯构件，宜取 $\gamma_x=\gamma_y=1.0$。

4.4.2 构件的刚度

拉弯构件的刚度和压弯构件的刚度，也以容许长细比进行控制，见表 4.6。

4.4.3 压弯构件的稳定性

轴心受压构件的屈曲可能发生在两主轴方向中长细比较大的方向，而压弯构件由于弯矩通常绕截面的强轴即在截面的最大刚度平面作用，因而构件可能在弯矩作用平面内屈曲，但因为构件在垂直于弯矩作用平面的刚度较小，故也有可能在侧向弯曲和扭转下使构件发生弯扭屈曲，即在弯矩作用平面外失稳。故压弯构件应分别对其两个方向的稳定性进行计算。

任务 4.5 学习设计钢结构的连接

钢结构是由钢板和型钢经过连接装配而成的结构体系。普通钢结构的连接常采用焊缝连接、普通螺栓连接、高强螺栓连接（冷弯薄壁结构还采用自攻螺钉连接），此外还有铆接。

4.5.1 焊缝连接

焊缝连接简称为焊接，是通过电弧产生的热量使焊条和局部焊体熔化、经冷却后形成焊缝，使焊件连成一体。

焊接是现代钢结构最主要的连接方法。其优点是，焊缝连接灵活方便、构造简单，且易于采用自动化操作；焊接不削弱截面、节省钢材、密封性好、刚度大。缺点是，由于焊接易产生残余应力和残余变形，施工质量较难控制；焊接对疲劳和脆断（brittle fracture）敏感，在低温下更易脆断。

4.5.1.1 *焊接方法*

钢结构的焊接方法主要是电弧焊（此外还有电阻焊，是利用电流通过焊件接触点表面的电阻产生的热量熔化金属，再通过压力使其焊合）。电弧焊可分为手工电弧焊（图 4-12）、自动或半自动埋弧电弧焊（图 4-13）以及 CO_2 气体保护焊等。

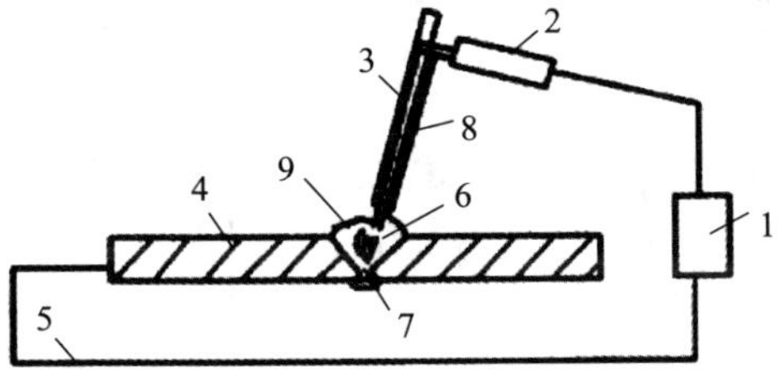

图 4-12　手工电弧焊图

1—电焊机；2—焊钳；3—焊条；
4—焊件；5—导线；6—电弧；
7—熔池；8—药皮；9—保护气体

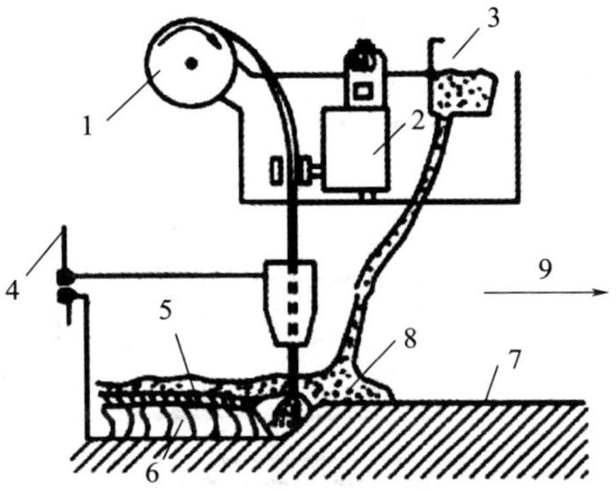

图 4-13　自动埋弧电弧焊

1—焊丝转盘；2—转动焊丝的电动机；3—焊剂漏斗；
4—电源；5—熔渣；6—熔敷金属；
7—焊件；8—焊剂；9—移动方向

手工电弧焊是利用通电后产生的电弧的高温，使焊条和焊件迅速熔化，熔化的焊条金属和焊件金属结合成焊缝金属，由焊条药皮形成的熔渣和气体覆盖熔池，防止空气中的氧、氮等有害气体与熔化的液体金属接触，避免形成脆性易裂的化合物。焊缝金属冷却后把焊件连成整体。

在自动或半自动埋弧焊中，是将光焊条埋在焊剂层下，通电后，由于电弧的作用使焊条和焊剂熔化。熔化后的焊剂浮在熔化的金属表面上保护熔化金属，使之不与外界空气接触，有时焊剂还可供给焊缝必要的合金元素，以改善焊缝质量。自动焊的焊缝质量均匀，塑性好，冲击韧性高。半自动焊除由人工操作前进外，其余过程与自动焊相同，其焊缝质量介于自动焊与手工焊之间。自动焊和半自动焊所采用的焊丝和焊剂要保证其熔敷金属的抗拉强度不低于相应手工焊焊条的数值。

CO_2 气体保护焊是以 CO_2 作为保护气体，使被熔化的金属不与空气接触，电弧加热集中，焊接速度快，熔化深度大，焊缝强度高，塑性好。CO_2 气体保护焊采用高锰高硅型焊丝，具有较强的抗锈能力，焊缝不易产生气孔，适用于低碳钢、低合金高强度钢以及其他合金钢的焊接。

4.5.1.2　焊缝连接形式及焊缝形式

按被连接构件间的相对位置，焊缝连接形式分为平接、搭接、T 形连接和角接四种，如图 4-14。

这些连接所采用的焊缝形式主要是对接焊缝［图 4-14（a）（b）］和角焊缝［图 4-14（b）（c）（d）（e）（g）（h）］，还有透焊的 T 形连接［图 4-14（f）］，其性能与对接焊缝相同。对接焊缝按受力的方向可分为对接正焊缝［图 4-14（a）］和对接斜焊缝；角焊缝长度方向垂直于力作用方向时称为正面角焊缝［图 4-14（d）］，平行于力作用方向时称为侧面角焊缝。

在施工图中，焊缝形式、尺寸和辅助要求均要用代号标明，可参见《建筑结构制图标准》（GB/T 50105—2010）。

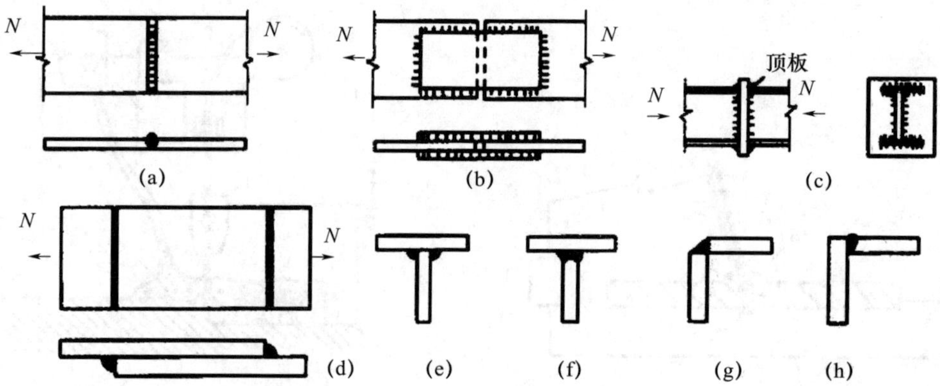

图 4-14　焊缝连接形式

(a) ～ (c) 平接；(d) 搭接；(e) (f) T形连接；(g) (h) 角接

4.5.1.3　焊缝的计算和构造

1. 焊缝的质量及等级

根据结构的重要性、荷载特性、焊缝形式、工作环境及应力状态等情况，焊缝的质量等级分为三级。应按下述原则选用不同的质量等级：

(1) 在需要进行疲劳强度验算的构件中，凡对接焊缝均应焊透。其质量等级为：作用力垂直于焊缝长度方向的横向对接焊缝或 T 形对接焊缝及角接组合焊缝，受拉时应为一级，受压时应为二级；作用力平行于焊缝长度方向纵向对接焊缝应为二级。

(2) 不需要计算疲劳强度的构件中，凡要求与母材等强的对接焊缝应予透焊，其质量等级当受拉时应不低于二级，受压时宜为二级。

(3) 重级工作制和起重量 $Q \geqslant 50$t 的中级工作制吊车梁的腹板与上翼缘之间以及吊车桁架上顶杆与节点板之间的 T 形接头焊缝均要求焊透，焊缝形式一般为对接与角接的组合焊缝，其质量等级不应低于二级。

(4) 对不要求焊透的 T 形接头采用的角焊缝或部分焊透的对接与角接组合焊缝，以及搭接连接采用的角焊缝，除直接承受动力荷载且需要验算疲劳强度的结构和吊车起重量不小于 50t 的中级工作制吊车梁应符合二级外，其他结构焊缝的质量标准可为三级。

2. 焊缝的强度计算

(1) 对接焊缝的强度计算。

对接焊缝一般用于钢板的拼接和 T 形连接。在施焊时，焊件间须具有适合于焊条运转的空间，故一般均将焊件边缘加工成坡口（图 4-15）。

根据焊件的厚度，选择不同的坡口。当焊件宽度不同或厚度相差 4mm 以上时，应分别在宽度或厚度方向从一侧或两侧做成坡度不大于 1/4 的斜角，以减小应力集中。

对接焊缝的起弧和落弧点，常因不能熔透而出现焊口，从而引起应力集中并易产生裂纹。为消除焊口影响，焊接时可将焊缝的起点和终点延伸至焊件以外的引弧板上，焊后将引弧板切除（图 4-16）。

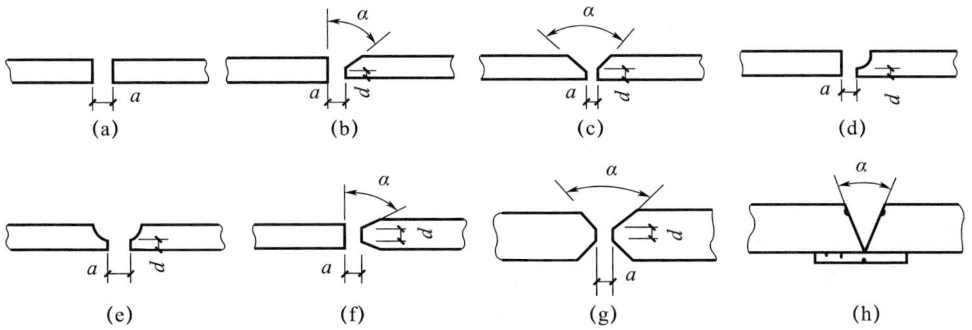

图 4-15　对接焊缝的坡口形式

（a）I形；（b）单边 V形；（c）V形；（d）J形；（e）U形；（f）K形；（g）X形；（h）加垫板的 V形

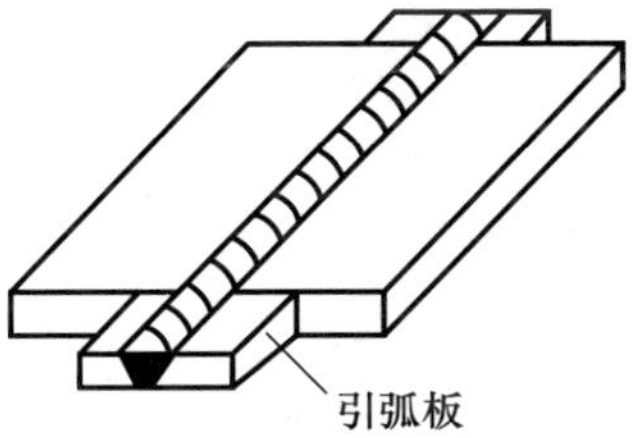

图 4-16　引弧板

在对接接头和 T 形接头中，垂直于轴心拉力或轴心压力的对接焊缝或对接与角接组合焊缝，其强度应按下式计算：

$$\sigma=\frac{N}{l_w t}\leqslant f_t^w \text{ 或 } f_c^w \tag{4-11}$$

式中　N——轴心拉力或轴心压力；

l_w——焊缝长度；

t——在对接接头中为连接件的较小厚度，在 T 形接头中为腹板的厚度；

f_t^w、f_c^w——对接焊缝的抗拉、抗压强度设计值。

对承受弯矩和剪力共同作用的对接焊缝或对接与角接组合焊缝，其正应力和剪应力应分别进行计算：

$$\sigma_{max}=\frac{M}{W_w}\leqslant f_t^w \tag{4-12}$$

$$\tau_{max}=\frac{V\cdot S_w}{I_w\cdot t_w}\leqslant f_v^w \tag{4-13}$$

式中　W_w——焊缝截面抵抗矩；

S_w——焊缝截面计算剪应力处以上部分对中和轴的面积矩；

I_w——焊缝截面惯性矩；

f_t^w、f_v^w——对接焊缝的抗拉、抗剪强度设计值。

此外，在同时受到较大正应力和剪应力处（例如工字形截面梁采用对接焊缝连接时，梁腹板横向对接焊缝的端部），应按下式计算折算应力：

$$\sqrt{\sigma^2+3\tau^2}\leqslant 1.1f_t^w \tag{4-14}$$

当承受轴心力的板件用斜焊缝对接、焊缝与作用力间的夹角 θ 符合 $\tan\theta\leqslant 1.5$ 时，其强度可不计算。当对角焊缝和T形对接与角接组合焊缝无法采用引弧板和引出板施焊时，每条焊缝的长度计算时应各减去 $2t$。

（2）直角角焊缝的强度计算。

角焊缝一般用于搭接和T形连接。角焊缝按其截面几何形状分为直角角焊缝（$\alpha=90°$）和斜角角焊缝（$\alpha\neq 90°$）。直角角焊缝截面的直角边长 h_f 称为焊脚尺寸，焊缝的有效长度称为计算长度（计算长度应考虑起落弧的影响，未加引弧板时，每个弧口应扣除5mm）。角焊缝一般假设在45°截面内剪切破坏，焊缝有效厚度 h_e 取为 $0.7h_f$（图4-17）。

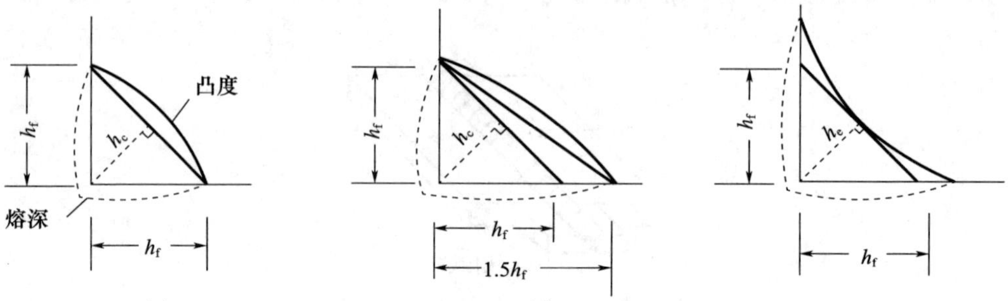

图4-17　直角角焊缝截面形式

（a）普通型；（b）平坦型；（c）凹面型

角焊缝以传递剪力为主，根据不同的受力形式，按作用力与焊缝长度方向间的关系，采用相应公式进行焊缝的强度计算。对于直角角焊缝：

①在通过焊缝形心的拉力、压力或剪力作用下，其正面角焊缝（作用力垂直于焊缝长度方向）的计算公式为：

$$\sigma_f=\frac{N}{h_e l_w}\leqslant\beta_f f_t^w \tag{4-15}$$

侧面角焊缝（作用力平行于焊缝长度方向）的计算公式为：

$$\tau_f=\frac{N}{h_e l_w}\leqslant f_t^w \tag{4-16}$$

②在各种力综合作用下，σ_f 和 τ_f 共同作用处，应满足：

$$\sqrt{\left(\frac{\sigma_f}{\beta_f}\right)+\tau_f^2}\leqslant f_t^w \tag{4-17}$$

式（4-15）～式（4-17）中：

σ_f——垂直于焊缝长度方向的应力，按焊缝有效截面（$h_e l_w$）计算；

τ_f——沿焊缝长度方向的剪应力，按焊缝有效截面计算；

h_e——角焊缝的计算厚度，对直角角焊缝等于 $0.7h_f$，h_f 为焊脚尺寸（图4-17）；

l_w——角焊缝的计算长度，对每条焊缝取其实际长度减去 $2h_f$；

f_t^w——角焊缝的强度设计值；

β_f——正面角焊缝的强度设计值增大系数：对承受静力荷载和间接承受动力荷载的结构，$\beta_f=1.22$；对直接承受动力荷载的结构，$\beta_f=1.0$。

对两焊脚边夹角 α 为 $60°\leqslant\alpha\leqslant135°$ 的 T 形接头，其斜角角焊缝也按上述公式计算，但取 $\beta_f=1.0$，h_e 需加以修改。

3. 焊缝的构造要求

（1）基本要求。

焊缝金属应与主体金属相适应，当不同强度的钢材连接时，可采用与低强度钢材相适应的焊接材料。

在设计中不得任意加大焊缝，避免焊缝立体交叉和在一处集中大量焊缝，同时焊缝的布置应尽可能对称于构件形心轴。

对焊件厚度大于 20mm 的角接接头焊缝，应采用收缩时不易引起层状撕裂的构造（当钢板的拼接采用对接焊缝时，纵横两方向的对接焊缝可采用十字形交叉或 T 形交叉；当采用 T 形交叉时，交叉点的间距不得小于 200mm）。

（2）对接焊缝。

①在对接焊缝的拼接处，当焊件的宽度不同或厚度在一侧相差 4mm 以上时，应分别在宽度方向或厚度方向从一侧或两侧做成坡度不大于 1∶2.5 的斜角（图 4-18）。

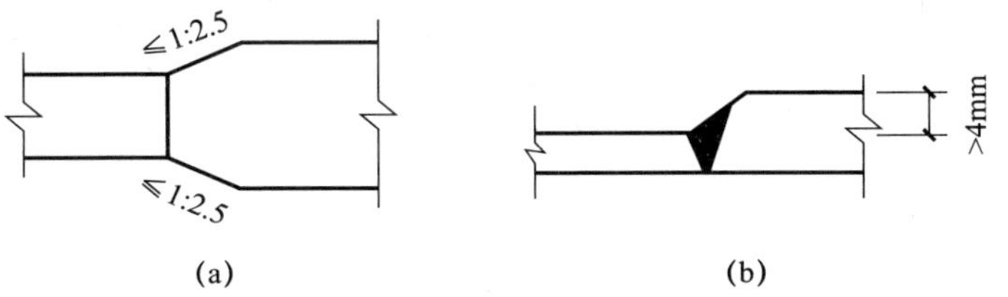

图 4-18 不同宽度或厚度的钢板拼接

（a）不同宽度；（b）不同厚度

注：对需进行疲劳验算的结构，斜角坡度不应大于 1∶4。

②采用部分焊透的对接焊缝时，其计算厚度 h_e（mm）不得小于 $1.5\sqrt{t}$，t（mm）为焊件的较大厚度。在设计图中应注明坡口的形式和尺寸（在直接承受动力荷载的结构中，垂直于受力方向的焊缝不宜采用部分焊透的对接焊缝）。

（3）角焊缝。

①角焊缝两焊脚边的夹角 α 一般为 90°（直角角焊缝），夹角 $a>135°$ 或 $a<60°$ 的斜角角焊缝，不宜用作受力焊缝（钢管结构除外）。

②角焊缝的焊脚尺寸应符合下列要求：

焊脚尺寸 h_f（mm），不得小于 $1.5\sqrt{t}$，t（mm）为较厚焊件厚度；当焊件厚度≤4mm 时，最小焊脚尺寸应与焊件厚度相同。

焊脚尺寸不宜大于较薄焊件厚度 t_{min} 的 1.2 倍（钢管结构除外）；但板件（厚度为 t）边缘的角焊缝最大焊脚尺寸尚应满足：$h_f\leqslant t$（当 $t\leqslant$6mm 时）或 $h_f\leqslant t-$（1～2）mm（当 $t>$6mm 时）。

角焊缝的两焊脚尺寸一般相等。当焊件厚度相差较大且等焊脚尺寸不能符合上述要求时，可采用不等焊脚尺寸；与较薄焊件和与较厚焊件接触的焊接边应分别符合上述要求。

③侧面角焊缝或正面角焊缝的计算长度不得小于 $8h_f$ 和 40mm。侧面角焊缝的计算长度不宜大于 $60h_f$，当大于上述数值时，其超过部分在计算中不予考虑（但若内力沿侧面角焊缝全长分布时，可不受此限制）。

④在次要构件或次要焊缝连接中，可采用断续角焊缝。断续角焊缝焊段的长度不得小于 $10h_f$ 或 50mm，其净距不应大于 $15t$（对受压构件）或 $30t$（对受拉构件），t 为较薄焊件的厚度。

⑤板件的端部仅有两侧面角焊缝连接时，每条侧面角焊缝长度不宜小于两侧面角焊缝之间的距离；同时，两侧面角焊缝之间的距离不宜大于 $16t$（当 $t>12$mm 时）或 190mm（当 $t\leqslant12$mm 时），t 为较薄焊件的厚度。

⑥杆件与节点板的连接焊缝（图 4-19），宜采用两面侧焊，也可用三面围焊，对角钢杆件可采用 L 形围焊，所有围焊的转角处必须连续施焊。

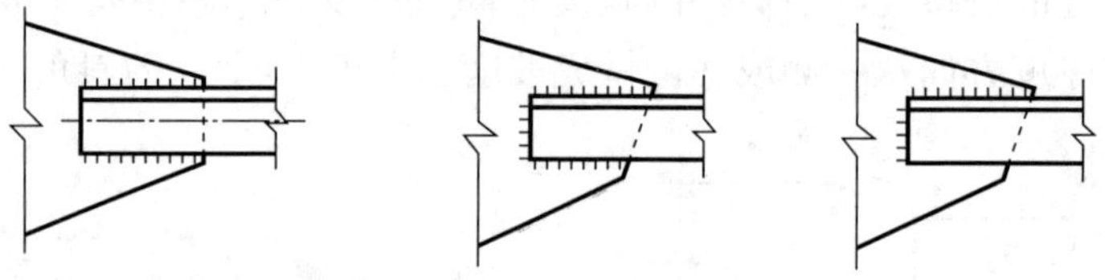

图 4-19　杆件与节点板的焊缝连接

（a）两面侧焊；（b）三面围焊；（c）L 形围焊

⑦在搭接连接时，搭接长度不得小于焊件较小厚度的 5 倍，并不得小于 25mm。

【例题 4-3】已知钢板截面为 250mm（宽）×14mm（厚），采用双盖板对焊接头（图 4-20），盖板截面为 200mm×10mm，承受静力荷载产生的轴心拉力设计值 N＝695kN，钢材为 Q235 钢，手工焊焊条 E43，试设计该接头。

【解】（1）确定角焊缝的焊脚尺寸：

取 $h_t=8\text{mm}\leqslant h_{f,max}=t-(1\sim2)=10-(1\sim2)=8\sim9\text{mm}$

$\leqslant1.2t_{min}=1.2\times10=12\text{mm}>h_{f,min}=1.5\sqrt{14}=5.6\text{mm}$

由《钢结构设计规范》，可查得角焊缝强度设计值：

$$f_f^w=160\text{N/mm}^2$$

（2）采用侧面角焊缝时［图 4-20（b）］接头一侧共有 4 条焊缝，每条焊缝所需计算长度为

$$l_w\geqslant\frac{N_x}{4h_e f_f^w}=\frac{695000}{4\times0.7\times8\times160}=194\text{mm}$$

取 $l_w=200$mm。

则盖板总长 $L=(200+2\times8)\times2+10=442$mm，取 $L=450$mm；

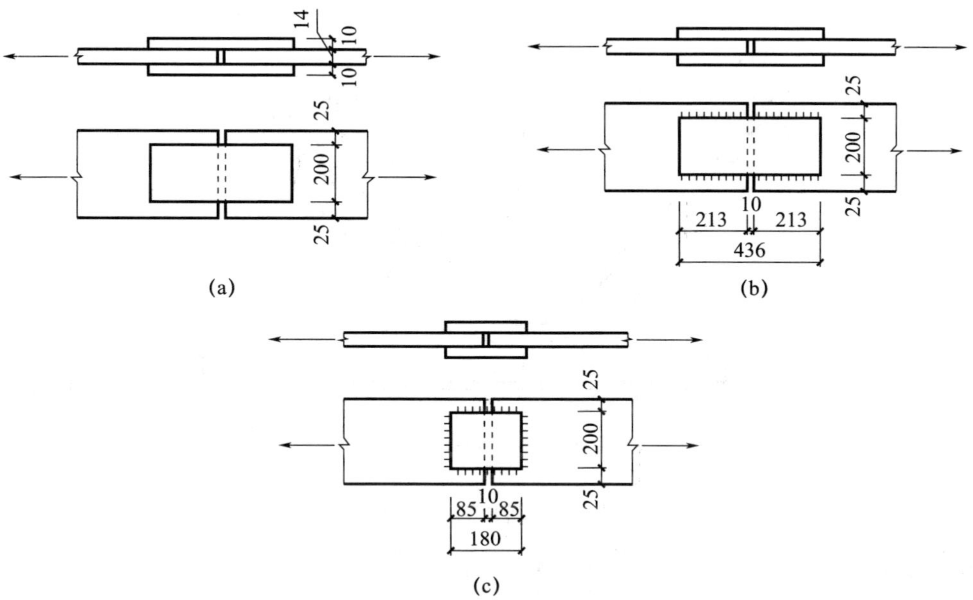

图 4-20　例题 4-3 附图

(a) 构件及盖板；(b) 侧面角焊缝；(c) 三面围焊

按构造规定：

$$60h_f = 60 \times 8 = 480\text{mm} > l_w = 200\text{mm}$$

$$8h_f = 8 \times 8 = 64\text{mm} < l_w$$

$$l = 220\text{mm} > b = 200\text{mm}$$

$$t = 10\text{mm} < 12\text{mm}$$

满足构造要求。

(3) 采用三面围焊时［图 4-20 (c)］，正面焊缝所能承受的内力 N_1 为：

$$N_1 = 2 \times 0.7 h_f l_w^t \beta_f f_f^w = 2 \times 0.7 \times 8 \times 200 \times 1.22 \times 160 = 437284\text{N}$$

则接头一侧所需侧缝计算长度：

$$l_w^t = \frac{N - N_f}{4h_e f_f^w} = \frac{695000 - 437284}{4 \times 0.7 \times 8 \times 160} = 71.9\text{mm}$$

所需盖板总长：

$$L = (71.9 + 8) \times 2 + 10 = 169.8\text{mm}$$

取 $L = 180\text{mm}$。

4. 角钢角焊缝的内力分配

钢屋架的杆件常采用由双角钢构成的 T 形截面（图 4-21），其截面重心与屋架的轴线重合，由此保证各杆成为轴心受力构件。角钢的焊缝形式如图 4-19 所示。由于角钢重心轴线到肢背和肢尖的距离不等，靠近重心轴的肢背焊缝承受较大内力，而肢尖焊缝承受内力较小；按力矩平衡条件，侧面角焊缝可取内力分配系数见表 4-7；采用围焊时，可先算出端焊缝承受内力。

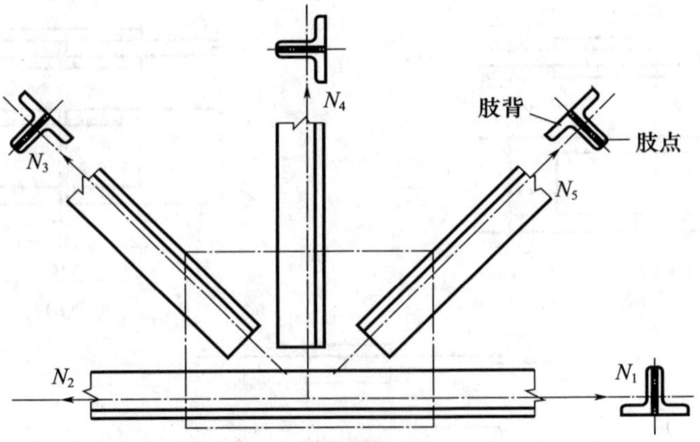

图 4-21　钢屋架节点

表 4-7　角钢侧面角焊缝内力分配系数

角钢类型		等边	不等边	不等边
连接情况		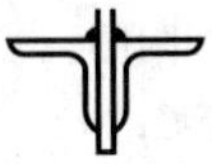	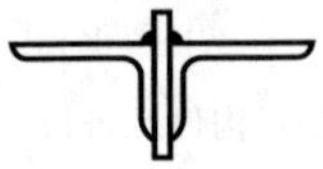	
分配系数	角钢肢背 η_1	0.70	0.75	0.65
	角钢肢尖 η_2	0.30	0.25	0.35

【例题 4-4】 对图 4-22 所示的角钢与连接板的三面围焊连接，静荷载产生的轴心拉力设计值 N=800kN，角钢为 2∟110×70×10，长肢相连，连接板厚度为 12mm，钢材 Q235，采用 E43 焊条手工焊，试确定焊脚尺寸和焊缝长度。

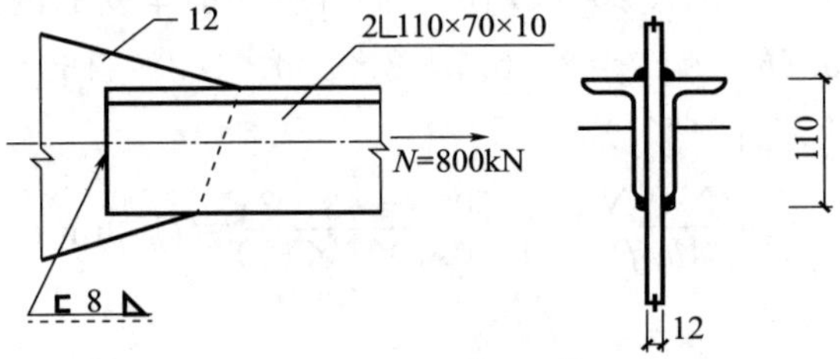

图 4-22　例题 4-4 附图

【解】 (1) 假定三面围焊的焊脚尺寸相同，并取：

$$h_t=8\text{mm}\leqslant t-(1\sim2)=10-(1\sim2)=8\sim9\text{mm}$$

$$1.2t_{\min}=1.2\times10=12\text{mm}$$

$$>1.5\sqrt{t_{\max}}=1.5\sqrt{12}=5.2\text{mm}$$

(2) 角焊缝强度设计值 f_f^w=160N/mm²，则端缝承受的内力为：

$$N_1=2\times0.7h_f b\beta_f f_f^w=2\times0.7\times8\times110\times1.22\times160=240\text{kN}$$

肢背焊缝承受内力为：

$$N_2=\eta_1 N-\frac{N_3}{2}=0.65\times800-\frac{240}{2}=400\text{kN}$$

肢尖焊缝承受内力为：

$$N_3=\eta_2 N-\frac{N_1}{2}=0.35\times800-\frac{240}{2}=160\text{kN}$$

（3）求焊缝长度：

肢背：$l_2=\frac{N_2}{2\times0.7h_f f_f^w}+8=\frac{400000}{2\times0.7\times8\times160}+8=231\text{mm}$，取 235mm；

肢尖：$l_3=\frac{N_3}{2\times0.7h_f f_f^w}+8=\frac{160000}{2\times0.7\times8\times160}+8=97\text{mm}$，取 100mm。

4.5.2 螺栓连接

螺栓连接也属于钢结构基本连接形式，其主要依靠螺栓产生的紧固力使被连接件成为整体。螺栓连接根据所用材料的不同，分为普通螺栓连接和高强度螺栓连接。

普通螺栓根据加工精度，分为 A、B、C 三级，在钢结构中一般采用加工精度较低的 C 级，配用的孔径比螺栓杆径大 1～1.5mm，故宜用于沿杆轴方向受拉的连接（图 4-23）；由于螺杆与螺孔空隙较大，在用于受剪连接时，在克服连接件间的摩擦力后将出现较大滑移变形，故只宜用于承受静力荷载的次要连接或临时固定构件用的安装连接（此时螺栓仅用在定位或夹紧）。

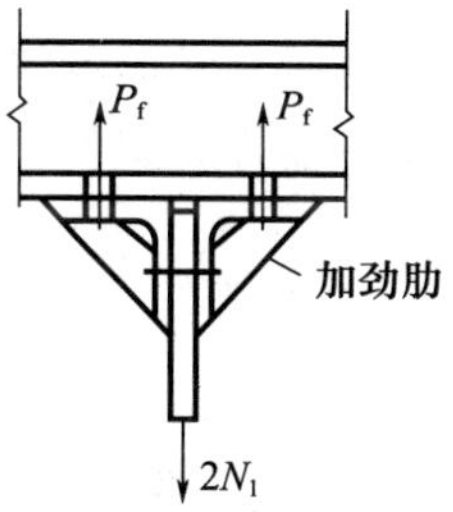

图 4-23 螺栓连接（抗拉）

高强螺栓与普通螺栓相比，材料强度要大 3～4 倍，所以对螺杆可以施加很大的紧固预拉力，使连接板受到较大的压应力，从而使得连接的板叠压非常紧，则剪力的传递可以有效地通过板间摩擦力传递，这种连接类型称为摩擦型高强度螺栓连接（图 4-24）；若允许连接板间的摩擦力被克服并产生相对滑移，然后利用螺栓杆和螺孔孔壁靠紧传递剪力，这种连接就称为承压型高强度螺栓连接。钢结构重要部位的安装连接广泛采用高强螺栓连接。

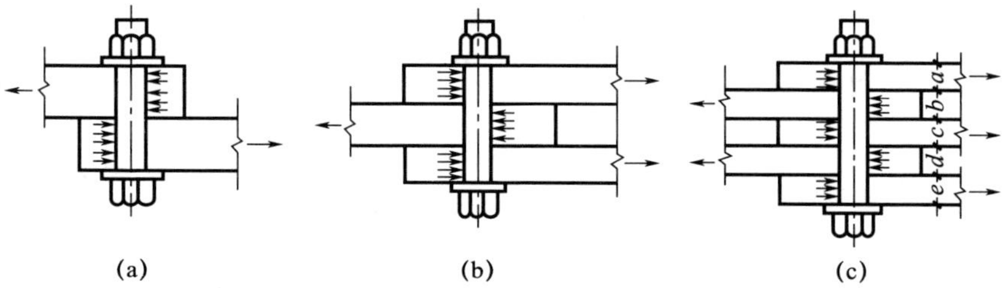

图 4-24 抗剪螺栓连接

（a）单剪；（b）双剪；（c）四剪面

4.5.2.1 螺栓的布置和排列

普通螺栓的布置和排列需要满足包括：受力、构造和施工的要求。其间距、边距和端距等构造应按表 4-8 的要求满足，对于角钢等型钢，其螺栓布置还应考虑型钢尺寸的限制。

表 4-8　螺栓的最大、最小容许距离

<table>
<tr><th>名称</th><th colspan="3">位置和方向</th><th>最大容许距离（取两者的较小值）</th><th>最小容许距离</th></tr>
<tr><td rowspan="3">中心间距</td><td rowspan="3">任意方向</td><td colspan="2">外排</td><td>$8d_0$ 或 $12t$</td><td rowspan="3">$3d_0$</td></tr>
<tr><td rowspan="2">中间排</td><td>构件受压力</td><td>$12d_0$ 或 $18t$</td></tr>
<tr><td>构件受拉力</td><td>$16d_0$ 或 $24t$</td></tr>
<tr><td rowspan="4">中心至构件边缘距离</td><td colspan="3">顺内力方向</td><td rowspan="4">$4d_0$ 或 $8t$</td><td>$2d_0$</td></tr>
<tr><td rowspan="3">垂直内力方向</td><td colspan="2">剪切或手工切割边</td><td rowspan="2">$1.5d_0$</td></tr>
<tr><td rowspan="2">轧制边</td><td>高强度螺栓</td></tr>
<tr><td>其他螺栓或铆钉</td><td>$1.2d_0$</td></tr>
</table>

注：d_0 为螺栓或铆钉的孔径，f 为外层较薄板件的厚度。

4.5.2.2　螺栓的连接计算

1. 普通螺栓

(1) 受拉连接。

在普通螺栓的杆轴方向受拉的连接中，每个普通螺栓的承载力设计按下列公式计算：

$$N_t^b=\frac{\pi d_e^2}{4}f_t^b \tag{4-18}$$

式中　d_e——螺栓在螺纹处的有效直径；

f_t^b——普通螺栓的抗拉强度设计值。

(2) 受剪连接。

普通螺栓的受剪连接，每个螺栓的承载力设计值应取受剪和承压承载力设计值中的较小者：

受剪承载力设计值 N_v^b 为：

$$N_v^b=n_v\frac{\pi d^2}{4}f_v^b \tag{4-19}$$

承压承载力设计值 N_c^b 为：

$$N_c^b=d\sum t\cdot f_c^b \tag{4-20}$$

式中　n_v——受剪面数目；

d——螺栓杆直径；

$\sum t$——在不同受力方向中一个受力方向承压构件总厚度的较小值；

f_v^b、f_c^b——螺栓的抗剪和承压强度设计值。

(3) 同时受剪和受拉。

对同时承受剪力和杆轴方向拉力的普通螺栓，应符合下式的要求：

$$N_v\leqslant N_c^b \tag{4-21a}$$

$$\sqrt{\left(\frac{N_v}{N_v^b}\right)^2+\left(\frac{N_t}{N_t^b}\right)^2}\leqslant 1 \tag{4-21b}$$

式中 N_v、N_t——某个普通螺栓所承受的剪力和拉力；

N_v^b、N_t^b、N_c^b——单个普通螺栓的受剪、受拉和承压承载力设计值。

2. 高强度螺栓

（1）高强度螺栓摩擦型连接。

在抗剪连接中，每个高强度螺栓的承载力设计值应按下式计算：

$$N_v^b=0.9n_j\mu P \tag{4-22}$$

式中 n_j——传力摩擦面数目；

μ——摩擦面的抗滑移系数，按表4-9采用；

P——单个高强螺栓的预拉力，按表4-10采用。

表4-9 摩擦面抗滑移系数 μ

在连接处构件接触面的处理方法	构件的钢号		
	Q235钢	Q345钢、Q390钢	Q420钢
喷砂（丸）	0.45	0.50	0.50
喷砂（丸）后涂无机富锌漆	0.35	0.40	0.40
喷砂（丸）后生赤锈	0.45	0.50	0.50
钢丝刷清除浮锈或未经处理的干净轧制表面	0.30	0.35	0.40

表4-10 高强度螺栓的预拉力设计值 P（kN）

螺栓的性能等级	螺栓公称直径（mm）					
	M16	M20	M22	M24	M27	M30
8.8级	80	125	150	175	230	280
10.9级	100	155	190	225	290	355

在沿螺栓杆轴方向受拉的连接中，单个高强螺栓的承载力设计值取 $N_t^b=0.8P$。

当高强度螺栓摩擦型连接同时承受摩擦面间的剪力和螺栓杆轴方向的外拉力时，其承载力按下式计算：

$$\frac{N_v}{N_v^b}+\frac{N_t}{N_t^b}\leqslant 1 \tag{4-23}$$

式中 N_v、N_t——用于计算的高强度螺栓所承受的剪力和拉力；

N_v^b、N_t^b——单个高强度螺栓的受剪、受拉承载力设计值。

（2）高强度螺栓承压型连接。

该连接中，高强度螺栓的预拉力 P 与摩擦型的相同（表4-11），连接处构件接触面应充分清除油污及浮锈；本连接方式不应用于直接承受动力荷载结构中。

抗剪连接的计算及杆轴方向受拉连接的计算方法与普通螺栓相同；同时受剪和受拉的连接，除应满足公式［4-21（b）］外，尚应保证 $N_v = N_b/1.2$。

3. 螺栓的调整

（1）在构件的节点或拼接接头的一端处，当螺栓沿轴向受力方向的连接长度 $l_1 > 15d_0$ 时，应将螺栓的承载力设计值乘以折减系数 $\left(1.1-\frac{l_1}{150d_0}\right)$；当 $l_1 > 60d_0$ 时，折减系数为 0.7，d_0 为孔径。

（2）在构件借助填板或其他连接板件与另一构件连接时，或采用搭接或拼接板的单面连接传递轴心力，因偏心引起连接部位发生弯曲时，螺栓数应按计算值增加 10%（除摩擦型连接的高强度螺栓外）。

（3）在构件端部连接中，当利用短角钢连接型钢（角钢或槽钢）的外伸肢以缩短连接长度时，在短角钢两肢中的一肢上，所用的螺栓数应按计算增加 50%。

【例题 4-5】 图 4-25 所示的角钢拼接采用 C 级螺栓，角钢型号为L 100×10，材料为 Q235 钢，轴心拉力 $N=300\text{kN}$，试设计该拼接（$f_v^b=140\text{N/mm}^2$，$f_c^b=305\text{N/mm}^2$，$f=215\text{N/mm}^2$）。

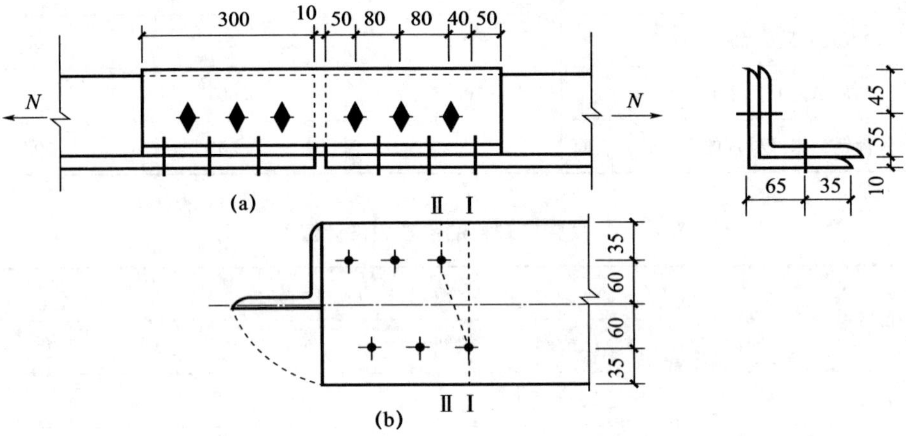

图 4-25　例题 4-5 附图

【解】（1）确定螺栓数目和排列方式：

初选：M22 螺栓，孔径 $d_0=23.5\text{mm}$，采用的拼接角钢型号与构件角钢相同，取一端拼接长 $l_1=300\text{mm}$，则 $l_1<15d_0=15\times23.5=352.5\text{mm}$，故螺栓承载力不必折减。

由式（4-19），每个螺栓的受剪承载力设计值：

$$N_v^b=n_v\frac{\pi d^2}{4}f_v^b=1\times\frac{\pi\times22^2}{4}\times140=53.2\text{kN}$$

由式（4-20），每个螺栓的承压承载力设计值为：

$$N_c^b=d\sum t\cdot f_c^b=22\times10\times305=67.1\text{kN}$$

取较小值计算连接一侧螺栓数量：

$$n=\frac{300}{53.2}=5.64$$

取 $n=6$ 个，为方便螺栓的紧固，采用错开的方式布置，排列如图 4-25 所示。

（2）验算角钢强度：

由角钢截面特性表，角钢毛截面面积 $A=19.26\text{cm}^2$，则近似取

$$A_n=A-ndt=1926-2\times23.5\times10=1456\text{mm}^2$$

$$\sigma=\frac{N}{A_n}=\frac{300000}{1456}=206\text{N/mm}^2<f=215\text{N/mm}^2\text{（满足要求）}$$

4.5.3 连接节点板

连接节点处板件在拉剪作用下的强度应按有关公式进行计算，对于桁架节点板（杆件为轧制 T 形和双板焊接 T 形截面除外），可用有效宽度法按下式计算，当采用螺栓连接时板件的有效宽度 b_e（图 4-26）应减去孔径。

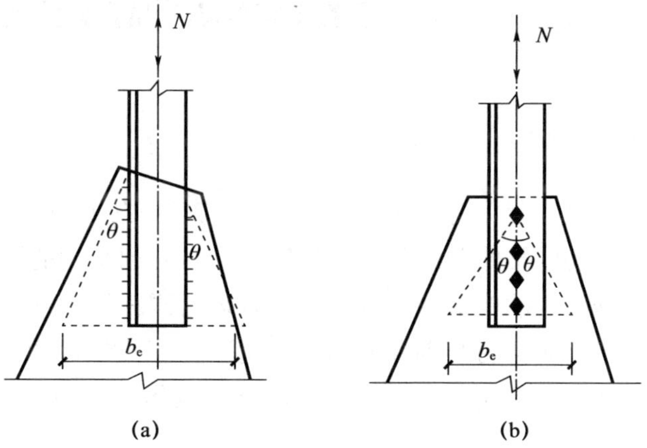

图 4-26 板件的有效宽度

（a）焊接；（b）栓接

注：θ 为应力扩散角，可取 30°。

$$\sigma=\frac{N}{b_e t}\leqslant f \tag{4-24}$$

采用上述方法计算时，节点板边缘与腹杆轴线间的夹角不应小于 15°；斜腹板与弦杆的夹角应在 30°～60°之间；节点板的自由边长度 l_f 与厚度 t 之比不得大于 $60\sqrt{235/f_y}$。

桁架节点板在斜腹杆压力作用下的稳定性，对有竖腹杆相连的节点板，宜满足 $c/t\leqslant 15\sqrt{235/f_y}$（$c$ 为受压腹杆连接肢端面中点沿腹杆轴线方向至弦杆的净距离），此时可不进行稳定性计算；对无竖腹杆相连的节点板，当 $c/t\leqslant 10\sqrt{235/f_y}$ 时，节点板的稳定承载力可取为 $0.8b_e tf$，否则应按《钢结构设计标准》附录 G 的规定进行稳定计算。在任何情况下，c/t 不得大于 $22\sqrt{235/f_y}$（有竖腹杆时）或 $17.5\sqrt{235/f_y}$（无竖腹杆时）。

利用式（4-24），可得桁架节点板厚度选用表（表 4-11）。

表 4-11　桁架节点板厚度选用表

桁架腹杆内力或三角形屋架弦杆端节间内力 N（kN）	≤170	171～290	291～510	511～680	681～910	911～1290	1291～1770	1771～3090
中间节点板，厚度 t（mm）	6	8	10	12	14	16	18	20

注：1. 适用于焊接桁架的节点板强度验算，节点板钢材为 Q235，焊条为 FA. 3；

2. 节点板边缘与腹杆轴线之间夹角应不小于 30°；

3. 节点板与腹杆用侧焊缝连接，当采用围焊时，节点板厚度应按计算确定；

4. 对有竖腹杆的节点板，当 $c/t\leqslant 15\sqrt{235/f_y}$ 时，可不验算节点板的稳定；对无竖腹杆的节点板，当 $c/t\leqslant 10\sqrt{235/f_y}$ 时，可将受压腹杆内力乘以增大系数 1.25 后查表求节点板厚度，此时亦可不验算节点板的稳定；

5. 支座节点板的厚度宜较中间节点板增加 2mm。

任务 4.6　了解钢结构的防护和隔热方法

4.6.1　钢结构的防护

钢结构防护的关键是在制作时将铁锈清除干净，其次是应根据不同的情况选用高质量的油漆或涂层并有妥善的维修制度。钢结构防锈和防腐蚀采用的涂料，钢材表面的除锈等级以及防腐蚀对钢结构的构造要求等，应符合现行国家标准《工业建筑防腐蚀设计标准》（GB 50046）和《涂覆材料前钢材表面处理　表面清洁度的目视测定》（GB/T 8923）的规定。在设计文件中应注明所要求的钢材除锈等级和所要用的涂料（或镀层）及涂（镀）层厚度。

在构造上，钢结构应尽量避免出现难以检查、难以清刷和难以油漆之处以及能积留湿气和大量灰尘的死角或凹槽。闭口截面构件应沿全长和端部焊接封闭。

设计使用年限大于或等于 25 年的建筑物，对使用期间不能重新油漆的结构部位，应采取特殊的防锈措施。

除有特殊需要外，设计中一般不应因考虑锈蚀而再加大钢材截面的厚度。

对埋入土中的钢柱，其埋入部分的混凝土保护层未伸出地面者或柱脚底面与地面的标高相同时，因柱身（或柱脚）与地面（或土壤）接触部位的四周易积聚水分和尘土等杂物，可导致该部位锈蚀严重。故《钢结构设计规范》规定：柱脚在地面以下的部分应采用保护层厚度不小于 50mm 的较低强度等级的混凝土包裹，并应使包裹的混凝土高出地面不小于 150mm；当柱脚在地面以上时，柱脚底面应高出地面不小于 100mm。

4.6.2　钢结构的隔热

对一般钢材，温度在 200℃以内时强度基本不变，温度在 250℃左右时产生蓝脆现象，超过 300℃以后屈服点及抗拉强度开始显著下降，达到 600℃时强度基本消失。此外，钢材长期处于150～200℃时将出现低温回火现象，加剧其时效硬化。故结构表面长期受辐射热达150℃以上或在短时间内可能受火焰作用时，应采取防护措施（如加隔热层或水套等）。例如，高炉出铁厂和转炉车间的屋架下弦，吊车梁底部，可采用悬吊金属板隔热；对柱子表面可采用红砖砌体隔热层、四角镶以角钢，以保护隔热层不受机械损伤。

钢结构的防火应符合现行国家标准《建筑设计防火规范》（GB 50016）的要求，结构构件的防火保护层应根据建筑物的防火等级对各不同的构件所要求的耐火极限进行设计。防火涂料的性能、涂层厚度及质量要求应符合现行国家标准《钢结构防火涂料》（GB 14907）和国家现行标准《钢结构防火涂料应用技术规程》（CECS 24）的规定。

【小结】

由于钢结构的材质均匀，且具有强度高、塑性韧性好以及便于加工、工业化程度高、建造周期短等优点，因而在工程中得到广泛的应用。了解钢结构的材料性能、钢结构构件及其连接的设计计算方法，是本章要达到的主要目的。

（1）承重钢结构的钢材应具有抗拉强度、伸长率、屈服强度和硫、磷含量的合格保证，对焊接结构尚应具有碳含量的合格保证。

（2）用于钢结构的国产钢材主要有低碳钢Q235钢以及低合金钢Q345、Q390及Q420钢，用于手工焊接的焊条有E43、E50、E55焊条，用于螺栓连接的螺栓有普通螺栓和高强度螺栓。

（3）与其他结构构件的受力相同，钢结构构件按受力形式分为轴心受力构件、偏心受力构件和受弯构件，其设计计算方法是以概率理论为基础的极限状态设计法。在承载力计算中，以截面上的最大应力值不超过相应材料强度为基本表达式，包括强度计算和稳定性计算。由于钢结构构件强度高、截面小，因此应对其长细比进行限制，对受弯构件尚应进行挠度验算。

（4）钢结构构件的焊接是基本的连接方法，螺栓连接在安装连接中应用较多。按焊缝的截面形状分为对接焊缝和角焊缝，前者的受力性能好，主要用于工厂的接料和重要部位连接；后者便于加工，是最常见的焊缝形式。焊缝应进行强度计算并应满足有关构造要求。螺栓连接应满足构造要求并应按不同受力形式进行强度计算。

（5）连接节点板的强度应进行计算，对常用的桁架节点板可进行有效宽度计算并选择适当厚度。

【习题】

一、选择题

1. 大跨度结构常采用钢结构的主要原因是钢结构（　　）。

A. 密封性好　　B. 自重轻

C. 制造工厂化　　D. 便于拆装

2. 钢材的设计强度是根据（　　）确定的。

A. 比例极限　　B. 弹性极限

C. 屈服强度　　D. 极限强度

3. 钢材的厚度越大，则（　　）。

A. 抗拉、抗压、抗弯、抗剪强度设计值越小

B. 抗拉、抗压、抗弯、抗剪强度设计值越大

C. 抗拉、抗压、抗弯强度设计值越大，抗剪强度设计值越小

D. 抗拉、抗压强度设计值越大，抗弯、抗剪强度设计值越小

4. 建筑钢结构用钢材，按含碳量分应属于（　　）。

A. 各种含碳量的钢材　　B. 高碳钢

C. 低碳钢　　D. 中碳钢

5. 钢框架柱的计算长度与下列哪个因素无关（　　）

A. 框架在荷载作用下侧移的大小　　B. 框架柱与基础的连接情况

C. 荷载的大小　　D. 框架梁柱线刚度比的大小

6. 钢材牌号 Q235、Q345、Q390 是根据材料的（　　）进行命名。

A. 屈服点　　B. 设计强度　　C. 标准强度　　D. 含碳量

7. 一般建筑结构的桁架受拉杆件，在承受静力荷载时的容许长细比是（　　）。

A. 350　　B. 250　　C. 300　　D. 400

8. 桁架中压杆的容许长细比是（　　）。

A. 100　　B. 150　　C. 200　　D. 350

9. 摩擦型高强度螺栓连接与承压型高强度螺栓连接（　　）。

A. 没有本质差别　　B. 施工方法不同

C. 承载力计算方法不同　　D. 材料不同

10. 格构轴心受压柱设置横隔的目的是（　　）。

A. 保证柱截面几何形状不变　　B. 提高柱抗扭刚度

C. 传递必要的剪力　　D. 上述三种都是

二、简答题

1. 钢结构的构件类型有哪些？什么是格构式截面？

2. 为什么要进行钢梁的整体稳定性计算？在什么情况下可不计算梁的稳定性？

三、计算题

1. 某焊接工字形截面柱（翼缘焰切边），翼缘尺寸 500mm×20mm，腹板尺寸 450mm×12mm，柱计算长度 $l_{ox}=l_{oy}=6$m，钢材 Q235，截面无削弱，承受轴心压力设计值，$N=4500$kN，试对该柱截面进行验算。

2. 如下图所示，角钢截面为 2∟100×12 与厚度 14mm 的节点板用角焊缝相连，已知角钢承受轴心拉力 460kN，钢材为 Q235-B・F，焊条为 E43 型。试采用两侧角焊缝，设

计角钢肢背和肢尖的焊缝尺寸（注意角钢有两个）。（选取角钢肢背焊脚尺寸 $h_{f1}=12mm$，肢尖焊脚尺寸 $h_{f2}=10mm$。等肢角钢的内力分配系数为：$k_1=0.7$，$k_2=0.3$）

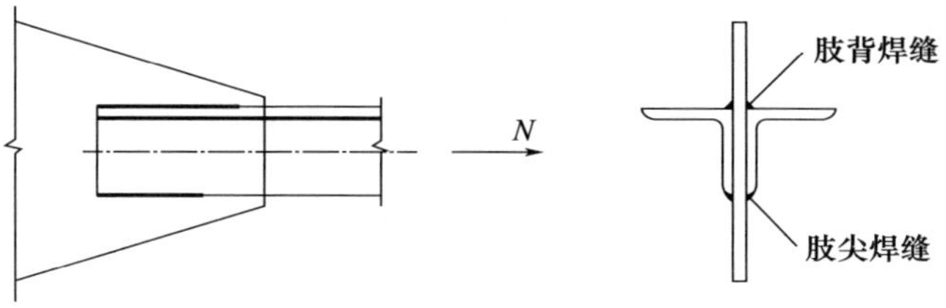

3. 截面为 340mm×12mm 的钢板构件的拼接采用双盖板普通螺栓连接，盖板厚度为 8mm，钢材为 Q235。螺栓为 C 级，M20，构件承受轴心拉力设计值 $N=600kN$。试设计该拼接接头的普通螺栓连接。

模块 2

装配式混凝土结构设计

02

知识导入

我国的建筑行业目前正处于一个新旧动能转换的关键时期，主要表现为三个方面：一是传统建筑行业的发展面临着资源与能源短缺的约束，对建筑业的可持续发展带来了严峻挑战；二是建筑行业传统的生产模式存在着资源消耗大、生产效率低、质量差、污染重等弊端，严重制约着建筑业的健康发展；三是随着人们对居住条件要求的提高，传统建筑施工模式已远远不能满足社会和人们的需求。

我国装配式建筑要实现“两个一百年”奋斗目标，推进建筑业转型升级，推动我国从建筑大国向建筑强国转变，必须坚持以信息化、工业化为主导，以标准化设计、工厂化生产、装配化施工、一体化装修、信息化管理为主要特征的新型建造方式。

“装配式建筑是指用预制的构件在工地装配而成的建筑，它具有节约资源、减少污染、安全可靠等优点，符合绿色建筑发展方向。”“绿色”“装配”“绿色建筑”是装配式建筑的基本属性，是开展装配式建筑项目工程实践的指导思想。

《教育部关于在高校开展“专业＋核心课程＋实践环节”三结合育人模式改革试点的意见》中提出，“坚持‘价值引领、能力导向、知识传授’相结合，加强专业教育与思想政治教育的融合，将专业知识与思想政治理论有机融合，使学生成长为德智体美劳全面发展的社会主义建设者和接班人。”

装配式建筑是将传统的建造方式进行优化、改进和创新，在保证产品质量安全的前提下，加快建筑业转型升级和绿色发展。

《国务院办公厅关于促进建筑业持续健康发展的意见》中指出，“大力发展装配式建筑。政府投资建设的公共建筑、保障性住房等项目应当率先采用装配式建造方式，鼓励社会投资项目采用装配式建造方式。在建筑工程技术开发、设计、施工、监理等环节以及材料供应、设备制造等领域推广使用标准化设计、工厂化生产、装配化施工、信息化管理、智能化应用。”《中国建设教育协会关于在专业课程中开展“三结合”育人模式改革试点的通知》中指出，“推行装配式建造方式，不仅是建筑业绿色转型升级的重要途径，也是实现我国由建筑业大国向建筑业强国转变的必由之路。”

因此，对于建筑结构的学习不能仅仅停留在传统的形式，也需要更多地聚焦于符合未来建筑发展方向的技术上，装配式建筑就是其中典型代表。接下来的模块学习，将会在已经具备传统建筑结构知识的基础上，进一步学习装配式建筑结构设计的内容。

项目 5　装配式建筑结构基础

学习目标

了解装配式建筑结构的基本概念及分类；掌握装配式建筑结构的设计要点；掌握装配式建筑结构中预制构件的深化设计图绘制标准。

学习要点

装配式建筑定义及分类；装配式建筑设计要点；装配式混凝土结构施工图制图要求；深化设计图制图标准。

建议学时

5 学时

任务 5.1　了解装配式建筑结构的基本定义及分类

由于国家倡导的产业结构调整对建筑行业的绿色节能应用要求越来越高，比起传统的建筑结构形式，装配式建筑的重要性也随之日益提升。因此，符合可持续发展理念的装配式建筑技术，将成为今后建筑行业发展的重要方向。

装配式建筑是将组成建筑的部分构件或全部构件在工厂内加工完成，把在工厂加工制作好的装配式构件，包括梁、柱、楼板、内外墙板、门窗、楼梯、连接节点、水暖电设备等运送到建筑施工现场，通过可靠的装配连接方式建造而成的建筑。

从材料方面来说，装配式建筑主要的类型包括装配式混凝土结构、装配式钢结构、装配式木结构及组合结构等形式。本书主要以装配式混凝土结构为主。

任务 5.2　学习装配式构件及其设计要点

5.2.1　预制混凝土构件设计过程

5.2.1.1　预制构件加工图设计流程

预制构件加工图设计流程主要分为：前期技术策划、施工图设计（建筑）、预制构件拆分方案设计阶段、完成预制构件模板图、预制构件配筋图绘制、预制构件预埋预留图（水、电、预埋件、门窗预埋预留）、预制构件综合加工图、模具设计图阶段。接下来对主要阶段进行具体介绍。

5.2.1.2 前期技术策划

在整个装配式混凝土结构建设过程中，需要建设、设计、生产、施工和管理等单位精心配合、协同工作。故在方案设计阶段之前，应设置前期技术策划阶段。

前期技术策划对项目的顺利实施十分重要，主要要求设计单位充分了解包括项目定位、项目规模、装配化目标、成本、外部条件等因素，并制订符合要求的设计方案，提高预制构件的标准化程度，并与建设单位共同确定技术实施方案，为后续的设计工作提供依据。其中建筑方案设计应按照技术要点，做好平面设计和立面设计。平面设计主要在满足使用功能的基础上，遵循“少规格、多组合”的设计原则，实现功能单元设计的标准化与系列化；立面设计主要侧重提供构件生产加工的便利性，根据装配式的建造特点，实现立面设计的个性化、多样化。

项目前期策划阶段需要关注的重要指标，主要是构件的预制率，应根据具体建筑产业化目标、施工技术水平以及经济性等要求来确定。且在装配式混凝土结构的建筑设计阶段，应在满足建筑使用功能的前提下，实现功能单元的标准化设计，以提高构件与组成单元的重复使用率，有利于降低造价。

5.2.1.3 建筑工程施工图

建筑施工图设计应遵循当地施工条件的要求，结合现行国家设计规范进行设计，达到施工图设计深度。预制构件生产企业应参与施工图图纸会审，并提出相关意见。

5.2.1.4 预制混凝土构件深化设计图

为配合预制构件的生产加工，还应进行预制构件深化设计图纸的设计工作。

装配式混凝土结构的深化设计是生产前重要的准备工作之一，由于工作量大、图纸多、牵涉专业多，一般由建筑设计单位或专业的第三方单位进行预制构件深化设计。

设计阶段应按照建筑结构特点和预制构件生产工艺的要求，将建筑物按照可拆分为独立的构件单元考虑，如图 5-1 和图 5-2 所示。根据工程需要，充分考虑预制构件的质量和尺寸，综合考虑项目所在地区构件的加工能力及运输、吊装等条件，为构件加工图设计提供预制构件尺寸控制图。

在将预制混凝土构件拆分成相互独立的预制构件后，在以后的设计过程中应重点考虑构件的连接构造、水电管线的预埋、门窗及其他埋件的预埋、吊装及施工必需的预埋件、预留孔洞等。同时，要考虑方便模具加工和构件生产效率、现场施工吊运能力限制等因素。一般每个预制构件都要绘制独立的构件模板图、配筋图、预留预埋件图，对复杂情况需要制作三维视图。

设计过程中宜采用 BIM 技术，协同完成各专业的设计内容，提高设计精度。

预制构件的设计应遵循标准化、模数化原则，尽量减少构件类型，提高构件标准化程度、降低工程造价。对于异形、降板等复杂部位的构件，宜具体设计。

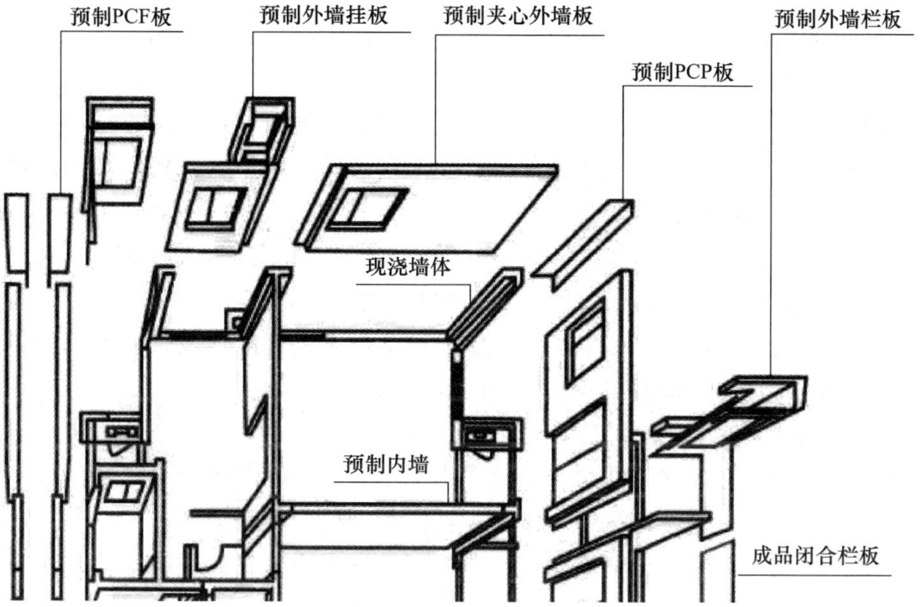

图 5-1 预制构件组合分析图（一）

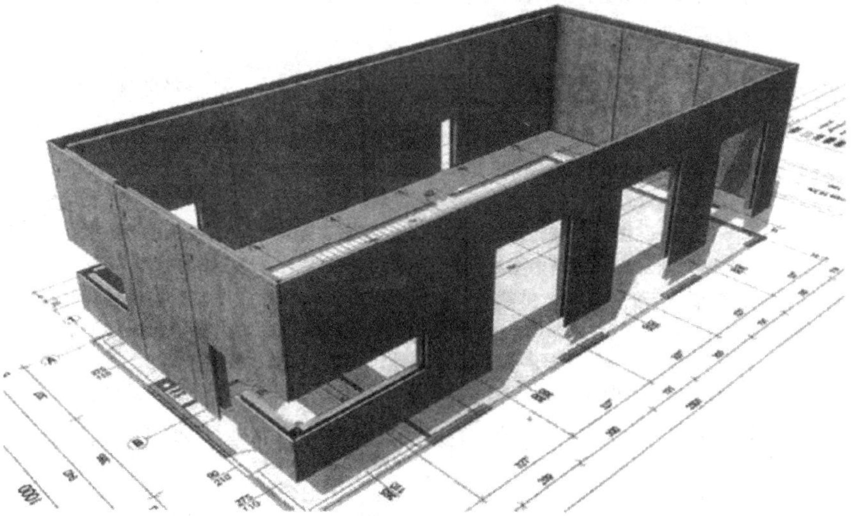

图 5-2 预制构件组合分析图（二）

5.2.2 装配式混凝土结构设计技术要求

5.2.2.1 基本要求

（1）装配整体式混凝土建筑应进行标准化、定型化设计。

①装配整体式混凝土建筑应进行标准化、项目定型化设计，提高基本单元、构件的重复使用率，以符合标准化和工业化生产的要求。

②具体设计应结合本地区自然条件和技术经济水平进行。

③项目应通过模块化设计方法建立适用于本地区的户型、单元和建筑功能模块，以规格少、组合多为标准。

（2）标准层组合平面、基本户型设计要点应符合下列要求：

①宜通过合理布置承重墙及管井位置形成大空间的平面布局方式。既满足住宅基本功能，又兼顾空间的灵活、可变性。

②主体结构布置宜简单、规则，承重墙体上、下对应贯通，平面凹凸变化不宜过多、过深。平面体型符合结构设计的基本原则和要求。

③住宅平面设计应考虑厨、卫及其设施、设备布置的标准化及合理性，宜集中设置竖向管线管井，并宜优先采用集成式卫生间和厨房。

（3）预制构件的标准化设计应符合下列要求：

①预制梁、预制柱、预制外承重墙板、内承重墙板、预制楼板、预制楼梯、预制内隔墙板、外挂墙板等在单体建筑中规格少，在同类型构件中可重复使用。

②外窗、集成式卫生间、整体橱柜、储物间等室内建筑部品在单体建筑中重复使用率高，并采用标准化接口、工厂化生产、装配化施工。

③构件设计应综合考虑对装配化施工的安装调节和施工偏差配合的要求。

（4）非承重的预制外墙板、内墙板应与主体结构可靠连接，接缝处理应满足保温、防水、防火、隔声的要求。

（5）预制外墙挂板的接缝及门窗洞口等防水薄弱部位宜采用材料防水和构造防水相结合的做法，并应符合下列规定：

①墙板水平缝宜采用高低缝或企口缝构造。

②墙板竖缝可采用平口或槽口构造。

③当板缝空腔需设置导水管排水时，板缝内侧应增设气密密封构造。

④缝内采用聚乙烯等背衬材料填塞后用耐候性密封胶密封。

（6）预制外墙的接缝（包括屋面女儿墙、阳台、勒脚等处的竖缝、水平缝、十字缝以及窗口处）应根据工程特点和自然条件等，确定防水设防要求，进行防水设计。垂直缝宜选用结构防水与材料防水结合的两道防水构造，水平缝宜选用构造防水与材料防水结合的两道防水构造。

（7）外墙板接缝处的密封胶应选用耐候性密封胶，具有与混凝土的相容性、低温柔性、防霉性及耐水性等材料性能。其最大伸缩变形量、剪切变形性能应满足设计要求。

5.2.2.2 结构设计

1. 装配式混凝土结构的施工方法

（1）装配式混凝土结构应以湿式连接为主要技术基础，采用预制构件与部分部位的现浇混凝土以及节点区的后浇混凝土相结合的方式。竖向承重预制构件的受力钢筋的连接应采用钢筋套筒灌浆连接技术，实现节点设计强接缝、弱构件的原则，使装配式混凝土结构具有与现浇混凝土结构完全等同的整体性、稳定性和延性。

（2）装配式混凝土结构现浇混凝土部位以及节点区后浇混凝土的设置要求，应符合现行行业标准《装配式混凝土结构技术规程》（JGJ 1）的相关规定。

2. 装配式混凝土结构的结构布置

装配式混凝土结构的平面布置和竖向布置除应符合现行行业标准《装配式混凝土结构技术规程》（JGJ 1）的相关规定外，还应符合下列要求：

（1）结构在平面和竖向不应有明显的薄弱部位，且宜避免结构和构件出现较大的扭转效应。

（2）高层装配式混凝土结构不宜采用整层转换的设计方案；当采用部分结构转换时，应符合下列规定：

①部分框支剪力墙结构底部的框支层不宜超过2层，框支层以下及相邻上一层应采用现浇结构，且现浇结构的高度不应小于房屋高度的1/10。

②转换柱、转换梁及周边楼盖结构宜采用现浇。

（3）装配式混凝土结构中的预制框架柱和预制墙板构件的水平接缝处不宜出现全截面受拉应力。

（4）装配式混凝土结构楼梯布置宜采用简支连接的预制楼梯，预制楼梯可采用板式和梁式楼梯。

3. 装配式混凝土结构的结构分析与短暂设计状况验算

（1）结构整体分析。

①等同现浇的整体分析：装配式混凝土结构在满足现行行业标准《装配式混凝土结构技术规程》（JGJ 1）的相关规定时，可采用与现浇混凝土结构相同的方法进行结构分析，进行抗震设计时还应符合下列要求：

a. 装配式混凝土结构及其预制结构构件的连接应按现行行业标准《高层建筑混凝土结构技术规程》（JGJ 3）和《全国民用建筑工程设计技术措施：结构（混凝土结构）》（2009版）的有关规定进行结构抗震性能设计；

b. 当同层内既有预制又有现浇抗侧力构件时，地震设计状况下宜对现浇抗侧力构件在地震作用下的弯矩和剪力进行适当放大。装配式混凝土剪力墙结构的增大系数不宜小于1.1；

c. 在结构内力与位移计算时，对现浇楼盖和叠合楼盖，均可假定楼盖在其自身平面内为无限刚性。楼面梁的刚度可计入翼缘作用予以增大；

d. 预制混凝土外墙挂板及其与主体结构的连接节点应进行抗震设计，并应根据与主体结构的连接方式确定其对结构分析的影响。采用两点支承等柔性连接方式时，外挂墙板可按附加荷载考虑。

预制混凝土夹心保温外墙板采用非组合墙板时，外叶墙板仅作为荷载，通过拉结件作用在内叶墙板上。此时内外叶墙板的拉结件应具有规定的承载能力、变形能力和耐久性能。

②多层剪力墙结构的弹性方法结构分析如下：

a. 现行行业标准《装配式混凝土结构技术规程》（JGJ 1）第9章所述多层装配式剪

力墙结构，是参照原行业标准《装配式大板居住建筑设计和施工规程》（JGJ 1）的相关节点构造，在高层装配整体式剪力墙基础上进行简化的一种主要用于多层建筑的装配式结构；

b. 多层装配式剪力墙结构由于其简化了节点构造，使结构并不与现浇结构等同；计算分析时，可采用弹性方法进行结构分析，但应按结构实际情况建立分析模型。

（2）叠合楼盖结构设计。

叠合楼盖设计除满足现行国家标准的有关规定外，还应符合下列要求：

①叠合楼盖可采用单向板、双向板的设计方案；

②叠合楼盖的预制底板可设置拼缝，也可采用密缝拼接的做法。当采用密缝拼接的做法时，拼缝处应采取控制板缝的可靠措施；

③叠合楼盖设计中，板的跨厚应适当小于现浇楼板；

④叠合楼盖采用预制预应力底板时，应采取控制反拱的可靠措施。

（3）预制构件在制作、运输和堆放、安装等阶段的短暂设计状况验算。

预制构件在制作、运输和堆放、安装等阶段的短暂设计状况应符合现行国家标准《混凝土结构工程施工规范》（GB 50666）和《装配式混凝土结构技术规程》（JGJ 1）的有关规定。当有可靠的生产和施工经验时，可对动力系数、脱模吸附力和计算方法进行适当调整。

4. 预制混凝土构件的设计要求

（1）在前期策划阶段，应考虑运输、安装等条件对预制构件的限制，这些限制包括以下几项：

①重量（人行道和桥的等级）；

②高度（桥、隧道和地下通道的净高）；

③长度（车辆的机动性和相关法律）；

④宽度（许可、护航要求和相关法律）；

⑤自行式起重机的能力；

⑥场地存放的条件。

（2）预制构件的尺寸宜按下述规定采用：

①预制框架柱的高度尺寸宜按建筑层高确定；

②预制梁的长度尺寸宜按轴网尺寸确定；

③预制剪力墙板的高度尺寸宜按建筑层高确定，宽度尺寸宜按建筑开间和进深尺寸确定；

④预制楼板的长宽尺寸宜按轴网或建筑开间、进深尺寸确定，宽度尺寸不宜大于2.7m。

（3）预制构件的钢筋构造设计应符合下列原则：

①提高预制构件连接效率；

②满足钢筋准确定位的要求；

③提高钢筋骨架的机械化加工和安装水平；

④便于模具的加工、安装和拆卸；

⑤便于施工现场的安装操作。

5. 预制混凝土构件的选择

预制构件截面类型的选择可按下列原则采用：

(1) 预制剪力墙板宜采用一字形的一维构件，当有可靠的设计经验和预制构件的生产、施工经验时，也可采用 L 形、T 形、U 形和 Z 形等多维构件；

(2) 预制框架梁、柱可采用一字形的一维构件，当有可靠的设计经验和预制构件的生产、施工经验时，也可采用框架梁、柱与节点一体的 T 形、十字形等多维构件；

(3) 框架柱可采用预制柱身和预制柱模的做法。

6. 预制混凝土构件的连接设计

(1) 装配式混凝土结构中的预制构件及其连接应根据标准化和模数协调的原则，采用标准化的预制构件和连接构造。

(2) 装配式混凝土结构的预制构件连接设计，应保证被连接的受力钢筋的连续性，节点构造易于传递拉力、压力、剪力、弯矩和扭矩，传力路线简捷、清晰，结构分析模型与工程实际节点构造设计保持一致，并应符合下列要求。

①预制柱、预制剪力墙板和预制楼板等构件的接缝处，结合面宜优选混凝土粗糙面的做法。预制梁侧面应设置键槽，且宜同时设置粗糙面，键槽的尺寸和数量应满足受剪承载力的要求。结合面的做法可参照表 5-1 选用。

表 5-1　预制构件的混凝土结合面做法选用表

构件	预制墙板			预制柱		预制（叠合）梁		叠合板
部位	底面	顶面	侧面	底面	顶面	顶面	侧面	结合面
粗糙面	★	★	★	★	★	★	★	★
键槽	☆	—	☆	☆	☆	—	★	—

说明：表中★代表优先采用的连接方案；

☆代表可采用的连接方案，但有一定的限制；

—代表不宜选用的连接方案。

②装配式混凝土结构中，节点及接缝处的纵向钢筋连接宜根据接头受力、施工工艺等要求选用套筒灌浆连接、机械连接、浆锚搭接连接、焊接连接、绑扎搭接连接等连接方式，并应符合现行国家有关标准的规定。

③预制构件竖向受力钢筋的连接，宜优先选用套筒灌浆连接接头，并应符合现行行业标准《装配式混凝土结构技术规程》(JGJ 1) 和《钢筋套筒灌浆连接应用技术规程》(JGJ 355) 的有关规定。

④预制框架柱和预制剪力墙板边缘构件的纵向受力钢筋在同一截面采用 100%连接时，钢筋接头的性能应满足现行行业标准《钢筋机械连接技术规程》(JGJ 107) 中Ⅰ级接头的要求。

任务5.3 熟悉装配式工程施工图设计深度的要求

5.3.1 建筑专业施工图设计深度要求

建筑专业施工图设计文件包括图纸目录、设计总说明、建筑总体布置类设计图、建筑平立剖面设计图、建筑大样设计图等。

（1）图纸目录。先列新绘制的图纸，后列所选用的标准图纸或重复利用的图纸。

（2）设计总说明。包括设计依据、项目概况、设计范围与分工、设计坐标与高程系统、基本说明与要求、建筑施工放线要求、无障碍设计、建筑做法说明、门窗统计表与立面大样图、建筑防火设计专篇、绿色建筑设计专篇、人防设计专篇、噪声控制设计、采用新技术（新材料）的做法说明或特殊要求的做法说明，以及有关专业设计项目的特殊说明等。

（3）建筑总体布置类设计图。包括总平面定位图、防火分区示意图、轴网定位图、组合平面图等。

（4）建筑平立剖面设计图。主要表示房屋的总体布局、内外形状、大小、构造等，其具体表达形式同传统建筑平立剖面图基本相同。

（5）建筑大样设计图。建筑大样设计图应表示建筑各部位的建筑构造及实体定量的问题，要能够指导施工和设备安装。除平立剖面图外，还应绘制详图，详图表示各个部位的用料、做法、形式、尺寸、细部构造等。有些详图还应与结构、设备、电气等专业密切配合，以避免专业矛盾。建筑大样设计图具体表达内容同传统建筑大样图基本相同。

5.3.2 结构专业施工图设计深度要求

结构专业施工图设计文件包括图纸目录、结构设计总说明、基础结构设计平面图及详图、上部结构设计平面图、结构构件设计详图等。

（1）图纸目录。先列新绘制的图纸，后列所选用的标准图纸或重复利用的图纸。

（2）结构设计总说明。包括结构工程概况、设计依据、结构分析所采用的计算程序、荷载选用、基础方案和设计要求、结构材料、抗震要求、施工验收规范，以及特殊结构对施工的特殊要求、对施工质量的要求、对检验或检测等的要求。

（3）基础结构设计平面图及详图。包括基础结构设计平面图、桩基础结构设计平面图、桩基础设计详图。

（4）钢筋混凝土柱、墙、梁、板及楼梯平法施工图的表达内容参见建筑工程识图相关教材。

（5）预制钢筋混凝土构件及节点详图。

①预制钢筋混凝土构件详图应绘制出构件模板图和配筋图，构件简单时二者可合为

一张图，详图应按下列要求绘制：

a. 构件模板图应表示模板尺寸、轴线关系，预留洞和预埋件的编号、位置、尺寸、必要的标高等；后张预应力构件还需表示预留孔道的定位尺寸、张拉端、锚固端等；

b. 构件配筋图中纵剖面应表示钢筋形式、箍筋直径与间距，横剖面应注明断面尺寸，钢筋的规格、位置、数量等。

②预制装配式结构的节点，梁、柱与墙体连接等详图应绘出平面图、剖面图，注明相互之间的定位关系，构件代号、连接材料、附加钢筋（或埋件）的规格、型号、性能、数量，并说明连接方法以及施工安装、后浇混凝土的有关要求等。

③需要时补充必需的附加说明和对施工安装等的有关要求。

5.3.3　结构专业与其他专业的协同设计要求

结构专业应向其他专业提供各楼层结构平面布置图（包括结构构件的尺寸、位置和标高），必要时提供反映构件相对位置的主要剖面详图。

（1）应配合其他专业预留穿地下室外墙的防水套管。结构施工图应说明没有绘制的那部分预留管线和洞口的预留要求，以及施工时与相关专业配合的要求。应与建筑和其他专业共同确定较大设备的运输路线和预留孔洞。

（2）应配合其他专业完成设备基础、混凝土水池、管沟等构筑物，以及电缆夹层和建筑内大型支架、吊架的设计。

（3）应配合其他专业在图纸中说明接地处所利用的结构基础钢筋的规格及连接要求。

（4）应配合其他专业设计结构构件上的主要预埋件，并对其他专业可能影响构件承载力的做法，如在钢结构构件上焊接挂件等提出控制要求。

【小结】

通过本项目的学习，要求学生了解装配式混凝土结构的基本定义和分类；熟悉装配式混凝土结构设计时需要注意的要点；装配式钢筋混凝土结构施工图绘制需要达到的深度、要求涵盖的图纸内容，以及设计装配式混凝土结构时与其他相关专业需要协调的工作内容等基础知识。

【习题】

一、选择题

1. 在《装配式混凝土结构技术规程》中多层剪力墙结构设计适用于不高于（　　）层，建筑设防类别为（　　）。

A. 8 层，甲类　　　　　　　　B. 6 层，乙类

C. 7 层，甲类　　　　　　　　D. 6 层，丙类

2. 装配式建筑施工前期甲方（监理）的工作内容为（　　）。

A. 施工流水，场地规划，构件安装，构件拆分，构件重量

B. 配合图纸设计，预留预埋，图纸确认，验收策划，施工策划

C. 组织协同，组织协调，责任划分，精装定位，验收

D. 配合图纸设计，预留预埋，图纸确认，生产周期策划，模具设计

3. 下列说法正确的是（　　）。

A. 装配式高层建筑含精装修可在半年完成

B. 装配式建筑不能完全解决传统建筑方式普遍存在的“质量通病”

C. 装配式建筑的现场用人少，时间短，综合成本降低

D. 装配式建筑的一大变革是将农民工变成操作工人

4. 下列选项中哪个是高层建筑（10 层及以上）装配率应符合的要求（　　）。

A. 主体结构部分的份值不低于 30%

B. 采用全装修

C. 围护墙和内隔墙部分的份值不低于 20%

D. 装配率不低于 35%

5. 施工图中，建筑设计说明内容不包括（　　）。

A. 装配式建筑设计概况及设计依据

B. 预制构件配筋

C. 一体化装修设计的范围及技术内容

D. 装配式建筑特有的建筑节能设计内容

项目 6　装配式钢筋混凝土框架构件设计

学习目标

（1）能够准确识读与正确理解叠合板深化设计加工图；
（2）能够对叠合板进行拆分，并能绘制简单的深化设计加工图。
（3）能够准确识读与正确理解叠合梁深化设计加工图；
（4）能够对叠合梁进行拆分，并能绘制简单的深化设计加工图；
（5）能够准确识读与正确理解预制柱深化设计加工图；
（6）能够对预制柱进行拆分，并能绘制深化设计加工图。

学习要点

（1）掌握叠合板深化设计的基本构造知识；
（2）掌握叠合板深化设计施工图识读的相关知识。
（3）掌握叠合梁深化设计的基本构造知识；
（4）掌握叠合梁深化设计施工图识读的相关知识。
（5）掌握预制柱深化设计的基本构造知识；
（6）掌握预制柱深化设计施工图识读的相关知识。

建议学时

12 学时

任务 6.1　叠合板的深化设计

6.1.1　叠合板的基础知识

1. 叠合板产生的背景

随着我国新型城镇化和建筑科学技术的发展，各大城市高层建筑如雨后春笋般高耸林立，这些高层建筑的楼屋面由于抗震的需要，大部分采用现浇结构，但也有一部分采用装配式楼盖结构。

根据国家节能减排、环保及可持续发展等绿色建筑的理念及建筑产业现代化发展的要求，急需开发一种兼有预制装配式和整体现浇式优点的、施工简便、便于工业化生产、抗裂、抗震性能力好的新型楼盖结构。由此，叠合板应运而生。

现浇板、预制板和叠合板各有特点。现浇板的优点是整体性好，抗震性能好；缺点是支模难度大，模板用量大，施工进度慢，不利于产业化生产，板面易产生收缩裂纹，板的厚度难以保证，支座负筋定位难且在施工中易踩动变形、移位等，易产生支座裂纹，环境污染大、噪声大。预制板的优点是易于实现建筑构件的标准化设计、工业化生产、机械化施工，构件制作不受季节及气候限制，可提高构件质量，施工速度快，可节省大量模板和支撑；缺点是整体性差，不利于抗震，抗渗性差。叠合板则兼具现浇板和预制板两者的优点，叠合板能够工厂化批量生产，构件有质量保证。能采用高强预应力筋，从而提高构件的抗裂性，达到节省钢筋、节省模板、降低造价的效果。

2. 叠合板的定义和类型

（1）叠合板的定义。

叠合板（composite floor slabs）是由预制板和现浇钢筋混凝土层叠合而成的装配整体式楼板，其跨度一般为4～6m，最大跨度可达9m。预制板既是楼板结构的组成部分之一，又是现浇钢筋混凝土叠合层的永久性模板，现浇叠合层内可敷设水平设备管线。

（2）叠合板的优点。

①叠合板具有良好的整体性和连续性，有利于增强建筑物的抗震性能。

②在高层建筑中叠合板和剪力墙或框架梁间的连接可靠，构造简单。

③随着民用建筑的发展，对建筑设计多样化提出了更高的要求，叠合板的平面尺寸灵活，便于在板上开洞，能适应建筑开间、进深多变和开洞等要求，建筑功能好。

④可将楼板跨度加大到7.2～9.0m，为多层建筑扩大柱网创造了条件。

⑤采用大柱网，可减少软土地基建造桩基的费用。

⑥节约模板。

⑦薄板底面平整，建筑物顶棚不必进行抹灰处理，减少室内湿作业，加速施工进度。

⑧薄板本身制作简便，所采用的模板也很简单，便于推广。

⑨单个构件重量轻，弹性好，便于运输安装。

⑩适用于对整体刚度要求较高的高层建筑和大开间建筑。

总之，预应力叠合板兼有预制楼板和现浇楼板的优点，因此既是用于高层和抗震建筑较好的楼板，又是便于在我国目前大力推广装配式建筑的情况下进行工业化生产的一种楼板。

叠合板由两部分组成，预制部分多为薄板，在预制构件加工厂完成，施工时吊装就位，现浇部分在预制板面上完成，预制薄板既作为永久模板而无需模板，又作为楼板的一部分承担使用荷载。叠合板构造如图6-1所示。

（3）叠合板的分类。

叠合板按具体受力状态，分为单向受力叠合板和双向受力叠合板。按预制底板有无外伸钢筋分为“有胡子筋”叠合板和“无胡子筋”叠合板。按拼缝连接方式可分为分离式接缝（即底板间不拉开的“密拼”）和整体式接缝（底板间有后浇混凝土带）。

预制底板按照受力钢筋种类可分为预制混凝土底板和预制预应力混凝土底板。预制混凝土底板采用非预应力钢筋时，为增强板的刚度目前多采用桁架钢筋混凝土底板。

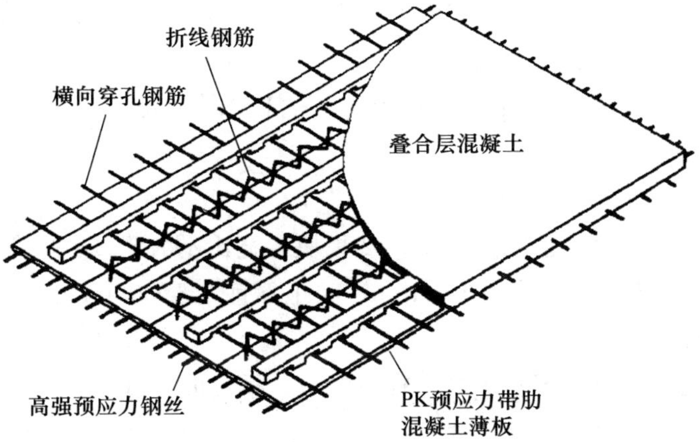

图 6-1　叠合板构造示意

预制预应力混凝土底板又分为预应力混凝土平板、预应力混凝土带肋板、预应力混凝土空心板。

6.1.2　叠合板的详图

1. 单向板与双向板

叠合板的分类和现浇板一样，根据受力方式和尺寸的不同分为单向板和双向板，如图 6-2 所示。

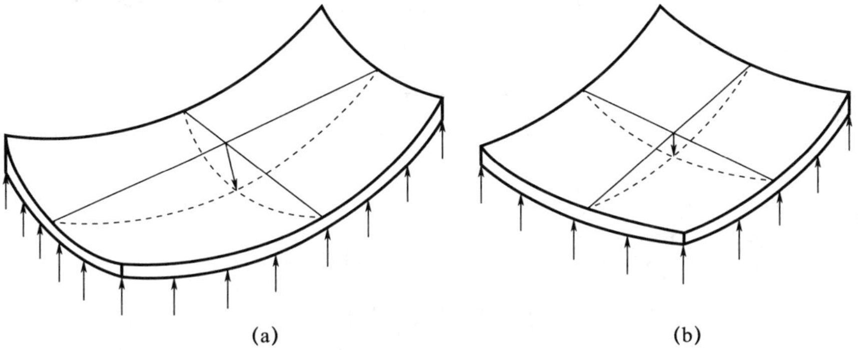

图 6.2　单向板与双向板的弯曲

(a) 单向板；(b) 双向板

弯曲后短向曲率比长向曲率大很多的板叫单向板。当板的长边与短边相差不大时，由于沿长向传递的荷载也较大，不可忽略，板弯曲后长向曲率与短向曲率相差不大的板叫双向板。

《混凝土结构设计规范》(GB 50010—2010) 中规定了这两种板的界定条件：

(1) 两对边支承的板应按单向板计算。

(2) 四边支承的板，当长边与短边之比小于或等于 2 时，应按双向板计算。

(3) 四边支承的板，当长边与短边之比大于或等于 3 时，应按单向板计算。

(4) 四边支承的板，当长边与短边之比介于 2 和 3 之间时，宜按双向板计算，但也可按沿短边方向受力的单向板计算，此时应沿长边方向布置足够数量的构造钢筋。

《装配式混凝土结构技术规程》（JGJ 1—2014）对双向叠合板做了进一步要求：

（1）叠合板预制板厚度不宜小于 60mm，后浇混凝土叠合层厚度不应小于 60mm，常规做法一般是 60＋70＝130mm。

（2）板跨度控制在 6m 以内。

（3）双向叠合板要求：①四边支承；②板块长宽比不大于 3；③采用整体式接缝。

（4）桁架钢筋距板边不应大于 300mm，间距不宜大于 600mm。

2. 叠合板的表示方法

本书以图集《桁架钢筋混凝土叠合板（60mm 厚底板）》（15G366-1）为依据，介绍叠合板在深化设计图纸中的表示方式。

（1）材料要求。

底板混凝土强度等级、厚度以及底板钢筋、钢筋桁架的上下弦、腹板钢筋等级应在深化设计说明中给予明确说明。

（2）叠台板编号。

单向叠合板的编号为 DBD BC-EeFf-G。其中，DBD 表示单向受力桁架钢筋混凝土叠合板用底板；B 表示底板厚度，单位 cm；C 表示后浇混凝土叠合层厚度，单位 cm；Ee 表示底板标志跨度，单位 dm；Ff 表示底板标志宽度，单位 dm；G 表示底板跨度方向配筋代号，见表 6-1。例如，DBD67-3620-2 为单向受力叠合板用底板，底板厚度 60mm，后浇混凝土叠合层厚 70mm，底板标志跨度 3600mm，底板标志宽度 2000mm，底板跨度方向配筋 Φ8@150，分布钢筋为 Φ6@200。

表 6-1　单项叠合板底板钢筋代号

代号	1	2	3	4
受力（跨度）钢筋规格及间距	Φ8@200	Φ8@150	Φ10@200	Φ10@150
分布钢筋规格及间距	Φ8@200	Φ6@200	Φ6@200	Φ6@200

双向叠合板编号为 DBS A-BC-EeFf-GH。其中，DBS 表示双向受力桁架钢筋混凝土叠合板用底板；A 表示拼装位置，1 是边板，2 是中板；B 表示底板厚度，单位 cm；C 表示后浇混凝土叠合层厚度，单位 cm；Ee 表示底板标志跨度，单位 dm；Ff 表示底板标志宽度，单位 dm；G 表示底板跨度方向配筋代号，H 表示底板宽度方向配筋代号，见表 6-2。例如，DBS1-67-3620-31 为双向受力叠合板用底板，拼装位置为边板，底板厚度 60mm，叠合层厚度 70mm，底板标志跨度 3600mm，底板标志宽度 2000mm，底板跨度方向配筋 Φ10@200，底板宽度方向配筋 Φ8@200。

表 6-2　底板跨度、宽度方向钢筋代号组合表

<table>
<tr><th rowspan="2">跨度方向</th><th colspan="4">宽度方向</th></tr>
<tr><th>Φ8@200</th><th>Φ8@200</th><th>Φ8@200</th><th>Φ8@200</th></tr>
<tr><td>Φ8@200</td><td>11</td><td>21</td><td>31</td><td>41</td></tr>
</table>

续表

跨度方向	宽度方向			
	ϕ8@200	ϕ8@200	ϕ8@200	ϕ8@200
ϕ8@200		22	32	42
ϕ8@200				43

（3）深化详图组成。

叠合板深化详图由模板图（图 6-3）、剖面图（图 6-4）、配筋图（图 6-5）、三维图（图 6-6）以及相关图表（表 6-3～表 6-7）组成。下面以某叠合板深化详图为例进行介绍。

表 6-3　2F-PCB3 底板参数表

底板编号	底板厚(mm)	叠合层厚(mm)	实际板跨(mm)	实际板宽(mm)	混凝土体积(m^3)	底板自重（t）
2F-PCB3	60	80	3245	2100	0.399	0.998

表 6-4　2F-PCB3 梁配筋表

钢筋编号	钢筋规格	钢筋加工外皮尺寸（包括弧长在内的投影长度）	单根长(mm)	总长(mm)	总重(kg)
1 号钢筋	16Φ8	40　2630	2693	43088	17.01
1a 号钢筋	2Φ8	1725	1725	3450	1.36
2 号钢筋	8Φ8	3500	3500	28000	11.06
2a 号钢筋	2Φ8	3070	3070	6140	2.42
4 号加强筋	2Φ12	545	545	1090	0.97
4a 号加强筋	2Φ12	500	500	1000	0.89
JQJ	8Φ8	280	280	2240	0.88
				合计（kg）：34.59	

表 6-5　2F-PCB3 桁架钢筋

桁架钢筋规格	道数	单道长度（mm）	单根重（kg）	总长（mm）	总重（kg）
A80	3	3145	5.54	9435	16.61
A80-1	1	2845	5.01	2845	5.01
					合计（kg）：21.62

表 6-6　2F-PCB3 预埋配件明细

编号	名称	数量	备注
XH1	预埋 PVC 线盒	1	加高型 86 线盒，高度 100，接 ϕ20 锁母

表 6-7　2F-PCB3 构件数量统计

所在楼层	层数（层）	标高	混凝土强度	件数/层	件数	备注
2F	1	4.470	C30	1	1	该 PC 构件制作数量，另需仔细核对各层结构平面图、建筑平面图以及预制构件布置平面图无误后才可下料生产
合计					1	

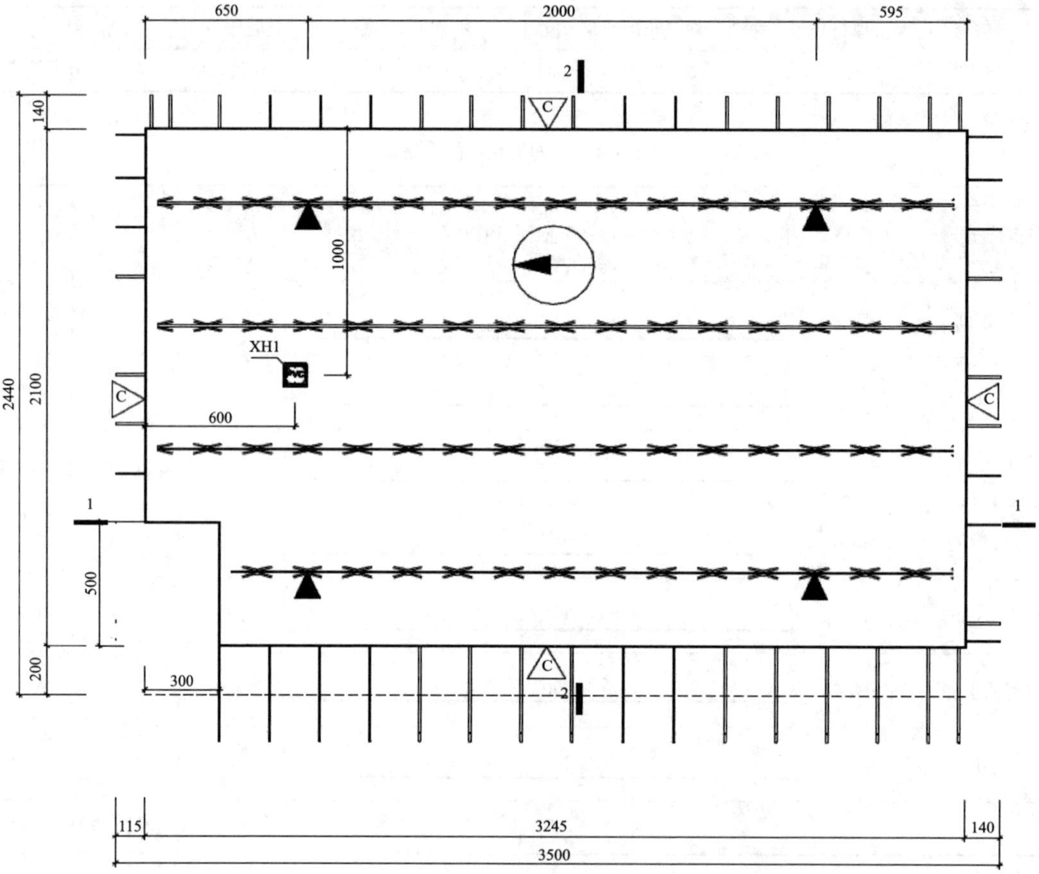

图 6-3　叠合板模板图

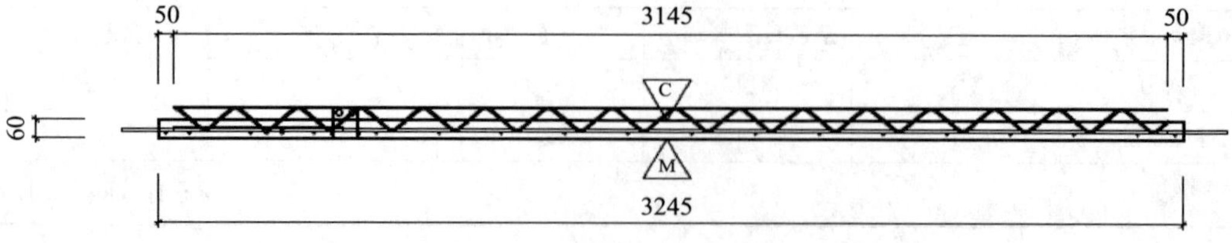

图 6-4　叠合板 1-1 剖面图

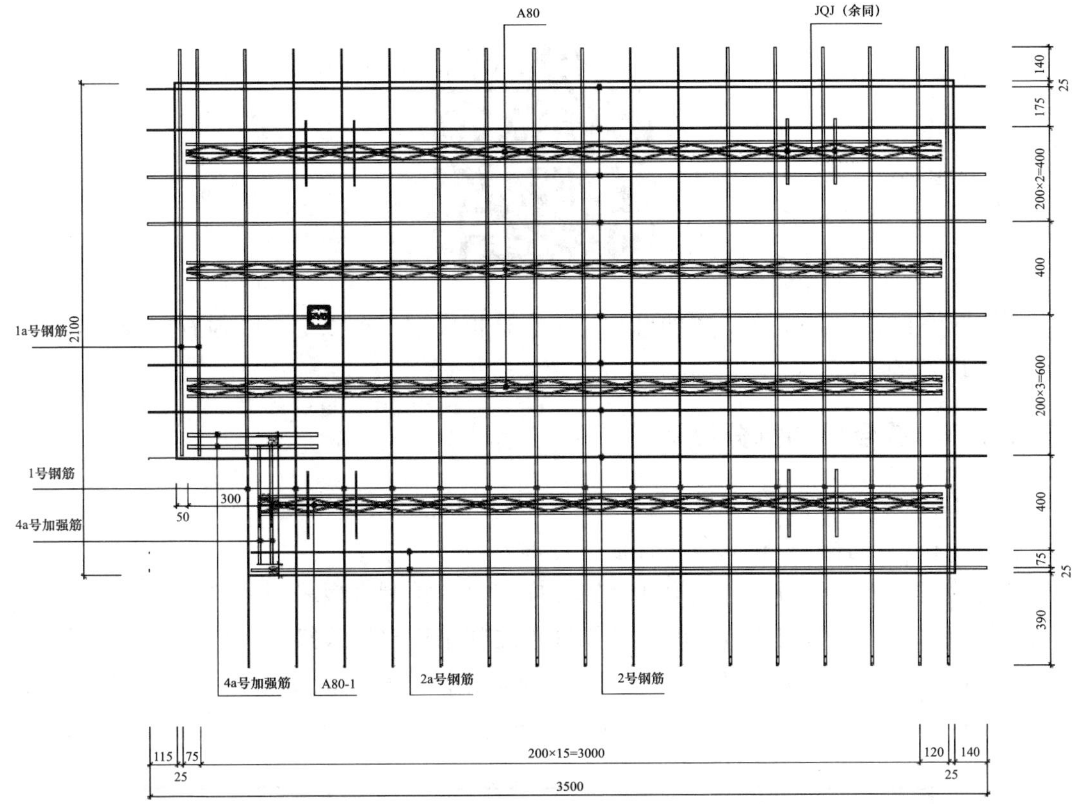

图 6-5　叠合板配筋图

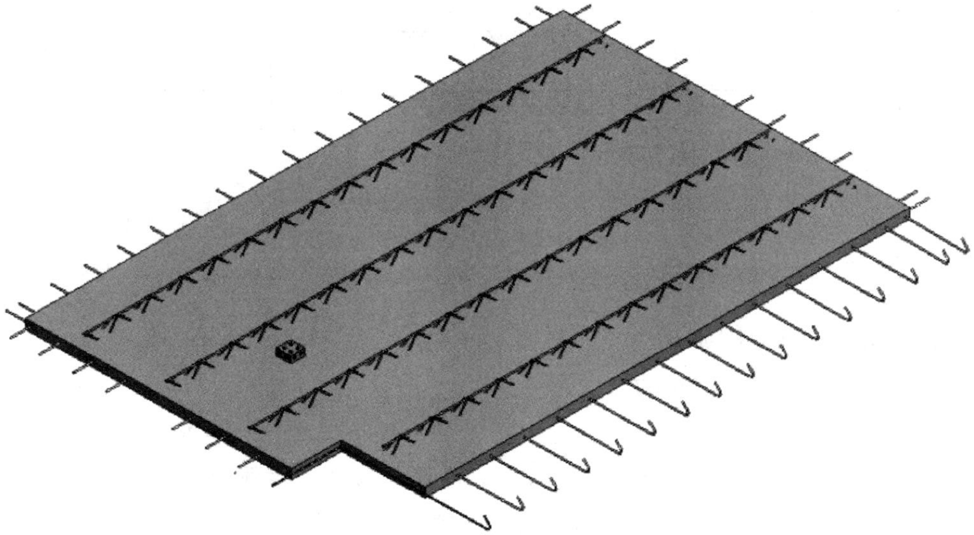

图 6-6　叠合板三维图

叠合板所配置钢筋在图 6-5 中用编号表示，如 4 号加强筋，具体的钢筋型号需要到表 6-4 配筋表中查找。

三维模型可扫描二维码：

叠合板三维图主要是为了更加直观展示叠合板模型，可以更清晰地看到线盒等预留孔洞和预埋件的布置。

6.1.3 叠合板的拆分设计

1. 叠合板拆分的原则

叠合板按单向叠合板和双向叠合板进行拆分。

拆分为单向叠合板时，楼板沿非受力方向划分，预制底板采用分离式接缝，可在任意位置拼接；拆分为双向叠合板时，预制底板之间采用整体式接缝，接缝位置宜设置在叠合板的次要受力方向上且该处受力较小，预制底板间宜设置 300mm 宽后浇带用于预制板底钢筋连接。叠合板拆分如图 6-7 所示。

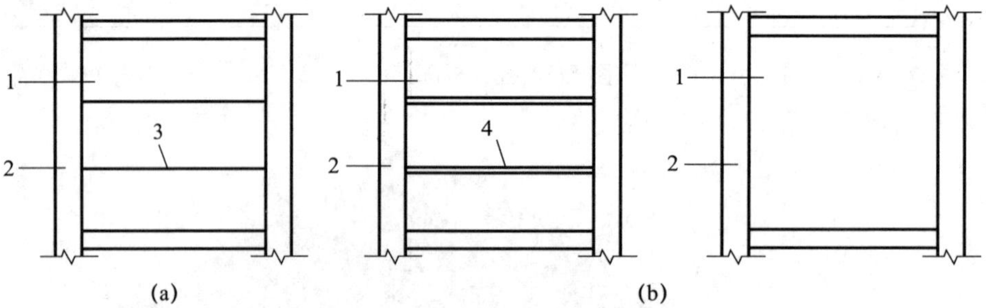

图 6-7 叠合板拆分示意图

(a) 单向叠合板拆分；(b) 双向叠合板拆分

1—预制叠合楼板；2—板端支座；3—板侧分离式拼接；4—板侧整体式拼接

具体的拆分设计原则如下：

(1) 考虑模数化和标准化的原则。

装配式建筑模数化设计应符合现行国家标准《建筑模数协调标准》(GB/T 50002)的规定。叠合楼板的预制底板在拆分设计时，原则上应考虑模数化的要求，宜采用扩大模数数列 nM (M 为基本模数，M=100mm) 予以设计。同时，叠合楼板的预制底板也要考虑“少规格、多组合”的标准化设计思想，尽可能做到构件规格少，通过组合或现浇段处理等方式，满足相应建筑要求。

(2) 考虑工厂化生产的要求。

工厂模台尺寸大小、养护方式等都是拆分设计需要考虑的内容。在拆分设计前，需要与工厂技术人员交流、调研并掌握相关数据后才可以落实拆分工作。

(3) 考虑道路运输的相关要求。

在运输构件时，根据构件规格、重量选用汽车和吊车，大型货运汽车载物高度从地面起不准超过 4m，宽度不得超出车厢，长度不准超出车身。为方便卡车运输，预制底板宽度一般不超过 3m，跨度一般不超过 5m。构件运输如图 6-8 所示。

(4) 考虑现场起吊设备的起重能力。

预制板在现场安装时，需采用塔式起重机、汽车式起重机等起吊，起重设备的载荷能力制约预制板的重量。因此在拆分前，需与总包或施工单位合理确定起重设备的起重能力。构件起吊如图 6-9 所示。

图 6-8 构件运输

图 6-9 构件吊装

在一个房间内，预制底板应尽量选择等宽拆分，以减少预制底板的类型。当楼板跨度不大时，板缝可设置在有内隔墙的部位，这样板缝在内隔墙施工完成后可不用再处理。预制底板的拆分还需考虑房间照明位置，一般来说，板缝要避开灯具位置。卫生间、强弱电管线密集处的楼板一般采用现浇混凝土楼板的方式。预制底板的厚度，根据预制过程、吊装过程以及现场浇筑过程的荷载确定。一般来说，预制底板厚度取 60mm，现浇混凝土厚度不小于 70mm。

2. 叠合板标志宽度和标志跨度

图集《桁架钢筋混凝土叠合板（60mm 厚底板）》（15G36-1）中对叠合板的标志宽度、标志跨度进行了详细的划分，在深化设计时可以参考图集中的标志宽度和跨度进行拆分。详见表 6-8～表 6-11。

表 6-8 双向板底板宽度（单位：mm）

标志宽度	1200	1500	1800	2000	2400
边板实际宽度	960	1260	1560	1760	2160
中板实际宽度	900	1200	1500	1700	2100

表 6-9 双向板底板跨度（单位：mm）

标志跨度	3000	3300	3600	3900	4200	4500
实际跨度	2820	3120	3420	3720	4020	4320
标志跨度	4800	5100	5400	5700	6000	
实际跨度	4620	4920	5220	5520	5820	

表 6-10 单向板底板宽度（单位：mm）

标志跨度	1200	1500	1800	2000	2400
实际跨度	1200	1500	1800	2000	2400

表 6-11 单向板底板跨度（单位：mm）

标志跨度	2700	3000	3300	3600	3900	4200
实际跨度	2520	2820	3120	3420	3720	4020

3. 叠合板的构造要求

在进行叠合板的拆分时，还要满足规范和图集对叠合板的构造要求。根据规范对楼盖的要求，嵌固部位的楼层、顶层楼层、转换层楼层及平面中较大洞口的周边、设计需加强的部位、剪力墙结构的底部加强部位不做叠合楼盖，其他部位原则上均可采用叠合楼盖，如住宅中的厨房、卫生间、阳台板、卧室、起居室等。同时还应满足拆分的构造要求：

（1）预制板宽不宜大于 3m，拼缝位置宜避开叠合板受力较大部位。

（2）尽量采取整板设计。

（3）选择适合预制的楼板。

（4）楼板接缝按 0 缝宽设计，制作控制宜按负误差控制。

（5）当预制板间采用分离式接缝时，按单向板设计；长宽比不大于 3 的四边支承叠合板，当预制板采用整体式接缝或不接缝时，按双向板设计。

6.1.4 叠合板的深化加工图绘制

1. 叠合板深化加工图纸的要求

叠合板的深化加工图纸绘制时，应满足规范和图集对叠合板的要求。

（1）混凝土强度等级：叠合层混凝土不小于预制构件的混凝土强度等级，一般预制构件混凝土强度等级不低于 C30，因此预制板强度最低取 C30。

（2）预制板厚不宜小于 60mm，叠合层厚度不应小于 60mm。住宅项目中，一般小跨的卫生间楼板、厨房楼板、阳台楼板可取 60mm＋60mm，其他板原则上最薄取 60mm＋70mm；总厚度根据《混凝土结构设计规范》（GB 50010—2010）确定，单向板最小厚度 60mm，双向板最小厚度 80mm。

（3）预制板上表面粗糙面凹凸深度不小于4mm，粗糙面的面积不宜小于结合面的80%。

（4）跨度大于3m时采用桁架钢筋叠合板。

（5）板的胡子筋伸入支座的长度要求：伸入墙中不应小于150mm，伸入梁中不应小于200mm。

2. 叠合板深化设计图纸的绘制步骤

（1）确认板的跨度、宽度、底板钢筋及桁架规格。

根据板的编号确认板的跨度、宽度、底板钢筋及桁架的规格，如通过“DBD 67-4524-03”可确定单向板的预制底板厚度为60mm，叠合层厚度为70mm，跨度为4.5m，宽度为2.4m，根据钢筋代号表可知该块板的受力钢筋为HPB400，直径10mm，间距200mm。分布钢筋为HPB400，直径6mm，间距200mm。并根据拆分图纸总说明，确定桁架的设计高度及钢筋直径、间距。

（2）绘制底板钢筋图。

①根据底板钢筋直径、标志跨度、宽度以及设计拆分的钢筋间距考虑钢筋绘制。注意第一根钢筋的绘制，需要考虑跨度及宽度。

②考虑桁架钢筋的位置摆放，即单向板应沿受力方向布置桁架，双向板除沿大跨方向布置桁架钢筋外，短跨方向仍要布置受力钢筋，并根据底板钢筋图确定桁架钢筋的数量。

③标注尺寸，注意纵横向钢筋绘制时图层另建，以不同颜色区分。底板钢筋短边方向为受力主筋，主筋在下层，桁架筋与分布钢筋在同一层，在上层。

（3）绘制板模板图。

①根据上述楼板拆分原则进行楼板拆分，并在拆分图中量取实际跨度，以便绘制模板图。

②确定跨度方向受力钢筋伸出长度。根据支座中心到板边的距离减去预留的10mm的空隙，即得出钢筋伸出长度。

③根据单向板断面图，粗糙面需内缩20mm，绘制出整体框架的模板图。

④绘制跨度方向受力钢筋，绘制两边第一根钢筋时，离板边0～50mm绘制，一般取25mm，随后根据受力钢筋直径及间距进行绘制。

⑤根据钢筋桁架立面图、剖面图绘制模板图中的桁架筋。注意桁架筋的边缘离板边为50mm。

⑥对尺寸进行标注，分别在跨度及宽度方向画上剖切符号，后续根据剖切位置和方向需要绘制剖面图，完成板模板图。

（4）画剖面图及侧面图。

剖面图需要画出底板钢筋的剖面，侧面图只绘制板即可。

（5）绘制底板钢筋图和桁架钢筋图。

（6）绘制构件索引图，标注构件所在位置及吊装方向。

任务 6.2 叠合梁的深化设计

6.2.1 叠合梁的基础知识

1. 叠合梁的概念

叠合梁常与叠合板配合使用，浇筑成整体楼盖。叠合梁具有良好的结构性能和经济效益，是未来混凝土梁体结构的主要发展方向。装配混凝土整体式建筑可采用框架结构、剪力墙结构、框架-剪力墙结构及框架-核心筒结构体系。本任务主要介绍装配混凝土整体式框架结构体系的叠合梁。

叠合梁（图 6-10）是一种预制混凝土梁，在现场后浇混凝土而形成的整体受弯构件。一般叠合梁下部主筋已在工厂完成预制并与混凝土整浇完成，上部主筋需现场绑扎或在工厂绑扎完成，但未包裹混凝土。

图 6-10 叠合梁

2. 叠合梁的特点

叠合梁是把整浇构件分成两部分完成，一部分预制构件，一部分现浇。其中预制部分在工厂中制作，当达到龄期后将其运到施工现场装配，再在其上浇筑叠合部分，当现浇部分产生强度后即形成了混凝土叠合装配整体式梁，简称叠合梁。叠合梁作为一种结合了整浇式钢筋混凝土梁和装配式钢筋混凝土梁两者优点的结构，具有广泛的应用范围。

叠合梁的一部分受力构造是在 PC 工厂制造生产的，具有较高的机械化程度，构件质量较高。预制构件的模板可重复使用，在进行现浇部分的施工时模板和脚手架可使用预制构件代替，具有省料、省工、省时的特点。结合各个截面的受力情况使用不同成分和不同等级的混凝土，节约了水泥用量。因使用强度等级较高的钢材，通常不需要设置预应力。

6.2.2　叠合梁的深化详图识图

1. 叠合梁的构造要求

（1）叠合梁截面形式。

叠合梁预制部分可采用矩形或凹口截面形式。采用叠合梁时，楼板一般采用叠合板，梁、板的后浇层一起浇筑。当板的总厚度不小于梁的后浇层厚度要求时，可采用矩形截面预制梁；当板的总厚度小于梁的后浇层厚度要求时，为增加梁的后浇层厚度，可采用凹口形截面预制梁。某些情况为方便施工，预制梁也可采用其他截面形式，如倒T形截面或者花篮梁形式。

在装配整体式框架结构中，当采用叠合梁时，框架梁的后浇混凝土叠合层厚度不宜小于150mm，次梁的后浇混凝土叠合层厚度不宜小于120mm；当采用凹口截面预制梁时，凹口深度不宜小于50mm，凹口边厚度不宜小于60mm。叠合框架梁截面示意图如图6-11所示。

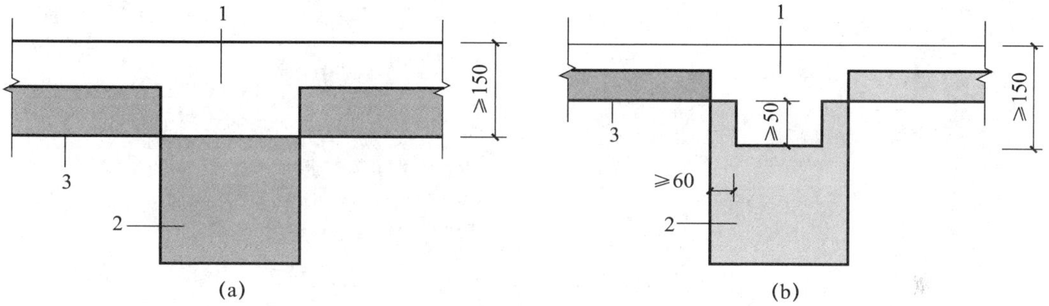

图6-11　叠合框架梁截面示意图

（a）矩形截面预制梁；（b）凹口截面预制梁

1—后浇混凝土叠合层；2—预制梁；3—预制板

（2）叠合梁箍筋形式。

叠合梁可采用整体封闭箍筋或组合封闭箍筋的形式。在施工条件允许的情况下，箍筋宜采用闭口箍筋。当采用闭口箍筋不便安装上部纵筋时，可采用组合封闭箍筋，即开口箍筋加箍筋帽的形式。

抗震等级为一、二级的叠合框架梁的梁端箍筋加密区宜采用整体封闭箍筋。采用组合封闭箍筋的形式时，开口箍筋上方应做成135°弯钩；非抗震设计时，弯钩端部平直段长度不应小于5d（d为箍筋直径）；抗震设计时，平直段长度不应小于10d。现场应采用箍筋帽封闭开口箍，箍筋帽末端应做成135°弯钩；非抗震设计时，弯钩端头平直段长度不应小于5d；抗震设计时，弯钩端头平直段长度不应小于10d。叠合梁箍筋构造如图6-12、图6-13所示。

（3）叠合梁可采用对接连接，连接处应设置后浇段，后浇段的长度应满足梁下部纵向钢筋连接作业的空间需求；梁下部纵向钢筋在后浇段内宜采用机械连接、套筒灌浆连接或焊接连接；后浇段内的箍筋应加密，箍筋间距不应大于5d（d为纵向钢筋直径），且不应大于 100mm。叠合梁连接如图 6-14、图 6-15 所示。装配式钢筋混凝土叠合梁三维模型可扫二维码。

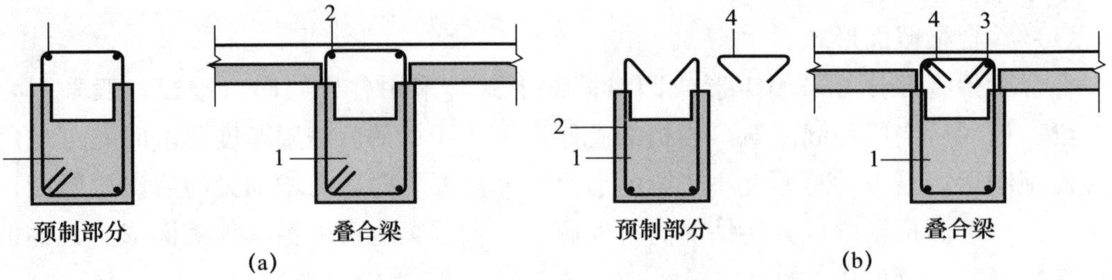

图 6-12 叠合梁箍筋构造示意图

(a) 采用整体封闭箍筋的叠合梁；(b) 采用组合封闭箍筋的叠合梁

1—预制梁；2—开口箍筋；3—上部纵向钢筋；4—箍筋帽

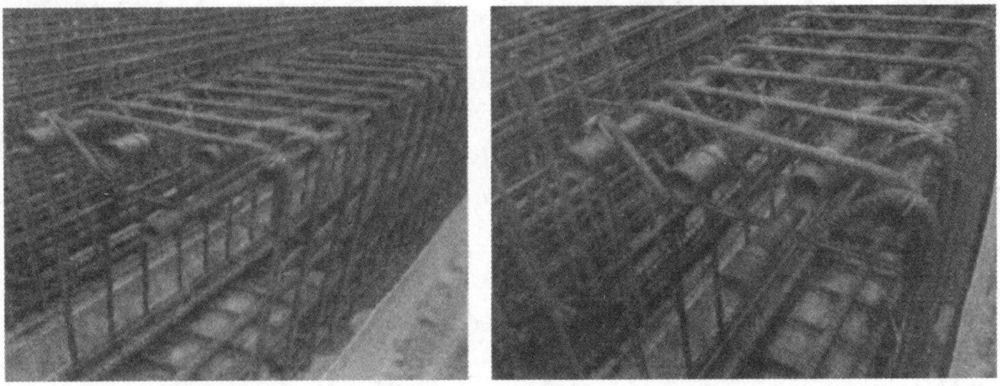

图 6-13 组合箍筋

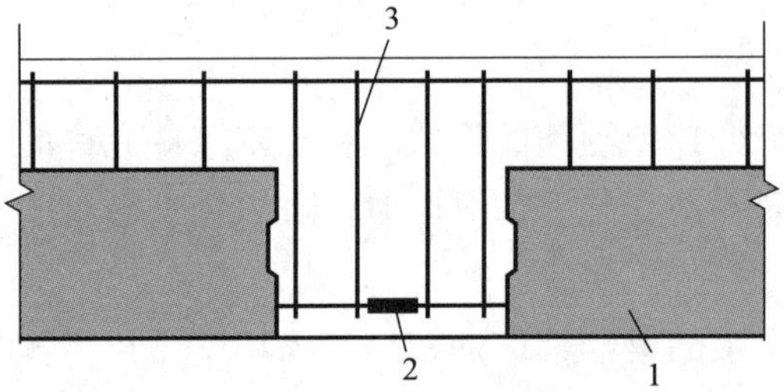

图 6-14 叠合梁连接节点示意图

1—预制梁；2—钢筋连接接头；3—后浇段

（4）主梁与次梁采用后浇段连接时，在端部节点处，次梁下部纵向钢筋伸入主梁后浇段内的长度不应小于 $12d$。次梁上部纵向钢筋应在主梁后浇段内锚固，当采用弯折锚固或锚固板时，锚固直段长度不应小于 $0.6l_{ab}$；当钢筋应力不大于钢筋强度设计值的 50%时，锚固直段长度不应小于 $0.35l_{ab}$；弯折锚固的弯折后直段长度不应小于 $12d$（d 为纵向钢筋直径）。在中间节点处，两侧次梁的下部纵向钢筋伸入主梁后浇段内长度不

小于 $12d$（d 为纵向钢筋直径）；次梁上部纵向钢筋应在现浇层内贯通。主梁与次梁连接节点构造如图 6-16 所示。

图 6-15　拼接叠合梁施工

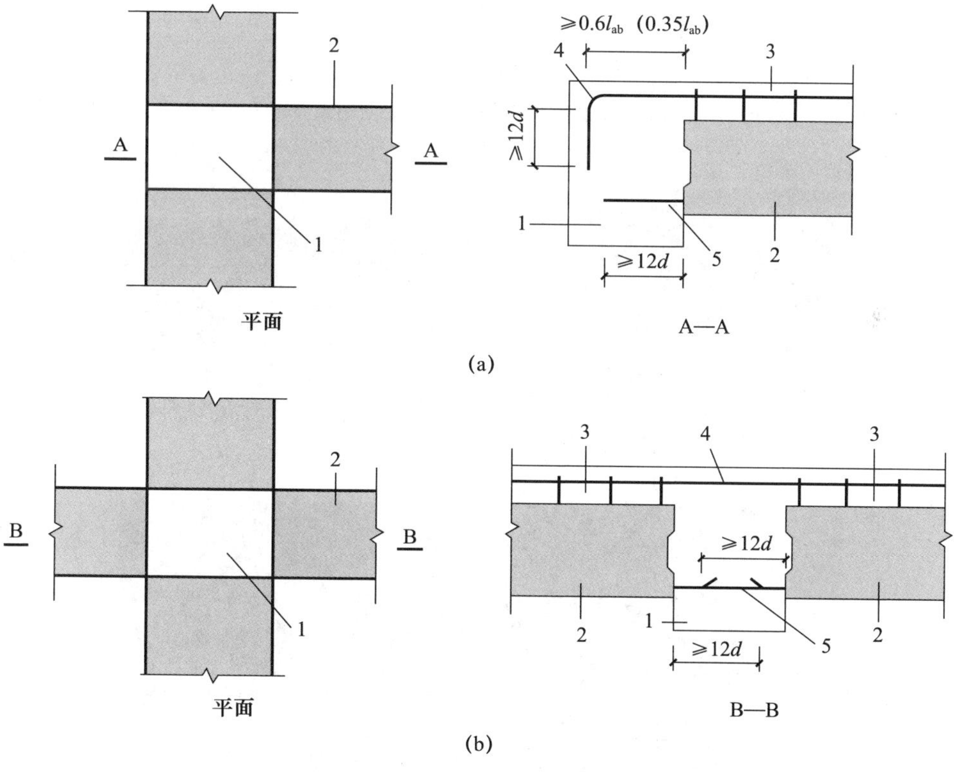

图 6-16　主梁与次梁连接节点构造示意图

（a）端部节点；（b）中间节点

1—主梁后浇段；2—次梁；3—后浇混凝土叠合层；4—次梁上部纵向钢筋；5—次梁下部纵向钢筋

（5）叠合梁结合面。

叠合梁预制部分与后浇混凝土叠合层之间的结合面设置为粗糙面（预制构件结合面上的凹凸不平或骨料显露的表面），预制梁端面设置键槽，如图 6-17、图 6-18 所示。键槽的尺寸和数量按照《装配式混凝土结构技术规程》（JGJ 1—2014）中相关规定计算确定；键槽的深度 t 不宜小于 30mm，宽度 w 不宜小于深度的 3 倍且不宜大于深度的 10 倍；键槽可贯通截面，当不贯通时槽口距离截面边缘不宜小于 50mm；键槽间距宜等于键槽宽度；键槽端部斜面倾角不宜大于 30°。粗糙面的面积不小于结合面的 80%，预制梁端的粗糙面凹凸深度不大于 6mm。

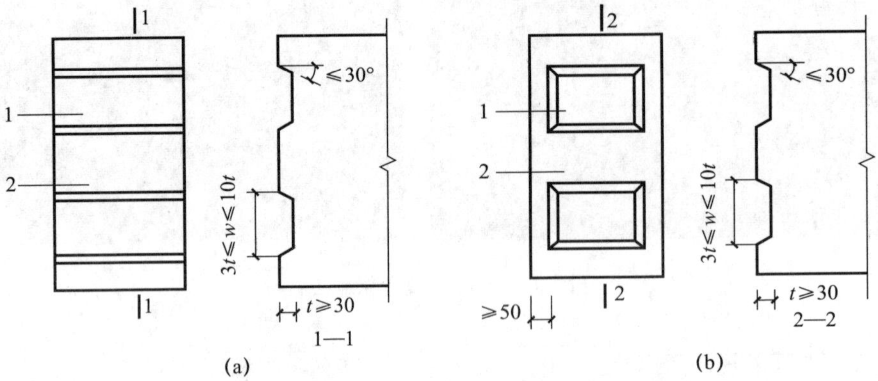

图 6-17　预制梁端键槽构造示意图

(a) 键槽贯通截面；(b) 键槽非贯通截面

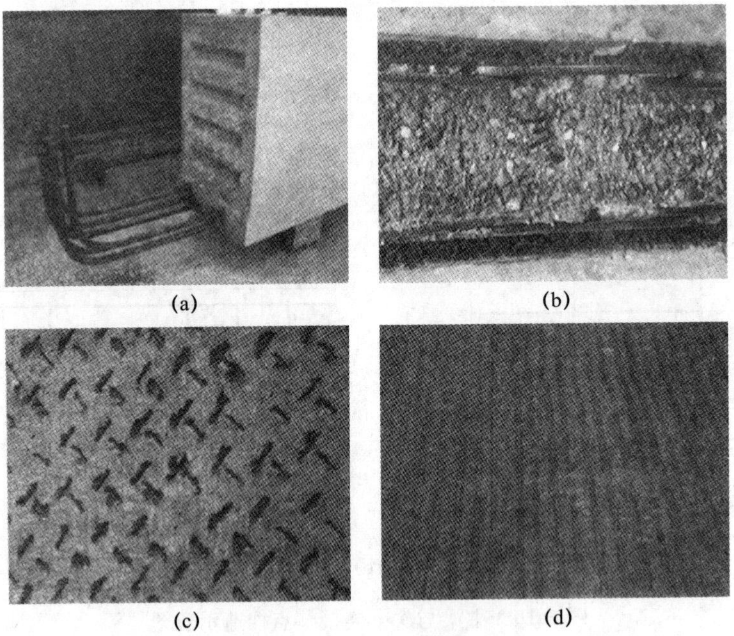

图 6-18　结合面做法

(a) 键槽；(b) 露骨料粗糙面；(c) 刻花粗糙面；(d) 拉毛粗糙面

2. 叠合梁的表示方法

(1) 叠合梁编号。

叠合梁编号由代号和序号组成，表达形式应符合表 6-12 的规定。

表 6-12　叠合梁编号

名称	代号	序号
叠合梁	DL	××

注：在编号中，如若干叠合梁的截面尺寸和配筋均相同，仅梁与轴线的关系不同，也可将其编为同一叠合梁编号，但应在图中注明与轴线的几何关系。

例如 DL1，表示叠合梁编号为 1。

（2）叠合梁表示方法以设计单位或深化设计单位习惯为主，主要是方便表达和理解。

6.2.3　叠合梁的拆分设计

叠合梁的拆分原则如下：

（1）被拆分的叠合梁宜符合模数协调原则，优化尺寸，减少开模数量，节约成本；

（2）梁与梁、梁与柱连接处构造宜简单可靠，且符合计算简图要求；

（3）被拆分的叠合梁长及自重应加以控制，便于吊装、运输、施工安装；

（4）拆分时应避免设置在预制次梁处，预制主次梁的连接处理复杂；

（5）拆分应全过程基于 BIM 模型进行，在模型中检查并解决钢筋碰撞问题、构件内部钢筋与预埋件碰撞问题等。

叠合梁的拆分位置处宜设置在构件受力最小的地方，拆分时除依据套筒的种类、结构塑性铰位置来确定外，还应考虑生产能力、道路运输、吊装能力以及方便施工。叠合梁拆分位置可以设置在梁端，也可以设置在梁跨中，拆分位置在梁的端部时，梁纵向钢筋套筒连接位置距离柱边不宜小于 $1.0h$（h 为梁高），并不应小于 $0.5h$（考虑塑性铰，塑性铰区域内存在套筒连接，不利于塑性铰转动）。图 6-19 所示为框架结构一梁、柱拆分示意图。

6.2.4　叠合梁的深化设计图绘制

1. 叠合梁的搭接长度

叠合梁的分割需要考虑运输车辆、起重机械、施工空间以及结构本身的力学性能、构件混凝土保护层厚度等方面的限制，叠合梁分割常见的方式为梁-柱结构与梁-梁接头处进行分割，如图 6-20 所示。

当预制构件端部伸入支座放置时，应综合考虑制作偏差、施工安装偏差、标高调整方式和封堵方式等确定 a、b 的数值，a 不宜大于 20mm，b 不宜大于 15mm。如图 6-21 所示。依据结构平面图，按照叠合梁主筋形式、主梁尺寸及埋件的类型，给整个预制工程的梁构件编号，统计叠合梁的数量并绘制叠合梁的安装布置图。梁安装布置图需要标明叠合梁编号，指定布置面并给出数量统计表。叠合梁的编号原则有多种，但为了使图纸便于阅读，在同一项目中叠合梁编号的原则应统一，需考虑叠合梁的形状、长度、截面尺寸、配筋及预埋件的类型。

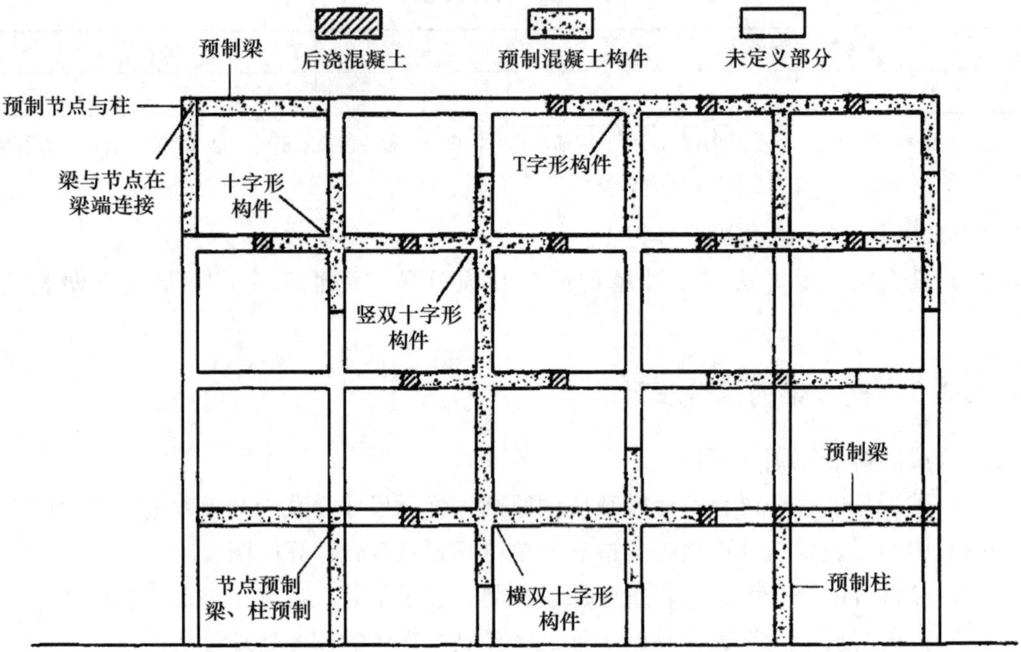

图 6-19　框架结构——梁、柱拆分示意图

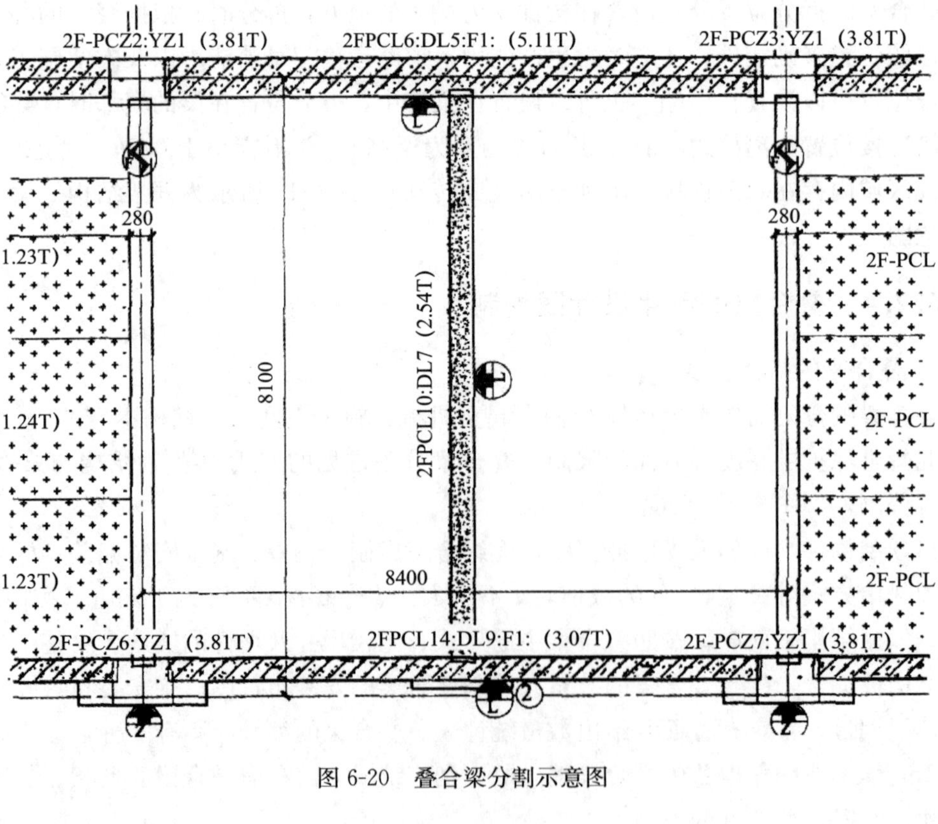

图 6-20　叠合梁分割示意图

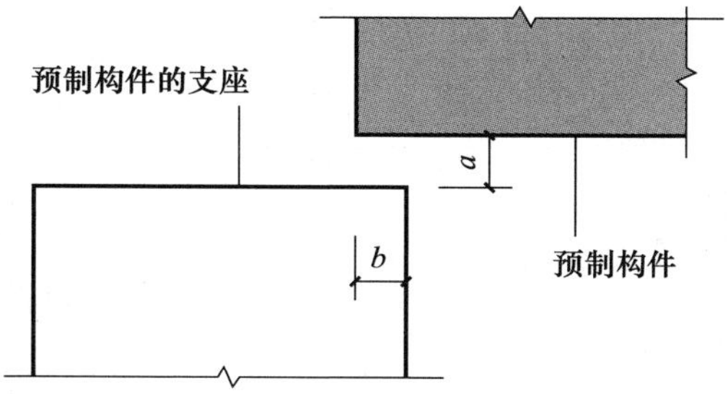

图 6-21 叠合梁端部在支座处放置示意

2. 吊装顺序及支撑体系布置图

叠合梁应进行在翻转、运输、存储、吊装和安装定位、连接施工等阶段的施工验算。这主要是由于：

（1）此阶段的受力状态和计算模式经常与使用阶段不同；

（2）叠合梁的混凝土强度等级在此阶段尚未达到设计强度。

因此，叠合梁的配筋，不是使用阶段的设计计算起控制作用，而经常是此阶段的设计计算起控制作用。为了防止钢筋碰撞，在绘制叠合梁钢筋图之前，应先确定叠合梁的吊装顺序，从而在深化设计时需确定钢筋在叠合梁中的位置。

如图 6-22 所示，编号为①的叠合梁先吊装，编号为②的叠合梁后吊装，叠合梁①底筋在叠合梁②底筋的下面。另外，叠合梁在吊装时，为了确保在施工荷载作用下叠合梁的变形满足规范要求且不出现开裂，需要在叠合梁底设置支撑。因此，在深化设计时需要在叠合梁底标出支撑点位置，图中阴影区域即表示支撑点位置。

3. 叠合梁上层钢筋平面布置图

叠合梁上层钢筋根据业主的要求，可分为工厂制作或现场制作，为了确保上层钢筋的配置满足设计及规范的要求，同时，确保上层钢筋的布置不与柱的纵筋碰撞，需要在深化设计时绘制出叠合梁上层钢筋平面布置图。梁上层钢筋平面布置图中，需标出套筒的位置和支座钢筋截断的位置。

4. 详图

可以根据具体情况将叠合梁模板图与配筋图合并在一张详图中完成。原因如下：

（1）模板图与钢筋图中有重复表达的内容，如分别绘制，增加设计人员的工作量；

（2）一处图纸中修改，设计人员需要修改对应的模板图、钢筋图等，图纸过多容易造成漏改；

（3）图纸量大大增加，不便于现场施工人员翻阅；

（4）校核人员在校核图纸时，需要同时看施工配筋图、模板图、钢筋图等，容易出错；

（5）工厂工人绑扎钢筋及布置埋件时，需要同时看模板图、钢筋图，看图不方便，容易看错图纸。

详图中需要表达的内容主要有：

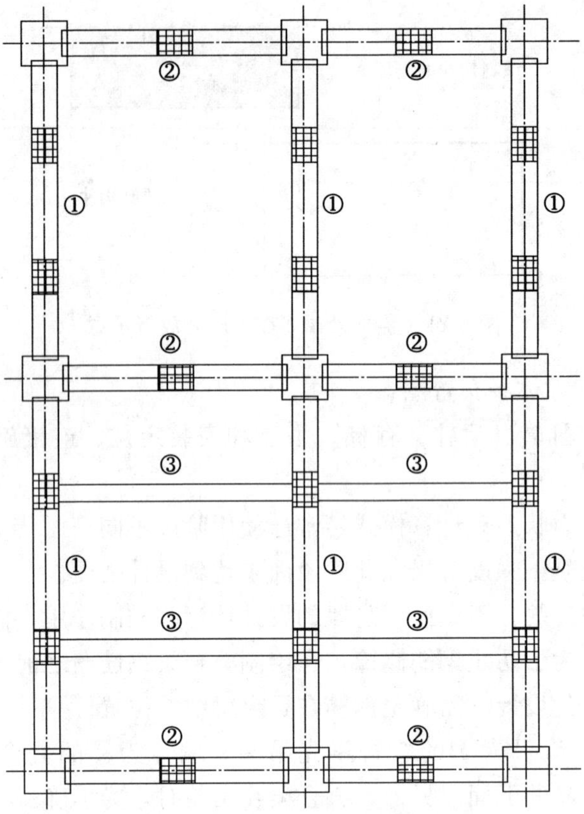

图 6-22　叠合梁吊装及支撑布置示意图

（1）叠合梁的轮廓；

（2）埋件的示意图及埋件的编号或名称；

（3）叠合梁的尺寸标注及埋件的定位标注；

（4）下层筋的形状（双线图），下层筋定位标注、尺寸标注及编号；

（5）上层筋的形状（双线图），上层筋的编号；

（6）箍筋的形状（双线图），箍筋的定位标注及编号。

例如：2F-PCL1 叠合梁加工图纸及详图，如图 6-23～图 6-28、表 6-13～6-16 所示。

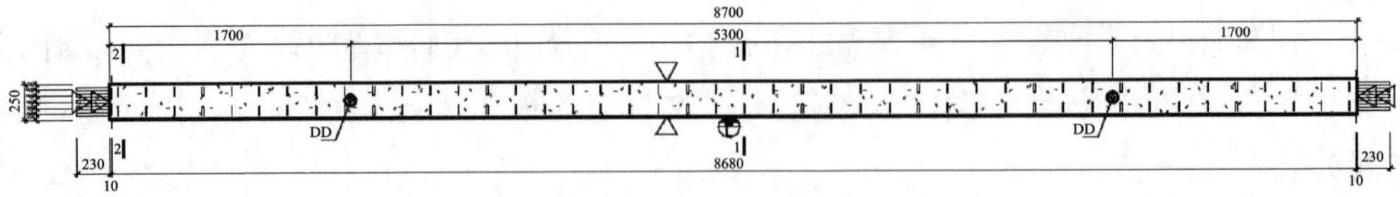

图 6-23　叠合梁俯视图

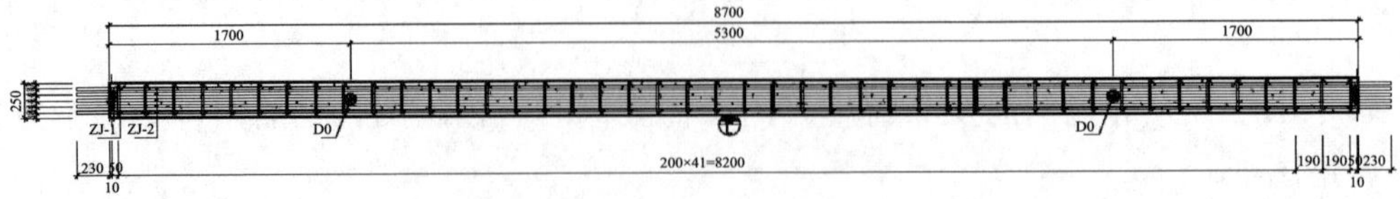

图 6-24　叠合梁俯视配筋图

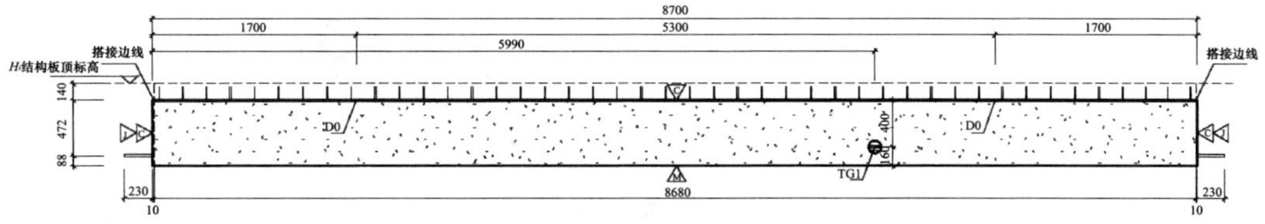

图 6-25　叠合梁正视图

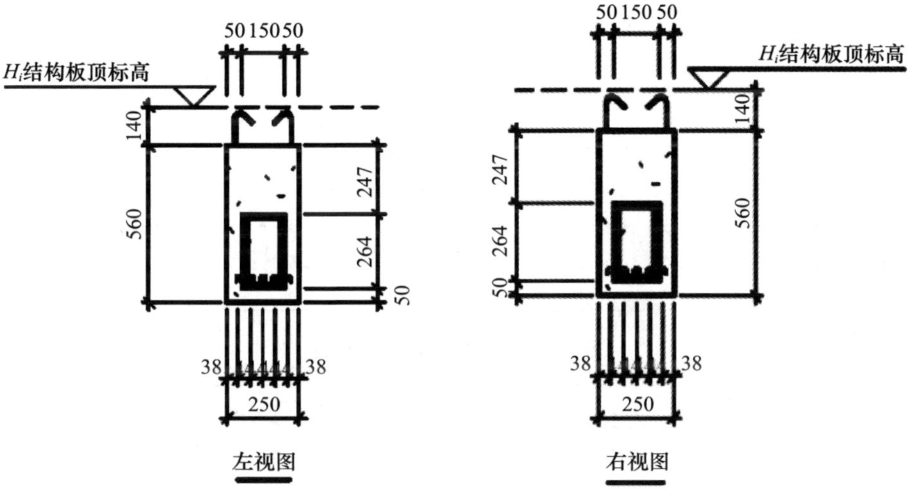

图 6-26　叠合梁左右视图

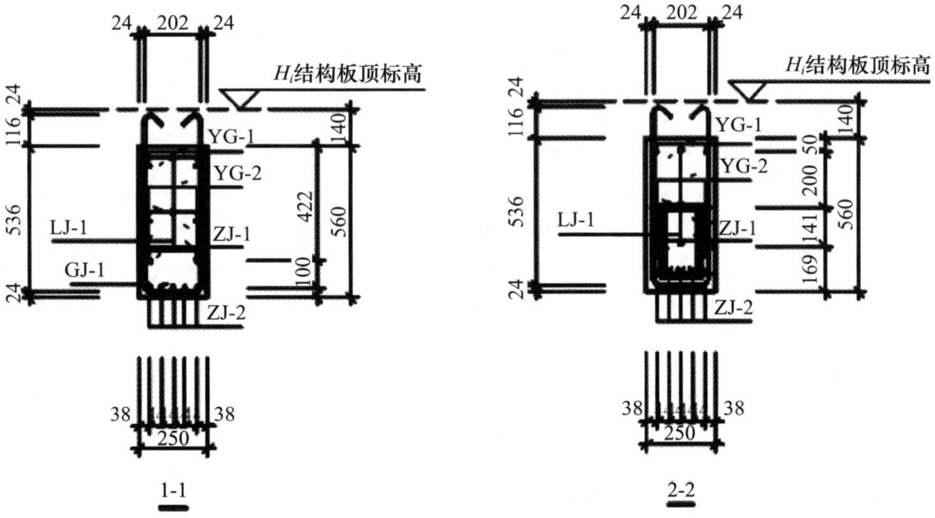

图 6-27　叠合梁断面图

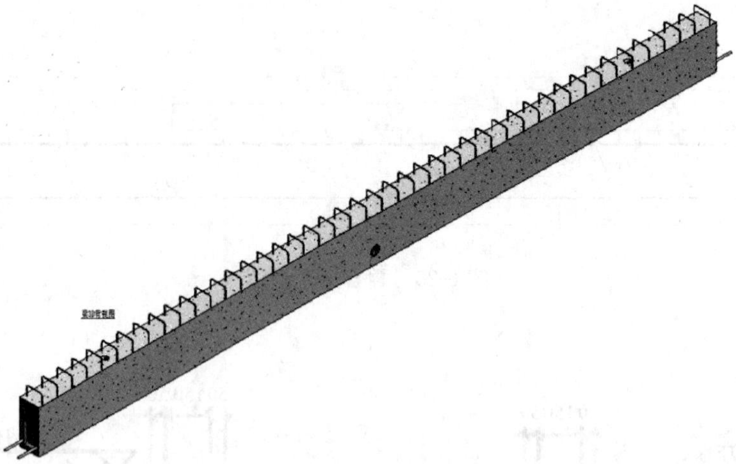

图 6-28　叠合梁轴测图

表 6-13　2F-PCL1 梁参数表

梁编号	混凝土体积（m^3）	构件重量（t）
2F-PCL1	1.214	3.035

表 6-14　2F-PCL1 梁配筋表

钢筋编号	钢筋规格	钢筋加工尺寸（设计方交底后方可生产）	单根长（mm）	总长（mm）	总重（kg）
ZJ-1	2⏀20	正视 245 50 297 8090 297 50 245	9168	18336	45.25
YG-1	2⏀12	正视 8660	8660	17320	15.39
YG-2	4⏀12	正视 8640	8640	34560	30.71
LJ-1	66⏀6	30 222 30	317	20922	4.65
GJ-1	44⏀8	210 660 40	1816	79904	31.55
				合计（kg）：127.55	

表 6-15　2F-PCL1 预埋配件明细表

编号	名称	数量	备注
DD	吊钉埋件	2	吊钉，吊件的厂家资料需由设计确认后才可生产
TG1	预埋镀锌钢套管 DN100	1	预埋管道套管

表 6-16　构件数量统计表

所在楼层	层数（层）	标高	混凝土强度	件数/层	件数	备注
2F	1	4.470	C30	1	1	该 PC 构件制作数量，另需仔细核对各层结构平面图、建筑平面图以及预制构件布置平面图无误后才可下料生产
合计					1	

任务 6.3　预制柱的深化设计

6.3.1　预制柱的概述

1. 预制柱的产生背景

从预制柱的技术发展来看，我国在 20 世纪 60 年代至 90 年代，低成本、周期短的装配式建筑发展较快，普遍采用装配式钢筋混凝土结构单层厂房，对应有实腹式预制柱和格构式预制柱。进入 20 世纪 90 年代中后期，基本上由门式刚架钢结构及刚架柱代替。

21 世纪以来，绿色、快捷的装配整体式框架结构重新被关注，主要用于需要开敞大空间的厂房、仓库、商场、停车场、办公楼、教学楼、医务楼、商务楼等建筑，近年来也逐渐应用于居民住宅等民用建筑。装配整体式框架结构，即全部或部分的框架梁、柱采用预制构件和预制叠合板，现场拼装后浇筑叠合层或节点混凝土形成的混凝土结构，简称装配整体式框架结构。其结构传力路径明确，装配效率高，现浇湿作业少，是最适合进行预制装配化的结构形式之一。

2. 预制柱的概念

柱是工程结构中主要承受压力，有时也同时承受弯矩的竖向杆件，用以支承梁、桁架、楼板等。柱按截面形式分为方柱、圆柱、管柱、矩形柱、工字形柱、H 形柱、T 形柱、L 形柱、十字形柱、双肢柱、格构柱。预制柱是指预先按设计规定尺寸制作好模板，然后浇筑成型的混凝土柱。

装配整体式框架结构中，一般部位的框架柱采用预制柱，重要或关键部位的框架柱应现浇，如穿层柱、跃层柱、斜柱、高层框架结构中地下室部分及首层柱。

预制柱以工厂化生产，通过现场装配的方式，作为装配式建筑的主要预制承重构件，对保证结构的刚度和整体性具有关键作用。现阶段预制框架柱，通常是通过预埋于柱底内的钢筋灌浆套筒注入无收缩灌浆料拌和物，通过拌和物硬化形成整体并实现传力，使得上下层主筋对接连接，改善了其整体性和抗震性能。按照截面形式分为普通柱和带袖板柱（柱子两侧伸出的翼缘称为袖板，用于围成窗洞）。预制框架柱如图 6-29 所示。

预制柱依据其解决的技术问题划分，主要有三大优点。

（1）提升施工效率。设置榫槽结构快速定位，钢骨架或内置钢结构伸出柱体以便采用螺栓连接等，能够更方便、快速地与相邻构件组装连接；其中借鉴现浇混凝土柱的钢筋布置，通过对设连接钢筋和预留的灌浆通道的方式提高连接强度，同时避免现场支模，施工更加方便快捷。灌浆套筒预制柱试验如图 6-30 所示。

（2）改善受力性能。用型钢柱体中的钢筋，使用高强混凝土替代普通混凝土，改变关键截面的形状以提高惯性矩，加强连接部位的强度等，在空间结构不变的情况下提高承载力或提高主体受力的整体性。

（3）提高经济效益。优化结构设计，节约材料，采用成本更低或更环保的材料替代骨架材料等，在保证施工要求和受力安全的情况下，降低生产成本、安装成本或节约原材料，等等。

装配式钢筋混凝土柱三维模型可扫二维码。

(a)

(b)

图 6-29　预制框架柱

(a) 预制柱；(b) 预制柱与预制梁的连接

图 6-30　灌浆套筒预制柱试验

6.3.2　预制柱的深化设计详图识图

1. 构造要求

(1) 预制柱的构造要求。

预制柱的设计除应符合现行国家标准《混凝土结构设计规范（2015 年版）》(GB 50010)、《建筑抗震设计规范》（GB 50011）的要求，还应符合《装配式混凝土结构技术规程》(JGJ 1) 中的规定。

①采用普通复合箍筋柱时，柱纵向受力钢筋可沿截面四周均匀布置，可集中于四角对称配置。柱纵向受力钢筋直径不宜小于 20mm，间距如大于国家规范的有关规定，可增设直径不小于 $s/10$（300、335 级钢筋），$s/15$（400、500 级钢筋）且不小于 12mm 的构造钢筋，其中 s 为箍筋间距。构造钢筋仅位于预制柱内，可不外伸于梁柱接头内，并在预制构件端部锚固。预制柱的纵筋分布如图 6-31 所示。

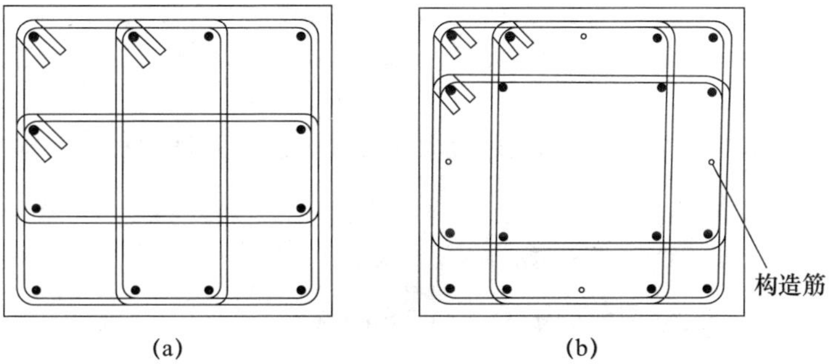

图 6-31　预制柱的纵向受力钢筋分布示意图

(a) 纵向受力钢筋均匀布置；(b) 纵向受力钢筋集中布置

②预制柱截面形状一般为正方形或矩形，矩形柱截面宽度或圆柱直径不宜小于 400mm，且不宜小于同向梁宽的 1.5 倍；预制柱四角集中配筋时，截面宽度通常取 600mm 以上。

③柱纵向受力钢筋在柱底采用灌浆套筒连接时，连接区域的钢筋保护层厚度不得小于 15mm，相邻套筒之间的净距不宜小于 25mm；柱箍筋加密区长度不应小于纵向受力钢筋连接区域长度或 500mm 套筒上端第一道箍筋距离套筒顶部不应大于 50mm。钢筋采用套筒灌浆连接时，柱底箍筋加密区域构造如图 6-32 所示。

(2) 预制柱的纵向钢筋连接形式。

预制混凝土结构的抗震性能取决于预制构件之间的连接方式，其连接的关键是受力钢筋的连接。在装配整体式框架结构中，预制柱的纵向钢筋连接应符合下列规定：

①房屋高度不大于 12m 或层数不超过 3 层时，可采用套筒灌浆、浆锚搭接连接方式（图 6-33）；

②当房屋高度大于 12m 或层数超过 3 层时，宜采用套筒灌浆连接。

装配整体式框架结构中，因为拉力对接缝抗剪不利，影响整体性，故预制柱水平接缝处不宜出现拉力，一般可通过合理的结构方案及高宽比控制。

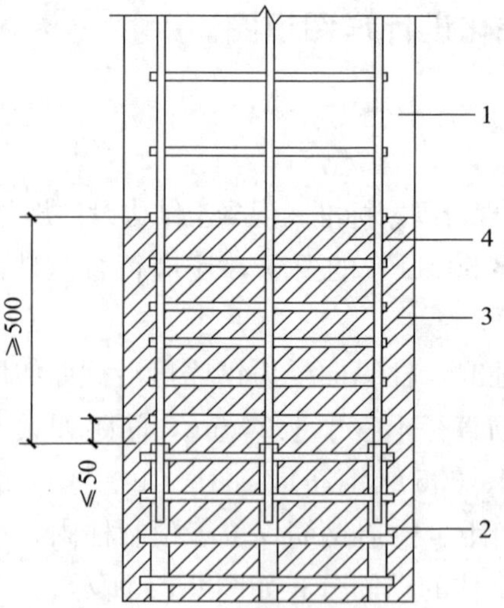

图 6-32　钢筋采用套筒灌浆连接时柱底箍筋加密区域构造示意图

1—预制柱；2—套筒灌浆连接接头；3—箍筋加密区（阴影区域）；4—加密区箍筋

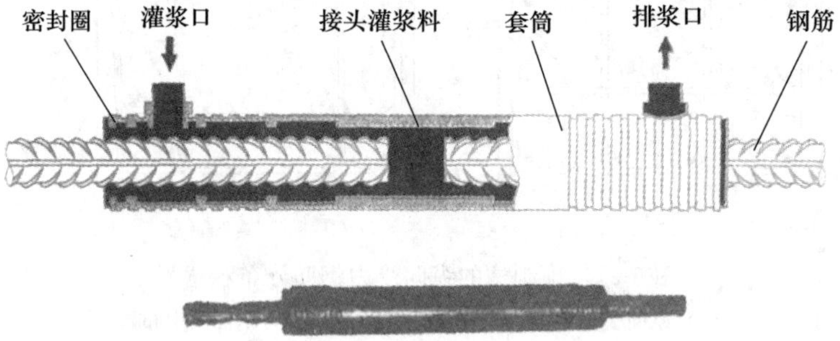

(a)

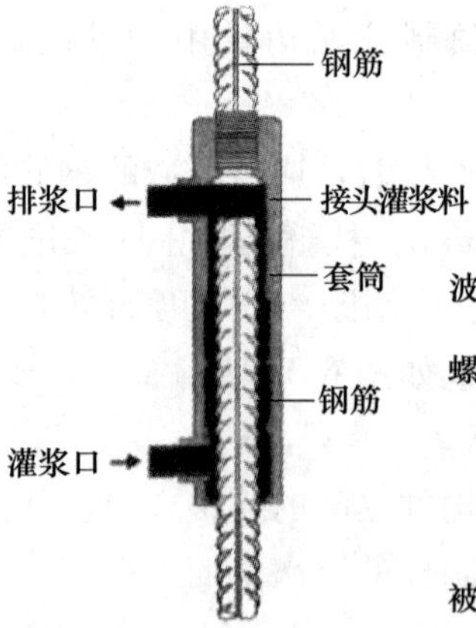

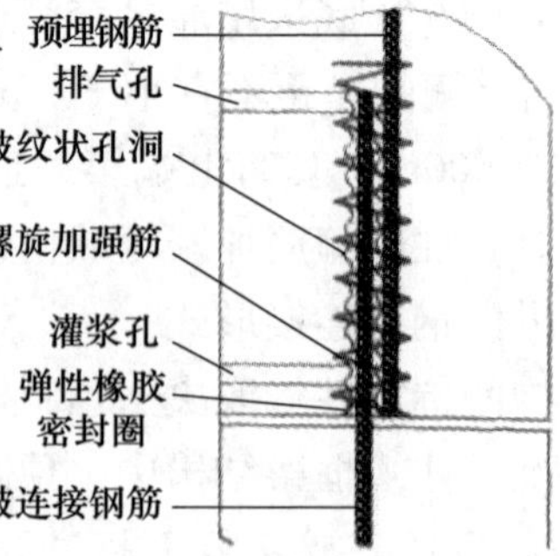

(b)　　(c)

图 6-33　套筒连接、浆锚搭接

(a) 全灌浆套筒连接纵剖切面；(b) 半灌浆套筒连接纵剖切面；(c) 约束浆锚搭接连接纵剖切面

(3) 预制柱与预制柱、现浇柱连接形式。

柱的截面在高度范围内宜相同，需要变截面时，应单侧收进；柱筋宜大直径、大间距，配筋统一；同截面变直径、不变根数，模具标准化；纵筋根据实际情况，尽量布置在四角。预制柱的连接如图 6-34～图 6-36 所示。

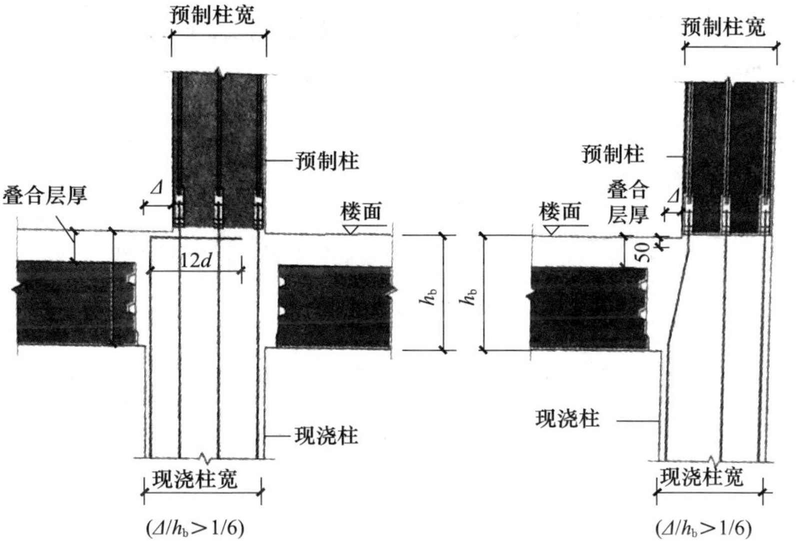

图 6-34　预制柱与现浇柱变截面间连接

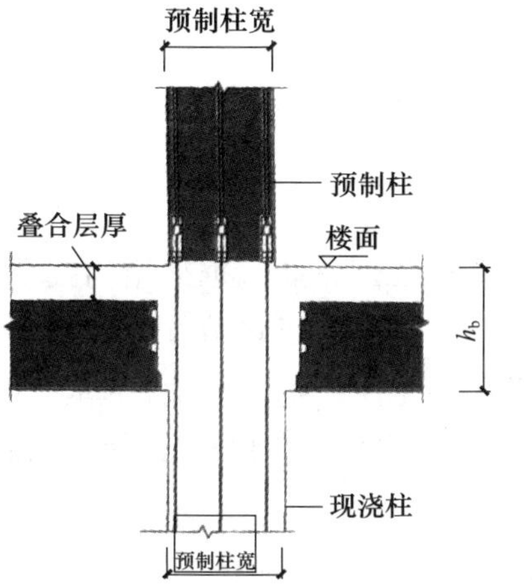

图 6-35　等截面预制柱与现浇柱间连接

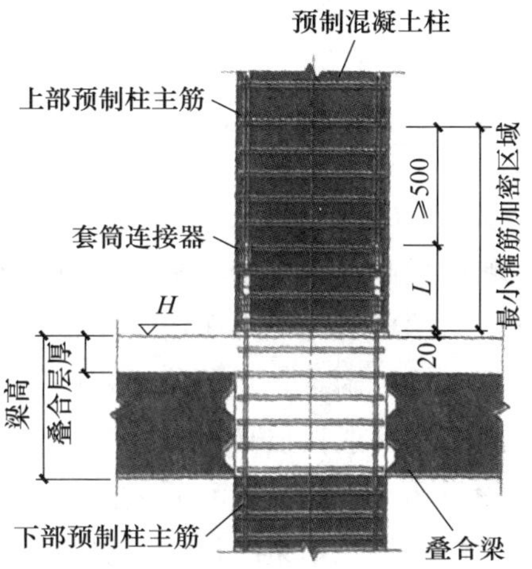

图 6-36　等截面预制柱间连接（灌浆套筒连接）

L——纵向受力钢筋连接区域长度

(4) 预制柱与后浇混凝土、灌浆料、坐浆料的结合面。

预制柱的底部应设置键槽且宜设置粗糙面，键槽应均匀布置，键槽深度不宜小于 30mm，键槽端部斜面倾角不宜大于 30°，柱顶应设置粗糙面。结合面构造如图 6-37 所示。

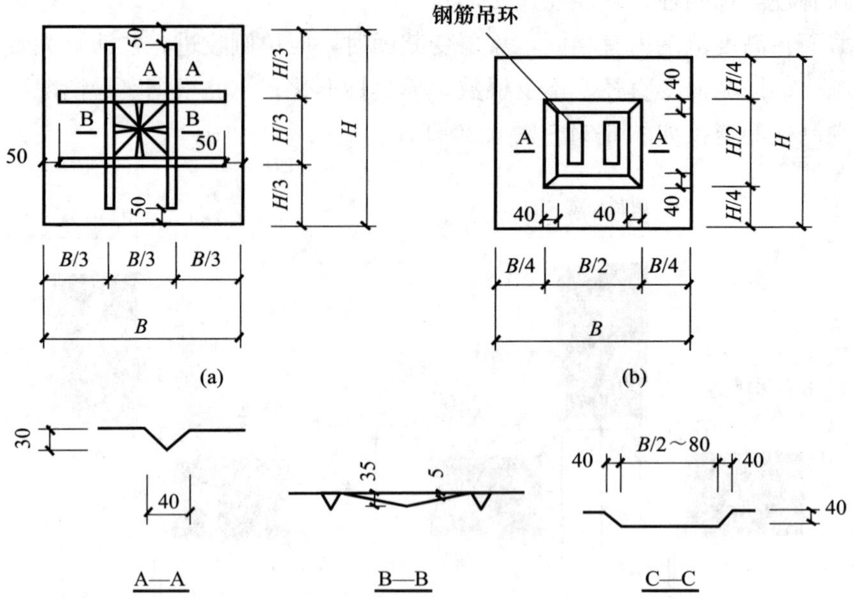

图 6-37　结合面构造

（a）预制柱底键槽构造；（b）预制柱顶键槽构造

2. 预制柱的表示方法

由于目前国家没有出预制柱图集，预制柱表示方法一般以设计单位或深化设计单位习惯为主，主要是方便表达和理解。读者可参考本任务工程实例部分的表示方法。

6.3.3　预制柱的拆分设计

1. 预制柱的拆分规定

柱一般按层高进行拆分。根据《预制预应力混凝土装配整体式框架结构技术规程》(JGJ 224—2010) 中的相关规定，柱也可以拆分为多节柱。由于多节柱的脱模、运输、吊装、支撑都比较困难，且吊装过程中钢筋连接部位易变形，从而使构件的垂直度难以控制。设计中柱一般按层高拆分为单节柱，以保证柱垂直度的控制调节，简化预制柱的制作、运输及吊装，保证工程质量。

高层装配整体式框架结构，首层剪切变形远大于其他各层。地震作用下，首层柱出现塑性铰，破坏形态严重。试验研究表明，预制柱破坏模式是柱纵向钢筋先屈服，而后柱顶、柱底出现塑性铰，柱脚处混凝土被压碎。应力应变在柱脚处较大，柱脚处首先出现水平裂缝，属于大偏心受压破坏，且预制柱在构件连接区存在应力集中。现阶段高层建筑框架结构的首层柱宜采用现浇柱。

当框架结构的首层柱采用预制柱时，应采用可靠的技术措施，提高连接接头性能、优化结构布置和构造措施、提高柱底接缝的承载能力、控制塑性铰的发展、严格控制构件加工和安装质量。

2. 预制柱拆分的原则

实现标准化的关键点体现在对构件的科学拆分上。预制构件科学拆分对建筑功能、建筑平立面、结构受力状况、预制构件承载能力、工程造价等都会产生影响。预制构件拆分以做到安全适用、经济合理、保证质量、方便施工为原则。

(1) 预制柱拆分部位宜设置在构件受力较小处。

(2) 预制柱拆分要考虑构件生产与安装可实现性和便利性，如预制柱拆分点设置在层高处。

(3) 预制柱拆分要考虑生产能力，例如工厂台模尺寸、起重机的吨位和厂房高度等是否满足构件生产要求。

(4) 预制柱拆分要考虑运输工具和道路限制。

(5) 预制柱拆分尺寸尽量标准化，要考虑到模具种类及复杂程度，做到规格少、减少开模数量、构件外形简洁，节约成本。

6.3.4 预制柱的深化设计图绘制

1. 预制柱深化设计的内容

预制柱深化设计的深度应满足建筑、结构和机电设备等各专业以及构件制作、运输、安装等各环节的综合要求。在预制柱加工制作阶段，应将各专业、各工种所需的预留洞、预埋件等一并完成，避免在施工现场进行剔凿、切割，伤及预制构件，影响质量或观感。因此，在一般情况下，装配式结构的施工图完成后还需要进行预制构件的深化设计，以便于预制构件的加工制作。预制柱的深化设计主要分为验算和图纸两个部分，具体包括：

(1) 预制柱的模板图、配筋图、预埋吊件及预埋件的细部构造详图等；

(2) 设备专业留洞图；

(3) 带饰面砖或饰面板预制柱的排砖图或排板图；

(4) 复合保温板的连接件布置图及保温板排板图；

(5) 预制柱脱模、翻转过程中混凝土强度、构件承载力、构件变形以及吊具、预埋吊件的承载力验算。

2. 预制柱深化设计图的要求

(1) 图中绘制预制柱正视图、左视图、右视图、背视图、正视配筋图、俯视图、底视图、3D正视钢筋骨架图、3D正视图、3D背视图；

(2) 钢筋用双线图表示，带肋钢筋要用满外值表示（按照钢筋加工最大正误差）；

(3) 套筒连接的钢筋，钢筋表要有加工误差要求，要与套筒对接钢筋的误差要求相匹配；

(4) 预制柱参数表；

(5) 预埋件明细表。

例如：PCZ2柱参数表预制柱的加工图纸及详图如图6-38～图6-40，表6-17～6-20所示。

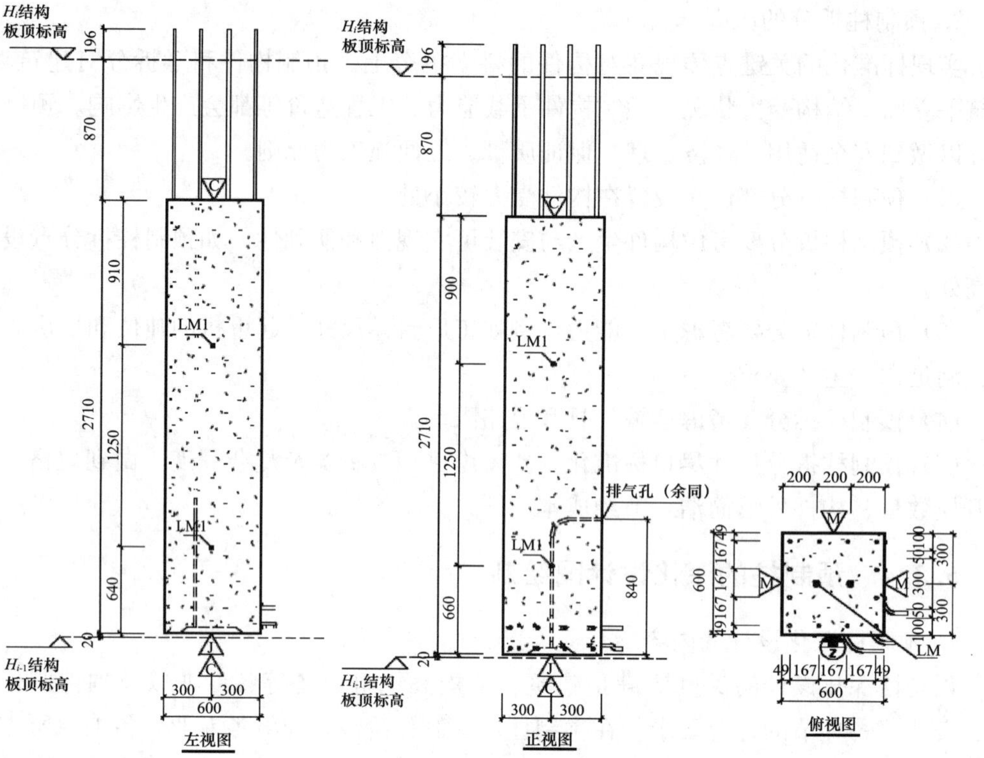

图 6-38　预制柱立面和俯视图

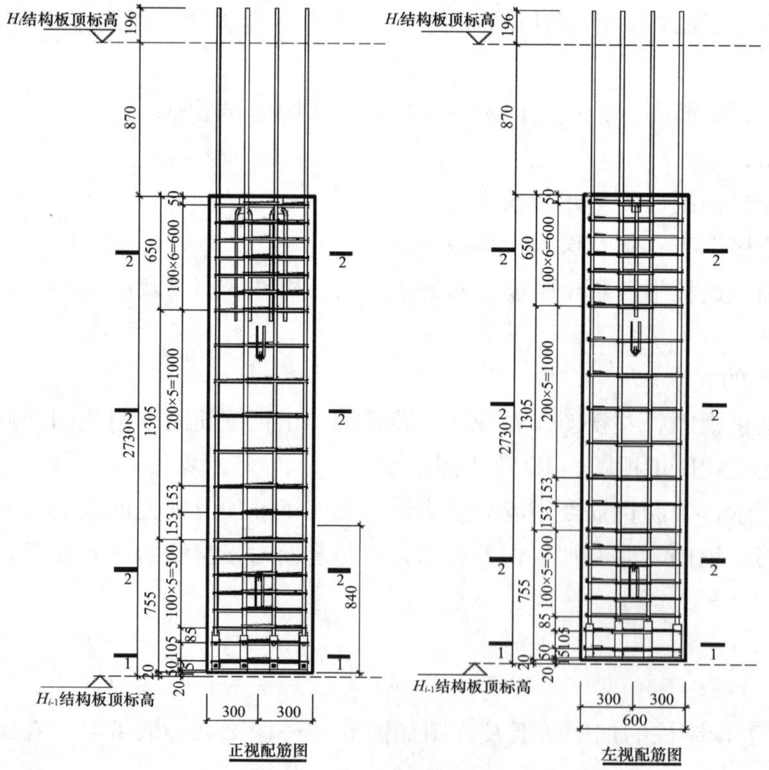

图 6-39　预制柱配筋图

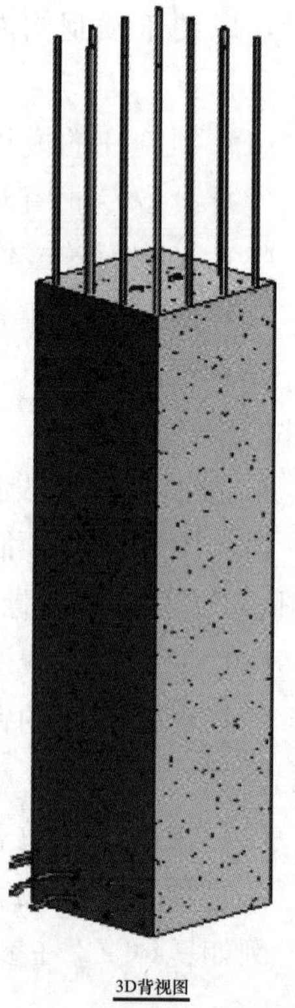

图 6-40　预制柱轴侧图

表 6-17　PCZ2 柱参数表

梁编号	混凝土体积（m^3）	构件质量（t）
PCZ2	0.972	2.430

表 6-18　PCZ2 柱配筋表

钢筋编号	钢筋规格	钢筋加工尺寸（设计方交底后方可生产）	单根长（mm）	总长（mm）	总重（kg）
JZ-1	4⏀20		3593	14372	35.47
BZ-1	4⏀20		3593	14372	35.47
HZ-1	4⏀22		3577	14308	42.73
WG-1	3⏀8	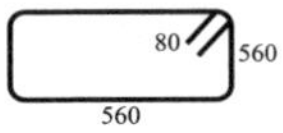	2404	7212	2.85
WG-2	19⏀8	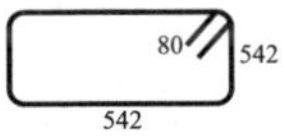	2323	44137	17.43
NG-2	19⏀8	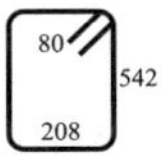	1656	31445	12.42
NG-1	2⏀8	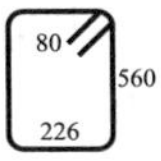	1736	3472	1.37
NG-4	19⏀8	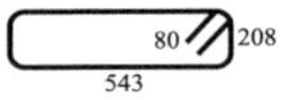	1659	31521	12.45
NG-3	2⏀8	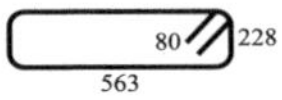	1748	3496	1.38
				合计（kg）：161.57	

表 6-19　PCZ2 预埋配件明细表

编号	名称	数量	备注
LM	预埋螺母	2	预埋螺母，吊件的厂家资料需由设计确认后才可生产
GT20	套筒组件	8	半灌浆套筒　ϕ42×211
GT22	套筒组件	4	半灌浆套筒　ϕ45×230
LM1	WWC16×54	4	

表 6-20　构件数量统计表

所在楼层	层数（层）	标高	混凝土强度	件数/层	件数	备注
3F	1	8.070	C40	1	1	该PC构件制作数量，另需仔细核对各层结构平面图、建筑平面图以及预制构件布置平面图无误后才可下料生产
合计					1	

【小结】

本项目主要从组成装配式框架结构的三种基本构件叠合板、叠合梁、预制柱三个方面阐述装配式钢筋混凝土框架结构构件的深化设计相关知识。

叠合板主要从叠合板的基础知识、叠合板的深化详图识图、叠合板的拆分设计、叠合板的深化加工图绘制等方面详细介绍了叠合板深化加工图纸的绘制方法，让读者在了解叠合板深化设计相关知识的基础上，能够更加快速、准确地绘制出合格的叠合板深化加工图纸。

叠合梁主要从叠合梁的基础知识、叠合梁的深化详图识图、叠合梁的拆分设计、叠合梁的深化加工图绘制等方面详细介绍了叠合梁深化加工图纸的绘制方法，让读者在了解叠合板深化设计相关知识的基础上，能够更加快速、准确地绘制出合格的叠合梁深化加工图纸。

预制柱主要从预制柱的基础知识、预制柱的深化详图识图、预制柱的拆分设计、预制柱的深化加工图绘制等方面详细介绍了预制柱深化加工图纸的绘制方法，让读者在了解预制柱深化设计相关知识的基础上，能够更加快速、准确地绘制出合格的预制柱深化加工图纸。

【习题】

一、选择题

1. 叠合楼板是由预制板和现浇钢筋混凝土层叠合而成的装配整体式楼板，其跨度一般为（　　）。

A. 5～8m　　B. 4～6m

C. 2～5m　　D. 6～10m

2. 叠合板预制部分厚度不宜小于（　　）。

A. 50mm　　B. 60mm

C. 70mm　　D. 80mm

3. 后浇混凝土叠合层厚度不应小于（　　）。

A. 50mm　　B. 60mm

C. 70mm　　D. 80mm

4. 预制板上表面粗糙面深度不小于（　　）。

A. 4mm　　D. 5mm

C. 6mm　　D. 7mm

5. 为方便卡车运输，预制底板宽度一般不超过（　　），跨度一般不超过（　　）。

A. 3m；4m　　B. 3m；5m

C. 4m；5m　　D. 4m；6m

6. 叠合板预制板按单向板设计，长宽比不大于（　　）。

A. 2　　B. 3

C. 4　　D. 5

7. 叠合板叠合层混凝土不小于预制构件的混凝土强度等级，一般预制构件混凝土强度等级不低于（　　）。

A. C20　　B. C25　　C. C30　　D. C40

8. 叠合板深化设计的物料清单又称为（　　）。

A. 材料表　　B. 钢筋表　　C. BOM 表　　D. Excel 表

9. 叠合板预制板按双向板设计，长宽比不小于（　　）。

A. 2　　B. 3　　C. 4　　D. 5

10. 确定跨度方向受力钢筋伸出长度时，根据支座中心到板边的距离减去预留的（　　）的空隙，即得出钢筋伸出长度。

A. 7mm　　B. 8mm

C. 9mm　　D. 10mm

11. 一般叠合梁（　　）已在工厂完成预制并与混凝土整浇完成。

A. 下部主筋　　B. 上部主筋

C. 箍筋　　D. 架立筋

12. 叠合梁作为一种结合了（　　）两者优点的结构，具有很好的应用范围。

A. 整浇式钢筋混凝土梁和整浇式钢筋混凝土板

B. 装配式钢筋混凝土梁和装配式钢筋混凝土板

C. 整浇式钢筋混凝土梁和装配式钢筋混凝土梁

D. 整浇式钢筋混凝土梁和装配式钢筋混凝土板

13. 在装配整体式框架结构中，当采用叠合梁时，框架梁的后浇混凝土叠合层厚度不宜小于（　　）。

A. 60mm　　B. 100mm

C. 120mm　　D. 150mm

14. 当采用凹口截面预制梁时，凹口深度不宜小于（　　），凹口边厚度不宜小于（　　）。

A. 50mm，50mm　　B. 40mm，50mm

C. 50mm，60mm　　D. 70mm，100mm

15. 叠合梁的箍筋在施工条件允许的情况下，宜采用（　　）。

A. 开口箍筋　　B. 闭口箍筋

C. 组合封闭箍筋　　D. 组合开口箍筋

16. 抗震等级为一、二级的叠合框架梁的梁端箍筋加密区宜采用（　　）。

A. 整体封闭箍筋　　B. 整体开口箍筋

C. 整体组合封闭箍筋　　D. 整体组合开口箍筋

17. 主梁与次梁采用后浇段连接时，在中间节点处，两侧次梁的下部纵向钢筋伸入主梁后浇段内长度不应小于（　　）。

A. $5d$　　B. $10d$　　C. $12d$　　D. $20d$

18. 叠合梁预制部分与后浇混凝土叠合层之间的结合面设置为粗糙面，粗糙面的面积应大于等于结合面的（　　）。

A. 30%　　B. 50%

C. 60%　　D. 80%

19. 梁图通常包含（　　），主要用于构件厂制作构件。

A. 梁形状图与梁配筋图　　B. 梁形状图与梁开模图

C. 梁形状图与梁模板图　　D. 梁配筋图与梁钢筋图

20. 叠合梁的拆分位置处宜设置在（　　），拆分时除依据套筒的种类、结构塑性铰位置来确定外，还应考虑生产能力、道路运输、吊装能力以及方便施工。

A. 构件受力最大的地方　　B. 构件受力最小的地方

C. 构件弯矩最大的地方　　D. 构件剪力最大的地方

21. 装配整体式结构重要或关键部位的框架柱应（　　）。

A. 现浇　　B. 预制　　C. 装配　　D. 二次浇筑

22. 装配整体式结构中一般部位的框架柱应采用（　　）。

A. 现浇柱　　B. 预制柱　　C. 钢柱　　D. 混凝土柱

23. 带袖板柱的袖板作用是用于（　　）。

A. 形成梁的端模　　B. 形成短肢剪力墙

C. 围成门洞　　D. 围成窗洞

24. 预制柱的纵向受力钢筋直径不宜小于（　　）。

A. 19mm　　B. 18mm　　C. 20mm　　D. 25mm

25. 预制柱中的（　　）可不外伸于梁柱接头内。

A. 主受力钢筋　　B. 构造钢筋　　C. 纵向钢筋　　D. 箍筋

26. 预制柱四角集中配筋时，截面宽度通常取（　　）以上。

A. 300mm　　B. 400mm　　C. 500mm　　D. 600mm

27. 预制柱纵向受力钢筋在柱底采用钢筋灌浆套筒连接时，相邻灌浆套筒之间的净距不宜小于（　　）。

A. 5mm　　B. 10mm　　C. 15mm　　D. 25mm

28. 预制柱中钢筋灌浆套筒上端第一道箍筋距离灌浆套筒顶部不应大于（ ）。

A. 50mm B. 100mm C. 150mm D. 500mm

29. 当房屋高度大于 12m 或层数超过 3 层时，预制柱的纵向钢筋连接宜采用（ ）。

A. 机械连接 B. 焊接连接

C. 绑扎连接 D. 套筒灌浆连接

30. 预制柱的截面在高度范围内宜相同，需要变截面时，应（ ）。

A. 单侧收进 B. 两侧收进

C. 三侧收进 D. 四侧收进

二、简答题

1. 简述叠合楼板的定义及分类。
2. 简述叠合板有哪些优势。
3. 简述叠合板表示方法中“DBD-67-4524-03”的含义。
4. 简述叠合板拆分时应遵守哪些原则。
5. 简述叠合板深化图纸的绘制步骤。
6. 叠合梁的拆分原则是什么？
7. 为什么不能忽视叠合梁在脱模、翻转、运输、安装等各个环节的设计验算？
8. 梁图中需要表达的内容主要有哪些？
9. 预制柱的优点是什么？
10. 装配整体式框架结构中，预制柱的纵向钢筋连接的要求是什么？
11. 预制柱的拆分设计图纸包括哪些内容？

项目 7　装配式钢筋混凝土墙体深化设计

学习目标

认识装配整体式剪力墙结构，认识装配式预制墙构件，了解常用预制外挂墙板、预制内墙板的构造要求，掌握预制外挂墙板、预制内墙板的深化设计。

学习要点

预制外挂墙板的类型，常用预制墙板的构造要求，预制墙板的深化设计。

建议学时

7 学时

任务 7.1　学习预制墙构件的基础知识

7.1.1　认识装配整体式剪力墙结构

混凝土结构的部分或全部采用承重预制墙板，通过节点部位的后浇混凝土形成的具有可靠传力机制，并满足承载力和变形要求的剪力墙结构，简称装配整体式剪力墙结构。

装配整体式剪力墙结构包括：内外墙均为预制、连接节点部分现浇的剪力墙结构，简称全预制剪力墙结构；以及内墙现浇、外墙全部或部分预制、连接节点部分现浇的剪力墙结构，简称部分预制剪力墙结构。

该结构体系特点是结构连接技术采用竖向和水平两种连接方式，竖向连接方式采用预留孔插入式浆锚连接方式，水平连接方式采用钢筋插销方式和叠合楼板、梁节点现浇点方式。具体表现形式为：首先在设计阶段将住宅的各种构件拆分成标准部件，做到模具定型化，然后在工厂里用专用模具预制加工生产，形成带装饰面及保温层的预制混凝土外墙板和阳台，带管线应用功能的内墙板、叠合梁板、柱、楼梯等构件部品，通过蒸汽养护成型后运到现场，采用大型吊装机械将各种构件现场装配，就位后再将构件之间的节点现浇连接成整体，形成完整的主体建筑结构。

该结构体系以构配件标准化设计，将大量的湿作业施工转移到工厂内，运用现代管理手段进行标准化生产，并将保温、装饰整合在预制构件生产环节中完成，达到构件质量好，现场装配式施工速度快，原材料和施工水电消耗大幅下降，劳动强度降低的目的，实现了住宅建设“四节一环保”的要求。

7.1.2　认识预制剪力墙构件

我国新型的装配式混凝土建筑是从住宅建筑发展起来的，而高层住宅建筑绝大多数采用剪力墙结构。因此，装配整体式混凝土剪力墙结构在国内发展迅速，得到大量的应用（图 7-1）。

图 7-1　装配整体式混凝土剪力墙结构

装配整体式剪力墙结构可实施的预制构件种类包括：预制外墙、预制内墙、预制叠合楼板、预制阳台板、预制空调板、预制楼梯、预制女儿墙。本章重点介绍预制外墙板、预制内墙板。

1. 预制混凝土剪力墙内墙板

预制混凝土剪力墙内墙板是指在工厂预制成的混凝土剪力墙构件。预制混凝土剪力墙内墙板侧面在施工现场通过预留钢筋与剪力墙现浇区段连接，底部通过钢筋灌浆套筒和坐浆层与下层预制剪力墙连接（图 7-2，参见二维码）。

图 7-2　预制内墙板

2. 预制混凝土夹心外墙板

预制混凝土夹心外墙板又称“三明治板”，由内叶板、保温夹层、外叶板通过连接件可靠连接而成。预制混凝土夹心外墙板在国内外均有广泛的应用，具有结构、保温、装饰一体化的特点。预制混凝土夹心外墙板根据其在结构中的作用，可以分为承重墙板和非承重墙板两类。当其作为承重墙板时，与其他结构构件共同承担垂直力和水平力；当其作为非承重墙板时，仅作为外围护墙体使用（图 7-3，参见二维码）。

图 7-3　预制夹心外墙板

3. 双面叠合剪力墙

双面叠合剪力墙是内、外叶墙板预制并用桁架钢筋可靠连接，中间空腔在现场后浇混凝土和形成的剪力墙叠合构件。双面叠合墙板通过全自动流水线进行生产，自动化程度高，具有非常高的生产效率和加工精度，同时具有整体性好、防水性能优等特点（图 7-4，参见二维码）。

图 7-4　双面叠合剪力墙

4. PCF 板

PCF 板是预制混凝土外叶层加保温板的永久模板。其做法是将“三明治”外墙板的外叶层和中间保温夹层在工厂预制，然后运至施工现场吊装到位，再在内叶层一侧绑扎钢筋、支好模板、浇筑内叶层混凝土，从而形成完整的外墙体系。PCF 板主要用于装配式混凝土剪力墙的阳角现浇部位。PCF 板的应用，有效替代了剪力墙转角处现浇区外侧模板的支模工作，还可以减少施工现场在高处作业状态下的外墙外饰面施工（图 7-5）。

图 7-5　PCF 板

任务 7.2　如何进行装配式剪力墙的拆分及深化设计

7.2.1　结构设计原则

（1）装配式结构的设计应包括下列内容：

①结构方案，包括结构选型、传力途径、预制构件的拆分与布置；

②作用及作用效应分析，其中包括各类接缝的承载力计算，必要时尚应进行结构的倾覆验算；

③预制构件及一般构件截面配筋计算及验算；

④结构的构造及连接措施；

⑤预制构件及一般构件的构造及连接措施；

⑥施工阶段的验算和对施工的要求；

⑦满足特殊要求的结构构件的专门性能设计。

（2）装配式结构采用以概率理论为基础的极限状态设计法，以可靠指标度量结构构件的可靠度，采用以分项系数的设计表达式进行设计。

（3）装配式结构应按下列承载能力极限状态和正常使用极限状态进行设计。

（4）装配式结构的安全等级应符合现行国家标准《工程结构可靠性设计统一标准》（GB 50153）的规定。各类结构构件的安全等级，宜与整个结构的安全等级相同，对其中部分结构构件的安全等级，可根据其重要程度适当调整，对于结构中重要的关键传力部位和构件，宜适当提高其安全等级。

（5）装配式结构的分析应根据装配式结构体系的受力性能、节点和连接的特点采取合理准确的计算模型，应考虑连接和节点刚度对结构内力分布和整体刚度的影响。应对结构和构件进行稳定性验算。

（6）装配式结构的设计应考虑安装方便，误差易于调整，且连接部位能较早承受荷载，以便于上部结构的继续施工。

（7）装配式结构的结构方案、耐久性设计和防连续倒塌设计，应满足现行国家标准《混凝土结构设计规范》（GB 50010）的要求。

7.2.2 预制剪力墙拆分原则

装配整体式预制混凝土剪力墙结构中的剪力墙等预制构件的拆分原则是便于标准化生产、吊装、运输和就位，应符合下列规定：

（1）预制剪力墙的竖向拆分宜在各层层高处进行；

（2）预制剪力墙的水平拆分应保证门窗洞口的完整性，便于部品标准化生产；

（3）预制剪力墙结构最外部转角部位应采取加强措施，当不满足设计构造要求时可采用现浇构件；

（4）预制构件生产、养护后的收缩变形不应影响构件的设计尺寸；

（5）预制构件应符合吊装设备的施工要求；

（6）预制构件应符合我国道路运输管理规定对尺寸及重量的有关要求。

7.2.3 预制剪力墙拆分要点

（1）对于装配式剪力墙结构，L、T形等外部或内部剪力墙中墙身长度大于等于1000mm时，墙身（非阴影部分）一般预制，但其边缘构件处现浇。外隔墙（带梁）一般为预制。

（2）电梯井、楼梯处的剪力墙宜现浇。

（3）边缘构件现浇，基于以下因素设计：第一是受力的角度，边缘构件为重要受力部位，应该现浇；第二，边缘构件两端一般为梁的支座，梁钢筋在此部位锚固，应该做成现浇。

（4）预制外墙比较短且全部都开窗或者门洞时，预制外墙可以与相邻剪力墙的边缘构件（暗柱）一起预制，将现浇部位向内移。

（5）如果预制长度太短，在满足起吊总质量的前提下，该范围的剪力墙可以与边缘构件及外隔墙带梁一起预制，减少装配构件的个数。

7.2.4　预制剪力墙深化设计

1. 预制剪力墙构造要求

（1）在满足规定的构造措施情况下，预制剪力墙的截面配筋设计、构造措施均与现浇混凝土构件相同，按现行国家标准《混凝土结构设计规范》（GB 50010）和《建筑抗震设计规范》（GB 50011）的有关规定执行。

（2）预制混凝土结构连接应具有可靠的整体受力性能。构件间钢筋连接可采用搭接连接、焊接连接和机械连接。

（3）预制混凝土结构连接与构造应优先采用标准化方法，以提高构件连接的可靠性和制作安装的效率。

（4）预制混凝土剪力墙的结合面上应设有抗剪连接齿槽，齿槽深度不应小于10mm，宽度不应小于20mm，间距不应大于200mm。齿槽长度应大于构件截面宽度的0.8倍，齿槽长度方向不应平行于主剪力方向（图7-6）。

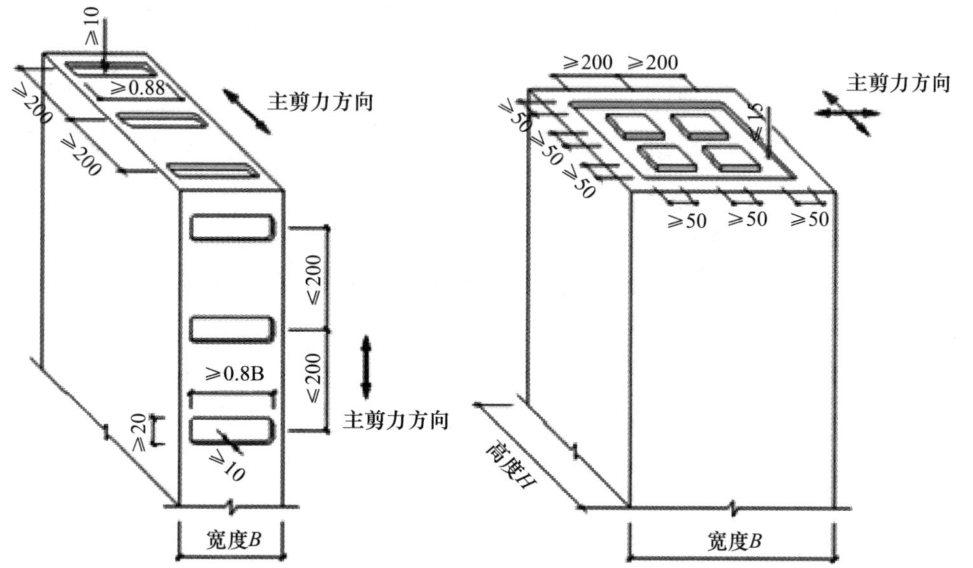

图7-6　剪力墙结合面抗剪连接构造

（5）预制混凝土构件的结合面、叠合面上应做界面增强抗剪连接处理。结合面处后浇混凝土或水泥基灌浆料的补偿收缩率不低于1.0×10^{-4}。叠合面上应采用凹凸不小于6mm的自然粗糙面，或采用双向设置的间距不大于50mm、深和宽不小于10mm的人工刻痕。

2. 预制剪力墙节点配筋构造要求

（1）预制混凝土剪力墙之间纵向钢筋连接宜采用插入式预留孔灌浆钢筋搭接连接，纵筋弯折入孔时，弯折比不大于1：10。构件之间的水平缝隙高度不宜小于10mm。

（2）预制混凝土剪力墙之间的水平连接宜设置现浇连接带，现浇连接带宽度不应小于200mm。水平钢筋在现浇连接带处可采用插销式焊接环钢筋连接，焊接环钢筋应不小于构件水平钢筋或暗柱箍筋，插筋应不小于构件的纵向分布钢筋或暗柱纵向钢筋，被连接构件的水平钢筋应焊接。

（3）叠合梁与剪力墙连接处，剪力墙应预留梁窝，梁窝尺寸应满足梁纵筋锚固构造要求（图 7-7）。

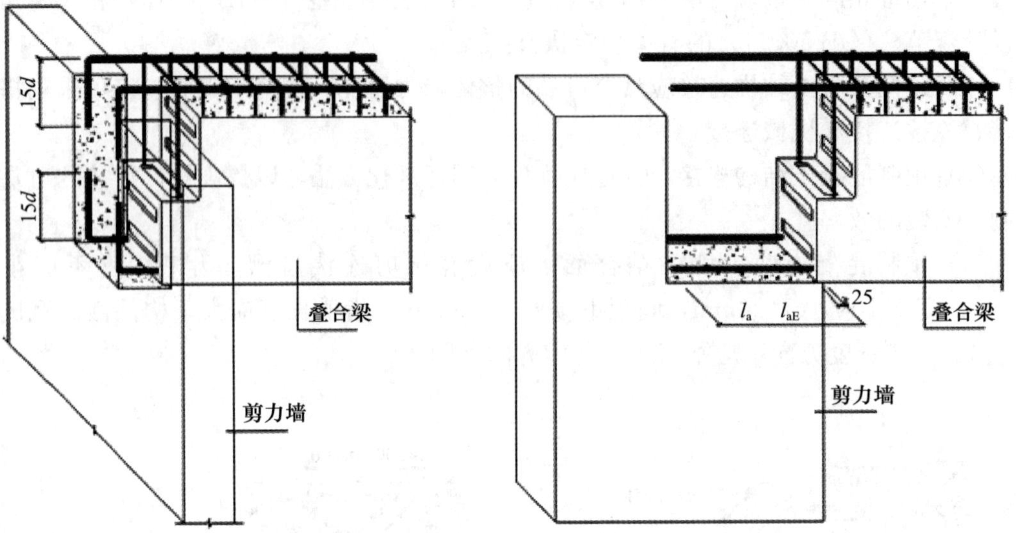

图 7-7　叠合梁纵筋与剪力墙连接构造

3. 钢筋锚固、搭接连接

（1）预制混凝土结构构件受力钢筋之间的锚固、连接，宜优先采用便于安装施工的插入式预留孔灌浆钢筋锚固、搭接连接。

（2）采用插入式预留孔灌浆的普通钢筋锚固长度应满足下列要求：

当计算中充分利用钢筋的抗拉强度时，受拉钢筋的锚固长度应按下列公式计算：

$$l_{ab}=\alpha\frac{f_y}{f_t}d \tag{7-1}$$

式中　l_{ab}——受拉钢筋的锚固长度；

f_y——普通钢筋的抗拉强度设计值；

f_t——当水泥基灌浆料强度应高于构件的混凝土强度时，按构件的混凝土轴心抗拉强度设计值取用，当高于 C40 时，按 C40 取值；

d——钢筋的公称直径；

α——钢筋的外形系数，当采用变形钢筋时，$\alpha=0.14$。

（3）插入式预留孔灌浆的钢筋锚固，当计算中充分利用钢筋的抗压强度时，其锚固长度不应小于（2）条规定的受拉锚固长度的 0.7 倍。

（4）插入式预留孔灌浆的普通钢筋搭接长度应满足下列要求：

①当位于同一连接区段内的钢筋搭接接头面积百分率为 100％时，配有约束螺旋加强箍筋的受拉钢筋搭接长度按下列公式计算：

$$l_l=\zeta_l l_a \tag{7-2}$$

式中　l_l——受拉钢筋的搭接长度；

l_a——受拉钢筋的锚固长度，按（2）条确定；

ζ——受拉钢筋搭接长度修正系数，$\zeta=1.6$。

②纵向受拉钢筋的抗震锚固长度应按下列公式计算：

一、二级抗震等级　　$l_{aE}=1.15l_a$　　(7-3)

三级抗震等级　　$l_{aE}=1.05l_a$　　(7-4)

四级抗震等级　　$l_{aE}=l_a$　　(7-5)

（5）采用插入式预留孔灌浆的钢筋搭接长度不应小于 300mm，搭接长度按较大直径钢筋计算。

（6）纵筋直径大于 25mm 的构件和需进行疲劳验算、直接承受动力荷载构件的纵筋不得采用插入式预留孔灌浆的普通钢筋搭接接头。

任务 7.3　预制混凝土内、外墙板深化设计

7.3.1　预制混凝土内、外墙板深化设计原则

1. 预制墙板类型与编号规定

（1）预制混凝土剪力墙编号。预制混凝土剪力墙编号由墙板代号、序号组成，表达形式应符合表 7-1 的规定。

表 7-1　预制混凝土剪力墙编号

预制墙板类型	代号	序号
预制外墙	YWQ	××
预制内墙	YNQ	××

（2）对于预制外墙板，一般包括外叶墙板和内页墙板，见图 7-7，外叶墙板一般由墙板代号 WY、序号组成，内叶墙板编号应符合表 7-2 的规定。

表 7-2　内叶墙板编号

内叶墙板类型	示意图	编号
无洞口外墙	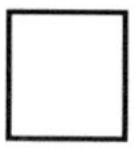	WQ－××－××（无洞口外墙；标志宽度；层高）
一个窗洞外墙（高窗台）		WQC1 － ×××× － ××××（一个窗洞外墙高窗台；标志宽度；层高；窗宽；窗高）
一个窗洞外墙（矮窗台）		WQCA － ×××× － ××××（一个窗洞外墙高窗台；标志宽度；层高；窗宽；窗高）

内叶墙板类型	示意图	编号
两个窗洞外墙	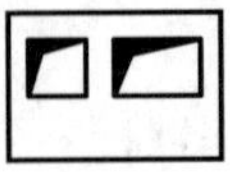	WQC2 – ×××× – ×××× – ×××× 两个窗洞外墙 标志宽度 层高 左窗宽 左窗高 右窗宽 右窗高
一个门洞外墙	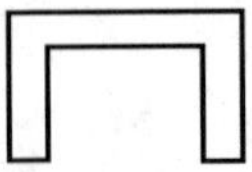	WQM – ×××× – ×××× 一个门洞外墙 标志宽度 层高 门宽 门高

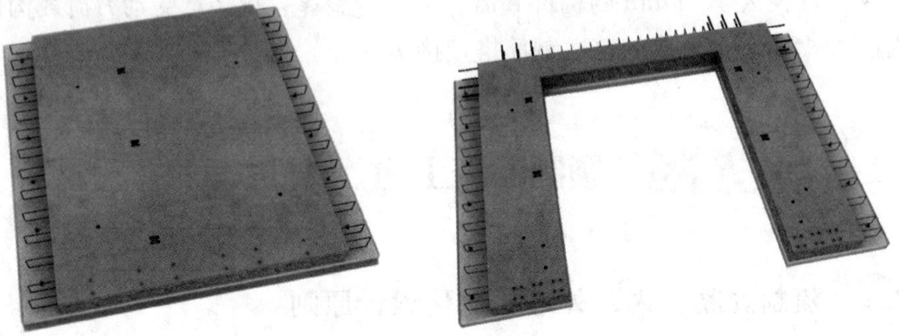

图 7-7　外墙板示意图

2. 构造要求

（1）预制剪力墙宜采用一字形，也可采用 L 形、T 形或 U 形。开洞预制剪力墙洞口宜居中布置，洞口两侧的墙肢宽度不应小于 200mm，洞口上方连梁高度不宜小于 250mm。

（2）预制剪力墙的连梁不宜开洞，当需开洞时，洞口宜预埋套管。洞口上、下截面的有效高度不宜小于梁高的 1/3，且不宜小于 200mm。被洞口削弱的连梁截面应进行承载力验算，洞口处应配置补强纵向钢筋和箍筋，补强纵向钢筋的直径不应小于 12mm。

（3）预制剪力墙开有边长小于 800mm 的洞口且在结构整体计算中不考虑其影响时，应沿洞口周边配置补强钢筋。补强钢筋的直径不应小于 12mm，截面面积不应小于同方向被洞口截断的钢筋面积。该钢筋自孔洞边角算起伸入墙内的长度不应小于其抗震锚固长度。

（4）当采用套筒灌浆连接时，自套筒底部至套筒顶部并向上延伸 300mm 范围内，预制剪力墙的水平分布筋应加密。加密区水平分布筋直径不应小于 8mm。当构件抗震等级为一、二级时，加密区水平分布筋间距不应大于 100mm；当构件抗震等级为三、四级时，其间距不应大于 150mm。套筒上端第一道水平分布钢筋距离套筒顶部不应大于 50mm。

（5）端部无边缘构件的预制剪力墙，宜在端部配置 2 根直径不小于 12mm 的竖向构造钢筋。沿该钢筋竖向应配置拉筋，拉筋直径不宜小于 6mm，间距不宜大于 250mm。

2. 预制外挂墙板防水

预制外墙板的接缝应满足保温、防火、隔声的要求。

预制外墙板的接缝及门窗洞口等防水薄弱部位宜采用材料防水和构造防水相结合的做法，墙板水平接缝宜采用高低缝或企口缝构造；墙板竖缝可采用平口或槽口构造。

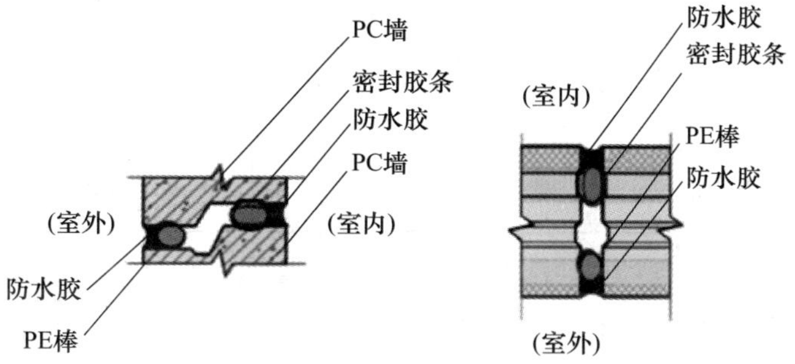

图 7-8　水平接缝防水构造示意图

3. 剪力墙节点连接

楼层内相邻预制剪力墙之间应采用整体式接缝连接，且应符合图 7-9 规定。

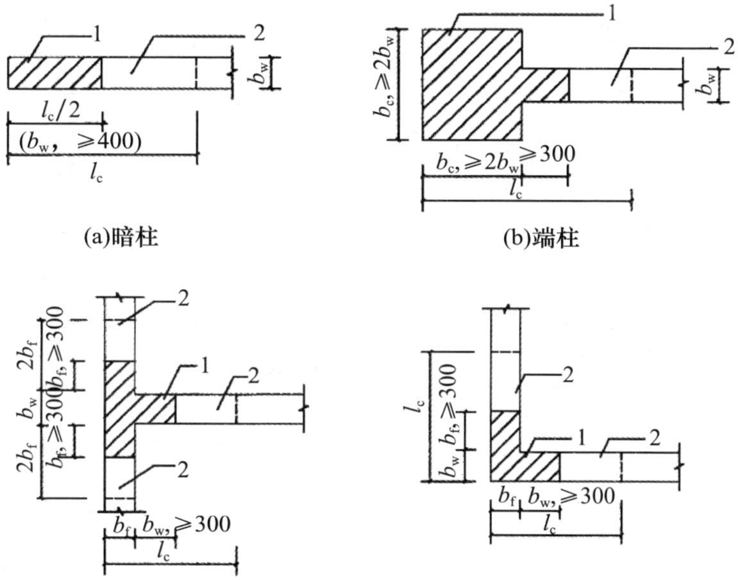

图 7-9　剪力墙之间的边缘构件

注：图中尺寸单位为 mm。

1—配箍特征值为 λ_v 的区域；2—配箍特征值为 $\lambda_v/2$ 的区域

7.3.2　预制混凝土内墙板深化设计图纸

内墙板深化设计图纸一般包括以下内容：

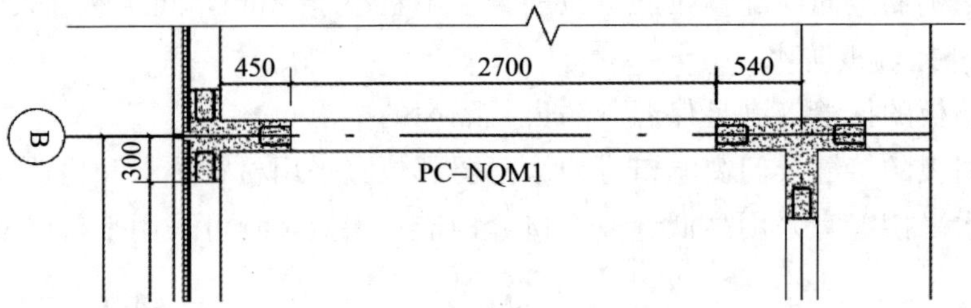

图 7-10　安装位置图

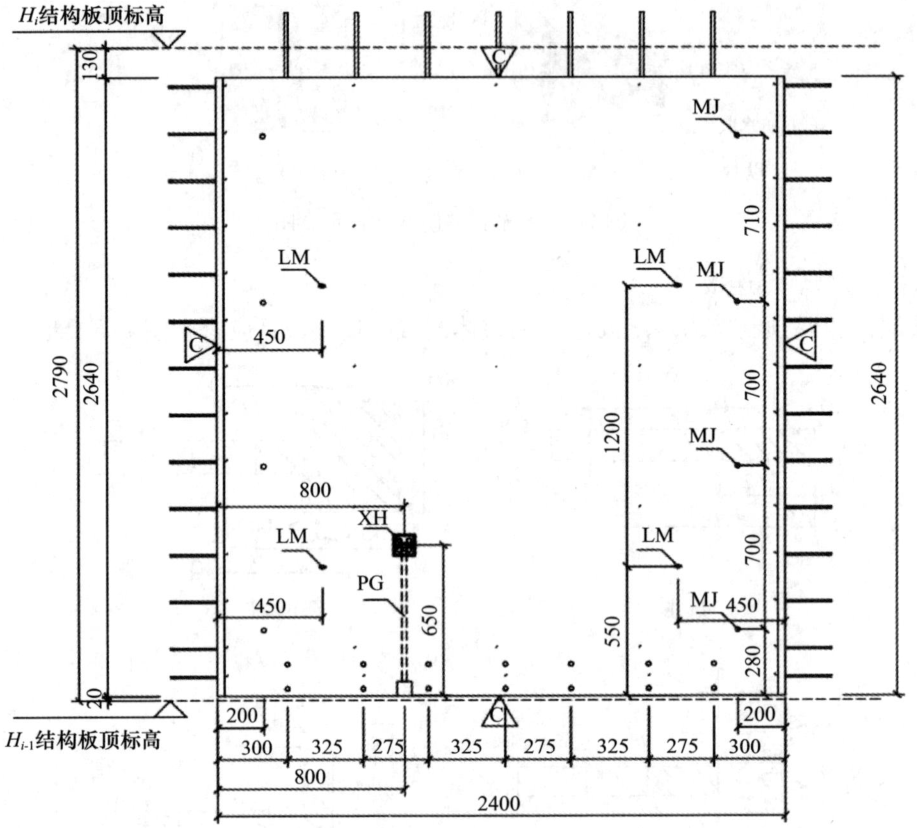

图 7-11　正视图

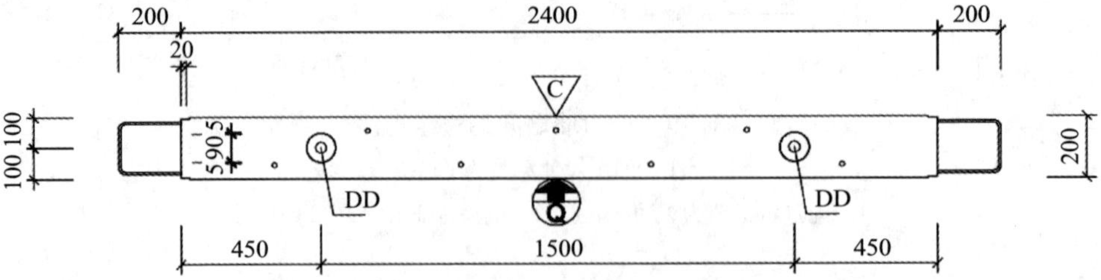

图 7-12　俯视图

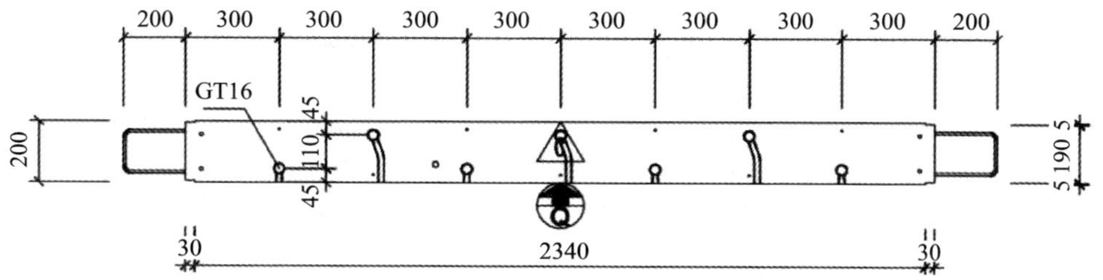

图 7-13　仰视图

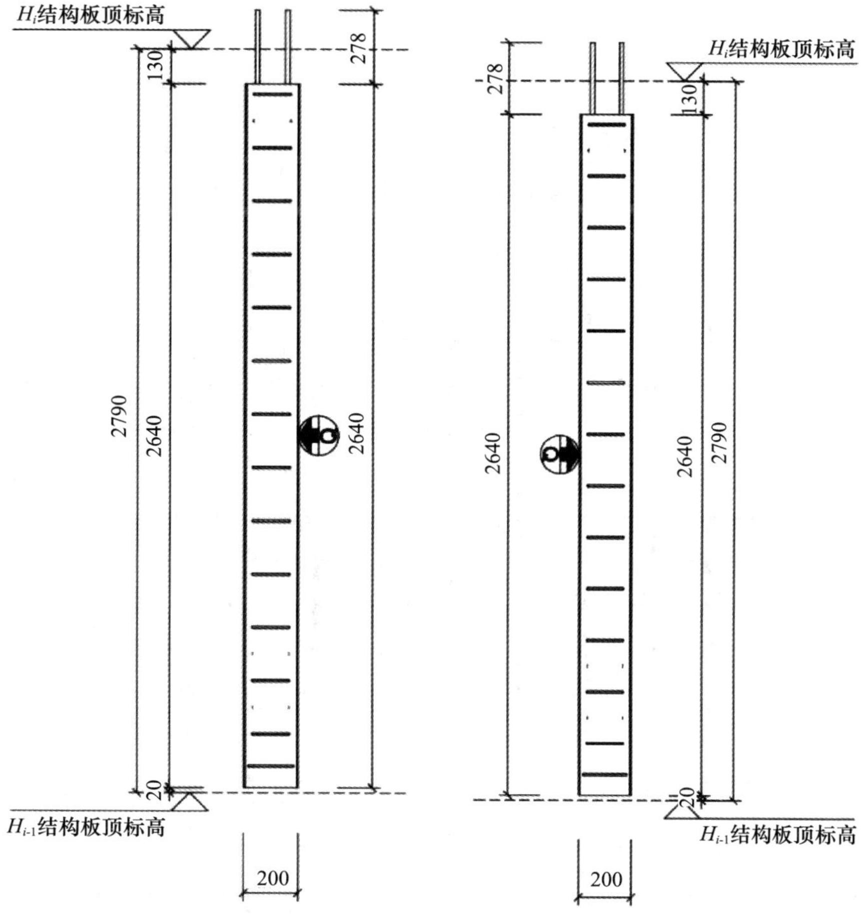

图 7-14　左、右视图

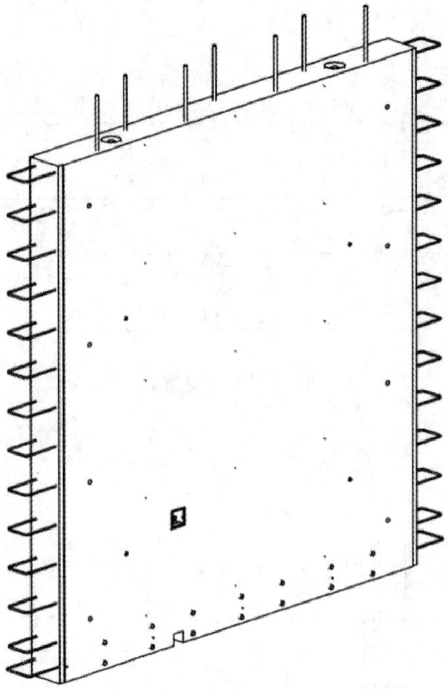

图 7-15　内墙板 3D 视图

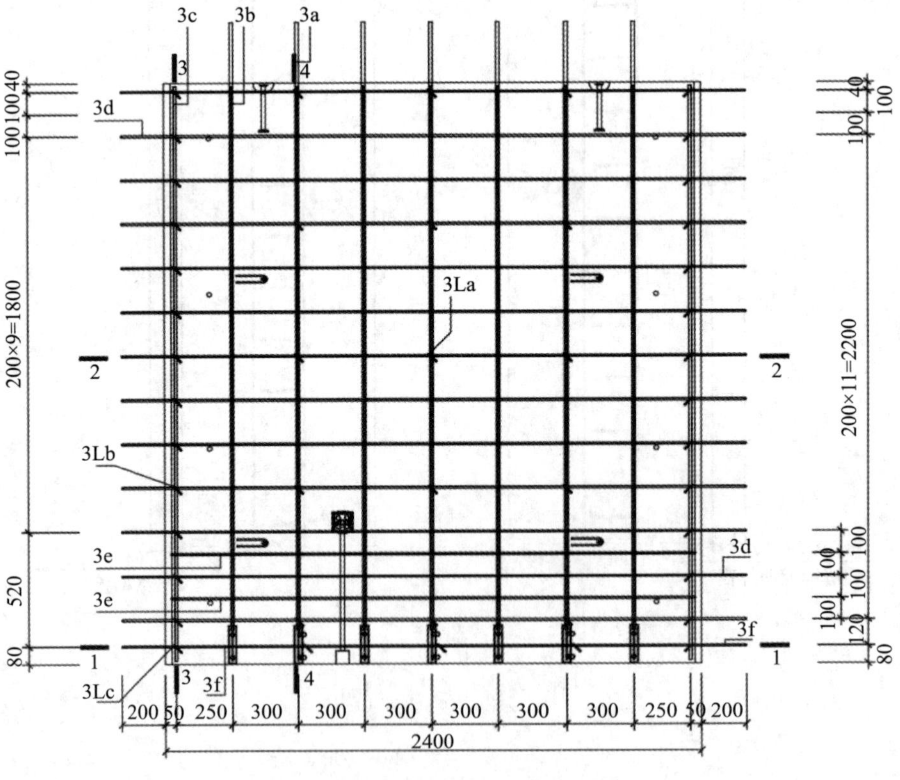

图 7-16　内墙板配筋图

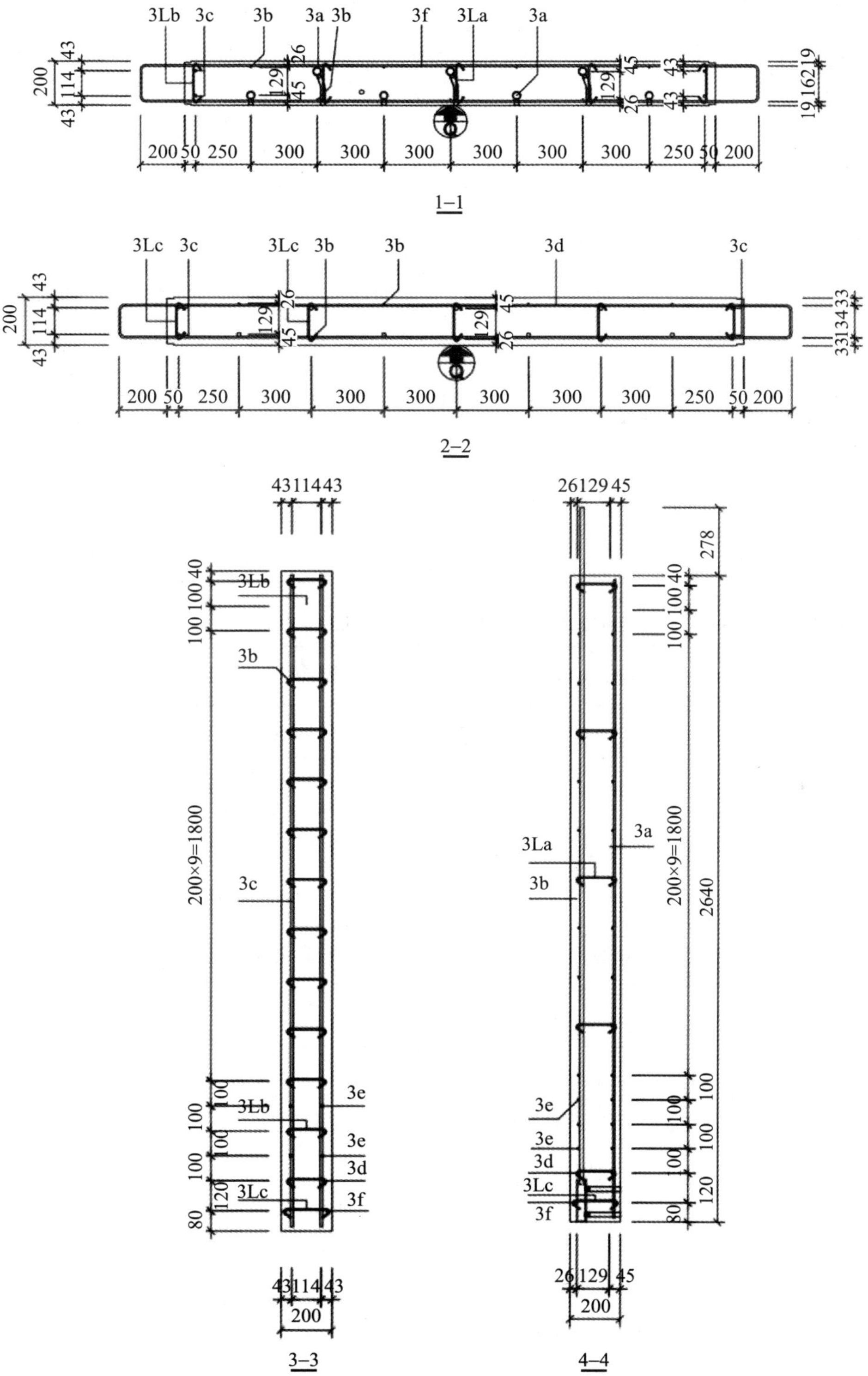

图 7-17　内墙板配筋剖面图

PCQ1 预埋配件明细表				
编号	名称	规格	数量	备注
XH1	JDG86 盒	H=70	1	
XG1	JDG 线管	DN20	2	
TG1	PVC 套管	DE50×100	8	
NLc1	预埋螺母	WWC12×40	4	
DD3	吊钉	KK4×210	2	吊重 4t
GT16	半灌浆套筒		6	ϕ38×174
FC3	方槽	50×50	1	

图 7-18　预埋配件表

预制剪力墙内墙板配筋表				
钢筋编号	钢筋规格	钢筋加工尺寸(设计方交底后方可生产)		
3a	7Φ16	23　2465　278	竖向筋	混凝土墙
3b	7Φ6	2610		
3c	4Φ12	2610		
3d	13Φ8	142　200　2400　200　142	水平箍筋	
3e	2Φ8	142　2348　142		
3f	1Φ8	170　200　2400　200　170		
3La	15Φ6	30　160　30	拉结筋	
3Lb	26Φ6	30　154　30		
3Lc	5Φ6	30　182　30		

图 7-19　内墙板配筋表

7.3.3　预制混凝土外墙板深化设计图纸

外墙板深化设计图纸一般包括以下内容：

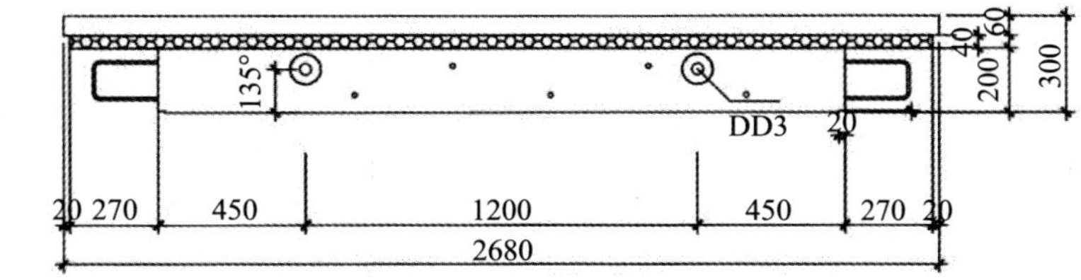

俯视图

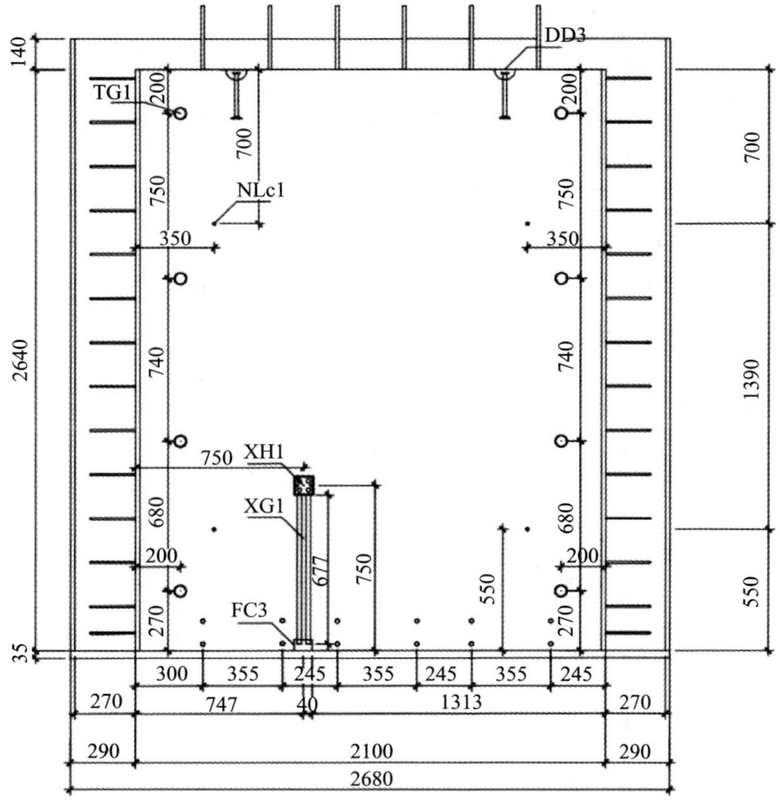

正视模板图

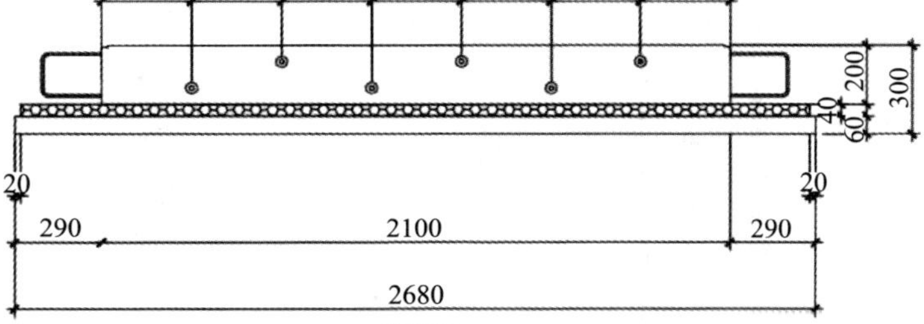

仰视图

图 7-20　外墙板正视、俯视、仰视图

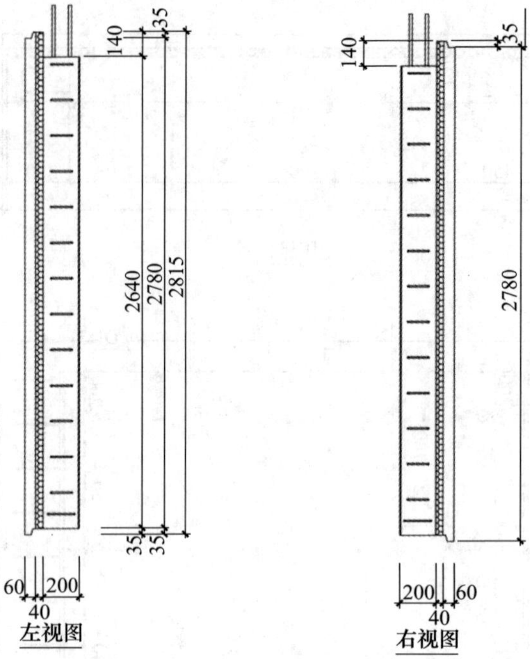

图 7-21　外墙板左视、右视图

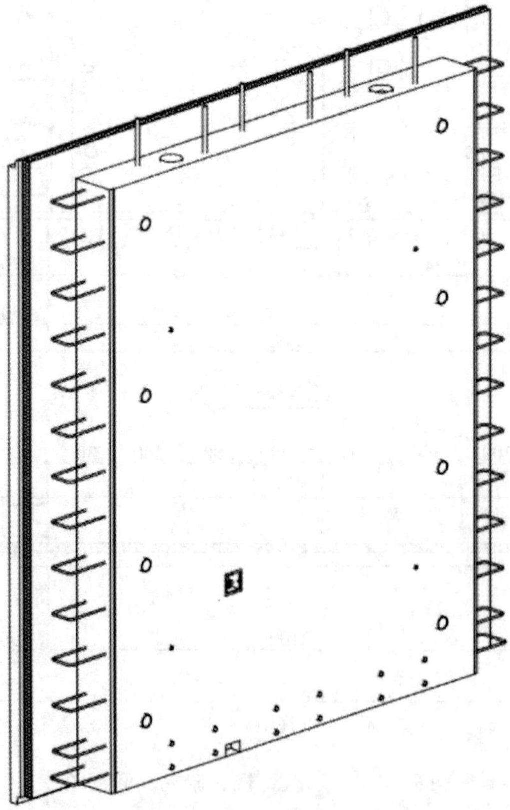

图 7-22　外墙板 3D 图

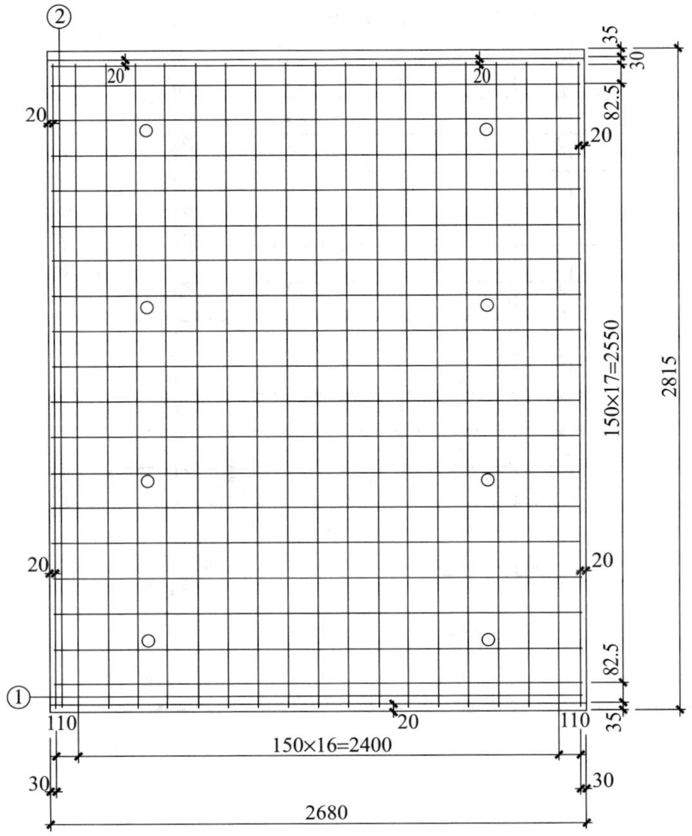

PC-WQ1外叶墙板配筋表					
钢筋编号	钢筋规格	钢筋加工尺寸(设计方交底后方可生产)	钢筋类型		备注
1	19ϕ5	2740	竖向筋	外叶墙板	绑扎网片
2	20ϕ5	2640	水平筋		

图 7-23　外叶墙板钢筋网布置图

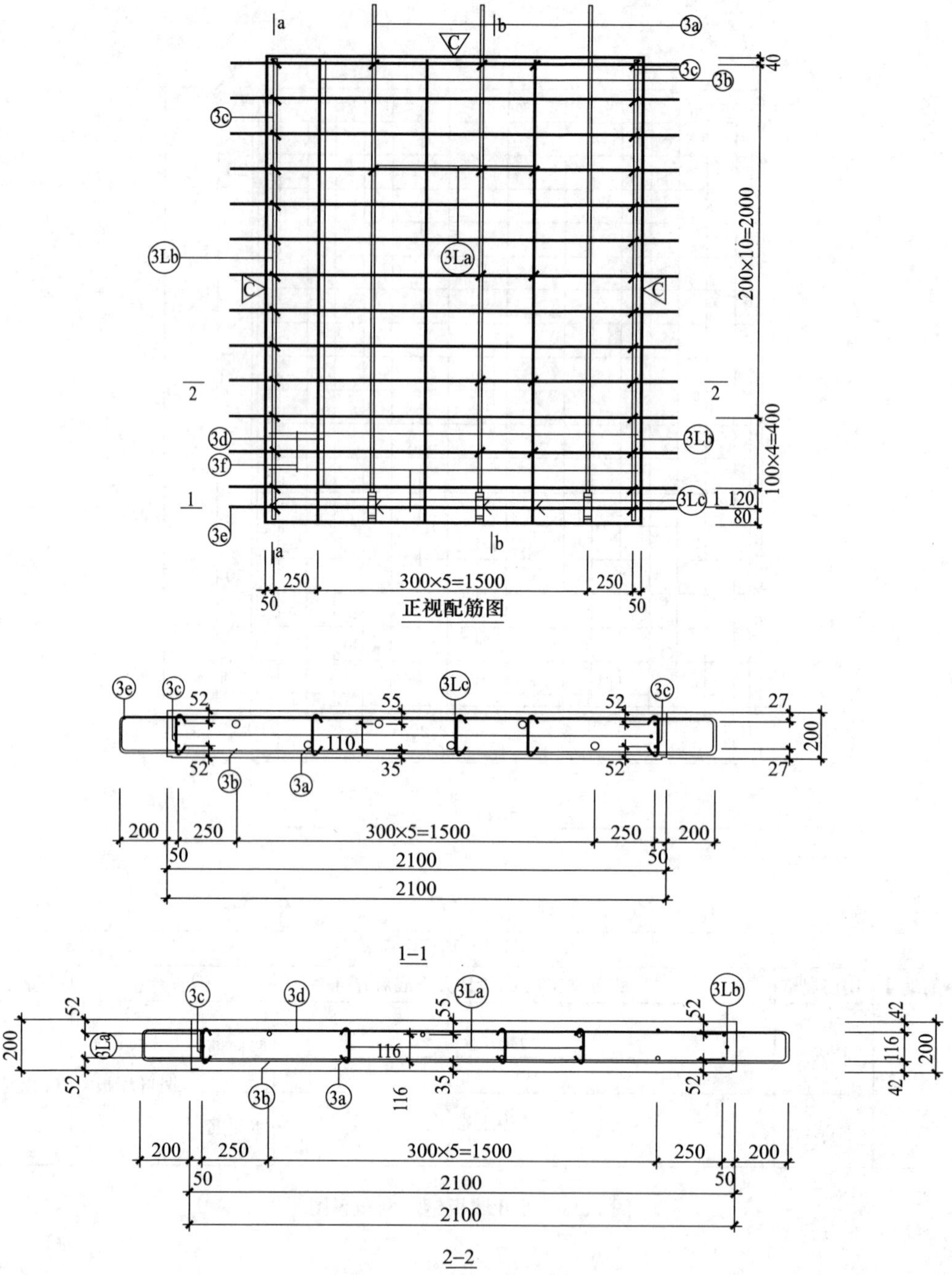

图 7-24　内叶墙板钢筋图

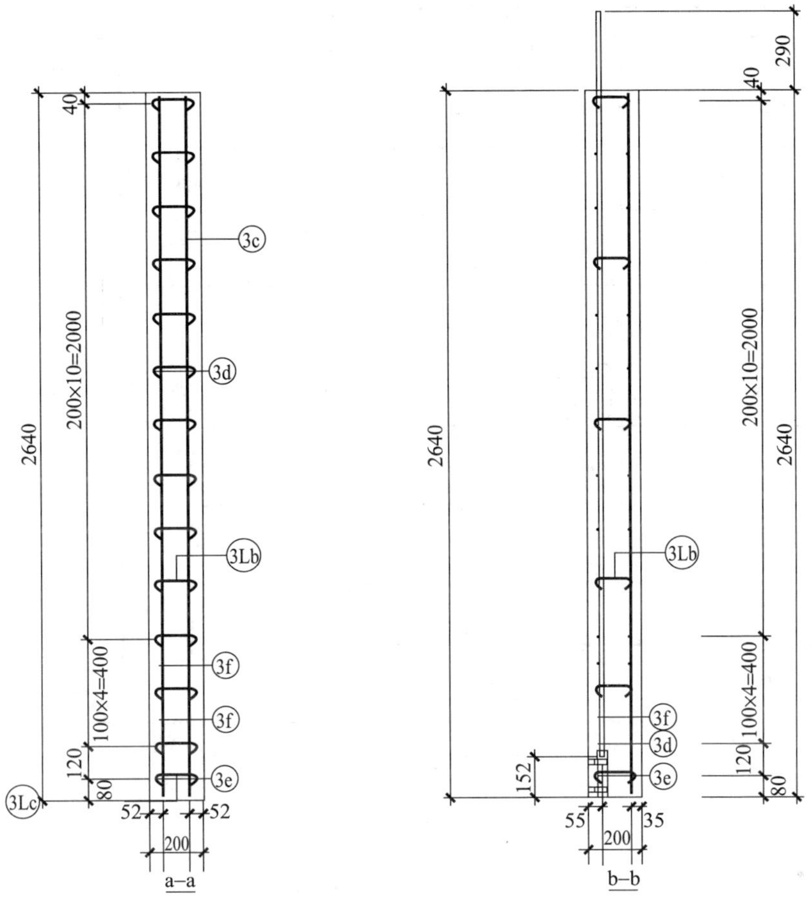

图 7-25　内叶墙板钢筋 a—a、b—b 剖面图

PCQ1 预埋配件明细表				
编号	名称	规格	数量	备注
XH1	JDG86 盒	H=70	1	
XG1	JDG 线管	DN20	2	
TG1	PVC 套管	DE50×100	8	
NLc1	预埋螺母	WWC12×40	4	
DD3	吊钉	KK4×210	2	吊重 4 吨
GT16	半灌浆套筒		6	ϕ38×174
FC3	方槽	50×50	1	

图 7-26　内叶墙板预埋件明细表

PCQ1内叶墙板配筋表					
钢筋编号	钢筋规格	钢筋加工尺寸(设计方交底后方可生产)	钢筋类型		备注
3a	6Φ16	23 2466 290	竖向筋	混凝土墙	一端车丝长度23
3b	6Φ6	2610	竖向筋	混凝土墙	
3c	4Φ12	2610	竖向筋	混凝土墙	
3d	13Φ8	116 200 2100 200 116	水平筋	混凝土墙	焊接封闭箍筋
3e	1Φ8	146 200 2100 200 146	水平筋	混凝土墙	焊接封闭箍筋
3f	2Φ8	116 2050 116	水平筋	混凝土墙	焊接封闭箍筋
3La	Φ6@600	30 130 30	拉筋	混凝土墙	
3Lb	26Φ6	30 124 30	拉筋	混凝土墙	
3Lc	5Φ6	30 154 30	拉筋	混凝土墙	

图 7-27　内叶墙板配筋表

【小结】

通过本部分的学习，要求学生认识装配整体式剪力墙结构、剪力墙的类型和编号规定、平面布置图和剖面图的标注内容及相关规定；能够阅读理解预制剪力墙外墙板和内墙板的模板图、配筋图、钢筋明细表、埋件表及相关构造节点详图；能够掌握深化设计文件所包括的内容。

【习题】

一、选择题

1. 预制剪力墙的水平拆分应（　　），便于部品标准化生产。

A. 保证门窗洞口完整性　　B. 在门窗洞口处

C. 避开所有门窗洞口　　D. 采用统一门窗洞口

2. 预制剪力墙结构最外部转角部位应采取加强措施，当不满足设计构造要求时（　　）。

A. 可增加钢筋数量　　B. 可增加混凝土强度等级

C. 可采用现浇构件　　D. 可加大尺寸

3. 预制墙板编号为 NQ-2428，其意义是（　　）。

A. 内叶墙板，高 2.4m，宽 2.8m　　B. 内叶墙板，宽 2.4m，高 2.8m

C. 内墙板，高 2.4m，宽 2.8m　　D. 内墙板，宽 2.4m，高 2.8m

4. 当采用套筒灌浆连接时，自套筒底部至套筒顶部并向上延伸（　　）范围内，预制剪力墙的水平分布筋应加密。加密区水平分布筋直径不应小于（　　）。

A. 500mm，8mm　　B. 300mm，8mm

C. 500mm，10mm　　D. 300mm，10mm

5. 某剪力墙配筋剖面图如下，则该墙的主受力筋是（　　）。

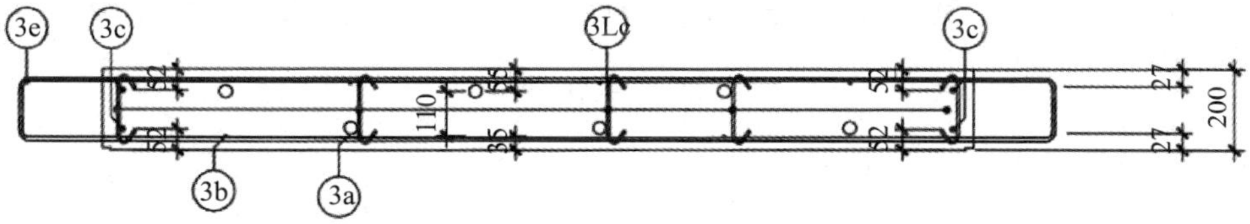

A. 3a　　B. 3b　　C. 3c　　D. 3e

二、简答题

1. 剪力墙上下层之间如何连接？

2. 在满足规定的构造措施情况下，预制剪力墙的截面配筋设计、构造措施如何规定？

3. 剪力墙深化设计中，外墙板包括哪些深化设计内容？

项目 8　装配式钢筋混凝土楼梯及阳台深化设计

学习目标

通过本项目的学习，使学生掌握装配式楼梯的类型、组成及设计要求；重点掌握预制钢筋混凝土楼梯和阳台的构造与要求以及设计要点。

学习要点

重点掌握不同类型的装配式钢筋混凝土楼梯和阳台的设计构造与要求以及在实际应用中能进行楼梯的设计。

建议学时

5 学时

任务 8.1　预制钢筋混凝土板式楼梯识图

8.1.1　预制钢筋混凝土双跑楼梯识图

某公司技术员王某接到某工程预制钢筋混凝土楼梯的生产任务，其中一块预制双跑楼梯选自标准图集《预制钢筋混凝土板式楼梯》（X15G367-1），编号为 ST-28-24，其示意如图 8-1 所示。工程概况如下：工程环境类别为一类，梯段板厚为 120mm，混凝土强度等级为 C30，钢筋采用 HRB400 级，钢筋混凝土保护层厚度为 20mm，楼梯入户处建筑面层厚度为 50mm，楼梯平台板处建筑面层厚度为 30mm。

图 8-1　装配式楼梯构件示意

王某若要完成该楼梯的生产任务，必须先结合标准图集及工程概况完成该楼梯的识图任务。该楼梯的模板图、配筋图如图 8-2 和图 8-3 所示。

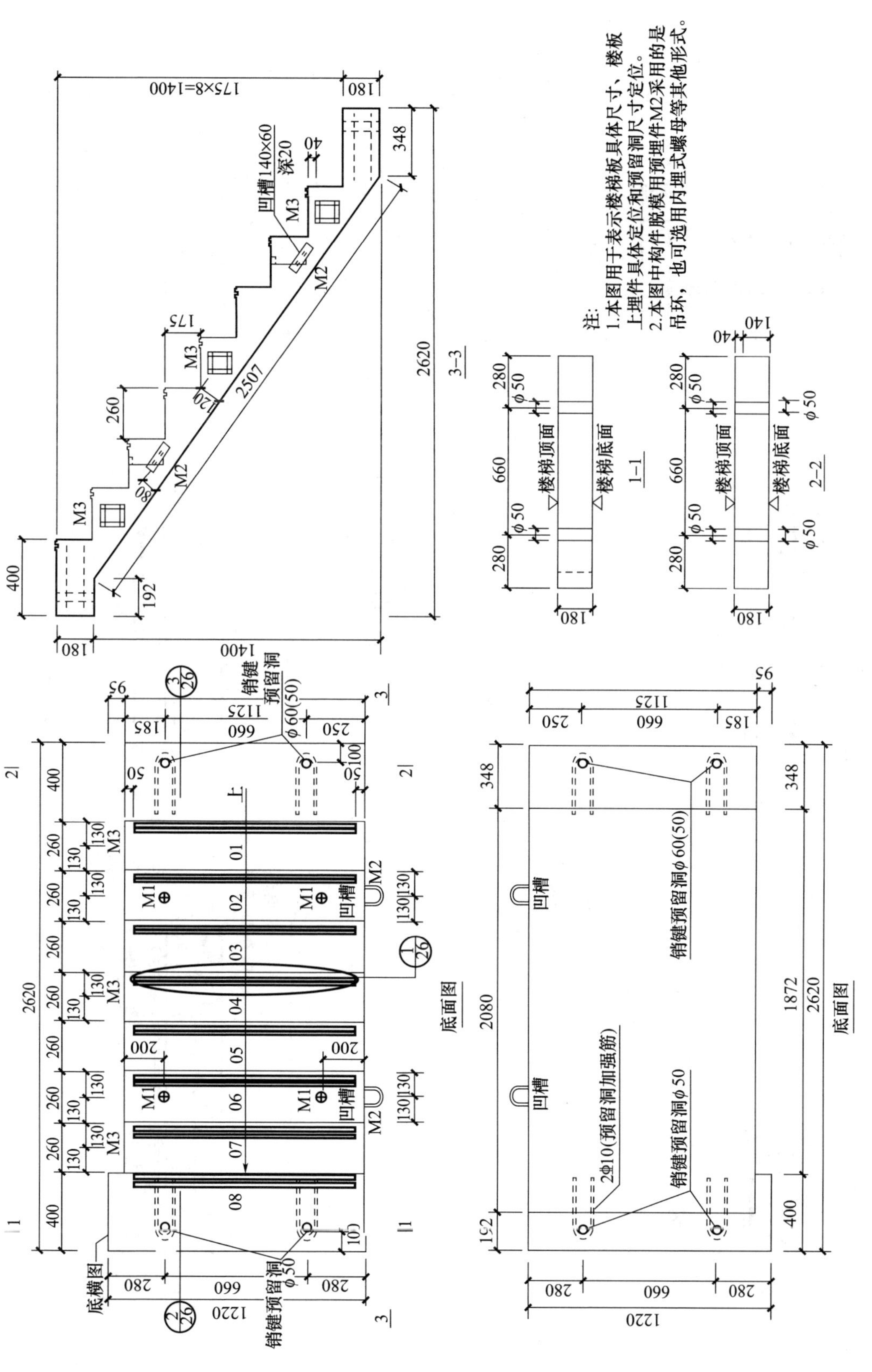

图 8-2　ST-28-24 模板图

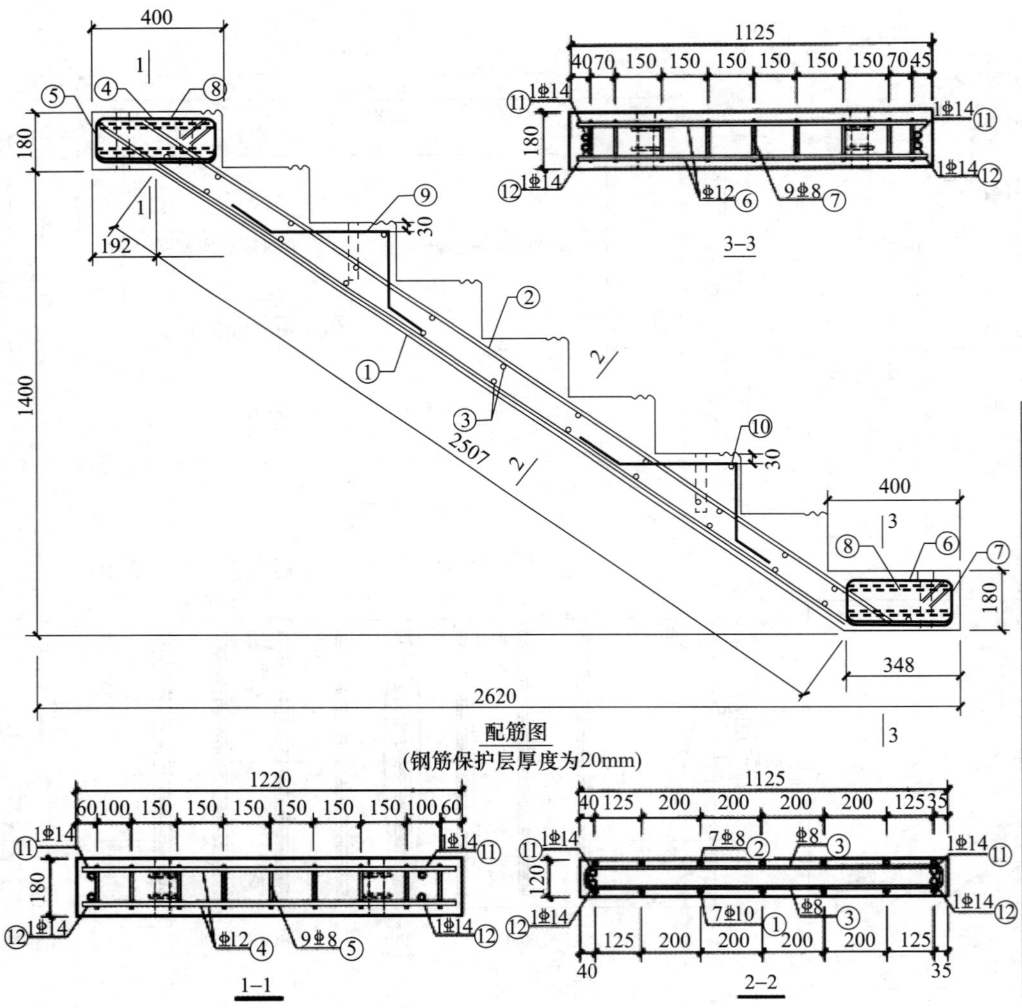

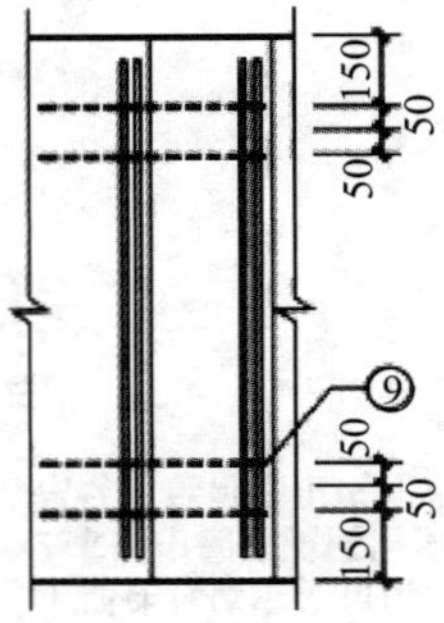

⑨ 钢筋平面定位图

钢筋明细表

编号	数量	规格	形状	钢筋名称	质量/kg	钢筋总质量/kg	混凝土/m³
①	7	Φ10	2700 321	下部纵筋	13.05	72.18	0.6254
②	7	Φ8	2728	上部纵筋	7.54		
③	20	Φ8	80 1085 80	上、下分布筋	9.84		
④	6	Φ12	1185	边缘纵筋1	7.57		
⑤	9	Φ8	360 140	边缘箍筋1	3.56		
⑥	6	Φ12	1085	边缘纵筋2	5.79		
⑦	9	Φ8	328 140	边缘箍筋2	3.33		
⑧	8	Φ10	280	加强筋	3.31		
⑨	8	Φ8	327 213 100 100	吊点加强筋	2.34		
⑩	2	Φ18	1085	吊点加强筋	0.86		
⑪	2	Φ14	150 2700 275	边缘加强筋	7.57		
⑫	2	Φ14	2700 368	边缘加强筋	13.05		

图 8-3　ST-28-24 配筋图

8.1.2　相关知识

1. 双跑楼梯编号规定

预制双跑楼梯编号如图 8-4 所示。例如，ST-28-25 表示预制混凝土板式双跑楼梯，建筑层高为 2800mm，楼梯间净宽为 2500mm。预制混凝土板式楼梯图例见表 8-1。

ST － ×× － ××

楼梯类型　层高　楼梯间净宽

图 8-4　预制双跑楼梯编号

表 8-1　预制混凝土板式楼梯图例

图例	含义
	栏杆预留洞口
	梯段板吊装预埋件
	梯段板吊装预埋件
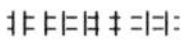	栏杆预留埋件

2. 双跑楼梯平面布置图与剖面图标注内容

(1) 平面布置图标注内容。预制楼梯平面布置图标注内容包括楼梯间的平面尺寸、楼层结构标高、楼梯的上下方向、预制梯板的平面几何尺寸、梯板类型及编号、定位尺寸和连接做法索引号等。

在图 8-5 所示的预制双跑楼梯平面布置图中，选用了编号为 ST-28-24 的预制混凝土板式双跑楼梯，建筑层高为 2800mm，楼梯间净宽为 2400mm，梯段水平投影长度为 2620mm，梯段宽度为 1125mm。中间休息平台标高为 1.400m，宽度为 1000mm，楼层平台宽度为 1280mm。

(2) 剖面图标注内容。预制楼梯剖面图标注内容包括预制楼梯编号、梯梁梯柱编号、预制梯板水平及竖向尺寸、楼层结构标高、层间结构标高、建筑楼面做法厚度等。

在图 8-6 所示的预制楼梯剖面图中，预制楼梯编号为 ST-28-24，梯梁编号为 TL1，梯段高为 1400mm，中间休息平台标高为 1.400m，楼层平台标高为 2.800m，入户处楼梯建筑面层厚度为 50mm，中间休息平台建筑面层厚度为 30mm。

3. 其他说明

(1) 预制楼梯表的主要内容包括：构件编号、所在楼层、构件质量、构件数量、构件详图页码（选用标准图集的楼梯注写具体图集号和相应页码；自行设计的构件需注写施工图图号）、连接索引（标准构件应注写具体图集号、页码和节点号；自行设计时需注写施工图页码），备注中可标明该预制构件是“标准构件”或“自行设计”，见表 8-2。

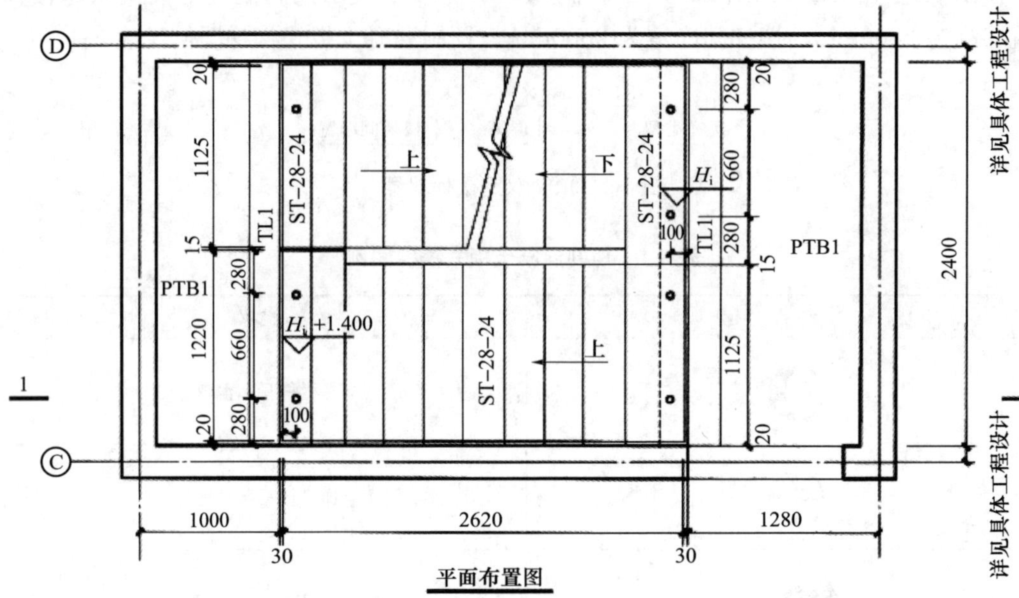

图 8-5　预制双跑楼梯平面布置图

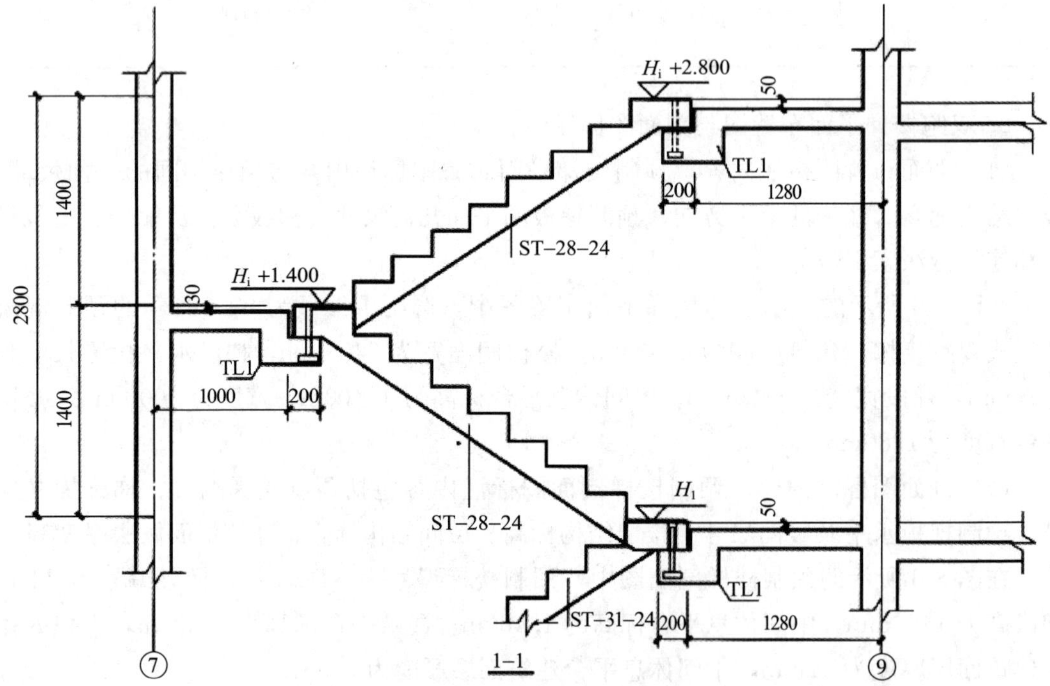

图 8-6　预制楼梯剖面图

表 8-2 预制楼梯表

构件编号	所在楼层	构件质量（t）	构件数量	构件详图页码（图号）	连接索引	备注
ST-28-24	3～20	1.61	72	15G367-1，8—10	—	标准构件
ST-31-24	1～2	1.8	8	结施-24	15G367-1，27，①②	自行设计本图略

（2）预制隔墙板编号由预制隔墙板代号、序号组成。表达形式见表 8-3。如 GQ3，表示预制隔墙，序号为 3。

表 8-3 预制隔墙板编号

预制墙板类型	代号	序号
预制隔墙板	GQ	××

8.1.3 任务实施

1. 模板图识读

如图 8-2 和图 8-5 所示，可以读取出楼梯 ST-28-24 模板图的相关信息。

（1）楼梯间净宽为 2400mm，其中梯井宽为 110mm，梯段板宽为 1125mm，梯段板与楼梯间外墙间距为 20mm，梯段板水平投影长为 2620mm，梯段板厚度为 120mm。

（2）梯段板设置一个与低处楼梯平台连接的底部平台、7 个梯段中间的正常踏步（图纸中编号为 01-07）和一个与高处楼梯平台连接的踏步平台（图纸中编号为 08）。

（3）梯段底部平台面宽为 400mm（因梯段有倾斜角度，平台底宽为 348mm），长度与梯段宽度相同，厚度为 180mm。顶面与低处楼梯平台顶面建筑面层平齐，搁置在平台挑梁上，与平台顶面间留 30mm 空隙。平台上设置 2 个销键预留洞，预留洞中心与梯段板底部平台侧边的距离分别为 100mm（靠楼梯平台一侧）和 280mm（靠楼梯间外墙一侧），对称设置。预留洞下部 140mm 孔径为 50mm，上部 40mm 孔径为 60mm。

（4）梯段中间的 01～07 号踏步自下而上排列，踏步高为 175mm，踏步宽为 260mm，踏步面长度与梯段宽度相同。踏步面上均设置防滑槽。第 01、04 和 07 号踏步台阶靠近梯井一侧的侧面各设置 1 个拉杆预留埋件 M3，在踏步宽度上居中设置。第 02 和 06 号踏步台阶靠近楼梯间外墙一侧的侧面各设置 1 个梯段板吊装预埋件 M2，在踏步宽度上居中设置。第 02 和 06 号踏步面上各设置 2 个梯段板吊装预埋件 M1，在踏步宽度上居中，距离踏步两侧边（靠楼梯间外墙一侧和靠梯井一侧）200mm 处对称设置。

（5）与高处楼梯平台连接的 08 号踏步平台面宽 400mm（因梯段有倾斜角度，平台底宽为 192mm），长为 1220mm（靠楼梯间外墙一侧与其他踏步平齐，靠梯井一侧比其他踏步长 95mm），厚为 180mm。顶面与高处楼梯平台顶面建筑面层平齐，搁置在平台挑梁上，与平台顶面间留 30mm 空隙。平台上设置 2 个销键预留洞，孔径为 50mm，预留洞中心与踏步侧边的距离分别为 100mm（靠楼梯平台一侧）和 280mm（靠楼梯间外墙一侧），对称设置。该踏步平台与上一梯段板底部平台搁置在同一楼梯平台挑梁上，之间留 15mm 空隙。

2. 配筋图识读

如图 8-3 所示，可以读取出楼梯 ST-28-24 配筋图的相关信息。

（1）下部①号纵筋：7 根，布置在梯段板底部。沿梯段板方向倾斜布置，在梯段板底部平台处弯折成水平向。间距为 200mm，梯段板宽度上最外侧的两根下部纵筋间距调整为 125mm，与板边的距离分别为 40mm 和 35mm。

（2）上部②号纵筋：7 根，布置在梯段板顶部。沿梯段板方向倾斜布置，在梯段板底部平台处不弯折，直伸至水平向下部纵筋处。在梯段板宽度上与下部纵筋对称布置。

（3）上、下③号分布筋：20 根，分别布置在下部纵筋和上部纵筋内侧，与下部纵筋和上部纵筋分别形成网片。仅在梯段倾斜区均匀布置，底部平台和顶部踏步平台处不布置。单根分布筋两端 90°弯折，弯钩长度为 80mm，对应的上、下分布筋通过弯钩搭接成封闭状（位于纵筋内侧，不能称为箍筋）。

（4）边缘④⑥号纵筋：12 根，分别布置在底部平台和顶部踏步平台处，沿平台长度方向（即梯段宽度方向）。每个平台布置 6 根，平台上、下部各为 3 根，采用类似梁纵筋形式布置。因顶部踏步平台长度较梯段板宽度稍大，其边缘纵筋长度大于底部平台边缘纵筋长度。底部平台边缘纵筋布置在梯段板下部纵筋水平段之上。

（5）边缘⑤⑦号箍筋：18 根，分别布置在底部平台和顶部踏步平台处，箍住各自的边缘纵筋。间距为 150mm，底部平台最外侧两道箍筋间距调整为 70mm，顶部踏步平台最外侧两道箍筋间距调整为 100mm。

（6）边缘⑪⑫号加强筋：4 根，布置在上、下分布筋的弯钩内侧，与梯段板下部纵筋和上部纵筋同向。在梯段板底部平台处均弯折成水平向，与梯段板下部纵筋水平段同层。上部边缘加强筋在顶部踏步平台处弯折成水平向。

（7）销键预留洞⑧号加强筋：8 根，每个销键预留洞处上、下各 1 根，布置在梯段板上、下分布筋内侧，水平布置。

（8）吊点⑨号加强筋：8 根，每个吊点预埋件 M1 左、右各布置 1 根。定位见钢筋平面位置定位图。

（9）吊点⑩号加强筋：2 根。

3. 安装图识读

如图 8-7 所示，楼梯间净宽为 2400mm，梯井宽为 110mm，梯段板宽为 1125mm，平台面之间的缝隙宽 15mm，梯段板与楼梯间外墙间距为 20mm。梯段板水平投影长为 2620mm，两端与 TL 之间的缝隙宽为 30mm。其他识读内容参见模板图识读部分内容。

4. 节点详图识读

双跑楼梯 ST-28-24 节点详图如图 8-8 所示。

从图 8-8 中可以读取出 ST-28-24 双跑楼梯 8 个节点的详图信息，具体内容如下：

（1）节点①防滑槽加工做法。防滑槽长度方向两端距离梯段板边缘 50mm，相邻两防滑槽中心线之间的距离为 30mm，边缘防滑槽中心线距离踏步边缘 30mm，每个防滑槽中心线与两边的距离分别为 9mm 和 6mm，防滑槽深为 6mm。

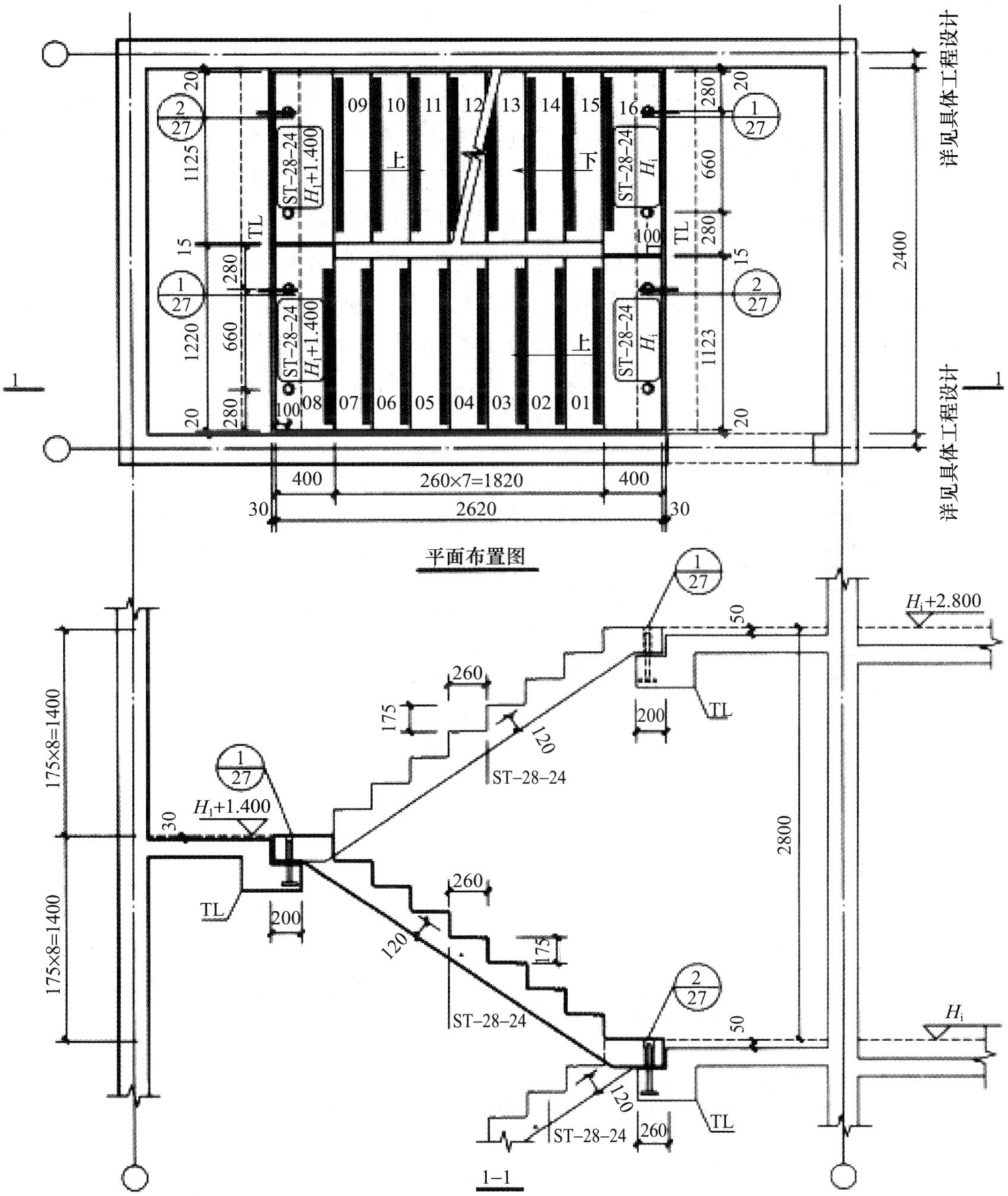

图 8-7　ST-28-24 安装图

（2）节点②上端销键预留洞加强筋做法。预留洞外边缘距离支承外边缘 75mm；每个预留洞设置 2 根直径为 10mm 的 HRB400 级钢筋，U 形加强筋右边缘距离预留洞中心 55mm，加强筋平直段长度为 270mm，两平行边之间的距离为 110mm；在竖直方向，上层加强筋与支承顶面的距离为 50mm，下层加强筋与支承顶面的距离为 45mm，两层加强筋之间的距离为 85mm。

（3）节点③下端销键预留洞加强筋做法。预留洞外边缘距离支承外边缘距离：洞底部 75mm，洞顶部为 70mm；预留洞上部直径为 60mm，深为 50mm，下部直径为 50mm，深为 130mm；其他钢筋构造同节点②。

（4）节点④预埋件 M1 构造。预埋吊件直径为 28mm，长度为 150mm，吊件顶部的螺栓孔直径为 18mm（深为 40mm），与预埋吊件相连接的加强筋为 1 根直径为 12mm 的 HRB400 级钢筋，长度为 300mm，与预埋吊件垂直布置，距离吊件底部 30mm。

（5）节点⑤预埋件 M2 构造。节点中预埋件凹槽为四棱台，长度为 140mm，宽度为 60mm，深度为 20mm，四棱台四个斜面水平投影长度均为 10mm；预埋吊筋呈 U 形，为 1 根直径为 12mm 的 HPB300 级钢筋，下端凸出预制构件表面 80mm，伸入构件内部 380mm，钢筋端部做 180°弯钩，平直段长度为 60mm，平行段之间的距离为 100mm。

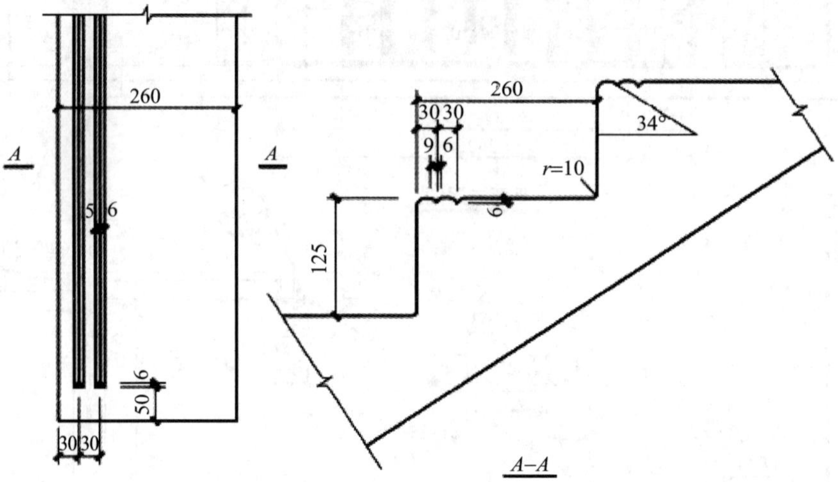

(a)

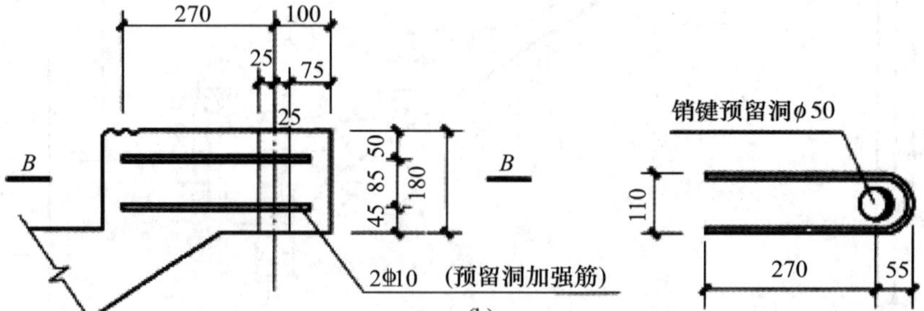

(b)

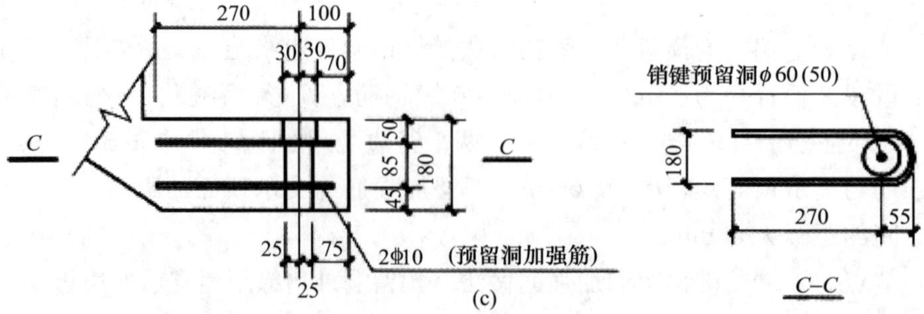

(c)

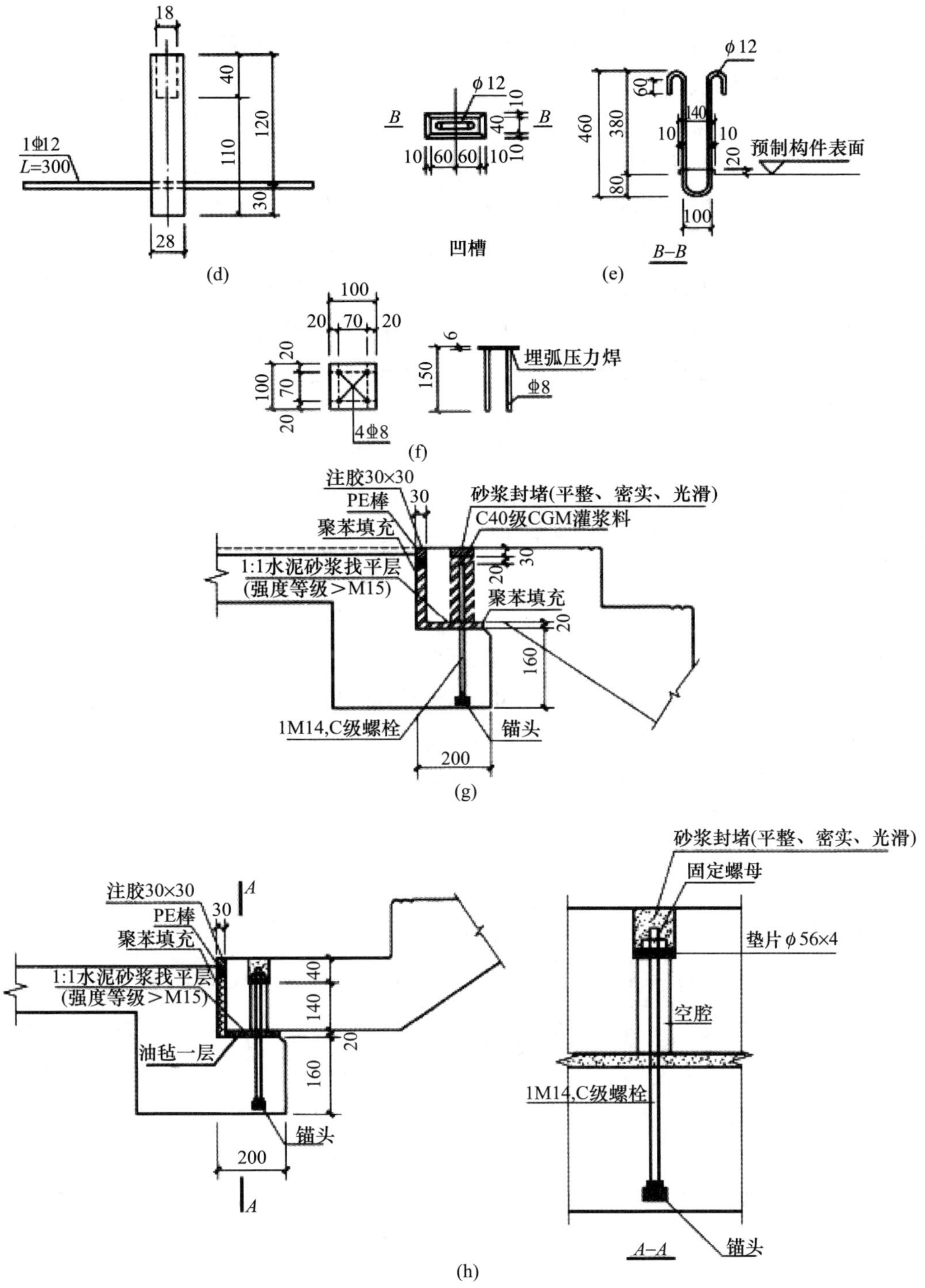

图8-8　双跑楼梯节点详图

(a) 防滑槽加工做法；(b) 上端销键预留洞加强筋做法；(c) 下端销键预留洞加强筋做法；
(d) M1示意图（螺栓型号为M18，仅为施工过程中吊装用）；(e) M2大样图（构件脱模用的吊环）；
(f) M3大样图；(g) 双跑梯固定铰端安装节点大样图；(h) 双跑梯滑动铰端安装节点大样图

（6）节点⑥预埋件 M3 构造。预埋钢板长度为 100mm，宽度为 100mm，厚度为 6mm；与预埋钢板焊接的 4 根钢筋均为直径为 8mm 的 HRB400 级钢筋，长度为 144mm，焊接点与钢板边缘的距离均为 20mm。

（7）节点⑦双跑梯固定铰端安装节点大样。梯梁挑耳上预留 1M14，C 级螺栓，螺栓下端头设置锚头，上端插入梯板预留孔，预留孔内填塞 C40 级 CGM 灌浆料，上端用砂浆封堵（平整、密实、光滑）；梯梁与梯板水平接缝铺设 1∶1 水泥砂浆找平层，强度等级 2M15，竖向接缝用聚苯填充，顶部填塞 PE 棒，注胶 30×30。

（8）节点⑧双跑梯滑动铰端安装节点大样。与固定铰端安装节点大样不同的是，梯梁与梯板水平接缝处铺设油毡一层，梯板预留孔内呈空腔状态，螺栓顶部加垫片 α56×4 和固定螺母，预留孔顶部用砂浆封堵（平整、密实、光滑）。

5. 钢筋表识读

如图 4-3 所示，钢筋表主要表达钢筋的编号、数量、规格、形状（含各段细部尺寸）、钢筋名称、质量、钢筋总重等内容，其具体识读内容详见前述“配筋图识读”相应内容。

8.1.4 知识拓展

某工程双跑楼梯 ST-30-24 模板图及配筋图如图 8-9 所示。由模板图可以读取出楼梯模板的长度、宽度、高度方向的总尺寸，踏步细部尺寸，预埋件、预留孔洞定位尺寸等；由配筋图可以读取出楼梯板的 12 种钢筋信息。读者可就双跑楼梯 ST-28-24、ST-30-24 的模板图和配筋图分别列表进行对比分析，查询两者之间构造的异同点。

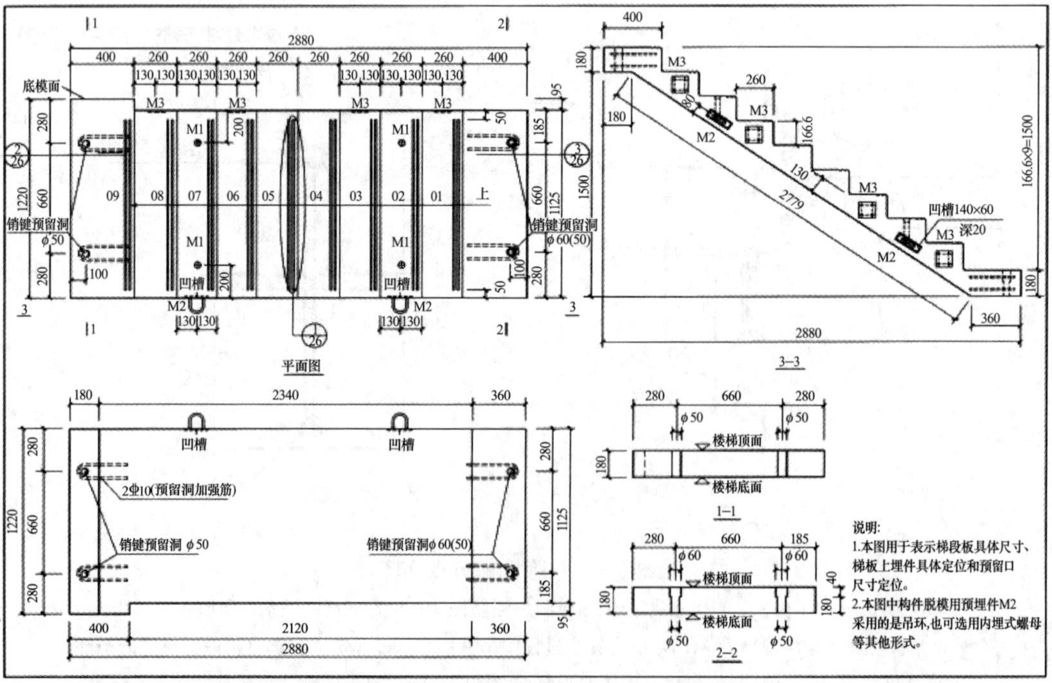

(a)

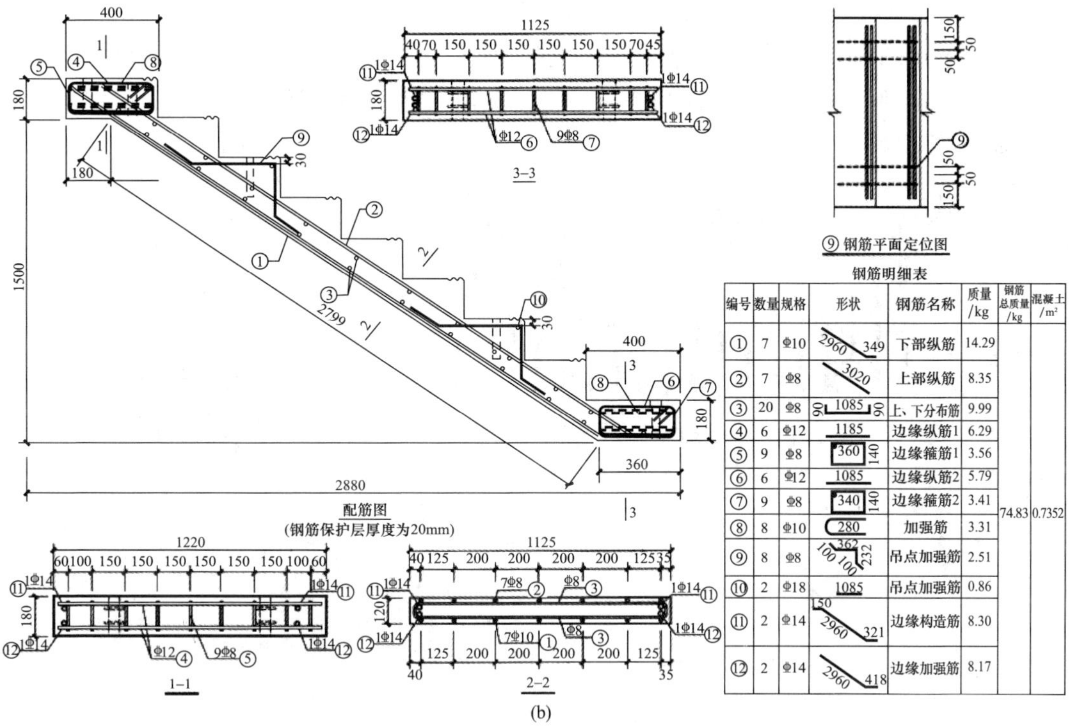

钢筋明细表

编号	数量	规格	形状	钢筋名称	质量/kg	钢筋总质量/kg	混凝土/m²
①	7	Φ10	2960 349	下部纵筋	14.29	74.83	0.7352
②	7	Φ8	3020	上部纵筋	8.35		
③	20	Φ8	90 1085 90	上、下分布筋	9.99		
④	6	Φ12	1185	边缘纵筋1	6.29		
⑤	9	Φ8	360 140	边缘箍筋1	3.56		
⑥	6	Φ12	1085	边缘纵筋2	5.79		
⑦	9	Φ8	340 140	边缘箍筋2	3.41		
⑧	8	Φ10	280	加强筋	3.31		
⑨	8	Φ8	100 100 362 232	吊点加强筋	2.51		
⑩	2	Φ18	1085	吊点加强筋	0.86		
⑪	2	Φ14	150 2960 321	边缘构造筋	8.30		
⑫	2	Φ14	2960 418	边缘加强筋	8.17		

图 8-9　预制钢筋混凝土双跑楼梯 ST-30-24 模板及配筋图

（a）双跑楼梯 ST-30-24 模板图；（b）双跑楼梯 ST-30-24 配筋图

任务 8.2　预制钢筋混凝土剪刀楼梯识图

8.2.1　实例分析

某公司技术员王某接到某工程预制钢筋混凝土楼梯的生产任务，其中预制双跑楼梯选自标准图集《预制钢筋混凝土板式楼梯 X15G367-1），编号为 JT-28-25，其工程概况如下：工程环境类别为一类，梯段板厚度为 200mm，混凝土强度等级为 C30，钢筋采用 HRB400 级，钢筋混凝土保护层厚度为 20mm，楼梯入户处（平台板处）建筑面层厚度为 50mm。

王某若要完成该楼梯的生产任务，必须先结合标准图集及工程概况完成该楼梯的识图任务，该楼梯模板图、配筋图、安装图如图 8-10～图 8-12 所示。

8.2.2　相关知识

（1）剪刀楼梯编号规定。

预制剪刀楼梯编号如图 8-13 所示。例如，JT-28-25 表示预制混凝土剪刀楼梯，建筑层高为 2800mm，楼梯间净宽为 2500mm。

（2）剪刀楼梯平面布置图与剖面图标注内容。

平面布置图标注内容。预制楼梯平面布置图标注内容包括楼梯间的平面尺寸、楼层结构标高、楼梯的上下方向、预制梯板的平面几何尺寸、梯板类型及编号、定位尺寸和连接做法索引号等。

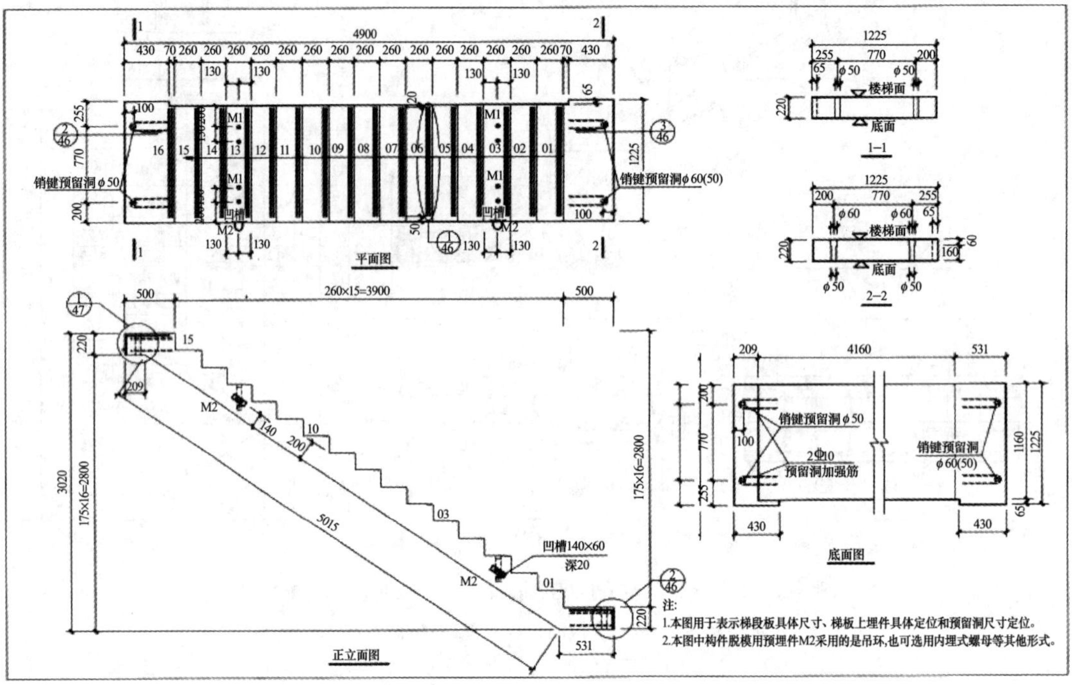

图 8-10　JT-28-25 模板图

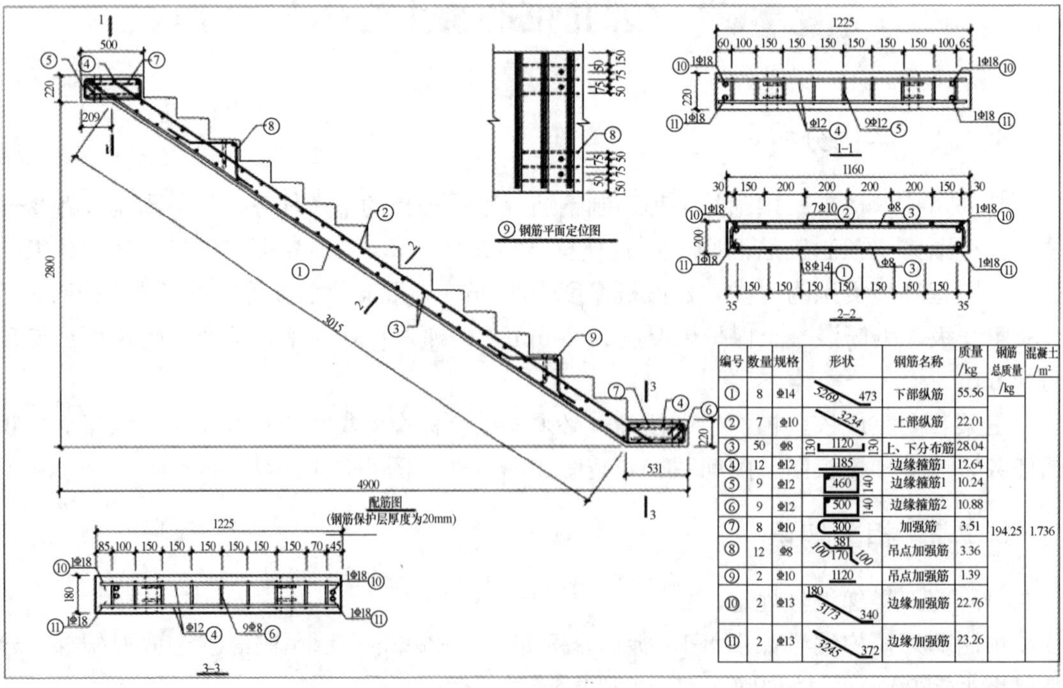

编号	数量	规格	形状	钢筋名称	质量/kg	钢筋总质量/kg	混凝土/m²
①	8	Φ14	5269　473	下部纵筋	55.56	194.25	1.736
②	7	Φ10	3234	上部纵筋	22.01		
③	50	Φ8	130　1120　130	上、下分布筋	28.04		
④	12	Φ12	1185	边缘箍筋1	12.64		
⑤	9	Φ12	460　140	边缘箍筋1	10.24		
⑥	9	Φ12	500　140	边缘箍筋2	10.88		
⑦	8	Φ10	300	加强筋	3.51		
⑧	12	Φ8	381　100　170　100	吊点加强筋	3.36		
⑨	2	Φ10	1120	吊点加强筋	1.39		
⑩	2	Φ13	180　3173　340	边缘加强筋	22.76		
⑪	2	Φ13	3245　372	边缘加强筋	23.26		

图 8-11　JT-28-25 配筋图

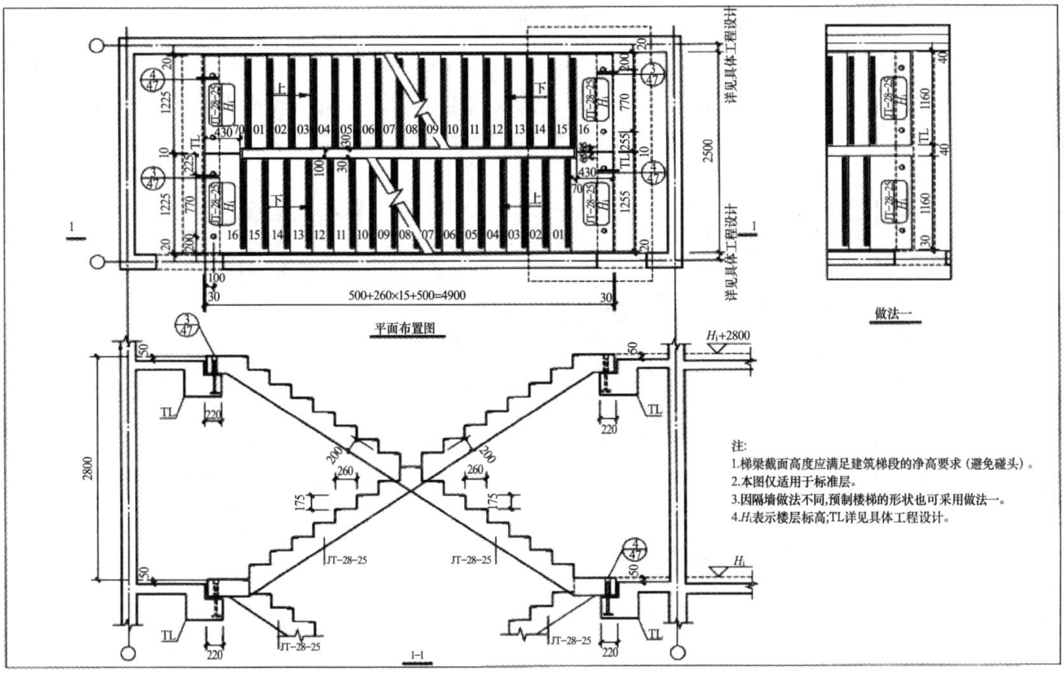

图 8-12 JT-28-25 安装图

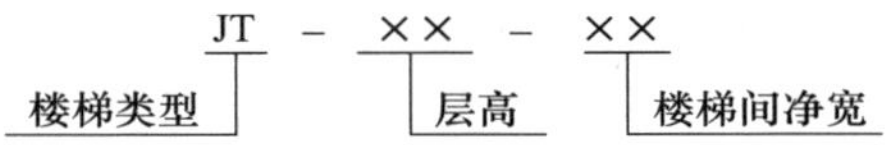

图 8-13 预制剪刀楼梯编号

在图 8-14 所示的楼梯平面布置图中，选用了编号为 JT-28-25 的预制混凝土板式剪刀楼梯，建筑层高为 2800mm，楼梯间净宽为 2500mm，梯段水平投影长度为 4900mm，梯段板端部与梯梁竖向接缝缝宽为 30mm。

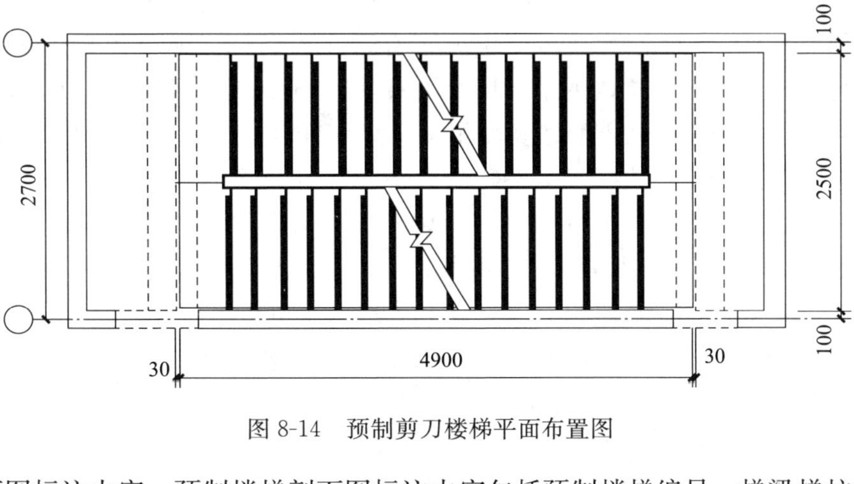

图 8-14 预制剪刀楼梯平面布置图

剖面图标注内容。预制楼梯剖面图标注内容包括预制楼梯编号、梯梁梯柱编号、预制梯板水平及竖向尺寸、楼层结构标高、层间结构标高、建筑楼面做法厚度等。

在图 8-15 所示的楼梯剖面图中，预制楼梯编号为 JT-28-25，梯梁编号为 TL，梯段高为 2800mm，楼层平台标高下一层为 H，上一层为 0+2.800m，入户处（平台处）楼梯建筑面层厚度为 50mm；踏步高度为 175mm，踏步宽度为 260mm，梯板厚度为 200mm。

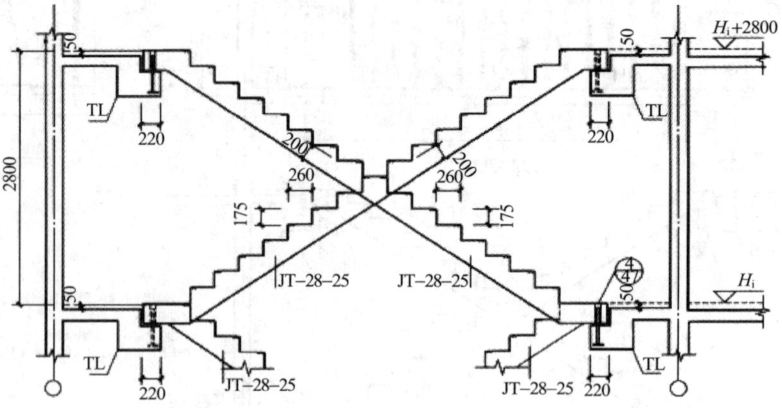

图 8-15　预制剪刀楼梯剖面图

（3）其他说明。

其他说明参见预制双跑楼梯部分内容。

8.2.3　任务实施

1. 模板图识读

如图 8-10 和图 8-12 所示，可以读取出楼梯 JT-28-25 模板图的相关信息。

（1）楼梯间净宽为 2500mm，其中梯井宽为 140mm，梯段板宽为 1160mm，梯段板与楼梯间外墙间距为 20mm。梯段板水平投影长为 4900mm。梯段板厚度为 200mm。

（2）梯段板设置一个与低处楼梯平台连接的底部平台、15 个梯段中间的正常踏步（图纸中编号为 01～15）和一个与高处楼梯平台连接的踏步平台（图纸中编号为 16）。

（3）梯段底部平台面宽为 500mm（因梯段有倾斜角度，平台底宽为 531mm），自楼梯平台一侧起 430mm 宽度范围内的平台长度比梯段宽 65mm，该段长度为 1225mm，剩余 70mm 宽度范围内的平台长度与梯段宽度相等，长为 1160mm。平台厚度为 220mm，顶面与低处楼梯平台顶面建筑面层平齐，搁置在平台挑梁上，与平台顶面间留 30mm 空隙。平台上设置 2 个销键预留洞，预留洞中心距离梯段板底部平台靠楼梯平台一侧侧边为 100mm，靠楼梯间外墙一侧预留洞中心距离对应侧边为 200mm，靠梯井一侧预留洞中心距离对应侧边为 255mm。预留洞下部 160mm 孔径为 50mm，上部 60mm 孔径为 60mm。

（4）梯段中间的 01～15 号踏步自下而上排列，踏步高为 175mm，踏步面宽为 260mm，踏步面长为 1160mm，与梯段宽度相同。踏步面上均设置防滑槽。第 03 和 13 号踏步台阶靠近楼梯间外墙一侧的侧面各设置 1 个梯段板吊装预埋件 M2，在踏步宽度上居中设置。第 03 和 13 号踏步面上各设置 2 组 4 个梯段板吊装预埋件 M1，在踏步宽度上居中，距离踏步两侧边（靠楼梯间外墙一侧和靠梯井一侧）200mm 和 350mm 处对称设置。

（5）与高处楼梯平台连接的16号踏步平台尺寸与梯段底部平台相同，对称布置，区别为平台上设置的销键预留洞孔径为50mm。该踏步平台与上一梯段板底部平台搁置在同一楼梯平台挑梁上，之间留10mm空隙。

2. 配筋图识读

如图8-11所示，可以读取出楼梯JT-28-25配筋图的相关信息。具体如下。

（1）下部①号纵筋：8根，布置在梯段板底部。沿梯段板方向倾斜布置，在梯段板底部平台处弯折成水平向。间距为150mm，与两侧板边的距离均为55mm。

（2）上部②号纵筋：7根，布置在梯段板顶部。沿梯段板方向倾斜布置，在梯段板底部平台处不弯折，直伸至水平向下部纵筋处。间距为200mm，梯段板宽度上最外侧的两根下部纵筋间距调整为150mm，与两侧板边的距离均为55mm。

（3）上、下③号分布筋：50根，分别布置在下部纵筋和上部纵筋内侧，与下部纵筋和上部纵筋分别形成网片。仅在梯段倾斜区均匀布置，底部平台和顶部踏步平台处不布置。单根分布筋两端90°弯折，弯钩长度为80mm，对应的上、下分布筋通过弯钩搭接成封闭状（位于纵筋内侧，不能称为箍筋）。

（4）边缘④号纵筋：12根，分别布置在底部平台和顶部踏步平台处，沿平台长度方向（即梯段宽度方向）布置。每个平台布置6根，平台上、下部各3根，采用类似梁纵筋形式布置。底部平台边缘纵筋布置在梯段板下部纵筋水平段之上。

（5）边缘⑤⑥号箍筋：18根，分别布置在底部平台和顶部踏步平台处，箍住各自的边缘纵筋。间距为150mm，最外侧两道箍筋间距调整为100mm。

（6）边缘⑩⑪号加强筋：4根，分别布置在上、下分布筋的弯钩内侧，与梯段板下部纵筋和上部纵筋同向。在梯段板底部平台处均弯折成水平向，与梯段板下部纵筋水平段同层。上部边缘加强筋在顶部踏步平台处弯折成水平向。

（7）销键预留洞⑦号加强筋：8根，每个销键预留洞处上、下各1根，分别布置在梯段板上、下分布筋内侧，水平布置。

（8）吊点⑧号加强筋：12根，每组2个吊点预埋件M1左、中、右各布置1根。定位见钢筋平面位置定位图。

（9）吊点⑨号加强筋：2根。

3. 安装图识读

如图8-12所示，楼梯间净宽为2500mm，梯井宽为140mm，梯段板宽为1225mm，平台面之间的缝隙宽为10mm，梯段板与楼梯间外墙间距为20mm。梯段板水平投影长为4900mm，两端与梯梁之间的缝隙宽为30mm。其他识读内容参见模板图识读部分内容。

4. 节点详图识读

剪刀楼梯JT-28-25节点详图如图8-16所示。

从图8-16中可以读取出JT-28-25剪刀楼梯9个节点的详图信息，具体内容如下：

5. 钢筋表识读

如图8-11所示，钢筋表主要表达钢筋的编号、数量、规格、形状（含各段细部尺寸）、钢筋名称、质量、钢筋总重等内容，其具体识读内容详见前述“配筋图识读”相应内容。

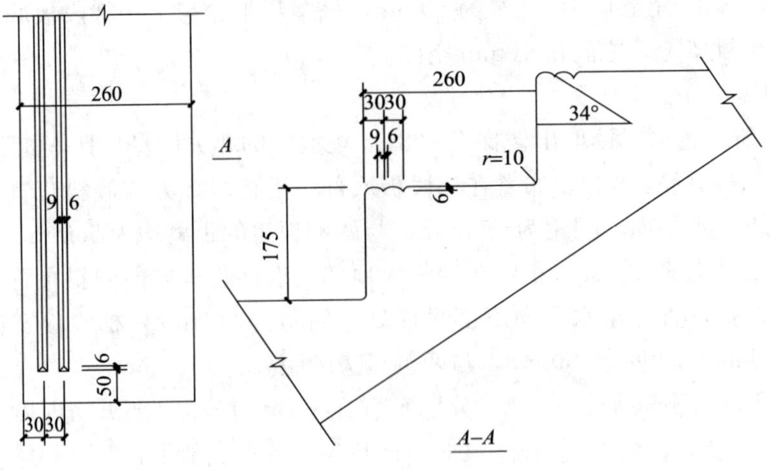
260
A
A
9 6
6
50
3030
260
3030
9 6
34°
r=10
6
175
A–A

(a)

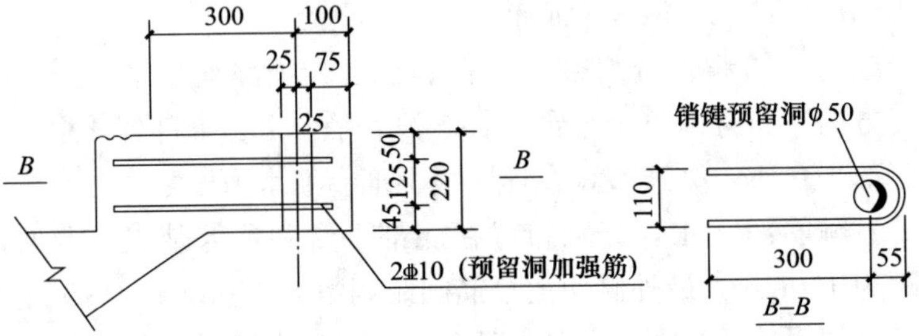
300
100
25
75
25
B
50
125
45
220
B
2ф10（预留洞加强筋）
销键预留洞φ50
110
300
55
B–B

(b)

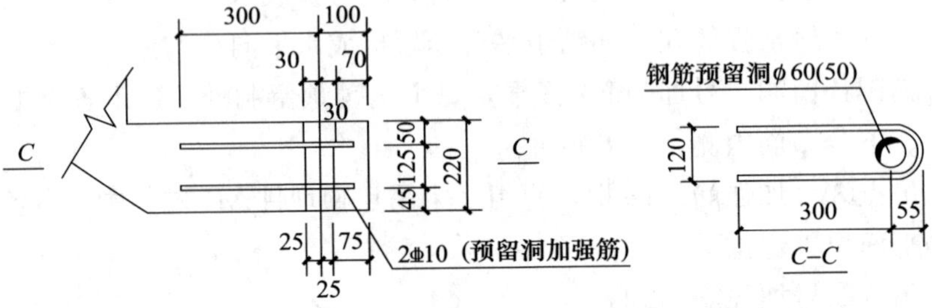
300
100
30
70
30
C
50
125
45
220
C
25
75
25
2ф10（预留洞加强筋）
钢筋预留洞φ60(50)
120
300
55
C–C

(c)

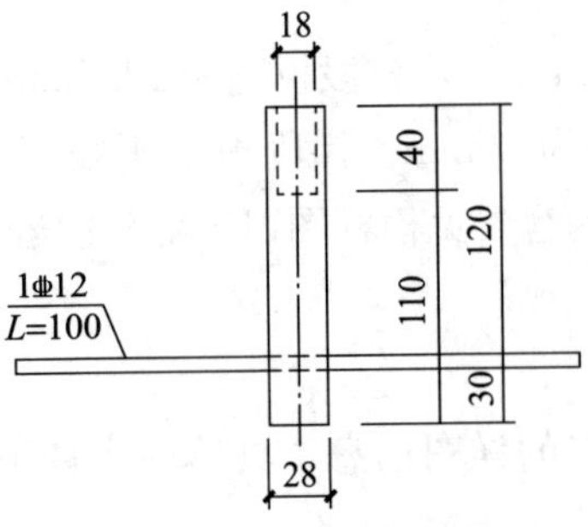
18
40
120
110
30
1ф12
L=100
28

(d)

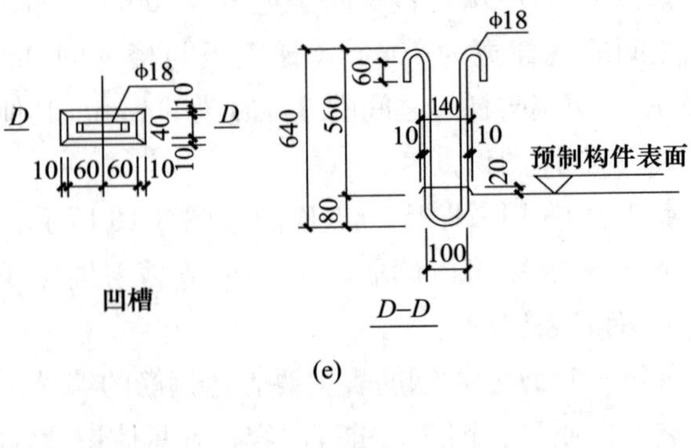
ф18
D
D
10
40
10
10 60 60 10
凹槽
ф18
640
560
60
140
10
10
20
预制构件表面
80
100
D–D

(e)

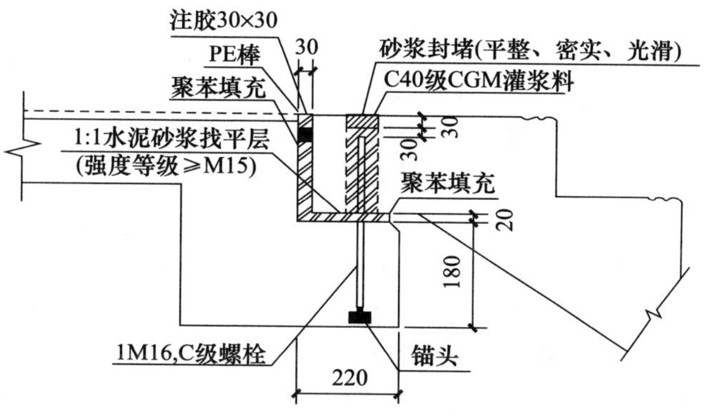
注胶30×30
PE棒
30
聚苯填充
砂浆封堵(平整、密实、光滑)
C40级CGM灌浆料
1:1水泥砂浆找平层
(强度等级≥M15)
30
30
聚苯填充
20
180
1M16,C级螺栓
锚头
220

(f)

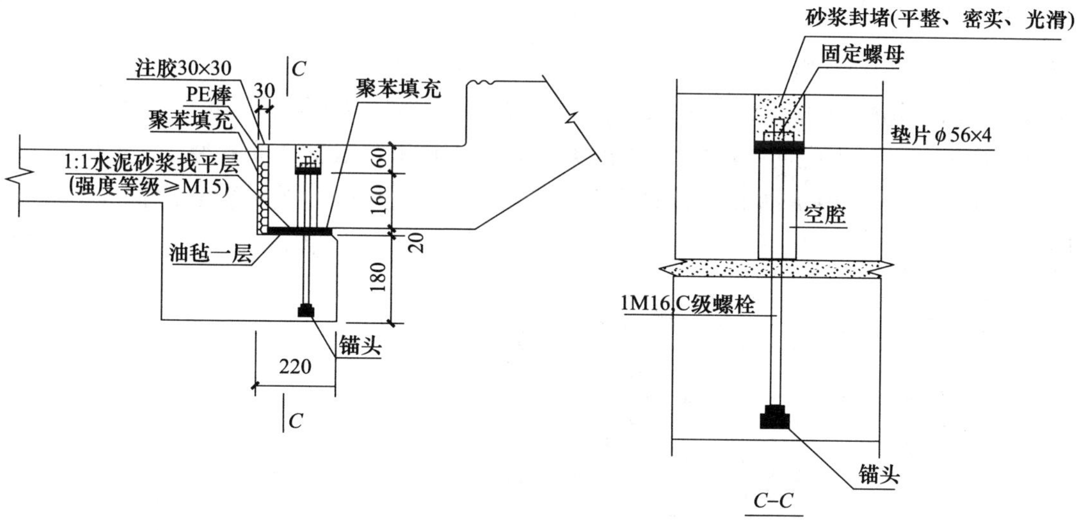
注胶30×30
PE棒
30
聚苯填充
C
聚苯填充
1:1水泥砂浆找平层
(强度等级≥M15)
60
160
20
180
油毡一层
锚头
220
C
砂浆封堵(平整、密实、光滑)
固定螺母
垫片ϕ56×4
空腔
1M16,C级螺栓
锚头
C–C

(g)

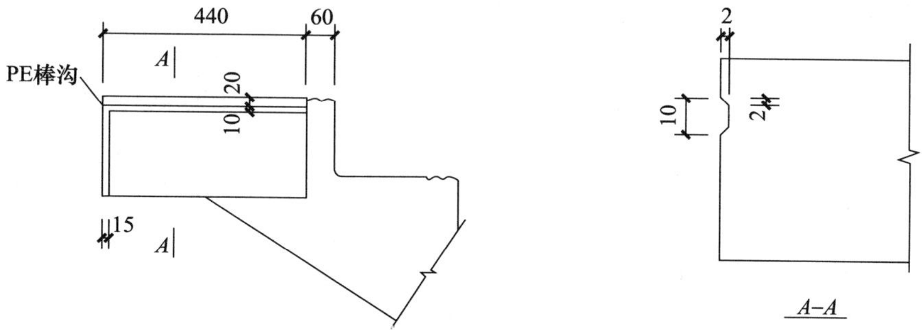
440
60
A
PE棒沟
20
10
15
A
2
10
2
A–A

(h)

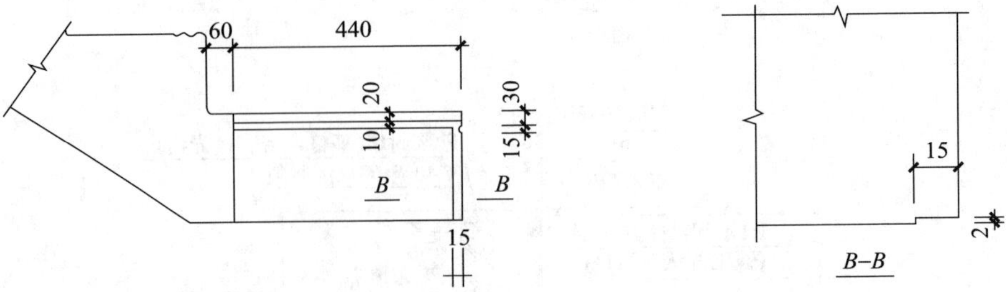

(i)

图 8-16　剪刀楼梯 JT-28-25 节点详图

(a) 防滑槽加工做法；(b) 上部销键预留洞加强筋做法；(c) 下端销键预留洞加强筋做法；(d) M1 示意图（螺栓型号为 M18）；(e) M2 大样图；(f) 剪刀梯固定铰端安装节点大样；(g) 剪刀梯滑动铰端安装节点大样；(h) PE 棒固定沟（梯段上端固定沟详图）；(i) PE 棒固定沟（梯段下端固定沟详图）

8.2.4　知识拓展

某工程剪刀楼梯 JT-30-25 模板图及配筋图分别如图 8-17 和图 8-18 所示。由模板图可以读取出楼梯模板的长度、宽度、高度方向的总尺寸，踏步细部尺寸，预埋件、预留孔洞定位尺寸等；由配筋图可以读取出楼梯板的 11 种钢筋信息。读者可就剪刀楼梯 JT-28-25、JT-30-25 的模板图和配筋图分别列表进行对比分析，找出两者之间构造的异同点。

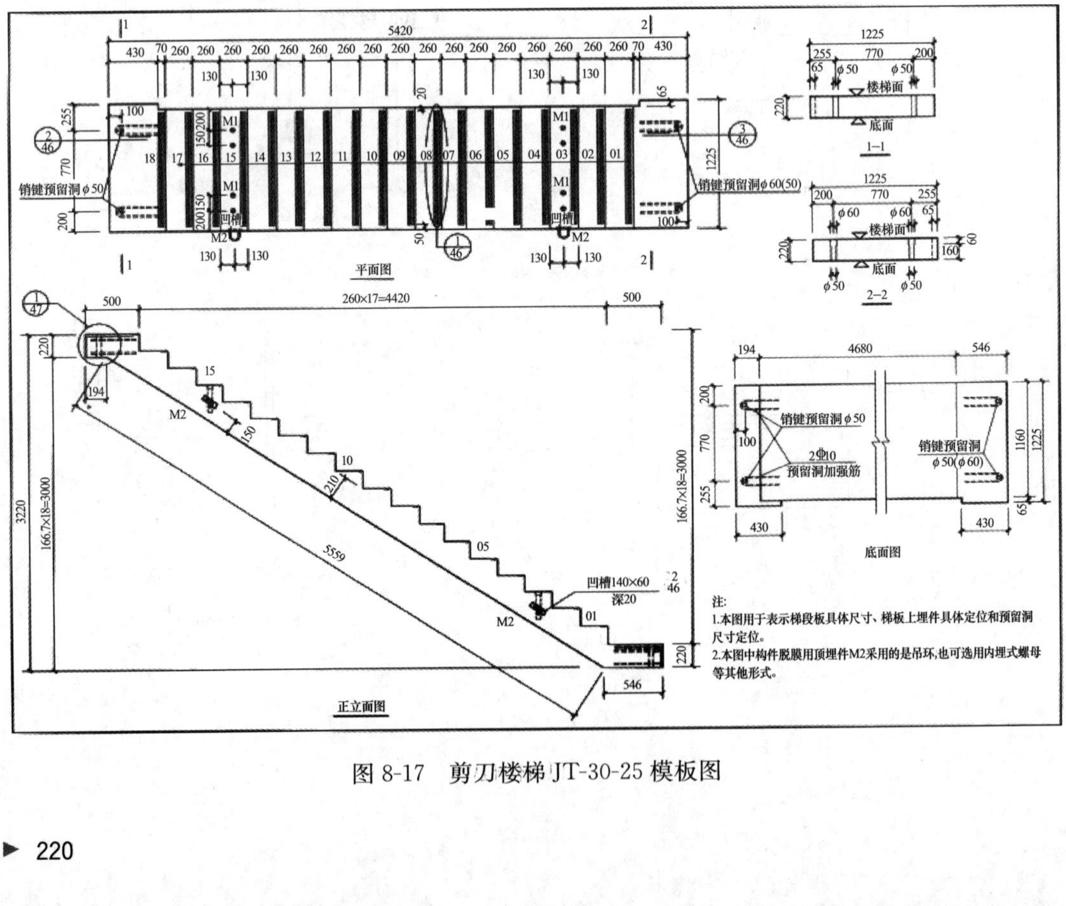

图 8-17　剪刀楼梯 JT-30-25 模板图

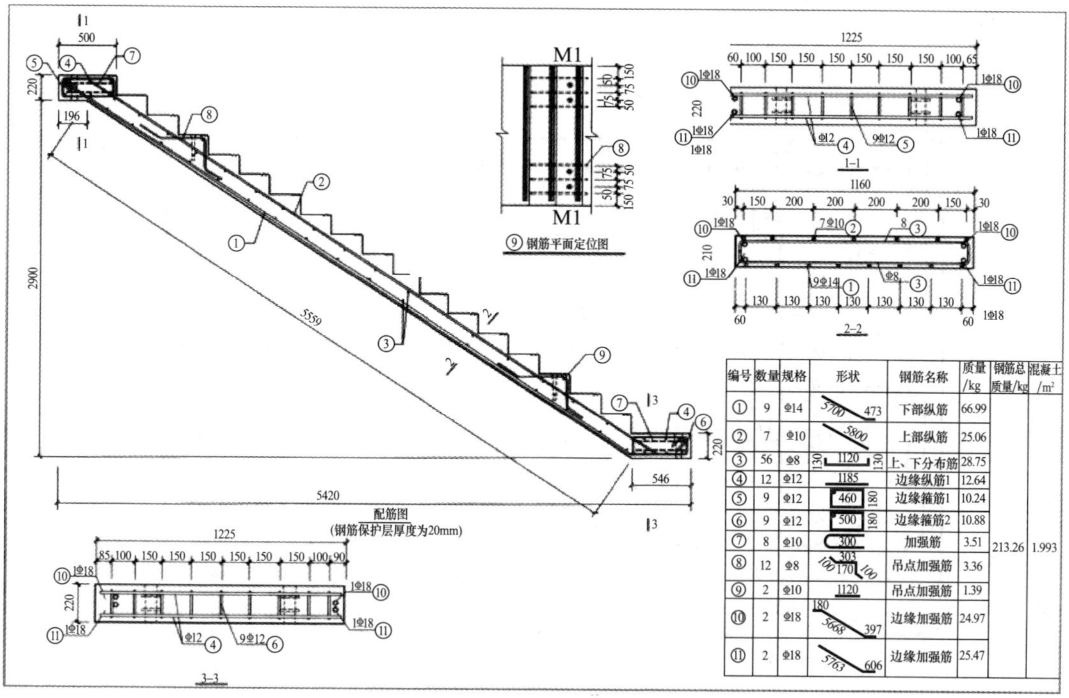

编号	数量	规格	形状	钢筋名称	质量/kg	钢筋总质量/kg	混凝土/m²
①	9	Φ14		下部纵筋	66.99		
②	7	Φ10		上部纵筋	25.06		
③	56	Φ8		上、下分布筋	28.75		
④	12	Φ12		边缘纵筋1	12.64		
⑤	9	Φ12		边缘箍筋1	10.24		
⑥	9	Φ12		边缘箍筋2	10.88		
⑦	8	Φ10		加强筋	3.51	213.26	1.993
⑧	12	Φ8		吊点加强筋	3.36		
⑨	2	Φ10		吊点加强筋	1.39		
⑩	2	Φ18		边缘加强筋	24.97		
⑪	2	Φ18		边缘加强筋	25.47		

图 8-18　剪刀楼梯 JT-30-25 配筋图

任务 8.3　预制钢筋混凝土板式楼梯深化设计

8.3.1　实例分析

某公司设计员王某接到某剪力墙结构工程预制钢筋混凝土双跑楼梯深化设计任务，其楼梯平面布置图如图 8-19 所示。该工程预制钢筋混凝土楼梯类型及结构连接节点构造可选用图集《预制钢筋混凝土板式楼梯》(15G367-1) 中的相应内容。其工程概况如下：预制钢筋混凝土楼梯按一类环境类别设计，钢筋保护层厚度按 20mm 设计，混凝土强度等级为 C30，梯段板厚度为 120mm；钢筋采用 HRB400 和 HPB300 级，预埋件的锚板采用 Q235-B 级钢材，锚筋预埋件的锚筋采用 HRB400 级；吊环应采用 HPB300 级钢筋制作，严禁采用冷加工钢筋，锚筋与锚板之间的焊接采用埋弧压力焊、HJ431 型焊剂。

王某若要完成该楼梯的深化设计任务，必须先结合标准图集与工程概况掌握楼梯的连接构造等内容，以及深化设计文件所应包括的内容。

8.3.2　相关知识

1. 板式楼梯构造要求

板式楼梯构造包括双跑楼梯构造和剪刀楼梯构造，双跑楼梯节点构造参见前述

8.1.3 内容及图 8-8，剪刀楼梯节点构造参见前述 8.2.3 内容及图 8-16。

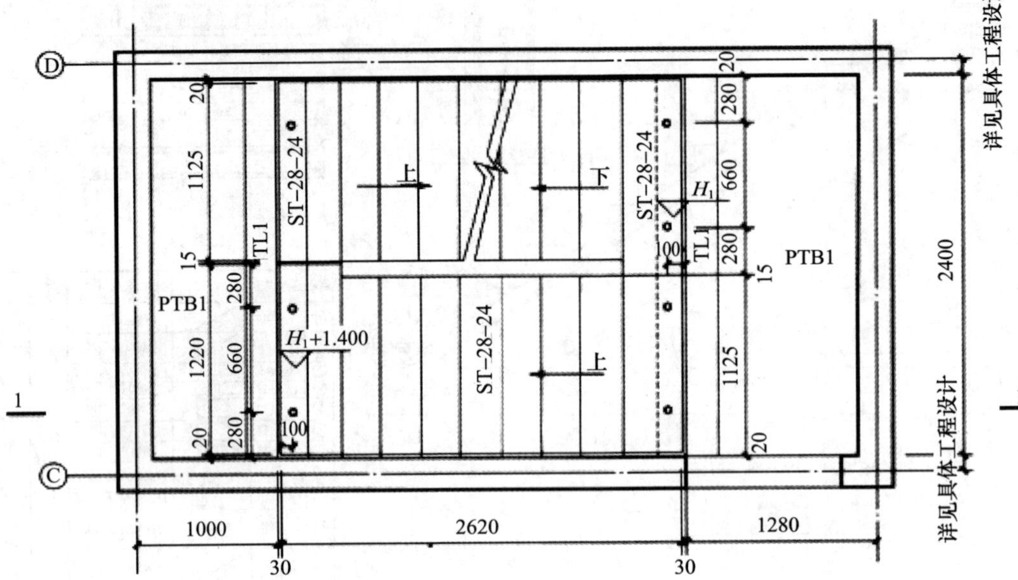

图 8-19　预制钢筋混凝土双跑楼梯 ST-28-24 平面布置图

2. 板式楼梯连接构造

（1）高端支承为固定铰支座，低端支承为滑动铰支座节点构造。梯梁挑耳与梯板预留孔之间连接的孔边加强筋构造除可以采用图 8-8（b）、（c）所示的做法外，还可以采用国家标准图集《装配式混凝土结构连接节点构造（楼盖结构和楼梯）》（15G310-1）的构造做法，如图 8-20 所示，孔边加强筋的规格、尺寸等由设计确定。

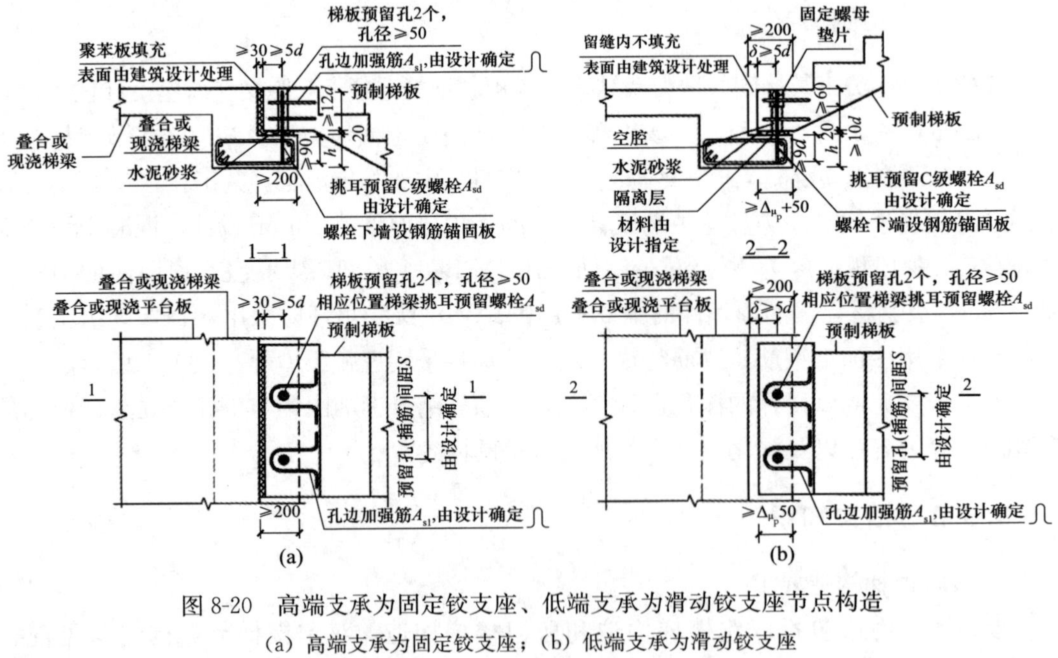

图 8-20　高端支承为固定铰支座、低端支承为滑动铰支座节点构造

（a）高端支承为固定铰支座；（b）低端支承为滑动铰支座

（2）高端支承为固定支座、低端支承为滑动支座节点构造如图 8-21 所示。

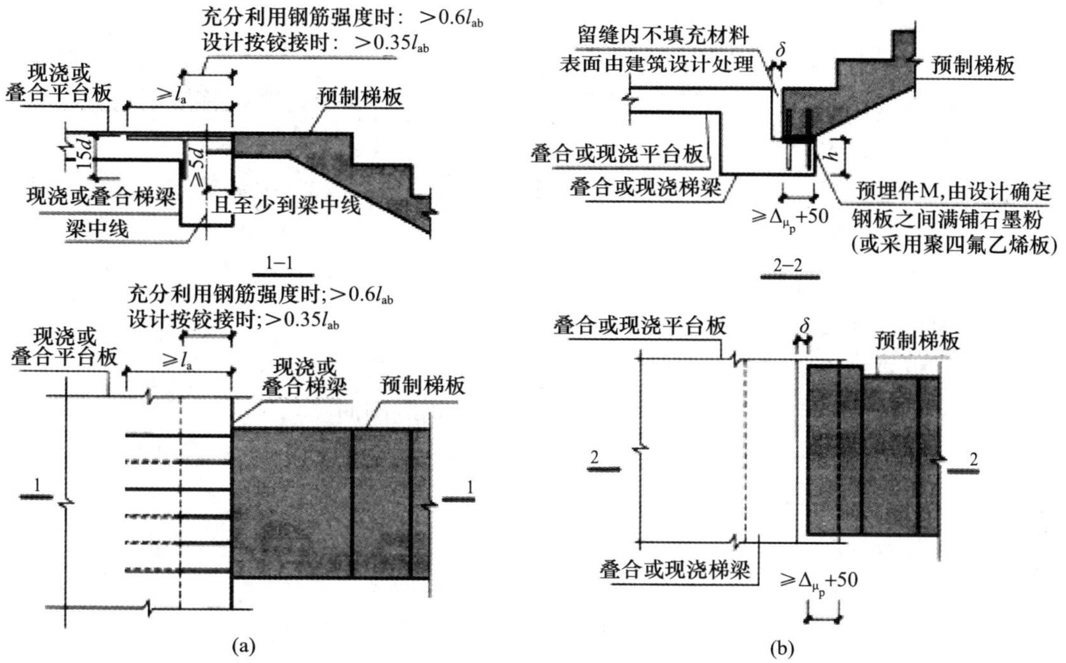

图 8-21　高端支承为固定支座、低端支承为滑动支座节点构造

（a）高端支承固定支座；（b）低端支承滑动支座

（3）高端支承和低端支承均为固定支座节点构造如图 8-22 所示。

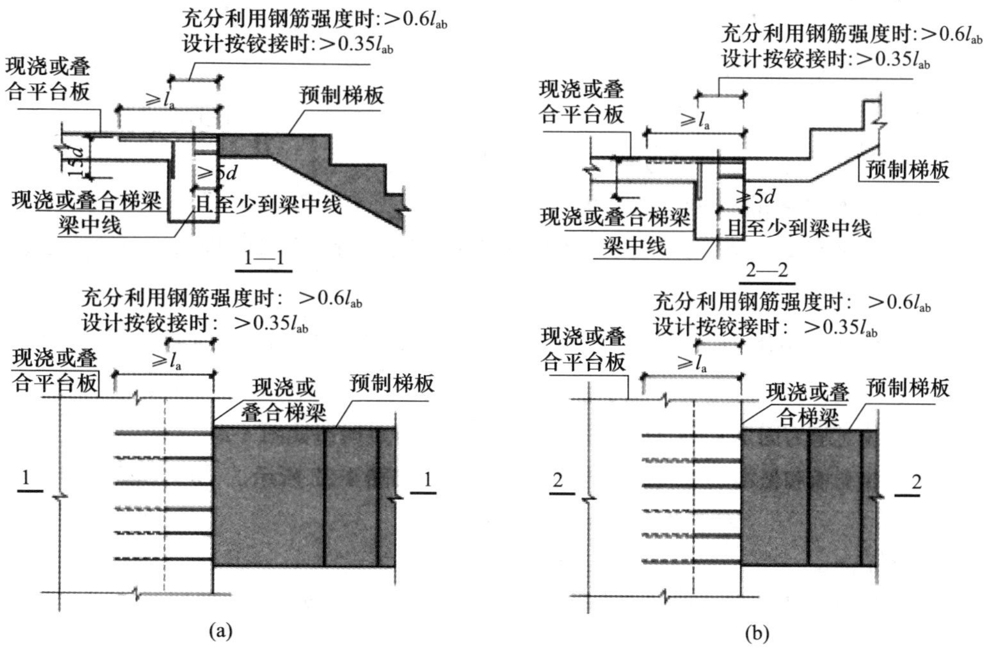

图 8-22　高端支承和低端支承均为固定支座节点构造

（a）高端支承为固定支座；（b）低端支承为固定支座

8.3.3 任务实施

1. 预制板式楼梯的深化设计

（1）预制板式楼梯制作前应进行深化设计，深化设计文件应根据施工图设计文件及选用的标准图集、生产制作工艺、运输条件和安装施工要求等进行编制。

（2）预制板式楼梯详图中的销键预留洞、凹槽、预埋件和加强筋等需与相关专业图纸仔细核对无误后方可下料制作。

（3）深化设计文件应经设计单位书面确认后方可作为生产依据。

（4）深化设计文件应包括（但不限于）以下内容：

①预制板式楼梯安装图（含平面布置图和相应剖面图）。

②预制板式楼梯模板图（含平面图、底面图及相应剖面图）。

③预制板式楼梯配筋图（含立面配筋图、钢筋平面定位图及相应剖面图、钢筋明细表）。

④构造节点详图（含防滑槽加工做法、预留洞加强筋做法、TL与梯板之间空隙处理做法、高端支承和低端支承安装节点大样图、预埋件大样图等）。

⑤计算书。根据《混凝土结构工程施工规范》（GB 50666—2011）的有关规定，应根据设计要求和施工方案对脱模、吊运、运输、安装等环节进行施工验算，如预制板式楼梯、预埋件、吊具等的承载力、变形和裂缝等。

2. 预制板式楼梯设计

（1）选用《预制钢筋混凝土板式楼梯》（15G367-1）标准图集设计方法。

①选用步骤。

a. 确定各参数与标准图集选用范围要求保持一致。

b. 混凝土强度等级、建筑面层厚度等参数可在施工图中统一说明。

c. 根据楼梯间净宽、建筑层高确定预制楼梯编号。

d. 核对预制楼梯的结构计算结果。

e. 选用预埋件，并根据具体工程实际增加其他预埋件，预埋件可参考图集中的样式。

f. 根据图集中给出的质量及吊点位置，结合构件生产单位、施工安装要求选用吊件类型及尺寸。

g. 补充预制楼梯相关制作、施工要求。

②选用示例。下面以层高为2800mm，净宽为2500mm的双跑楼梯为例说明预制梯段板选用方法，如图8-23所示。

已知条件：

①双跑楼梯，建筑层高为2800mm，楼梯间净宽为2500mm，活荷载为3.5kN/m^2；

②楼梯建筑面层厚度：入户处为50mm，平台板处为30mm。

选用结果：图8-23中参数符合《预制钢筋混凝土板式楼梯》（15G367-1）标准图集中ST-28-25的楼梯模板及配筋参数，根据楼梯选用表直接选用。

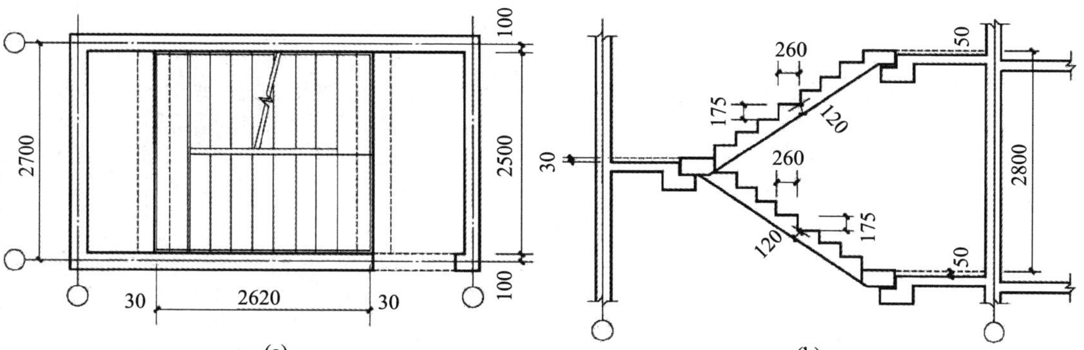

图 8-23 双跑楼梯选用示例

(a) 平面图；(b) 剖面图

（2）深化软件设计方法。登录装配式建筑深化设计软件，完成预制板式楼梯的深化设计。

任务8.4 预制钢筋混凝土阳台板识图与深化设计

8.4.1 预制钢筋混凝土阳台板识图

某公司技术员王某接到某工程预制阳台的生产任务，其中预制阳台选自标准图集《预制钢筋混凝土阳台板、空调板及女儿墙》（15G368-1），编号为YTfrB-1024-04（全预制板式阳台，阳台长度为1010mm，房间开间为2400mm，阳台宽度为2380mm，阳台封边高度为400mm）。其工程概况如下：混凝土强度等级为C30；钢筋采用HPB300、HRB400；预埋件的锚板采用Q235-B级钢；内埋式吊杆采用Q345钢材；吊环采用HPB300级钢筋制作（严禁采用冷加工钢筋）；预制阳台板预埋件、安装用的连接件应采用碳素结构钢；焊接采用的焊条应符合现行国家标准；预埋件的锚筋采用HRB400钢筋，锚筋严禁采用冷加工钢筋；密封材料、背衬材料等应满足国家现行有关标准的要求；钢筋保护层厚度，板按20mm、梁按25mm考虑，环境类别为一类；预制阳台板纵向受力钢筋宜在后浇混凝土内直线锚固，当直线锚固长度不足时可采用弯钩和机械锚固方式，弯钩和机械锚固做法详见《装配式混凝土结构连接节点构造（剪力墙结构）》（15G310-2）；预制阳台板内埋设管线时，所铺设管线应放在板下层钢筋之上、板上层钢筋之下且管线应避免交叉，管线的混凝土保护层厚度应不小于30mm。

王某若要完成该阳台板的生产任务，必须先结合标准图集及工程概况完成该阳台板的识图任务。该全预制板式阳台选取参数见表8-4和图8-24，全预制板式阳台模板图、配筋图及节点详图见图8-25～图8-27和表8-5。

表 8-4　全预制板式阳台选用表

规格	阳台长度 l（mm）	房间开间 b（mm）	阳台宽度 b_0（mm）	全预制板厚度 h（mm）	预制构件质量（t）	脱模（吊装）吊点 a_i（mm）	施工临时支撑 c_i（mm）
YTB-B-1024-04	1010	2400	2380	130	1.17	450	425
YTB-B-1027-04	1010	2700	2680	130	1.30	550	475
YTB-B-1030-04	1010	3000	2980	130	1.43	600	525
YTB-B-1033-04	1010	3300	3280	130	1.56	650	575

注：预制阳台板 YTB-B-1024-04 中各符号的含义：YTB——预制阳台板；B——预制阳台板类型（B 型代表全预制板式阳台、D 型代表叠合板式阳台、L 型代表全预制梁式阳台）；10——阳台板悬挑长度（结构尺寸 10dm，为相对剪力墙外墙外表面挑出长度）；24——预制阳台板宽度对应房间开间的轴线尺寸（24dm）；04——封边高度（04 代表阳台封边高度 4dm、08 代表封边高度 8dm、12 代表封边高度 12dm）。

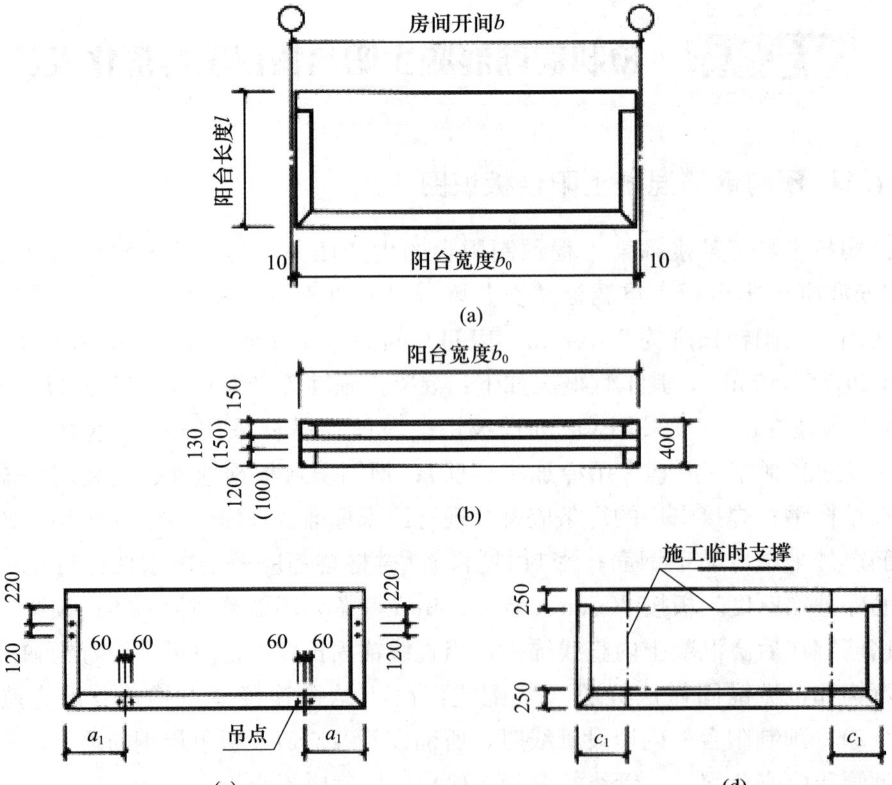

图 8-24　全预制板式阳台参数选用

（a）YTB-B-1024-04；（b）YTB-B-1024-04；

（c）YTB-B-1024-04 吊点布置平面图；（d）YT-B-1024-04 施工支撑布置平面图

注：构件脱模与吊装使用相同吊点；施工应采取可靠措施，设置临时支撑，防止构件倾覆。

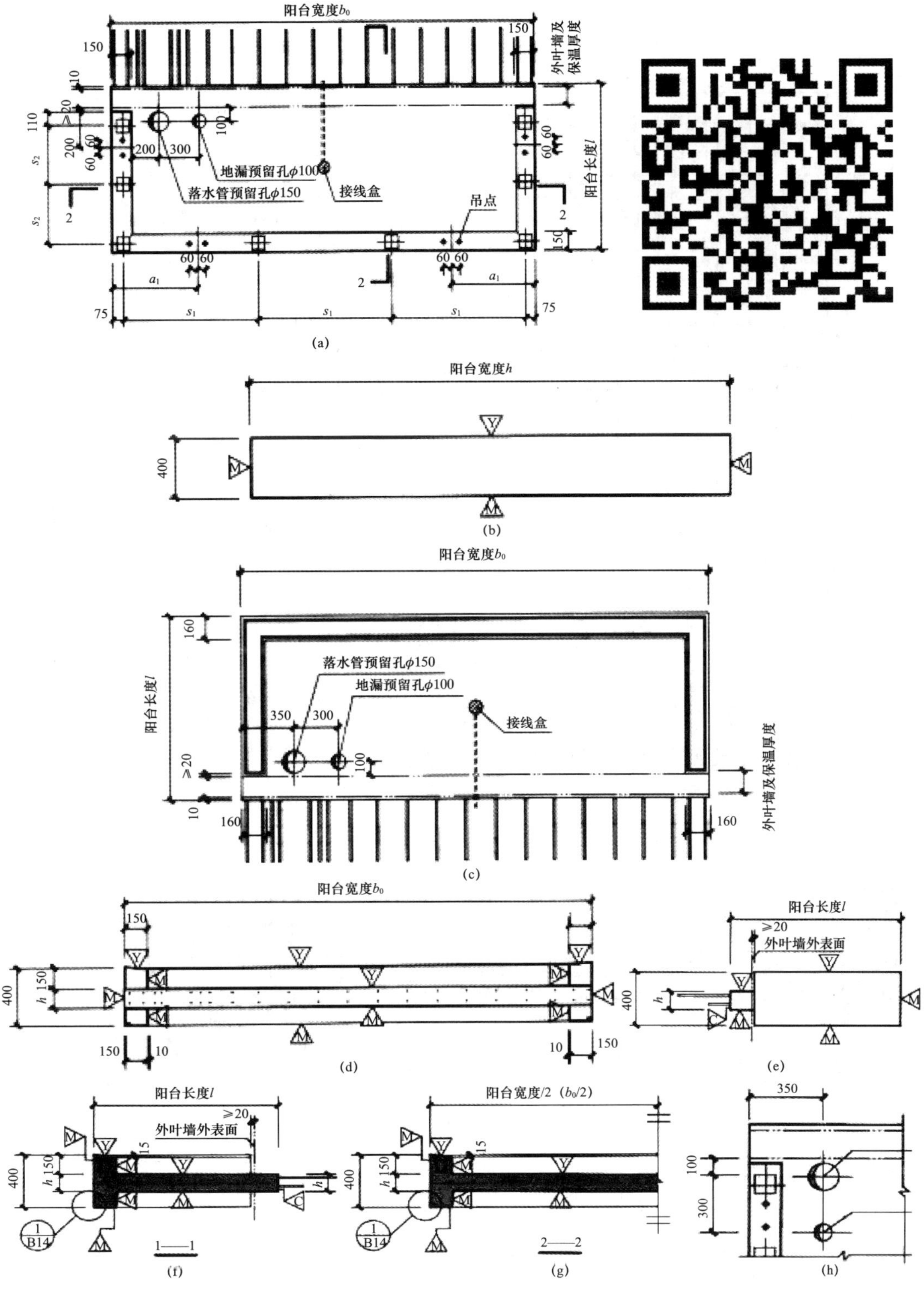

图 8-25　全预制板式阳台模板图

（a）平面图；（b）正立面图；（c）背立面图；（d）背立面图；

（e）左侧立面图；（f）1～1 剖面图；（g）2-2 剖面图；（h）洞口纵向排布图

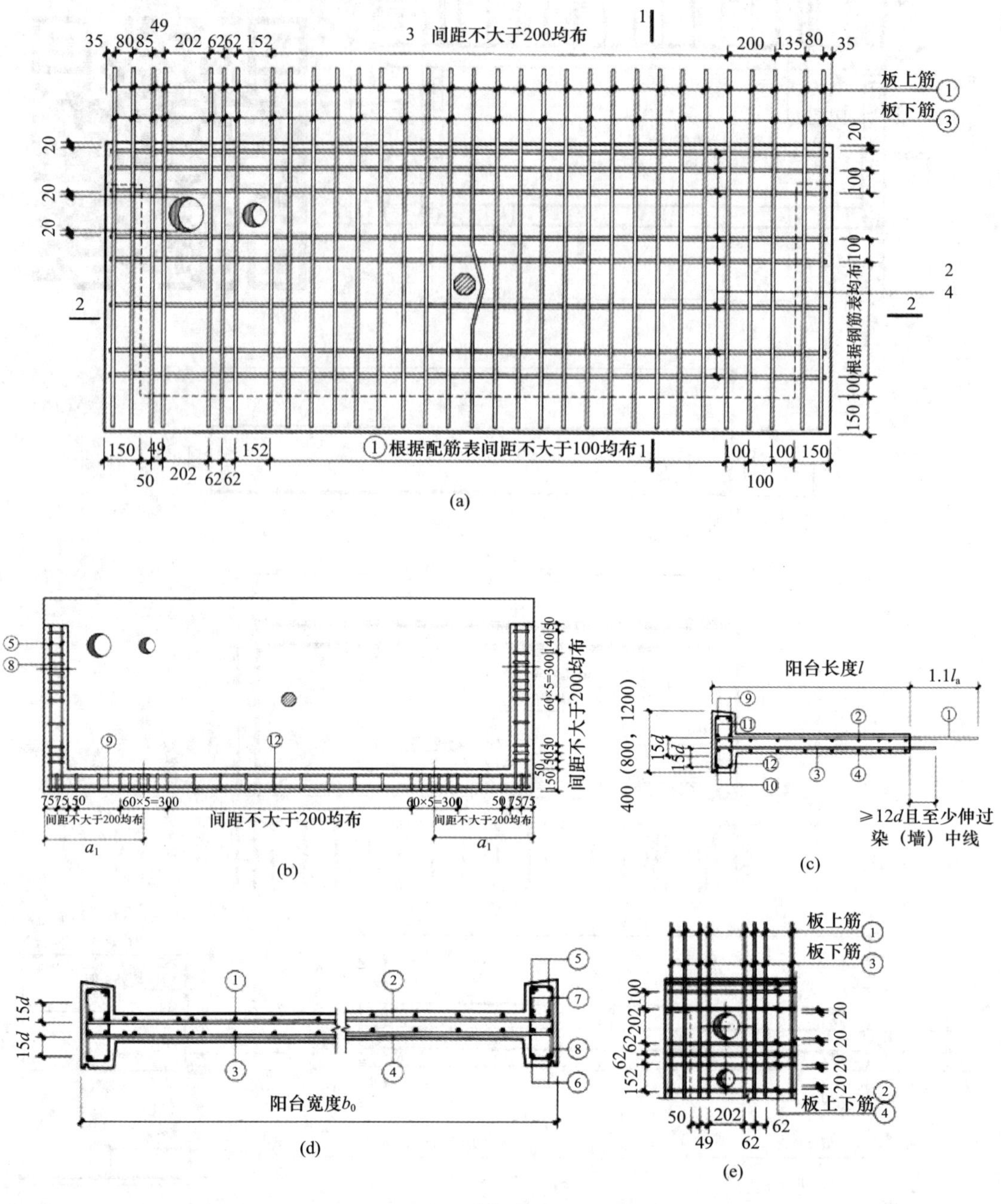

图 8-26　全预制板式阳台配筋图

（a）配筋平面图（板）；（b）配筋平面图（封边）；（c）1-1 剖面图；

（d）2-2 剖面图；（e）阳台板洞口纵向排布配筋图

注：吊点位置箍筋应加密为 6Φ6@50。

表 8-5　全预制板式阳台配筋表

构件编号	钢筋编号	规格	加工尺寸	根数
YTB-B-1024-04	①	⌀8	120 1330	25
	②	⌀8	120 2330 120	8
	③	⌀8	120 1085	18
	④	⌀10	150 2330 150	8
	⑤	⌀12	180 ≈800	4
	⑥	⌀12	180 ≈800	4
	⑧	⌀6	350 100	22
YTB-B-1024-04	⑨	⌀12	180 2330 180	2
	⑩	⌀12	180 2330 180	2
	⑫	⌀6	350 100	21

注：YTB-B-1024-04 全预制板式阳台中没有⑦号和⑪号钢筋；封边封闭箍筋做 135°弯钩，平直段长度为 54；表中数据不作为下料依据，仅供参考，实际下料时按图纸设计要求及计算规则另行计算。

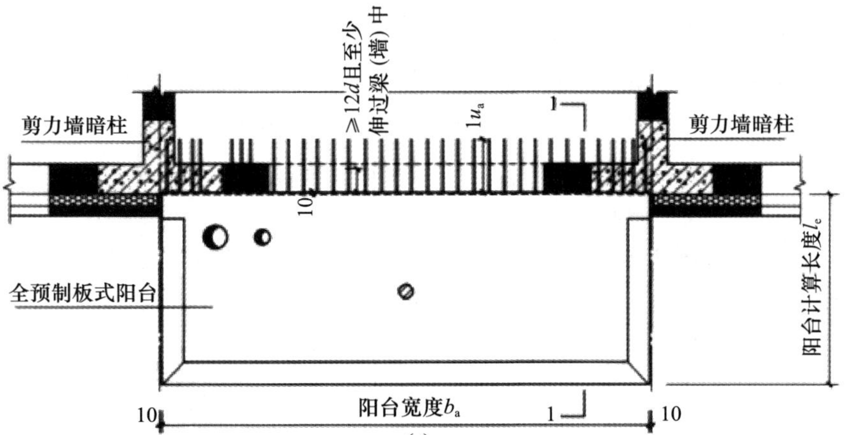

(a)

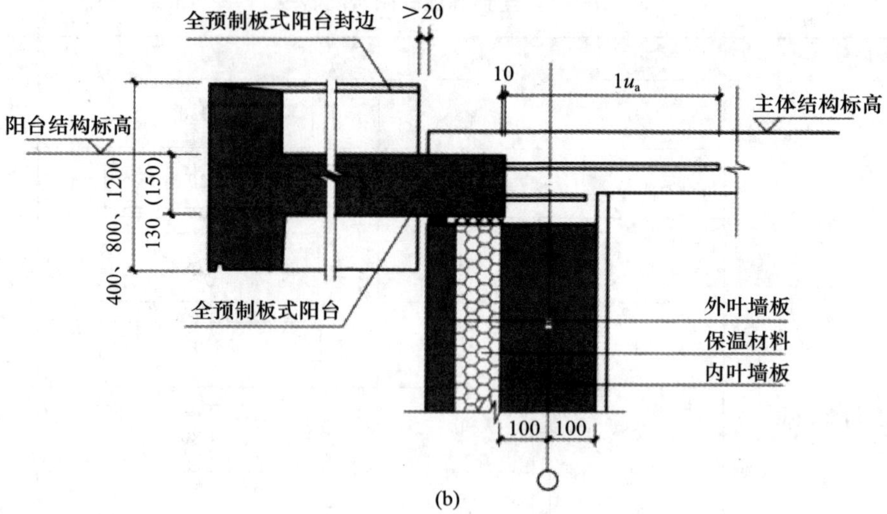

图 8-27　全预制板式阳台节点详图

（a）全预制板式阳台与主体结构安装平面图；（b）1-1 剖面图（全预制板式阳台与主体结构连接节点详图）

注：全预制板式阳台长度方向封边尺寸＝阳台长度 1－10mm－保温层厚度－外叶墙板厚度－20mm。

8.4.2　相关知识

1. 预制阳台板、空调板和女儿墙类型与编号规定

（1）预制阳台板、空调板及女儿墙的编号由构件代号、序号组成。编号规则应符合表 8-6 的要求。

表 8-6　预制阳台板、空调板及女儿墙的编号

预制构件类型	代号	序号
阳台板	YYTB	××
空调板	YKTB	××
女儿墙	YNEQ	××

注：在女儿墙编号中，如若干女儿墙的厚度尺寸和配筋均相同，仅墙厚与轴线关系不同，可将其编为同一墙身号，但应在图中注明与轴线的位置关系。序号可为数字，或数字加字母。

例如 YKTB2：表示预制空调板，编号为 2。

例如 YYTB3a：某工程有一块预制阳台板与已编号的 YYTB3，除洞口位置外，其他参数均相同，为方便起见，将该预制阳台板序号编为 3a。

例如 YNEQ5：表示预制女儿墙，编号为 5。

（2）当选用标准图集中的预制阳台板、空调板及女儿墙时，可选型号参见《预制钢筋混凝土阳台板、空调板及女儿墙》（15G368-1），其编号规定见表 8-7。

表 8-7　标准图集中预制阳台板、空调板及女儿墙的编号

预制构件类型	编号
阳台板	YTB－×－× × × ×－× × 预制阳台板 预制阳台板类型：D、B、L 预制阳台板墙封边高度（仅用于板式阳台）：04，08，12 预制阳台板宽度（dm） 预制阳台板挑出长度（dm）
空调板	KTB－ × ×－× × × 预制空调板 预制空调板宽度（cm） 预制空调板挑出长度（cm）
女儿墙	NEQ－× ×－× × × × 预制女儿墙 预制女儿墙类型：J1、J2、Q1、Q2、 预制女儿墙宽度（dm） 预制女儿墙长度（dm）

①预制阳台板编号。

a. YTB 表示预制阳台板。

b. YTB 后第一组为单个字母 D、B 或 L，表示预制阳台板类型。其中，D 表示叠合板式阳台，B 表示全预制板式阳台，L 表示全预制梁式阳台。

c. YTB 后第二组四个数字，表示阳台板尺寸。其中，前两个数字表示阳台板悬挑长度（按 dm 计，从结构承重墙外表面算起），后两个数字表示阳台板宽度对应房间开间的轴线尺寸（按 dm 计）。

d. YTB 后第三组两个数字，表示预制阳台封边高度。04 表示封边高度为 40mm，08 表示封边高度为 800mm，12 表示封边高度为 1200mm。当为全预制梁式阳台时，无此项。

例如，YTB-D-1024-08：表示预制叠合板式阳台，挑出长度为 1000mm，阳台开间为 2400mm，封边高度为 800mm。

②预制空调板编号。

a. KTB 表示预制空调板。

b. KTB 后第一组两个数字，表示预制空调板长度（按 cm 计，挑出长度从结构承重墙外表面算起）。

c. KTB 后第二组三个数字，表示预制空调板宽度（按 cm 计）。

例如，KTB-84-130：表示预制空调板，构件长度为 840mm，宽度为 1300mm。

③预制女儿墙编号。

a. DNEQ 表示预制女儿墙。

b. YNEQ 后第一组两个数字，表示预制女儿墙类型，分别为 JI、J2、Q1 和 Q2 型。其中，J1 型代表夹心保温式女儿墙（直板）、J2 型代表夹心保温式女儿墙（转角板）、

Q1 型代表非保温式女儿墙（直板）、Q2 型代表非保温式女儿墙（转角板）。

c. NEQ 后第二组四个数字，表示预制女儿墙尺寸。其中，前两个数字表示预制女儿墙长度（按 dm 计），后两个数字表示预制女儿墙宽度（按 dm 计）。

例如，NEQ-J1-3614：表示夹心保温式女儿墙，长度为 3600mm，高度为 1400mm。

2. 预制阳台板、空调板和女儿墙平面布置图标注内容

（1）预制构件编号。

（2）各预制构件的平面尺寸、定位尺寸。

（3）预留洞口尺寸及相对于构件本身的定位尺寸（与标准构件中留洞位置一致时可不标）。

（4）楼层结构标高。

（5）预制钢筋混凝土阳台板、空调板结构完成面与结构标高不同时的标高高差。

（6）预制女儿墙厚度、定位尺寸、女儿墙墙顶标高。

3. 预制阳台板、空调板和女儿墙构件表注写内容

（1）预制阳台板、空调板构件表的主要内容。

①预制构件编号。

②选用标准图集的构件编号，自行设计构件可不写。

③板厚（mm），叠合式还需注写预制底板厚度，表示方法为“××× （××）”。

④构件质量。

⑤构件数量。

⑥所在层号。

⑦构件详图页码：选用标准图集构件须注写图集号和相应页码，自行设计构件须注写施工图图号。

⑧备注中可标明该预制构件是“标准构件”或“自行设计”。

（2）预制女儿墙构件表的主要内容。

①平面图中的编号。

②选用标准图集的构件编号，自行设计构件可不写。

③所在层号和轴线号，轴号标注方法与外墙板相同。

④内叶墙厚。

⑤构件质量。

⑥构件数量。

⑦构件详图页码：选用标准图集构件须注写图集号和相应页码，自行设计构件须注写施工图图号。

⑧备注中可标明该预制构件是“标准构件”“调整选用”或“自行设计”。

4. 其他说明

预制阳台板、空调板及女儿墙施工图应包括按标准层绘制的平面布置图、构件选用表。平面布置图中需要标注预制构件编号、定位尺寸及连接做法。其平面注写示例如图 8-28所示。

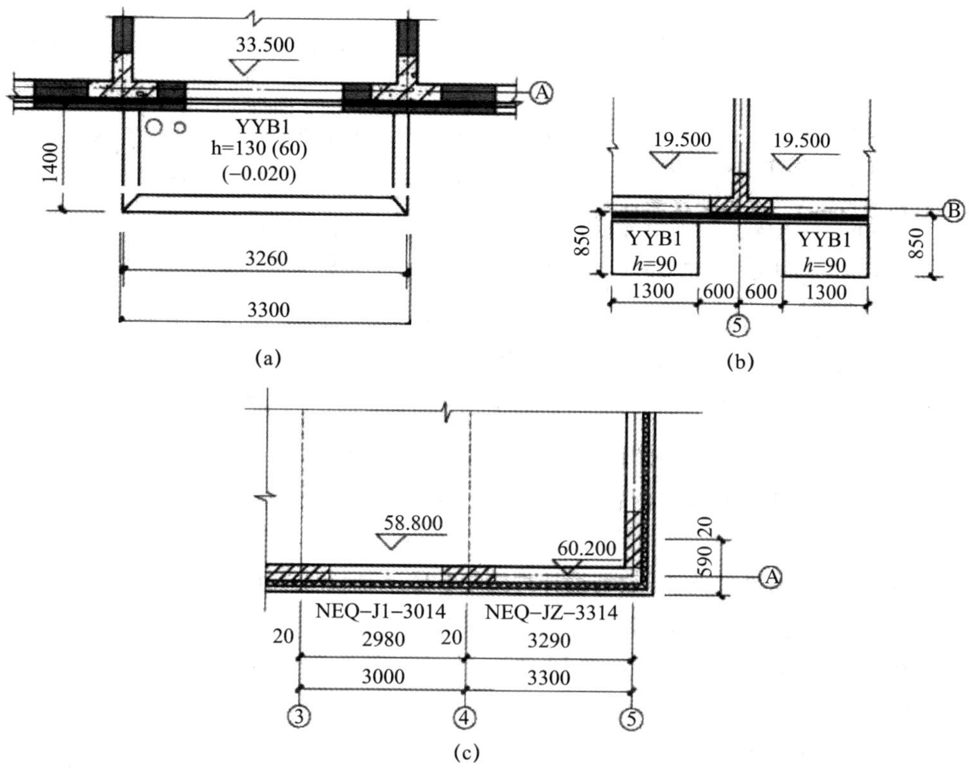

图 8-28　预制阳台板、空调板及女儿墙平面注写示例

(a) 预制阳台板平面注写示例；(b) 预制空调板平面注写示例；(c) 预制女儿墙平面注写示例

8.4.3　任务实施

1. 模板图识读

从图 8-25 中可以读取出 YTB-B-1024-04 模板图中的以下内容。

(1) 全预制板式阳台的具体尺寸。结合表 8-4 可以读取出阳台长度 Z＝1010mm，阳台宽度 4＝2380mm，阳台板厚度力＝130mm；封边高度为 400mm，上封边高度为 150mm、厚度为 150mm，下封边高度为 400—150—130＝120（mm），顶部厚度为 160mm，底部厚度为 150mm。

(2) 预埋件的定位尺寸。由图 8-25（a）可知，阳台长度方向第一个预埋件距离外叶墙外表面 110＋20＝130（mm），相邻两个预埋件之间的距离为 S2；阳台宽度方向第一个预埋件距离阳台板边缘 75mm，相邻两个预埋件之间的距离为 S1。

(3) 预留洞口的定位尺寸。从平面图和底面图中可以读取出阳台底板预留两个洞口，一个是落水管预留孔 Φ50mm，一个是地漏预留孔 Φ100mm，两个洞口之间的距离为 300mm，距离外叶墙外表面 100mm，落水管预留孔距离阳台边缘 350mm。

(4) 图中符号说明：△Y 所指方向代表压光面，△M 所指方向代表模板面，△C 所指方向代表粗糙面。

2. 配筋图识读

从图 8-25 和表 8-5 中可以读取出 YTB-B-1024-04 配筋图中共有 10 种类型的钢筋，各种钢筋信息内容如下：

（1）①号钢筋为直径为 8mm 的 HRB400 级，为阳台长度方向板上部钢筋，外侧弯锚 15d，内侧向墙（梁）或板内锚固 1.1l_a 间距按照图 5-2（a）中的要求进行布置，即左端钢筋的间距：第一根距离边缘 35mm，其余分别为 80mm、85mm、49mm、202mm、62mm、62mm、152mm；右端钢筋的间距：第一根距离边缘 35mm，其余分别为 80mm、135mm、100mm、100mm；中间部分钢筋的间距根据钢筋表间距不大于 100mm 均布（其他类型钢筋间距的阅读方法与此相同）。

（2）②号钢筋为直径为 8mm 的 HRB400 级，为阳台宽度方向板上部钢筋，两端弯锚 15d。

（3）③号钢筋为直径为 8mm 的 HRB400 级，为阳台长度方向板下部钢筋，外侧弯锚 15d，内侧向墙（梁）内延伸长度≥12d 且至少伸过梁（墙）中线。

（4）④号钢筋为直径为 10mm 的 HRB400 级，为阳台宽度方向板下部钢筋，两端弯锚 15d。

（5）⑤号钢筋为直径为 12mm 的 HRB400 级，为阳台长度方向封边上部钢筋，外侧弯锚 15d，内侧直锚。

（6）⑥号钢筋为直径为 12mm 的 HRB400 级，为阳台长度方向封边下部钢筋，外侧弯锚 15d，内侧直锚。

（7）⑧号钢筋为直径为 6mm 的 HRB400 级，为阳台长度方向封边上的箍筋。

（8）⑨号钢筋为直径为 12mm 的 HRB400 级，为阳台宽度方向封边上部钢筋，两端弯锚 15d。

（9）⑩号钢筋为直径为 12mm 的 HRB400 级，为阳台宽度方向封边下部钢筋，两端弯锚 15d。

（10）⑫号钢筋为直径为 6mm 的 HRB400 级，为阳台宽度方向封边上的箍筋。

（11）由图 8-2（a）和图 8-2（e）可知，在阳台长度方向落水管预留孔两边缘距离两侧钢筋边缘 20mm，在阳台宽度方向落水管预留孔和地漏预留孔两边缘与两侧钢筋边缘的距离均为 20mm。

3. 吊点位置布置图识读

阳台长度方向两个吊点之间的中点距离外叶墙外表面 280＋20＝300（mm），两个吊点之间的距离为 60×2＝120（mm）；阳台宽度方向相邻两个吊点之间的中点距离阳台边缘 a1＝450mm，两个吊点之间的距离为 60×2＝120（mm）。

4. 节点详图识读

从图 8-26 中可以读取出 YTB-B-1024-04 两个节点的详图信息，具体内容如下：

沿阳台长度方向上部钢筋向主体结构内延伸 1.1l_a，下部钢筋延伸≥12d 且至少伸过梁（墙）中线，阳台板内边缘伸过内叶墙板外边缘 10mm，封边内边缘距离外叶墙板外边缘 20mm；阳台宽度方向的两外边缘距离两端轴线 10mm；阳台板长度方向封边尺寸＝阳台长度 Z－10mm 一保温层厚度一外叶墙板厚度一 20mm。

5. 钢筋表识读

钢筋表主要表达构件编号、钢筋编号、钢筋规格、加工尺寸及钢筋根数等，具体阅读内容前面已详述，此处不再赘述。

6. 预制阳台板、空调板和女儿墙的深化设计

（1）预制阳台板、空调板和女儿墙制作前应进行深化设计，深化设计文件应根据施工图设计文件及选用的标准图集、生产制作工艺、运输条件和安装施工要求等进行编制。

（2）预制阳台板、空调板和女儿墙详图中的预留洞、凹槽、预埋件和吊筋等需与相关专业图纸仔细核对无误后方可下料制作。

（3）深化设计文件应经设计单位书面确认后方可作为生产依据。

（4）深化设计文件应包括（但不限于）以下内容：

①预制阳台板、空调板和女儿墙模板图（含平面图、正立面图、底面图、背立面图、左侧立面图及局部详图等）；

②预制阳台板、空调板和女儿墙配筋图（含板配筋平面图、封边配筋平面图、洞口纵向排布配筋图及相应剖面详图、钢筋明细表）；

③构造连接节点详图；

④计算书。根据《混凝土结构工程施工规范 MGB 50666—2011）的规定，应根据设计要求和施工方案对脱模、吊运、运输、安装等环节进行施工验算，例如预制阳台板、预埋件、吊具等的承载力、变形和裂缝等。

7. 预制阳台板、空调板和女儿墙设计

（1）预制阳台板选用《预制钢筋混凝土阳台板、空调板及女儿墙 X15G368-1）标准图集设计方法。

①选用步骤。

a. 确定预制钢筋混凝土阳台板建筑、结构各参数与《预制钢筋混凝土阳台板、空调板及女儿墙 X15G368-1）标准图集选用范围要求保持一致，可按照标准图集中预制钢筋混凝土阳台板相应的规格表、配筋表直接选用。

b. 预制阳台板混凝土强度等级、建筑面层厚度、保温层厚度设计应在施工图中统一说明。

c. 核对预制阳台板的荷载取值不大于标准图集设计取值。

d. 根据建筑平、立面图的阳台尺寸确定预制阳台板编号。

e. 根据具体工程实际设置或增加其他预埋件。

f. 根据图集中预制阳台板模板图及预制构件选用表中已标明的吊点位置及吊重要求，设计人员应与生产、施工单位协调吊件形式，以满足规范要求。

g. 如需补充预制阳台板预留设备孔洞的位置及大小，需要结合设备图纸补充。

h. 补充预制阳台板的相关制作及施工要求。

②选用示例。已知某装配式剪力墙住宅开敞式阳台平面图如图 5-16 所示，阳台对应房间开间轴线尺寸为 3300mm，阳台板相对剪力墙外表面挑出长度为 1400mm，阳台

封边高度为400mm，根据计算得阳台板均布恒荷载为3.2kN/m²，封边处栏杆线荷载为1.2kN/m，板面均布活荷载为2.5kN/m\阳台建筑、结构各参数与标准图集选用范围要求一致，荷载不大于标准图集荷载取值，设计选用编号为YTB-B-1433-04的全预制板式阳台。

（2）预制空调板选用《预制钢筋混凝土阳台板、空调板及女儿墙》（15G368-1）标准图集设计方法。

①选用步骤。

a. 确定各参数与标准图集选用范围要求保持一致。

b. 核对预制空调板的荷载是否符合标准图集的规定。

c. 根据所在地区、外围护结构形式、构件尺寸确定预制空调板编号。

d. 根据标准图集的做法选择预埋件和吊件，也可根据相关规范和标准另行设计。

e. 根据设备专业设计确定预留孔的尺寸、位置和数量。

②选用示例。

已知某北方地区民用住宅楼采用预制空调板，该预制空调板外围护结构形式采用百叶做法，混凝土强度等级为C30，钢筋的混凝土保护层厚度为20mm，永久均布荷载为4.0kN/m²。其中，预制空调板长度为840mm，宽度为1300mm，则该北方地区民用住宅楼所选用预制空调板编号为KT&84-130，如图8-29、图8-30所示。

（3）预制女儿墙选用《预制钢筋混凝土阳台板、空调板及女儿墙》（15G368-1），标准图集设计方法。

①选用步骤。

a. 确定各参数与标准图集选用范围保持一致。

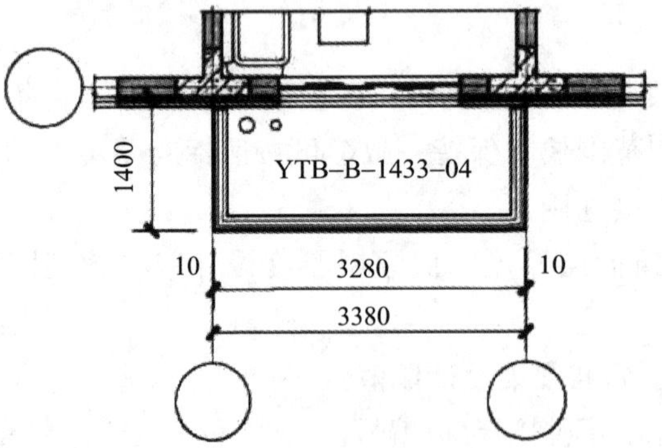

图8-29　预制阳台板选用示例

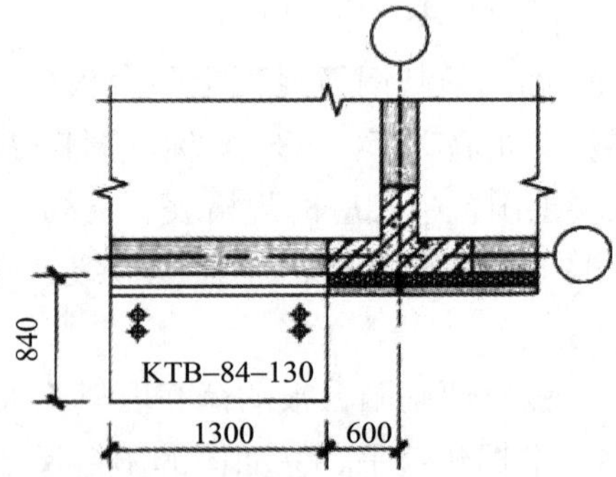

图8-30　预制空调板选用示例

b. 核对预制女儿墙的荷载条件，并明确女儿墙的支座为结构顶层剪力墙后浇段向上延伸段。

c. 根据建筑顶层预制外墙板的布置、建筑轴线尺寸和后浇段尺寸，确定预制女儿墙编号。

d. 根据标准图集预埋件规格和工程实际选用预埋件，并根据工程的具体情况增加其他预埋件。

e. 根据图集中给出的质量及吊点位置，结合构件生产单位、施工安装要求选用预制女儿墙吊件类型及尺寸。

f. 如需补充预制女儿墙预留设备孔洞及管线，需结合设备图纸进行补充。

g. 内、外叶板拉结件布置图由设计人员补充设计。

②选用示例。已知条件：某住宅楼女儿墙采用夹心保温式女儿墙，安全等级为二级，从屋顶结构层标高算起高度为 1400mm，风荷载标准值 g 为 3.5kN/m²，女儿墙长如图 8-31 所示，配筋为构造配筋。

选用结果：根据图 8-31 所示的尺寸，标准图集的 NEQ-J1-3014 和 NEQ-J2-3314 符合要求，可直接选用。

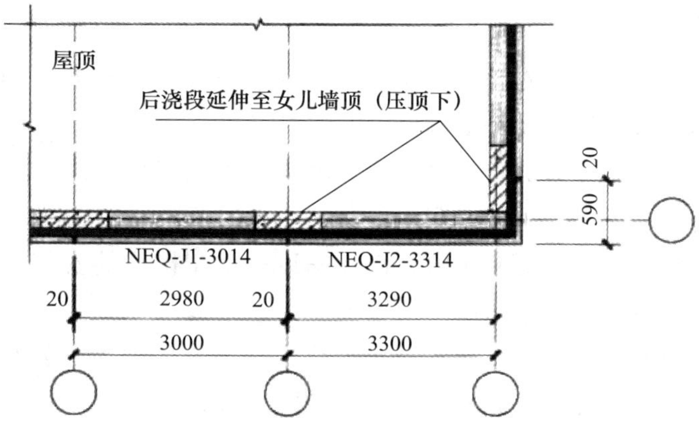

图 8-31　预制女儿墙选用示例

（4）深化设计软件设计方法。登录装配式建筑深化设计软件完成预制阳台板、空调板和女儿墙构件的深化设计。

【小结】

通过本部分的学习：

1. 要求学生掌握预制钢筋混凝土楼梯的类型和编号规定、平面布置图和剖面图的标注内容及相关规定；能够熟练阅读预制钢筋混凝土双跑楼梯和剪刀楼梯的模板图配筋图、钢筋明细表及相关构造节点详图；能够掌握深化设计文件所包括的内容。

2. 要求学生掌握预制阳台板、空调板和女儿墙的类型和编号规定、平面布置图和剖面图的标注内容及相关规定；能够熟练阅读预制阳台板、空调板和女儿墙的模板图、配筋图、钢筋明细表及相关构造节点详图；能够掌握深化设计文件所包括的内容。

【习题】

一、选择题

1. 楼梯蒸养升温阶段，在混凝土初凝后一般（　　）个小时，开始通入少量蒸汽。

A. 6　　B. 8

C. 10　　D. 12

2. 预制楼梯构件尺寸允许偏差为（　　）。

A. ±5mm　　B. ±10mm

C. ±20mm　　D. ±30mm

3. 预制楼梯正确的施工流程为（　　）。

A. 定位钢筋预埋及吊具安装→预制楼梯的安装及校正→预制楼梯吊运→预制楼梯与现浇结构节点处理→预留洞口以及施工缝隙填补

B. 定位钢筋预埋及吊具安装→预制楼梯吊运→预制楼梯与现浇结构节点处理→预制楼梯的安装及校正→预留洞口以及施工缝隙填补

C. 定位钢筋预埋及吊具安装→预制楼梯吊运→预制楼梯的安装及校正→预制楼梯与现浇结构节点处理→预留洞口以及施工缝隙填补

D. 定位钢筋预埋及吊具安装→预制楼梯吊运→预制楼梯的安装及校正→预留洞口以及施工缝隙填补→预制楼梯与现浇结构节点处理

4. 编号为 JT-28-25 的楼梯，其含义为（　　）。

A. 预制混凝土板式剪刀楼梯，建筑层高 2500mm，楼梯间净宽 2800mm

B. 预制混凝土板式剪刀楼梯，建筑层高 2800mm，楼梯间净宽 2500mm

C. 预制混凝土板式双跑楼梯，建筑层高 2800mm，楼梯间净宽 2500mm

D. 预制混凝土板式单跑楼梯，建筑层高 2800mm，楼梯间净宽 2500mm

5. 楼梯钢筋绑扎过程中应注意（　　）。

A. 受力钢筋在上，分布钢筋在下

B. 受力钢筋在下，分布钢筋在上

C. 钢筋没有上下之分

D. 以上说法均不对

6. 楼梯模具检验工具有：钢尺、施工线、（　　）、靠尺和塞尺。

A. 直尺　　B. 三角尺　　C. 吊锤　　D. 水平尺

7. 预制混凝土楼梯浇筑施工工艺为（　　）。

A. 模板清理—钢筋绑扎及布设预埋件—合模—布料、振捣成型—抹面、压光

B. 钢筋绑扎及布设预埋件—模板清理—合模—布料、振捣成型—抹面、压光

C. 模板清理—合模—钢筋绑扎及布设预埋件—布料、振捣成型—抹面、压光

D. 钢筋绑扎及布设预埋件—合模—模板清理—布料、振捣成型—抹面、压光

8. 预制楼梯模具可分为卧式和（　　）。

A. 横式　　B. 大底模式

C. 立式　　D. 独立式

9. 安装预制楼梯应综合考虑塔式起重机主体结构施工间隙，宜每（　　）层楼梯构件集中吊装。

A. 3～4　　B. 1～2

C. 2～3　　D. 2～4

10.《装配式混凝土建筑技术标准》(GB/T 51231—2016) 预制楼板、叠合板、空调板、阳台板等构件应平放，叠放层数不宜超过（　　）层。

A. 4　　B. 6　　C. 8　　D. 10

11. 预制阳台施工流程正确的是（　　）。

A. 支撑体系搭设→吊具安装→安装及校正→吊运及就位→预制阳台与现浇结构节点连接→混凝土浇筑→支撑体系拆除。

B. 支撑体系搭设→吊具安装→吊运及就位→安装及校正→混凝土浇筑→预制阳台与现浇结构节点连接→支撑体系拆除。

C. 支撑体系搭设→吊具安装→吊运及就位→安装及校正→预制阳台与现浇结构节点连接→混凝土浇筑→支撑体系拆除。

D. 吊运及就位→安装及校正→吊具安装→支撑体系搭设→预制阳台与现浇结构节点连接→混凝土浇筑→支撑体系拆除。

二、简答题

1. 简述 ST-28-25 和 JT-28-25 各符号所代表的含义。

2. 简述 YTB-B-1024-08 各符号的含义。

3. 简述楼梯的拆分特点。

4. 预制阳台板、空调板和女儿墙模板图主要包括哪些内容?

模块 3 设计实训

03

知识导入

对于建筑工程领域技术人员来说，以精益求精的态度对待工作，不断改进，追求更加完美的精神是非常重要的。简言之就是要将“工匠精神”贯穿于建筑项目的整个流程中。“工匠精神”的由来就是优秀的工匠们喜欢对自己的作品精雕细琢，形成一个完美而毫无瑕疵的作品，体现了对极致的一种追求。逐渐演化成了一种工作态度，即一丝不苟，对待工作耐心、专注、严谨的精神。

我国近年来不断涌现的多个“创纪录”工程，就是“工匠精神”在建筑工程领域的最好的体现。北盘江大桥跨越云贵两省交界的北盘江大峡谷，大桥全长1341.4m，桥面至江面高565m，超越之前世界第一高桥四渡河特大桥的560m，成为目前世界第一高桥。2018年5月，北盘江大桥获得第35届国际桥梁大会“诺贝尔奖”——古斯塔夫斯(Gustav Lindenthal)金奖。该桥在建设期间，除采用斜拉桥平衡施工法等传统工艺工法之外，同时还借助理论创新——辅助墩的设计，首次在斜拉桥上采用了边跨顶推工艺。施工人员摒弃了传统的平衡施工法，大胆创新，以岸、桥墩为支点，从岸上一点点将拼装好的边跨水平推出，最终架上索塔。依靠技术创新一纵移悬拼的工法，突破改造桥梁主跨的拼装工艺，将一些常规设备组拼成为一个简易式整体吊装机，将长12m、重160t的钢桁梁节段在地面整体拼装完成之后，通过吊机进行整体吊装。由于减少了空中作业时间，一个节段相比传统工法能节约1—2d。最终不仅保证了工程质量还抢回了工期。北盘江大桥建设中克服的五大难题，即山区大体积承台混凝土温控、超高索塔机制砂高性能混凝土泵送、山区超重钢锚梁整体吊装、边跨高墩无水平力的钢桁梁顶推、大跨钢桁梁斜拉桥合龙的解决，充分弘扬了我国工程技术人员勇于克服困难、精益求精的工匠精神。这样的工程建设离不开具有建筑工程专业背景的工程师、技术人员的参与和投入，凝结了本专业领域工程技术人员的智慧与汗水。

“空谈误国，实干兴邦”，工匠精神并不只是一个口号，无论是技艺精湛的“工匠鼻祖”鲁班，还是刚开始磨练技艺的新人，都只有通过动手实践，才能将理论联系实际，实现更高的目标。接下来的课程模块将帮助大家应用之前学习的理论知识，通过项目的形式来进行实践，更好的理解建筑结构知识。

项目 9　钢筋混凝土框架结构设计实训

学习目标

了解钢筋混凝土框架建筑结构的基本设计步骤；掌握分析框架结构的荷载与配筋设计方法；学会应用辅助工具进行框架结构分析计算；绘制结构施工图。

学习要点

钢筋混凝土框架结构的设计概念；框架结构的荷载计算；构件配筋设计；结构整体分析。

建议学时

10 学时

任务　结构施工图设计实例

9.1.1　框架结构设计施工图实训任务

依据三门专业核心课程“建筑力学”“钢筋混凝土结构”“钢筋平法下料”的理论为基础，并结合“EXCEL 在建筑工程中的应用”中的公式编辑计算方法，进行《结构施工图的设计实训》。其计算结果和 PKPM 软件计算结果进行配筋的对比。从而达到培养房屋结构设计能力，以及专业基本知识的综合运用能力，达到“学有所用、用有所图”的目的。

本学期期末综合实训是对学生的阶段性学习质量和工作能力有效全面的考察，因此要求每个学生都必须在教师的指导下，按照综合实训任务书的要求认真执行，在规定时间内团结协作、分工完成（要求每班分五组，每组 9 人左右）。

如图 9-1 所示，假设为上学期的某一栋框架房屋“建筑设计综合实训”的成果效果图。本次综合设计主要是对结构构件（梁板柱）进行配筋设计。用一个假想的平面，选取一个有代表性的截面位置讲行剖断，如图 9-2 所示。

从而将建筑的局部受力部分，简化为一榀框架受力（图 9-3）。

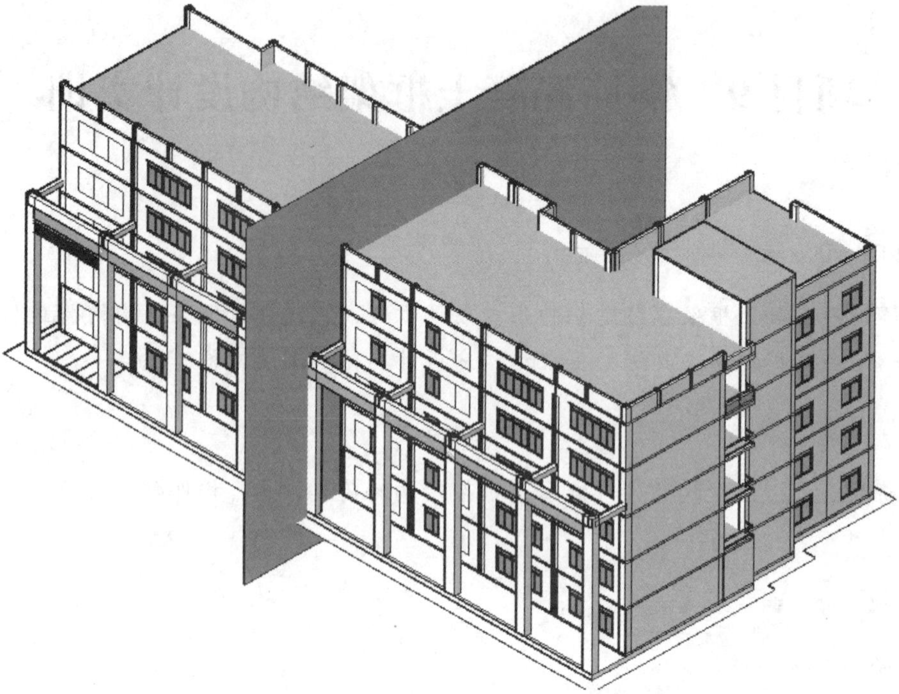

图 9-1　效果图

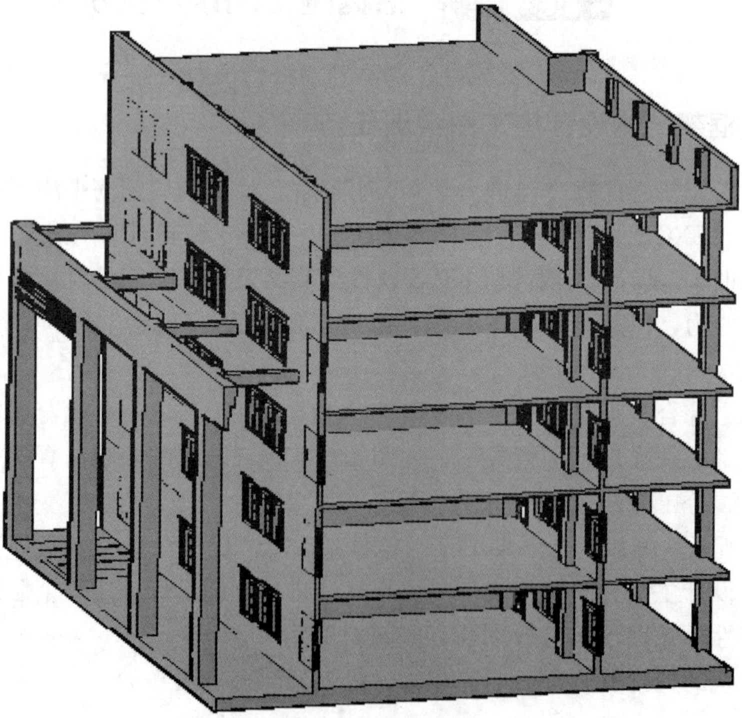

图 9-2　剖断图

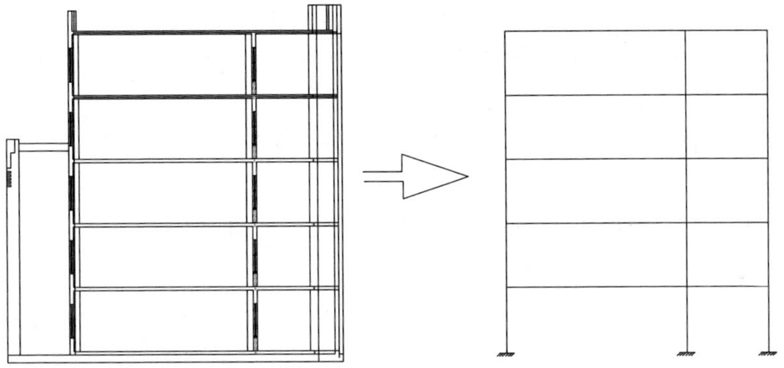

图 9-3　简化图

9.1.2　结构计算部分

9.1.2.1　结构计算资料

（1）本工程位于南宁市郊区，主要风向：春夏东南风，秋冬西北风。基本风压 ω_0 取值 0.35kPa。

（2）水文地质资料：

天然地面以下 0.5m 深度内为耕植土，天然重度为 16kN/m^3 以下为黏土层，天然重度为 18kN/m^3，层厚较大，可作地基持力层，其地基承载力特征值为 220kN/m^2，（η_b=0.3，η_d=1.6），丰水期地下最高水位为地表以下 2.5m。

9.1.2.2　结构设计内容

1. 计算受力模型的建立（只要求计算一榀框架）（图 9-4）

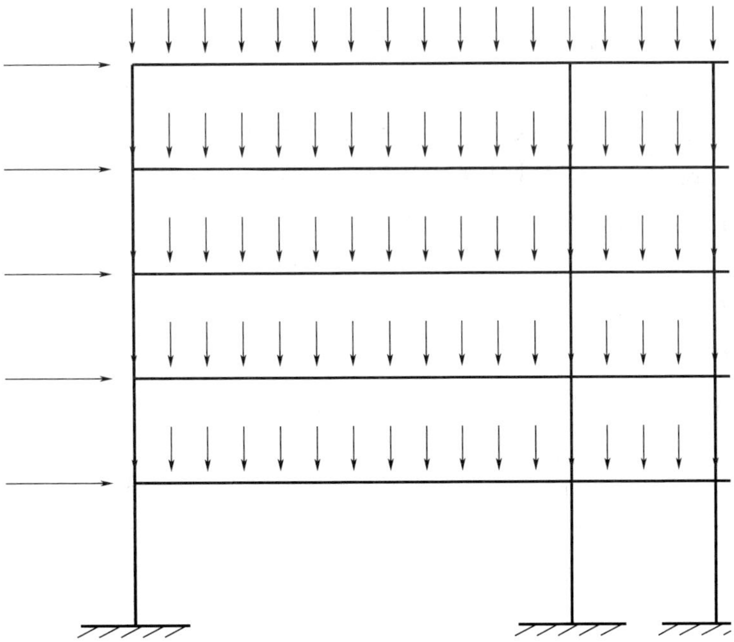

图 9-4　一榀框架荷载作用

注意：①梁的计算跨度的取舍（计算跨度不一定等于轴线开间进深）。

②柱子的计算高度（不一定等于层高）的取舍（底层层高从基础顶面算起，一般取 4.2m 以上）。

2. 构造要求说明

①按照构造要求合理取舍构件截面尺寸大小：梁的高宽、板的厚度、柱的截面尺寸、墙体厚度等。

②按照构造要求合理取舍各种受力构件材料的强度设计值。

3. 荷载计算

荷载作用区域的划分，如图 9-5 所示（双向板），将各楼层的面荷载转化为计算模型上的竖向分布线荷载和集中力。

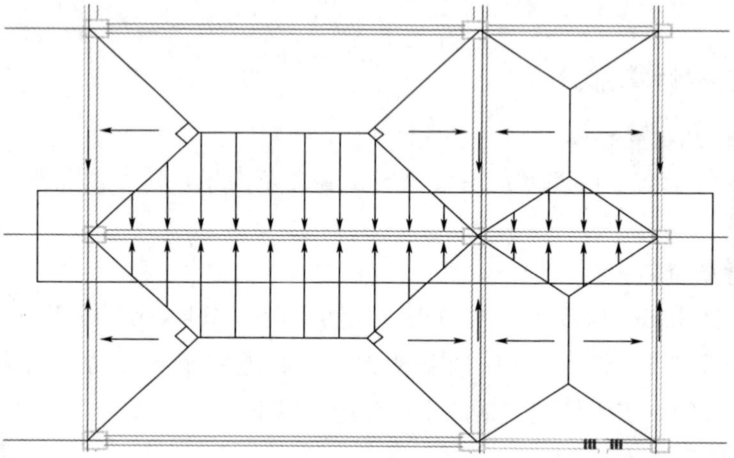

图 9-5　板荷载作用区域

（1）竖向荷载标准值的计算（恒载、活载单独计算）。

①楼面荷载标准值。

②屋面荷载标准值（按上人或不上人屋面区分对待）。

（2）水平荷载计算——风载计算（以下是计算参考举例）。

风压标准值计算公式为

$$w=\beta_z \cdot \mu_s \cdot \mu_z \cdot w_0$$

因结构高度 $H<30\text{m}$，可取 $\beta_z=1.0$；

对矩形平面 $\mu_z=1.3$；

可查荷载规范，当查得的 $\mu_z<1.0$ 时，取 $\mu_z=1.0$。

将风荷载换算成作用于框架每层节点上的集中荷载，计算过程见表 9-1。

表 9-1　风荷载计算

层次	β_z	μ_s	z（m）	μ_z	w_0（0.55N/m）	A（m²）	P_w（kN）
6	1.0	1.3	21	1.25	0.55	9.9	8.85
5	1.0	1.3	17.7	1.18	0.55	19.8	16.71
4	1.0	1.3	14.4	1.10	0.55	19.8	15.57

续表

层次	β_z	μ_s	z（m）	μ_z	w_0（0.55N/m）	A（m^2）	P_w（kN）
3	1.0	1.3	11.1	1.01	0.55	19.8	14.30
2	1.0	1.3	7.8	1	0.55	19.8	14.30
1	1.0	1.3	4.5	1	0.55	23.4	16.73

4. 内力分析

根据上述的荷载标准值进行荷载组合，得出最不利的组合设计值。建立一榀框架的结构计算简图，如图 9-6 所示。建议利用结构力学求解器完成三个内力图的计算（图 9-7）。

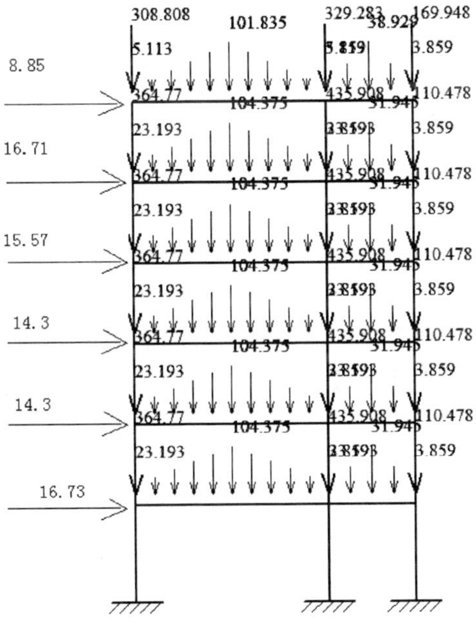

图 9-6　计算简图

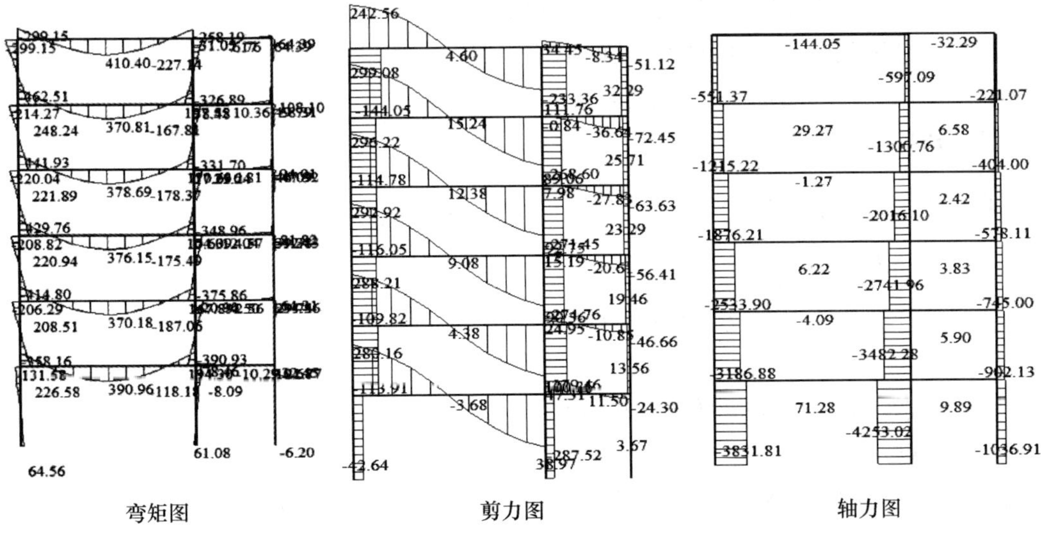

图 9-7　内力图

5. 配筋计算

（1）板筋设计。

若按单向板设计、根据楼面的荷载设计值，取出1m宽的板带，板长取一跨板的短边（亦可按连续多跨板计算），按两端固支计算（图9-8），通过力学求解器建模计算板内力弯矩（图9-9）。

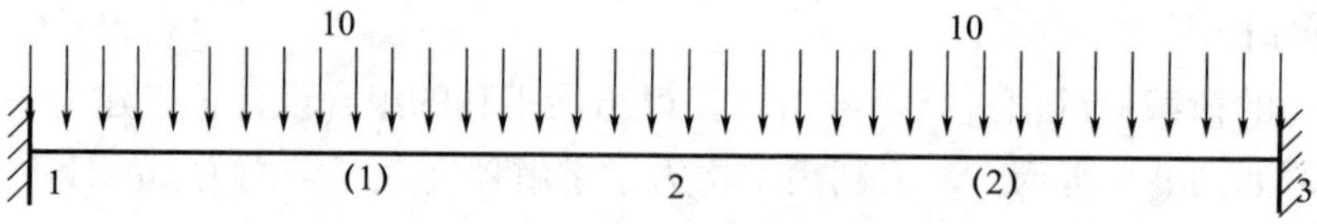

图9-8　一跨板的计算简图

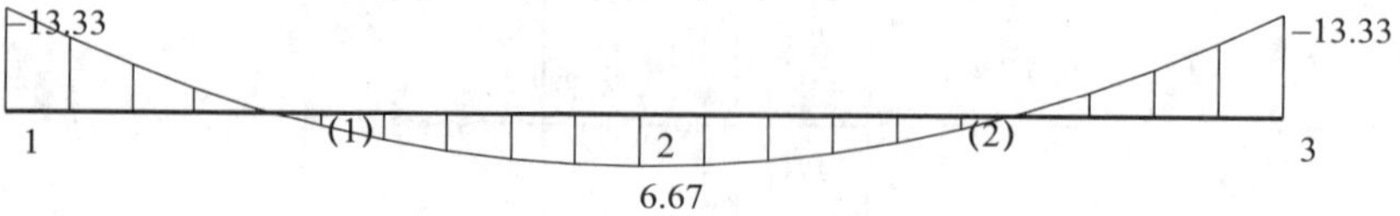

图9-9　一跨板的弯矩图

根据板的上下部弯矩计算出1m宽的板的上部支座负筋和板底受力筋。

若为双向板，另一方向的受力筋亦可参考单向板配筋结果（具体操作由指导老师定夺）。

分布筋按构造要求配置。

（2）梁的配筋。

根据梁的弯矩图和剪力图，按照梁的正截面和斜截面承载力极限状态以及构造要求，结合EXCEl编制计算表格，配置梁的纵筋和箍筋。

（3）柱筋设计。

①根据柱端弯矩和轴力以及截面尺寸判断大小偏心情况。

②按照对称配筋要求计算配置柱的纵筋。

③按照构造要求配置柱子的箍筋。

（4）楼梯配筋计算。

9.1.3　设计成果

1. 结构计算任务书

按照第二部分的内容说明编制。每组一份。

2. 结构施工图纸

CAD制图，数据要与建筑施工图计算结果相符。

主要成果：

（1）楼面结构平面布置图（两张A3）。

绘制楼板平法结构施工图、绘制楼面梁平法结构施工图。

（2）屋面结构平面布置图（两张 A3）。

绘制屋面板平法结构施工图、绘制屋面梁平法结构施工图。

（3）框架梁柱配筋图（1 张 A3）。用平法列表法表示。

（4）楼梯配筋详图（1 张 A4）。

（5）基础平面布置图以及详图（下学期由土力学与地基基础课程来完善，本学期不做要求）。

9.1.4　参考资料

（1）钢筋混凝土结构（教材）。

（2）建筑力学。

（3）有关结构设计规范：

《建筑结构荷载规范》（GB 50009—2012）。

《混凝土结构设计规范》（GB 50010—2010）。

（4）标准图集：

《平面整体表示方法制图规则和构造详图》（03G101-1）。

9.1.5　荷载计算参考

荷载标准值以及设计值计算。

1. 恒载计算

（1）屋面框架梁线荷载标准值：

20mm 厚 1∶2 水泥砂浆找平	0.02×20=0.4kN/m^2
100～140mm 厚（2%找坡）膨胀珍珠岩	（0.10+0.14）/2×7=0.80kN/m^2
120mm 厚现浇钢筋混凝土楼板	0.12×25=3kN/m^2
15mm 厚石灰抹底	0.015×16=0.24kN/m^2
屋面恒载	3.98kN/m^2
边跨框架梁自重	0.25×0.6×25=3.75kN/m
梁侧粉刷	2×（0.6−0.1）×0.02×17=0.34kN/m
中跨框架梁自重	0.25×0.4×25=2.5kN/m
梁侧抹灰	2×（0.4−0.1）×0.02×17=0.204kN/m

因此，作用在顶层框架梁上的线荷载为

$$g_{6AB1}=g_{6cd1}=4.09\text{kN/m}$$

$$g_{6BC}=2.704\text{kN/m}$$

（2）楼面框架梁线荷载标准值：

25mm 厚水泥砂浆面层	0.025×20=0.5kN/m
120mm 厚现浇钢筋混凝土楼板	0.12×25=3kN/m
15mm 厚板底石灰抹底	0.015×16=0.24kN/m

楼面恒载	3.24kN/m
边跨框架梁及梁侧粉刷	4.09kN/m
边跨填充墙自重	0.25×（3.3−0.6）×19=12.825kN/m
墙面粉刷	（3.3−0.6）×0.02×2×17=1.836kN/m
中跨框架及梁侧粉刷	2.704kN/m

因此，作用在中间层框架梁上的线荷载为

$$g_{AB!}=g_{cd1}=18.75kN/m$$

$$g_{BC1}=2.704kN/m$$

$$g_{AB2}=g_{cd2}=19.44kN/m$$

$$g_{BC2}=8.748kN/m$$

（3）屋面框架节点集中荷载标准值：

边柱连系梁自重	0.25×0.6×6×25=22.5kN
粉刷	0.02×（0.6−0.1）×2×6×17=2.04kN
1.2m 高女儿墙	1.2×6×0.25×19=34.2kN
粉刷	1.2×0.02×2×6×17=4.896kN
连系梁传来屋面自重	0.5×6×0.5×6×3.98=35.82kN
顶层边节点集中荷载	99.46kN
中柱连系梁自重	0.25×0.6×6×25=22.5kN
粉刷	0.02×（0.6−0.1）×2×6×17=2.04kN
连系梁传来屋面自重	0.5×（6+6−2.7）×1.35×3.98=24.98kN
	0.5×6×3.98×3=35.82kN
顶层中节点集中荷载	85.34kN

（4）楼面框架节点集中荷载标准值：

边柱连系梁自重	22.5kN
粉刷	2.04kN
钢窗自重	2×1.2×1.8×0.45=1.944kN
窗下墙体自重	0.25×0.85×（6−0.5）×19=22.2kN
粉刷	2×0.02×0.85×5.5×17=3.179kN
窗边墙体自重	0.25×（6−2×1.2−0.5）×1.8×19=26.51kN
粉刷	2×3.1×1.8×17×0.02=3.79kN
框架柱自重	0.5×0.6×3.3×25=24.75kN
粉刷	1.7×0.02×3.3×17=1.907kN
连系梁传来楼面自重	0.5×6×0.5×6×3.24=29.16kN
中间层边节点集中荷载	137.98kN

中柱连系梁自重 22.5kN

粉刷 2.04kN

内纵墙自重 6×（3.3－0.6）×2×0.25×19＝153.9kN

粉刷 6×2.7×2×0.02×17＝11.02kN

扣除门洞重加上门重 －2.1×0.8×（5.24－0.2）×＝－16.93kN

框架柱自重 24.75kN

粉刷 1.907kN

连系梁传来楼面自重

0.5×（6＋6－2.7）×1.35×3.24＝20.34kN

0.5×6×1.5×3.24＝14.58kN

2. 楼面活荷载计算

$$p_{6AB}=p_{6CD}=1.5\times6=9\text{kN/m}$$

$$p_{6BC}=1.5\times2.7=4.05\text{kN/m}$$

$$p_{6A}=p_{6D}=3\times3\times1.5=13.5\text{kN}$$

$$p_{6B}=p_{6C}=0.5\times9.3\times1.35\times1.5+0.25\times6\times6\times1.5=9.42+13.5=22.92\text{kN}$$

$$p_{AB}=p_{CD}=1.5\times6=9\text{kN/m}$$

$$p_{BC}=2\times2.7=5.4\text{kN/m}$$

$$p_{A}=p_{D}=3\times3\times1.5=13.5\text{kN}$$

$$p_{B}=p_{C}=0.5\times9.3\times1.35\times2+0.25\times6\times6\times2=12.56+18=30.56\text{kN}$$

9.1.6 楼梯设计参考（梁板式）

9.1.6.1 设计参数

（1）楼梯结构平面布置图（图 9-10）：

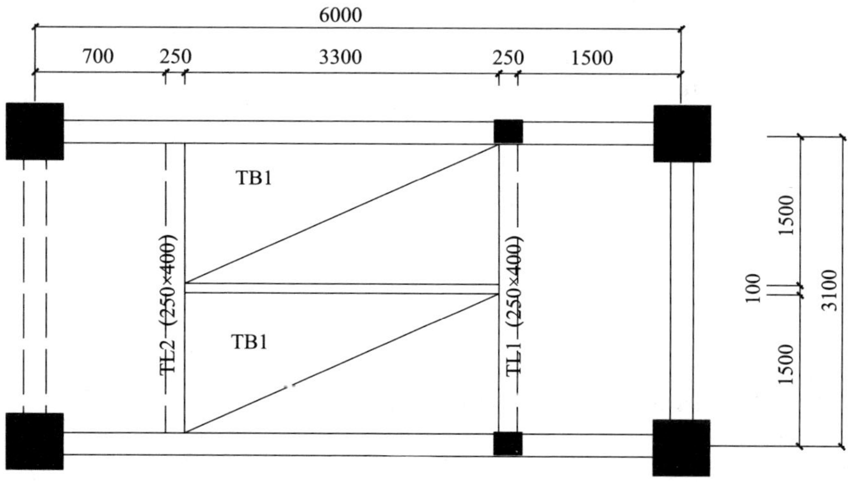

图 9-10 楼梯结构平面布置图

(2) 层高 3.3m，踏步尺寸 150mm×300mm，采用混凝土强度等级 C20，钢筋 Ⅰ级，楼梯上均布活荷载标准值 q=2.0kN/m^2。

9.1.6.2 楼梯板计算

板倾斜度 tgα=150/300=0.5，cosα=0.894。

设板厚 h=100mm，约为板斜长的 1/30。

取 1m 宽板带计算。

1. 荷载计算

梯段板的荷载（表 9-2）：

表 9-2 梯段板荷载表

荷载种类		荷载标准值（kN/m）
恒载	瓷砖面层	（0.3+0.15）×0.65/0.3=0.98
	三角形踏步	0.3×0.15×25/2/0.3=1.88
	斜板	0.1×25/0.894=2.79
	板底抹灰	0.02×17/0.894=0.38
	小计	6.0
活荷载		2.0

荷载分项系数 r_G=1.2，r_Q=1.4。

基本组合的总荷载设计值 p=6.0×1.2+2.0×1.4=10kN/m

2. 截面设计

板水平计算跨度 l_n=3.3m

弯矩设计值 $M=pl_n^2/10$

$=10\times3.3^2/10$

$=10\text{kN}\cdot\text{m}$

h_0=100−20=80mm

$\alpha_s=M/(f_{cm}bh_0^2)=10\times10^6/11/1000/80^2=0.14$

r_s=0.912

$A_s=M/(r_s f_y h_0)=10\times10^6/0.912/210/80=652.67\text{mm}^2$

选 Φ10@110，实有 A_s=714mm^2

分布筋 Φ8，每级踏步下一根。

9.1.6.3 平台板计算

设平台板厚 h=100mm，取 1m 宽板带计算。

1. 荷载计算：

平台板的荷载（表 9-3）：

表 9-3　平台板荷载表

荷载种类		荷载标准值（kN/m）
恒载	水磨石面层	0.65
	100mm 厚混凝土板	0.10×25=2.50
	板底抹灰	0.02×17=0.34
	小计	3.49
活荷载		2.0

荷载分项系数 $r_G=1.2$，$r_Q=1.4$。

基本组合的总荷载设计值 $p=3.49\times1.2+1.4\times2.0=6.99\text{kN/m}$

2. 截面设计

板的计算跨度 $l_0=1.5-0.25/2+0.25/2=1.5\text{m}$

弯矩设计值 $M=pl_0^2/10=6.99\times1.5^2/10$

$=1.57\text{kN}\cdot\text{m}$

$h_0=100-20=80\text{mm}$

$\alpha_s=M/(f_{cm}bh_0^2)=1.57\times10^6/11/1000/80^2=0.023$

$r_s=0.985$

$A_s=M/(r_sf_yh_0)=1.57\times10^6/0.985/210/80=94.88\text{mm}^2$

选 Φ6@140，实有 $A_s=202\text{mm}^2$

分布筋 Φ6，每级踏步下一根。

9.1.6.4　平台梁计算

设平台梁截面 $b=250\text{mm}$，$h=400\text{mm}$。

1. 荷载计算

平台梁的荷载（表 9-4）：

表 9-4　平台梁荷载表

荷载种类		荷载标准值（kN/m）
恒载	梁自重	0.25×（0.40−0.07）×25=2.06
	梁侧粉刷	0.02×［0.25+（0.40−0.07）×2］×17=0.31
	平台板传来	3.49×1.5/2=2.62
	梯段板传来	6×3.3/2=9.9
	小计	14.89
活荷载		2.0×（3.3/2+1.5/2）=5.4

荷载分项系数 $r_G=1.2$，$r_Q=1.4$。

基本组合的总荷载设计值

$p=14.89\times1.2+5.4\times1.4=25.43\text{kN/m}$

2. 截面设计

计算跨度 $l_0=1.05l_n=1.05\times(3.1-0.25)=3.00\text{m}$

内力设计值 $M=pl_0{}^2/8$

$=25.43\times3^2/8$

$=28.61\text{kN}\cdot\text{m}$

$V=pl_n/2=25.43\times(3.1-0.25)/2=36.24\text{kN}$

截面按倒 L 形计算，

$b'_f=b+5h'_f=250+5\times70=600\text{mm}$

$h_0=400-35=365\text{mm}$

经计算属第一类 T 形截面。

$\alpha_s=M/(f_{cm}bh_0^2)=28.61\times10^6/11/600/365^2=0.032$

$r_s=0.985$

$A_s=M/(r_sf_yh_0)=28.61\times10^6/0.985/210/365=378.9\text{mm}^2$

选 2Φ18，实有 $A_s=509\text{mm}^2$

斜截面受剪承载力计算，

配置箍筋 Φ6@200，

则 $V_{cs}=0.07f_{cm}bh_0+1.5f_{yv}nA_{sv1}h_0/s$

$=0.07\times10\times200\times365+1.5\times210\times2\times28.3\times365/200$

$=72180\text{N}>51460\text{N}$，满足要求。

项目 10　装配式框架结构设计实训

学习目标

了解装配式框架结构深化设计的基本步骤；掌握装配式框架结构各构件的规范要求及设计方法；学会应用装配式设计工具软件；生成并绘制装配式构件施工图。

学习要点

装配式钢筋混凝土框架结构的设计概念；装配式结构构件设计的规范要求；构件设计；装配式施工图。

建议学时

10 学时

任务　装配式框架结构设计实训

装配式混凝土框架结构设计施工图实训任务。

以之前章节学习过的装配式混凝土结构构件设计理论为基础，结合计算机深化设计软件应用，进行《装配式结构深化设计实训》。

本实训是对学生的阶段性学习质量和工作能力有效全面的考察，因此要求每个学生都必须在教师的指导下，按照综合实训任务书的要求认真执行，在规定时间内完成。

1. 任务概述

我国南方某城市学生宿舍楼一栋，为四层建筑，结构体系为装配整体式混凝土框架结构，抗震等级为三级。要求对部分预制构件进行深化设计。

2. 预制构件类型

该建筑物预制构件类型有预制柱、预制叠合梁、预制叠合板、预制楼梯，预制率大于等于 20%。

3. 设计依据

(1)《装配式混凝土结构技术规程》(JGJ 1—2014)；

(2)《装配式混凝土连接节点构造》(15G310-1)；

(3)《桁架钢筋混凝土叠合板》(15G366-1)；

(4)《预制钢筋混凝土板式楼梯》(15G367-1)；

(5)《混凝土结构施工图平面整体表示方法制图规则和构造详图》(22G101-1)。

4. 构件材料及保护层厚度

该建筑物钢筋均采用 HRB400 级钢筋，用符号 ⌀ 表示，混凝土强度等级详见图纸层高表，预制叠合板、预制叠合梁、预制柱混凝土保护层的厚度分别为 15mm、20mm、20mm。

5. 项目局部三层的结构图纸说明（附图）

该建筑物局部三层图纸分别是：图 1　三层梁板平法施工图（局部）；图 2　三层预制构件平面布置图（局部）；图 3　4.400～8.300 柱平面布置图（局部）。

6. 装配式混凝土连接节点说明

（1）现浇主梁与预制次梁连接节点见图 4。

（2）预制叠合楼板采用后浇带的整体性接缝连接形式，其连接节点见图 5，叠合板与边梁支座的连接形式见图 6，叠合板与中间梁支座的连接形式见图 7。

（3）预制叠合板、预制叠合梁均搁进支座 10mm。

7. 叠合板底板要求

（1）楼板采用 60mm（预制）＋80mm（现浇）的形式。

（2）桁架钢筋规格代号为 A90，桁架钢筋的设置应满足规程要求，需考虑到其设置能使底板的纵筋总量最低，即考虑由桁架钢筋的下弦筋等代替换下弦筋范围内的板钢筋的方式。

（3）吊装方式为吊桁架筋的形式，吊点加强筋为 2C8，长度 280mm，设两组吊点，吊点位置设置在距板边 $L/5\pm100$mm 处。

（4）预制板底板左右板边分别设置 1C6 的不外伸构造钢筋，钢筋中心距板边缘距离为 25mm。

（5）预制底板上 XH1 字符标示的配件为 PVC 材质的 86 线盒。

（6）3F-PCB1 柱切角处钢筋不出筋，矩形洞口 JD1 处钢筋均同其他钢筋正常伸出。

（7）预制底板板顶应设置粗糙面及构件安装符号。

8. 设计内容及结果输出

根据以上任务书要求以及配套的图纸和模型文件，对如下预制混凝土构件进行深化设计并输出结果。

9. 深化设计要求

（1）对 3F-PCB1 叠合板底板进行深化设计并将结果以图纸输出。每个构件深化设计图纸中应包含的内容：板模板图、板配筋图、构件信息表（至少包含混凝土体积、构件重量、混凝土强度）、埋件信息表（至少包含埋件编号、名称、规格、数量）、配筋表（至少包含编号、直径、级别、钢筋加工尺寸、钢筋重量）。

（2）结果输出要求：

将 3F-PCB1 叠合板的深化设计图纸以 A2 的图幅绘制，保存为 pdf 文件，并以“考号＋姓名＋深化设计图纸 . pdf”为文件名命名。

10. 配套图纸

见附图。

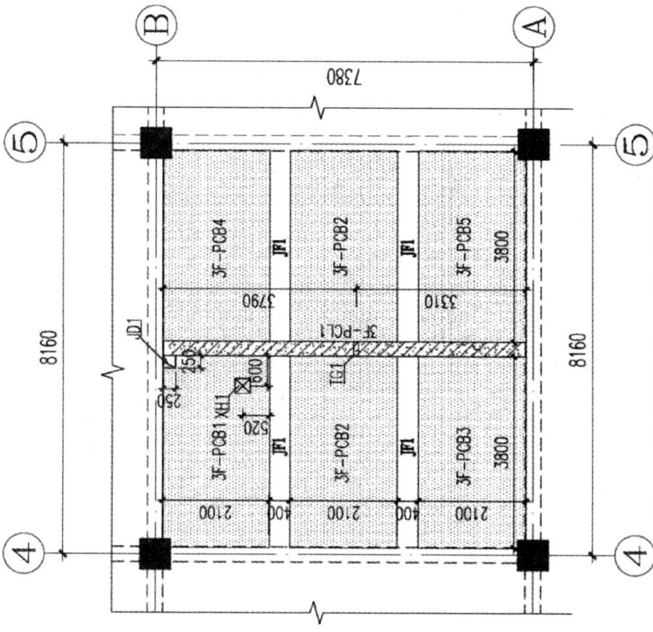

图2 三层预制构件平面布置图(局部)

图例说明：表示预制叠合板　表示预制叠合非框架梁

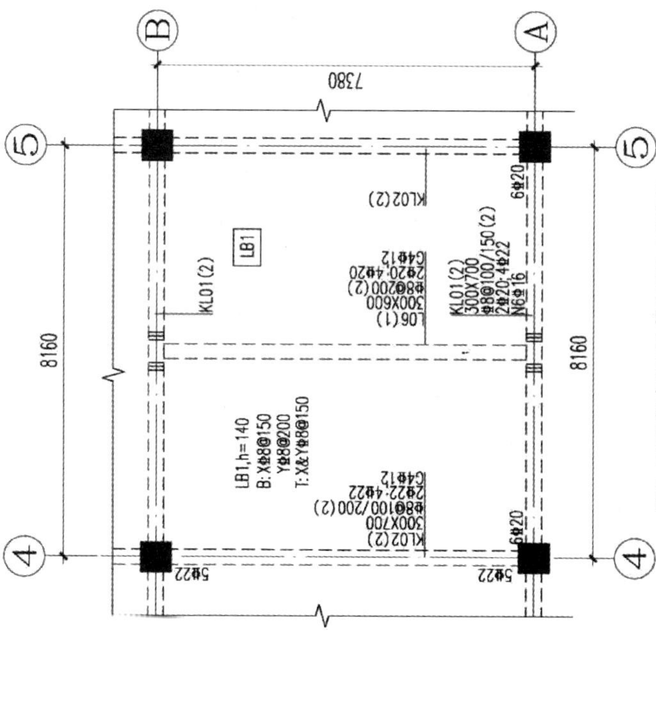

图1 三层梁板平法施工图（局部）

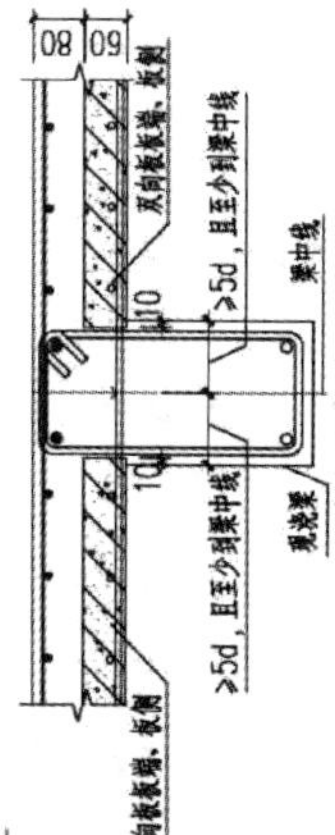

图7 中间梁支座

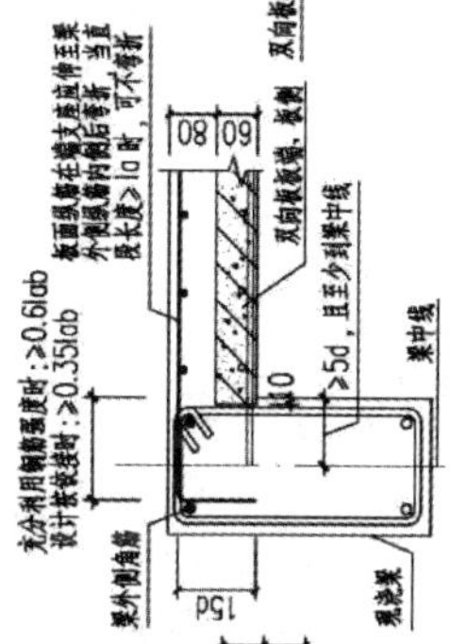

图6 边梁支座

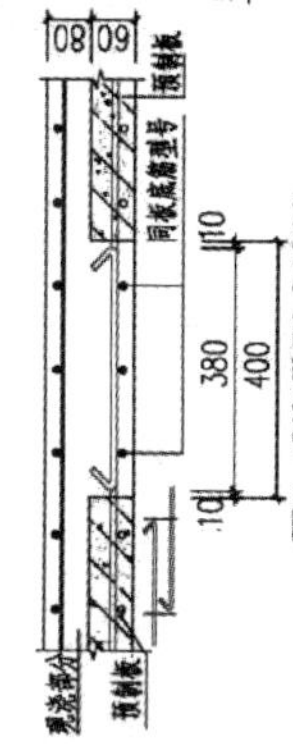

图5 后浇带形式接缝

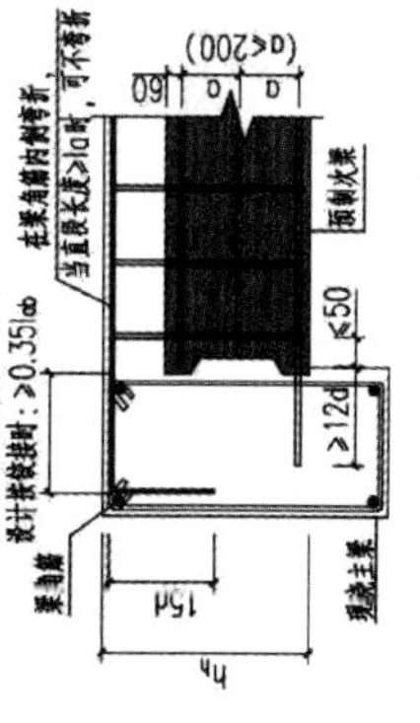

图4 现浇主梁与预制次梁连接节点

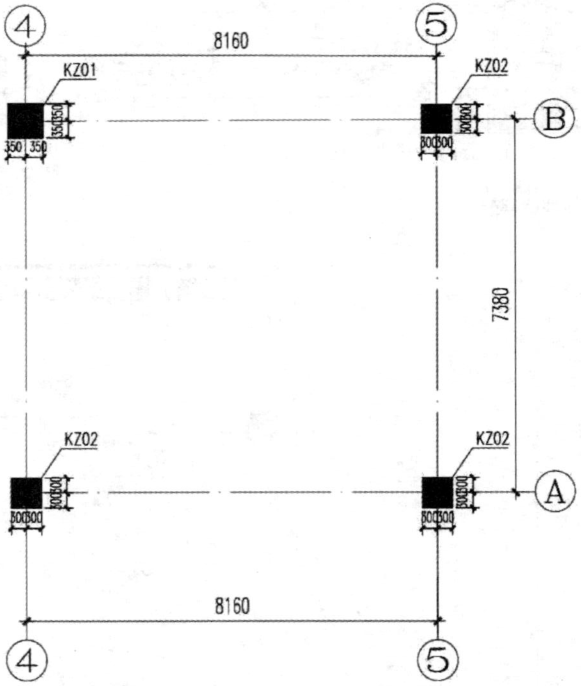

图3 4.400~8.300柱平面布置图（局部）

屋顶层	14.300		C30	C30
4F	11.300	3.000		
3F	8.300	3.000		
2F	4.400	3.900		
1F	−0.050	4.500		
−1F	详地下室	详地下室	C35	C35
楼层号	标高H(m)	层高(m)	墙、柱混凝土强度等级	梁、板混凝土强度等级

结构层楼面标高
结 构 层 高 表

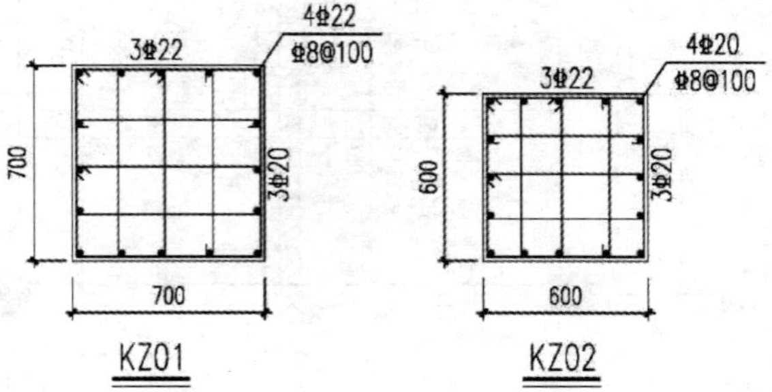

参考文献

［1］中华人民共和国住房和城乡建设部．建筑结构可靠性设计统一标准：GB 50068—2018［S］. 北京：中国建筑工业出版社，2018.

［2］中华人民共和国住房和城乡建设部．建筑结构荷载规范：GB 50009—2012［S］. 北京：中国建筑工业出版社，2012.

［3］中华人民共和国住房和城乡建设部．混凝土结构设计规范：GB 50010—2011［S］. 北京：中国建筑工业出版社，2011.

［4］中华人民共和国住房和城乡建设部．钢结构设计标准：GB 50017—2017［S］. 北京：中国建筑工业出版社，2017.

［5］中华人民共和国住房和城乡建设部，中华人民共和国国家质量监督检验检疫总局．建筑抗震设计规范：GB 50011—2010［S］．北京：中国建筑工业出版社，2010.

［6］中华人民共和国住房和城乡建设部．建筑地基基础设计规范：GB 50007—2011［S］. 北京：中国建筑工业出版社，2011.

［7］中华人民共和国住房和城乡建设部．装配式混凝土建筑技术标准：GB/T 51231—2016［S］. 北京：中国建筑工业出版社，2016.

［8］中华人民共和国住房和城乡建设部．装配式混凝土结构技术规程：JGJ 1—2014［S］. 北京：中国建筑工业出版社，2014.

［9］朱正国．建筑力学与实验［M］. 北京：国家开放大学出版社，2018.

［10］肖湘．建筑结构［M］. 成都：西南交通大学出版社，2014.

［11］张波．装配式混凝土结构工程［M］. 北京：北京理工大学出版社，2016.

［12］肖明和，杨勇．装配式混凝土结构识图与深化设计［M］. 北京：北京理工大学出版社，2019.

附录　常用材料性质参数

材料的性质与制造工艺、化学成份、内部缺陷、使用温度、受载历史、服役时间、试件 尺寸等因素有关。本附录给出的材料性能参数只是典型范围值。用于实际工程分析或工程设 计时，请咨询材料制造商或供应商。

除非特别说明，本附录给出的弹性模量、屈服强度均指拉伸时的值。

表 1　材料的弹性模量、泊松比、密度和热膨胀系数

材料名称		弹性模量 E GPa	泊松比 ν	密度 ρ kg/m^3	热膨胀系数 α 10^{-6}/℃
铝合金		70-79	0.33	2600—2800	23
黄铜		96—110	0.34	8400-8600	19.1-21.2
青铜		96-120	0.34	8200-8800	18-21
铸铁		83-170	0.2-0.3	7000-7400	9.9-12
混凝土（压）	普通 增强 轻质	17-31	0.1-0.2	2300 2400 1100-1800	7～14
铜及其合金		110-120	0.33-0.36	8900	16.6-17.6
玻璃		48-83	0.17-0.27	2400-2800	5-11
镁合金		41-45	0.35	1760-1830	26.1-28.8
镍合金（蒙乃尔铜）		170	0.32	8800	14
镍		210	0.31	8800	13
塑料	尼龙 聚乙烯	2.1-3.4 0.7-1.4	0.4 0.4	880-1100 960-1400	70-140 140-290
岩石（压）	花岗岩、大理石、 石英石 石灰石、沙石	40-100 20-70	0.2-0.3 0.2-0.3	2600-2900 2000-2900	5-9
橡胶		0.0007-0.004	0.45-0.5	960-1300	130-200
沙、土壤、砂砾				1200-2200	
钢	高强钢 不锈钢 结构钢	190-210	0.27-0.30	7850	10-18 14 17 12

续表

材料名称		弹性模量 E GPa	泊松比 ν	密度 ρ kg/m³	热膨胀系数 α 10^{-6}/℃
钛合金		100-120	0.33	4500	8.1-11
钨		340-380	0.2	1900	4.3
木材（弯曲）	杉木 橡木 松木	11-13 11-12 11-14		480-560 640-720 560-640	

材料的力学性能

材料名称/牌号		屈服强度 σ_s MPa	抗拉强度 σ_b MPa	伸长率 δ_5 %	备注
铝合金 LY12		35-500 274	100-550 412	1-45 19	硬铝
黄铜		70-550	200-620	4-60	
青铜		82-690	200-830	5-60	
铸 铁（拉伸） HT150 HT250		120-290	69-480 150 250	0-1	
铸 铁（压缩）			340-1400		
混凝土（压缩）			10-70		
铜及其合金		55-760	230-830	4-50	
玻璃	平板玻璃 玻璃纤维		30-1000 70 7000-20000	0	
镁合金		80-280	140-340	2-20	
镍合金（蒙乃尔铜）		170-1100	450-1200	2-50	
镍		100-620	310-760	2-50	
塑料	尼龙 聚乙烯		40-80 7-28	20-100 15-300	
岩石（压缩）	花岗岩、大理石、石英石 石灰石、沙石		50-280 20-200		
橡胶		1-7	7-20	100-800	

续表

材料名称/牌号		屈服强度 σ_s MPa	抗拉强度 σ_b MPa	伸长率 δ_5 %	备注
普通碳素钢	Q215	215	335～450	26～31	旧牌号 A2
	Q235	235	375～500	21～26	旧牌号 A3
	Q255	255	410～550	19～24	旧牌号 A4
	Q275	275	490～630	15～20	旧牌号 A5
优质碳素钢	25	275	450	23	25 号钢
	35	315	530	20	35 号钢
	45	355	600	16	45 号钢
	55	380	645	13	55 号钢
低合金钢	15MnV	390	530	18	15 锰钒
	16Mn	345	510	21	16 锰
合金钢	20Cr	540	835	10	20 铬
	40Cr	785	980	9	40 铬
30CrMnSi		885	1080	10	30 铬锰硅
铸钢	ZG200-400	200	400	25	
	ZG270-500	270	500	18	
钢线		280-1000	550-1400	5-40	
钛合金		760-1000	900-1200	10	
钨			1400-4000	0-4	
木材（弯曲）	杉木	30-50	40-70		
	橡木	30-40	30-50		
	松木	30-50	40-70		

附表 2　混凝土强度标准值（N/mm²）

强度种类	混凝土强度等级													
	C15	C20	C25	C30	C35	C40	C45	C50	C55	C60	C65	C70	C75	C80
轴心抗压 f_{ck}	10.0	13.4	16.7	20.1	23.4	26.8	29.6	32.4	35.5	38.5	41.5	44.5	47.4	50.2
轴心抗拉 f_{tk}	1.27	1.54	1.78	2.01	2.20	2.39	2.51	2.64	2.74	2.85	2.93	2.99	3.05	3.11

附表 3　混凝土强度设计值（N/mm²）

强度种类	混凝土强度等级													
	C15	C20	C25	C30	C35	C40	C45	C50	C55	C60	C65	C70	C75	C80
轴心抗压 f_c	7.2	9.6	11.9	14.3	16.7	19.1	21.1	23.1	25.3	27.5	29.7	31.8	33.8	35.9
轴心抗拉 f_t	0.91	1.10	1.27	1.43	1.57	1.71	1.80	1.89	1.96	2.04	2.09	2.14	2.18	2.22

附表 4 混凝土弹性模量（$\times 10^4 N/mm^2$）

强度等级	C15	C20	C25	C30	C35	C40	C45	C50	C55	C60	C65	C70	C75	C80
E_i	2.20	2.55	2.80	3.00	3.15	3.25	3.35	3.45	3.55	3.60	3.65	3.70	3.75	3.80

附表 5 普通钢筋强度标准值及极限应变

<table>
<tr><th>牌号</th><th>符号</th><th>公称直径
d（mm）</th><th>屈服强度
f_{yk}（mm^2）</th><th>抗拉强度
f_{stk}（mm^2）</th><th>最大力下总伸长率
δ_{gt}（%）</th></tr>
<tr><td>HPB300</td><td>Φ</td><td>6～20
6～22</td><td>300</td><td>420</td><td>不小于 10.0</td></tr>
<tr><td>HRB335</td><td>Φ̲</td><td rowspan="3">6～50</td><td>335</td><td>455</td><td rowspan="3">不小于 7.5</td></tr>
<tr><td>HRB400
HRBF400
RRB400</td><td>Φ̳</td><td>400</td><td>540</td></tr>
<tr><td>HRB500
HRBF500</td><td>Φ̿</td><td>500</td><td>630</td></tr>
</table>

注：当采用直径大于 40mm 的钢筋时，应有可靠的工程经验。

附表 6 普通钢筋强度设计值（N/mm^2）

牌号		f_y	f'_y
光圆钢筋	HPB300	270	270
带肋钢筋	HRB335、HRBF335	300	300
	HRB400、HRBF400、RRB400	360	360
	HRB500、HRBF500	435	410

注：（1）横向钢筋的抗拉强度设计值 f_{yv}，应按表中 f_y 的数值取用，但用作受剪、受扭、受冲切承载力计算时，其数值大于 $360N/mm^2$ 时应取 $360N/mm^2$。（2）RRB400 级钢筋不得用于重要结构构件。

附表 7 钢筋的弹性模量 E_i（$\times 10^5 N/mm^2$）

牌号或种类	弹性模量 E_i
HPB300	2.10
HRB335、HRB400、HRB500 钢筋 HRBF335、HRBF400、HRBF500 钢筋 RRB400 钢筋 预应力螺纹钢筋	2.00
消除应力钢丝、中强度预应力钢丝	2.05
钢绞线	1.95

注：必要时可通过试验采用实测的弹性模量。

附表 8　预应力筋强度标准值（N/mm²）及最大力下总伸长率

种类		符号	直径（mm）	抗拉强度 f_{pck}	最大力下总伸长率 δ_{gt}（%）
中强度预应力钢丝	光面 螺旋肋	ϕ^{PM} ϕ^{RM}	5、7、9	800	不小于 3.5
				970	
				1270	
消除应力钢丝	光面 螺旋肋	ϕ^{P} ϕ^{H}	5	1570	
				1860	
			7	1570	
			9	1470	
				1570	
钢绞线	1×3 （三股）		8.6、10.8、12.9	1570	
				1860	
				1960	
	1×7 （七股）	ϕ^{S}	9.5、12.7、15.2、17.8	1720	
				1860	
				1960	
			21.6	1770	
				1860	
预应力螺纹钢筋	ϕ^{T}		18、25、32、40、50	980	
				1080	
				1230	

注：(1) 中强度预应力钢丝、消除应力钢丝和钢绞线的条件屈服强度取为抗拉强度的 0.85；

(2) 预应力螺纹钢筋的条件屈服强度根据现行国家标准《GB/T 20065 预应力混凝土用螺纹钢筋》确定。

附表 9　预应力筋强度设计值（N/mm²）

种类	f_{ptk}	f_{py}	f'_{py}
中强度预应力钢丝	800	560	410
	970	680	
	1270	900	
消除应力钢丝	1470	1040	410
	1570	1110	
	1860	1320	
钢绞线	1570	1110	390
	1720	1220	
	1860	1320	
	1980	1390	

续表

种类	f_{ptk}	f_{py}	f'_{py}
预应力螺纹钢筋	980	650	435
	1080	770	
	1230	900	

注：当预应力筋的强度标准值不符合表 4.2.3-2 的规定时．其强度设计值应进行相应的比例换算。

附表 10　最外层钢筋的混凝土保护层最小厚度 c（mm）

环境等级		板墙壳	梁柱
一		15	20
二	a	20	25
	b	25	35
三	a	30	40
	b	40	50

注：(1) 混凝土强度等级不大于 C25 时．表中保护层厚度数值应增加 5mm。

(2) 钢筋混凝土基础应设置混凝土垫层．其纵向受力钢筋的混凝土保护层厚度应从垫层顶面算起．且不小于 40mm。

(3) 设计使用年限为 100 年的混凝土结构．不应小于表中数值的 1.4 倍。

(4) 当有充分依据并采取下列有效措施时，可适当减小混凝土保护层的厚度：①构件表面有可靠的防护层；②采用工厂化生产的预制构件．并能保证预制构件混凝土的质量；③在混凝土中掺加阻锈剂或采用阴极保护处理等防锈措施；④当对地下室墙体采取可靠的建筑防水做法时。与壤接触一侧钢筋的保护层厚度可适当减小，但不应小于 25mm。

(5) 当梁、柱、墙巾纵向受力钢筋的保护层厚度大于 50mm 时，宜对保护层采取有效的防裂、防剥落构造措施。

(6) 有防火要求的建筑物．其混凝土保护层厚度尚应符合国家现行有关标准的规定。

附表 11　纵向受力钢筋的最小配筋百分率（%）

受力类型		最小配筋百分率
受压构件	全部纵向钢筋	0.50（500MPa 级钢筋） 0.55（400MPa 级钢筋） 0.60（300、335MPa 级钢筋）
	一侧纵向钢筋	0.20
受弯构件、偏心受拉、轴心受拉构件一侧的受拉钢筋		0.20 和 4M 之中的较大值

注：(1) 受压构件全部纵向钢筋最小配筋百分率．当采用 c60 及以 E 强度等级的混凝土时应按表中规定增加 0.10。

(2) 偏心受拉构件中的受压钢筋．应按受压构件一侧纵向钢筋考虑。

(3) 受弯构件、大偏心受拉构件一侧受拉钢筋的配筋率应按全截面面积扣除受压翼缘面积 $(b'_f-b)\ h'_f$ 后的截面面积计算。

(4) 当钢筋沿构件截面周边布置时．“一侧纵向钢筋”系指沿受力方向两个对边中的一边布置的纵向钢筋。

(5) 卧置于地基上的混凝上板．板中受拉钢筋的最小配筋率可适当降低．但不应小于 0.15%。

附表 12　每米板宽各种钢筋间距时的钢筋截面面积

钠筋间距（mm）	当钢筋直径（mm）为下列数值时的钢筋截面面积（mm^2）												
	4	5	6	6/8	8	8/10	10	10/12	12	12/14	14	14/16	16
70	179	281	404	561	719	920	1121	1369	1616	1908	2199	2536	2872
75	167	262	377	524	671	859	1047	1277	1508	1780	2053	2367	2681
80	157	245	354	491	629	805	981	1198	1414	1669	1924	2218	2513
85	148	231	333	462	592	758	924	1127	1331	1571	1811	2088	2365
90	140	218	314	437	559	716	872	1064	1257	1484	1710	1972	2234
95	132	207	298	414	529	678	826	1008	1190	1405	1620	1868	2116
100	126	196	283	393	503	644	785	958	1131	1335	1539	1775	2011
110	114	178	257	357	457	585	714	871	1028	1214	1399	1614	1828
120	105	163	236	327	419	537	654	798	942	1112	1283	1480	1676
125	100	157	226	314	402	515	628	766	905	1068	1232	1420	1608
130	96.6	151	218	302	387	495	604	737	870	1027	1184	1366	1547
140	89.7	140	202	281	359	460	561	684	808	954	1100	1268	1436
150	83.8	131	189	262	335	429	523	639	754	890	1026	1183	1340
160	78.5	123	177	246	314	403	491	599	707	834	962	1110	1257
170	73.9	115	166	231	296	379	462	564	665	786	906	1044	1183
180	69.8	109	157	218	279	358	436	532	628	742	855	985	1117
190	66.1	103	149	207	265	339	413	504	595	702	810	934	1058
200	62.8	98.2	141	196	251	322	393	479	565	668	770	888	1005

注：表中钢筋直径中的 6/8、8/10…系指两种直径的钢筋间距放置。

附表 13　钢筋排成一行时梁的最小宽度（mm）

钢筋直径（mm）	2 根	5 根	6 根	7 根
12	200/180	250/220		
14	200/180	250/220	300/300	
16	220/200	300/250	350/300	400/350
18	250/220	300/300	350/300	400/350
20	250/220	300/300	350/350	400/400
22	250/250	350/300	400/350	450/400
25	300/250	350/300	450/350	500/400
28	350/300	400/350	450/400	550/450
32	350/300	450/400	550/450	

注：斜线以左数值用于梁的上部，以右数值用于梁的下部。

附表 14 钢材的强度设计值（N/mm²）

钢材		抗拉、抗压和抗弯 f	抗剪 f_v	端面承压（刨平顶紧）f_{ce}
牌号	厚度或直径（mm）			
Q235 钢	16	215	125	325
	>16～40	205	120	
	>40～60	200	115	
	>60～100	190	110	
Q345 钢	≤16	310	180	400
	>16～35	295	170	
	>35～50	265	155	
	>50～100	250	145	
Q390 钢	16	350	205	415
	>16～35	335	190	
	>35～50	315	180	
	>50～100	295	170	
Q420 钢	16	380	220	440
	>16～35	360	210	
	>35～50	340	195	
	>50～100	325	185	

注：表中厚度系指计算点的厚度，对轴心受压构件．系指较厚板件的厚度。

附表 15 焊缝的强度设计值（N/mm²）

焊接方法和焊条型号	构件钢材		对接焊缝				角焊缝
	牌号	厚高或直径（mm）	抗压 f_c^w	焊缝质量为下列等级时，抗拉 f_t^w		抗剪 f_v^w	抗拉、抗压和抗剪 f_f^w
				一级、二级	三级		
自动焊、半自动焊和E43型焊条的手工焊	Q235 钢	16	215	215	185	125	160
		>16～40	205	205	175	120	
		>40～60	200	200	170	115	
		>60～100	190	190	160	110	
自动焊、半自动焊和E50型焊条的手工焊	Q345 钢	≤16	310	310	265	180	220
		>16～35	295	295	250	170	
		>35～50	265	265	225	155	
		>50～100	250	250	210	145	
自动焊、半自动焊和E55型焊条的手工焊	Q390 钢	16	350	250	330	205	220
		>16～35	335	335	285	190	
		>35～50	315	315	270	180	
		>50～100	295	295	250	170	

续表

焊接方法和焊条型号	构件钢材		对接焊缝				角焊缝
	牌号	厚高或直径（mm）	抗压 f_c^w	焊缝质量为下列等级时，抗拉 f_t^w		抗剪 f_v^w	抗拉、抗压和抗剪 f_f^w
				一级、二级	三级		
自动焊、半自动焊和E55型焊条的手工焊	Q420钢	16	380	380	320	220	220
		＞16～35	360	360	305	210	
		＞35～50	340	340	290	195	
		＞50～100	325	325	275	185	

注：（1）自动焊和半自动焊所采用的焊丝和焊剂．应保证其熔敷金属抗拉强度不低于相应手工焊条的数值。

（2）焊缝质量等级应符合现行国家标准《钢结构工程施工质量验收规范》的规定。其中厚度小于8mm钢材的对接焊缝，不宜用超声波探伤确定焊缝质量等级。

（3）对接焊缝抗弯受压区强度设计值取 f_c^w，抗弯受拉区强度设计值取 f_t^w。

附表16　螺栓连接的强度设计值（N/mm^2）

螺栓的钢材牌号（或性能等级）和构件的钢材牌号		普通螺栓						锚栓	承压型连接高强度螺栓		
		C级螺栓			A级、B级螺栓						
		抗拉 f_t^b	抗剪 f_v^b	承压 f_c^b	抗拉 f_t^b	抗剪 f_v^b	承压 f_c^b	抗拉 f_t^b	抗拉 f_t^b	抗剪 f_v^b	承压 f_c^b
普通螺栓	4.6级、4.8级	170	140	—	—	—	—	—	—	—	—
	5.6级	—	—	—	210	190	—	—	—	—	—
	8.8级	—	—	—	400	320	—	—	—	—	—
锚栓	Q235钢	—	—	—	—	—	—	140	—		—
	Q345钢	—	—	—	—	—	—	180	—	—	—
承压型连接高强度螺栓	8.8级	—	—	—	—	—	—	—	400	250	—
	10.9级	—	—	—	—	—	—	—	500	310	—
构件	Q235钢	—	—	305	—	—	405	—	—	—	470
	Q345钢	—	—	385	—	—	510	—	—	—	590
	Q390钢	—	—	400	—	—	530	—	—	—	615
	Q420钢	—	—	425	—	—	560	—	—	—	655

注：（1）A级螺栓用于 $d \leqslant 24mm$ 和 $l \leqslant 10d$ 或 $l \leqslant 150mm$（按较小值）的螺栓；B级螺栓用于 $d > 24mm$ 或 $l > 10d$ 或 $l > 150mm$（按较小值）的螺栓。d 为公称直径，l 为螺杆公称长度。

（2）A、B级螺栓孔的精度和孔壁表面粗糙度、C级螺栓孔的允许偏差和孔壁表面粗糙度，均应符合现行国家标准《钢结构工程施工质量验收规范》（GB 50205—2001）的要求。

附表 17　常用型钢规格表

普通工字钢

符号：h——高度；

b——宽度；

t_w——腹板厚度；

t——翼缘平均厚度；

I——惯性矩；

W——截面模量；

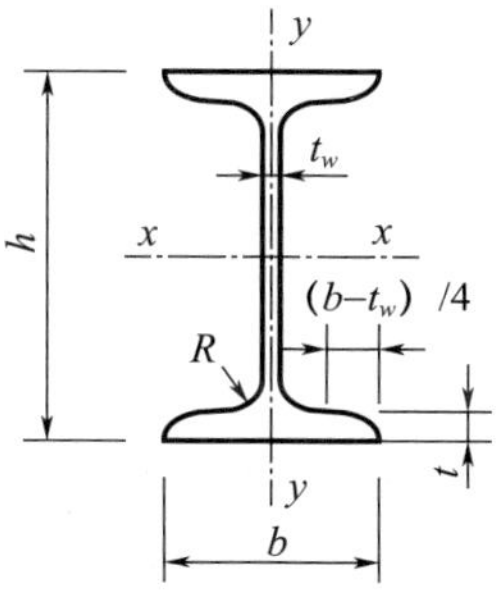

i——回转半径；

Sx——半截面的面积矩；

长度：

型号 10～18，长 5～19m；

型号 20～63，长 6～19m。

型号		尺寸（mm）					截面面积	理论重量	x—x 轴				y—y 轴		
		h	b	t_w	t	R	（cm^2）	（kg/m）	I_x	W_x	i_x	I_x/S_x	I_y	W_y	I_y
10		100	68	4.5	7.6	6.5	14.3	11.2	245	49	4.14	8.69	33	9.6	1.51
12.6		126	74	5	8.4	7	18.1	14.2	488	77	5.19	11	47	12.7	1.61
14		140	80	5.5	9.1	7.5	21.5	16.9	712	102	5.75	12.2	64	16.1	1.73
16		160	88	6	9.9	8	26.1	20.5	1127	141	6.57	13.9	93	21.1	1.89
18		180	94	6.5	10.7	8.5	30.7	24.1	1699	185	7.37	15.4	123	26.2	2.00
20	a	200	100	7	11.4	9	35.5	27.9	2369	237	8.16	17.4	158	31.6	2.11
	b		102	9			39.5	31.1	2502	250	7.95	17.1	169	33.1	2.07
22	a	220	110	7.5	12.3	9.5	42.1	33	3406	310	8.99	19.2	226	41.1	2.32
	b		112	9.5			46.5	36.5	3583	326	8.78	18.9	240	42.9	2.27
25	a	250	116	8	13	10	48.5	38.1	5017	401	10.2	21.7	280	48.4	2.4
	b		118	10			53.5	42	5278	422	9.93	21.4	297	50.4	2.36
28	a	280	122	8.5	13.7	10.5	55.4	43.5	7115	508	11.3	24.3	344	56.4	2.49
	b		124	10.5			61	47.9	7481	534	11.1	24	364	58.7	2.44
32	a	320	130	9.5	15	11.5	67.1	52.7	11080	692	12.8	27.7	459	70.6	2.62
	b		132	11.5			73.5	57.7	11626	727	12.6	27.3	484	73.3	2.57
	c		134	13.5			79.9	62.7	12173	761	12.3	26.9	510	76.1	2.53
36	a	360	136	10	15.8	12	76.4	60	15796	878	14.4	31	555	81.6	2.69
	b		138	12			83.6	65.6	16574	921	14.1	30.6	584	84.6	2.64
	c		140	14			90.8	71.3	17351	964	13.8	30.2	614	87.7	2.6
40	a	400	142	10.5	16.5	12.5	86.1	67.6	21714	1086	15.9	34.4	660	92.9	2.77
	b		144	12.5			94.1	73.8	22781	1139	15.6	33.9	693	96.2	2.71
	c		146	14.5			102	80.1	23847	1192	15.3	33.5	727	99.7	2.67
45	a	450	150	11.5	18	13.5	102	80.4	32241	1433	17.7	38.5	855	114	2.89
	b		152	13.5			111	87.4	33759	1500	17.4	38.1	895	118	2.84
	c		154	15.5			120	94.5	35278	1568	17.1	37.6	938	122	2.79

续表

型号		尺寸（mm）					截面面积	理论重量	x—x 轴				y—y 轴		
		h	b	t_w	t	R	（cm^2）	（kg/m）	I_x	W_x	i_x	I_x/S_x	I_y	W_y	I_y
50	a	500	158	12	20	14	119	93.6	46472	1859	19.7	42.9	1122	142	3.07
	b		160	14			129	101	48556	1942	19.4	42.3	1171	146	3.01
	c		162	16			139	109	50639	2026	19.1	41.9	1224	151	2.96
56	a	560	166	12.5	21	14.5	135	106	65576	2342	22	47.9	1366	165	3.18
	b		168	14.5			147	115	68503	2447	21.6	47.3	1424	170	3.12
	c		170	16.5			158	124	71430	2551	21.3	46.8	1485	175	3.07
63	a	630	176	13	22	15	155	122	94004	2984	24.7	53.8	1702	194	3.32
	b		178	15			167	131	98171	3117	24.2	53.2	1771	199	3.25
	c		780	17			180	141	102339	3249	23.9	52.6	1842	205	3.2

H 型钢

符号：h——高度；

b——宽度；

t_1——腹板厚度；

t_2——翼缘厚度；

I——惯性矩；

W——截面模量；

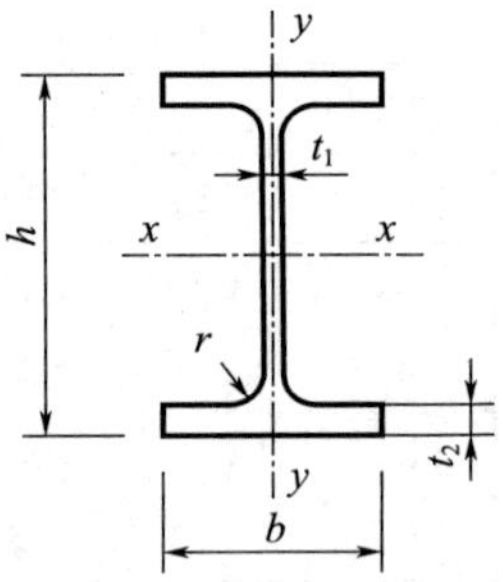

i——回转半径；

Sx——半截面的面积矩。

类别	H 型钢规格	截面积 A	质量（q）	x—x 轴			y—y 轴		
	（$h\times b\times t_1\times t_2$）	（cm^2）	（kg/m）	I_x（cm^4）	W_x（cm^3）	i_x（cm）	I_y（cm^4）	W_y（cm^3）	I_y（cm）
HW	100×100×6×8	21.9	17.22	383	76.576.5	4.18	134	26.7	2.47
	125×125×6.5×9	30.31	23.8	847	136	5.29	294	47	3.11
	150×150×7×10	40.55	31.9	1660	221	6.39	564	75.1	3.73
	175×175×7.5×11	51.43	40.3	2900	331	7.5	984	112	4.37
	200×200×8×12	64.28	50.5	4770	477	8.61	1600	160	4.99
	#200×204×12×12	72.28	56.7	5030	503	8.35	1700	167	4.85
	250×250×9×14	92.18	72.4	10800	867	10.8	3650	292	6.29
	#250×255×14×14	104.7	82.2	11500	919	10.5	3880	304	6.09
	#294×302×12×12	108.3	85	17000	1160	12.5	5520	365	7.14
	300×300×10×15	120.4	94.5	20500	1370	13.1	6760	450	7.49
	300×305×15×15	135.4	106	21600	1440	12.6	7100	466	7.24
	#344×348×10×16	146	115	33300	1940	15.1	11200	646	8.78
	350×350×12×19	173.9	137	40300	2300	15.2	13600	776	8.84
	#388×402×15×15	179.2	141	49200	2540	16.6	16300	809	9.52

续表

类别	H型钢规格 ($h\times b\times t_1\times t_2$)	截面积 A (cm^2)	质量 (q) (kg/m)	x—x 轴			y—y 轴		
				I_x (cm^4)	W_x (cm^3)	i_x (cm)	I_y (cm^4)	W_y (cm^3)	I_y (cm)
HW	#394×398×11×18	187.6	147	56400	2860	17.3	18900	951	10
	400×400×13×21	219.5	172	66900	3340	17.5	22400	1120	10.1
	#400×408×21×21	251.5	197	71100	3560	16.8	23800	1170	9.73
	#414×405×18×28	296.2	233	93000	4490	17.7	31000	1530	10.2
	#428×407×20×35	361.4	284	119000	5580	18.2	39400	1930	10.4
HM	148×100×6×9	27.25	21.4	1040	140	6.17	151	30.2	2.35
	194×150×6×9	39.76	31.2	2740	283	8.3	508	67.7	3.57
	244×175×7×11	56.24	44.1	6120	502	10.4	985	113	4.18
	294×200×8×12	73.03	57.3	11400	779	12.5	1600	160	4.69
	340×250×9×14	101.5	79.7	21700	1280	14.6	3650	292	6
	390×300×10×16	136.7	107	38900	2000	16.9	7210	481	7.26
	440×300×11×18	157.4	124	56100	2550	18.9	8110	541	7.18
	482×300×11×15	146.4	115	60800	2520	20.4	6770	451	6.8
	488×300×11×18	164.4	129	71400	2930	20.8	8120	541	7.03
	582×300×12×17	174.5	137	103000	3530	24.3	7670	511	6.63
	588×300×12×20	192.5	151	118000	4020	24.8	9020	601	6.85
	#594×302×14×23	222.4	175	137000	4620	24.9	10600	701	6.9
HN	100×50×5×7	12.16	9.54	192	38.5	3.98	14.9	5.96	1.11
	125×60×6×8	17.01	13.3	417	66.8	4.95	29.3	9.75	1.31
	150×75×5×7	18.16	14.3	679	90.6	6.12	49.6	13.2	1.65
	175×90×5×8	23.21	18.2	1220	140	7.26	97.6	21.7	2.05
	198×99×4.5×7	23.59	18.5	1610	163	8.27	114	23	2.2
	200×100×5.5×8	27.57	21.7	1880	188	8.25	134	26.8	2.21
	248×124×5×8	32.89	25.8	3560	287	10.4	255	41.1	2.78
	250×125×6×9	37.87	29.7	4080	326	10.4	294	47	2.79
	298×149×5.5×8	41.55	32.6	6460	433	12.4	443	59.4	3.26
	300×150×6.5×9	47.53	37.3	7350	490	12.4	508	67.7	3.27
	346×174×6×9	53.19	41.8	11200	649	14.5	792	91	3.86
	350×175×7×11	63.66	50	13700	782	14.7	985	113	3.93
	#400×150×8×13	71.12	55.8	18800	942	16.3	734	97.9	3.21
	396×199×7×11	72.16	56.7	20000	1010	16.7	1450	145	4.48
	400×200×8×13	84.12	66	23700	1190	16.8	1740	174	4.54
	#450×150×9×14	83.41	65.5	27100	1200	18	793	106	3.08
	446×199×8×12	84.95	66.7	29000	1300	18.5	1580	159	4.31
	450×200×9×14	97.41	76.5	33700	1500	18.6	1870	187	4.38

续表

类别	H 型钢规格	截面积 A	质量（q）	x—x 轴			y—y 轴		
	($h\times b\times t_1\times t_2$)	(cm^2)	(kg/m)	I_x (cm^4)	W_x(cm^3)	i_x (cm)	I_y (cm^4)	W_y(cm^3)	I_y (cm)
HN	＃500×150×10×16	98.23	77.1	38500	1540	19.8	907	121	3.04
	496×199×9×14	101.3	79.5	41900	1690	20.3	1840	185	4.27
	500×200×10×16	114.2	89.6	47800	1910	20.5	2140	214	4.33
	＃506×201×11×19	131.3	103	56500	2230	20.8	2580	257	4.43
	596×199×10×15	121.2	95.1	69300	2330	23.9	1980	199	4.04
	600×200×11×17	135.2	106	78200	2610	24.1	2280	228	4.11
	＃606×201×12×20	153.3	120	91000	3000	24.4	2720	271	4.21
	＃692×300×13×20	211.5	166	172000	4980	28.6	9020	602	6.53
	700×300×13×24	235.5	185	201000	5760	29.3	10800	722	6.78

注：“＃”表示的规格为非常用规格。

普通槽钢

符号：

同普通工字钢

但 W_y 为对应翼缘肢尖

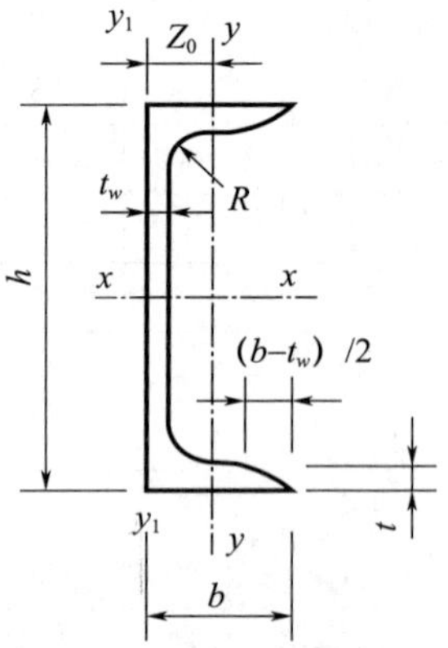

长度：

型号 5～8，长 5～12m；

型号 10～18，长 5～19m；

型号 20～20，长 6～19m。

型号		尺寸（mm）					截面面积	理论重量	x—x 轴			y—y 轴			y—y_1 轴	Z_0
		h	b	t_w	t	R	(cm^2)	(kg/m)	I_x (cm^4)	W_x (cm^3)	i_x (cm)	I_y (cm^4)	W_y (cm^3)	I_y (cm)	I_{y1} (cm^4)	(cm)
5		50	37	4.5	7	7	6.92	5.44	26	10.4	1.94	8.3	3.5	1.1	20.9	1.35
6.3		63	40	4.8	7.5	7.5	8.45	6.63	51	16.3	2.46	11.9	4.6	1.19	28.3	1.39
8		80	43	5	8	8	10.24	8.04	101	25.3	3.14	16.6	5.8	1.27	37.4	1.42
10		100	48	5.3	8.5	8.5	12.74	10	198	39.7	3.94	25.6	7.8	1.42	54.9	1.52
12.6		126	53	5.5	9	9	15.69	12.31	389	61.7	4.98	38	10.3	1.56	77.8	1.59
14	a	140	58	6	9.5	9.5	18.51	14.53	564	80.5	5.52	53.2	13	1.7	107.2	1.71
	b		60	8	9.5	9.5	21.31	16.73	609	87.1	5.35	61.2	14.1	1.69	120.6	1.67
16	a	160	63	6.5	10	10	21.95	17.23	866	108.3	6.28	73.4	16.3	1.83	144.1	1.79
	b		65	8.5	10	10	25.15	19.75	935	116.8	6.1	83.4	17.6	1.82	160.8	1.75

续表

型号		尺寸（mm）					截面面积	理论重量	x—x 轴			y—y 轴			$y—y_1$ 轴	Z_0
		h	b	t_w	t	R			I_x	W_x	i_x	I_y	W_y	I_y	I_{y1}	
							(cm^2)	(kg/m)	(cm^4)	(cm^3)	(cm)	(cm^4)	(cm^3)	(cm)	(cm^4)	(cm)
18	a	180	68	7	10.5	10.5	25.69	20.17	1273	141.4	7.04	98.6	20	1.96	189.7	1.88
	b		70	9	10.5	10.5	29.29	22.99	1370	152.2	6.84	111	21.5	1.95	210.1	1.84
20	a	200	73	7	11	11	28.83	22.63	1780	178	7.86	128	24.2	2.11	244	2.01
	b		75	9	11	11	32.83	25.77	1914	191.4	7.64	143.6	25.9	2.09	268.4	1.95
22	a	220	77	7	11.5	11.5	31.84	24.99	2394	217.6	8.67	157.8	28.2	2.23	298.2	2.1
	b		79	9	11.5	11.5	36.24	28.45	2571	233.8	8.42	176.5	30.1	2.21	326.3	2.03
25	a	250	78	7	12	12	34.91	27.4	3359	268.7	9.81	175.9	30.7	2.24	324.8	2.07
	b		80	9	12	12	39.91	31.33	3619	289.6	9.52	196.4	32.7	2.22	355.1	1.99
	c		82	11	12	12	44.91	35.25	3880	310.4	9.3	215.9	34.6	2.19	388.6	1.96
28	a	280	82	7.5	12.5	12.5	40.02	31.42	4753	339.5	10.9	217.9	35.7	2.33	393.3	2.09
	b		84	9.5	12.5	12.5	45.62	35.81	5118	365.6	10.59	241.5	37.9	2.3	428.5	2.02
	c		86	11.5	12.5	12.5	51.22	40.21	5484	391.7	10.35	264.1	40	2.27	467.3	1.99
32	a	320	88	8	14	14	48.5	38.07	7511	469.4	12.44	304.7	46.4	2.51	547.5	2.24
	b		90	10	14	14	54.9	43.1	8057	503.5	12.11	335.6	49.1	2.47	592.9	2.16
	c		92	12	14	14	61.3	48.12	8603	537.7	11.85	365	51.6	2.44	642.7	2.13
36	a	360	96	9	16	16	60.89	47.8	11874	659.7	13.96	455	63.6	2.73	818.5	2.44
	b		98	11	16	16	68.09	53.45	12652	702.9	13.63	496.7	66.9	2.7	880.5	2.37
	c		100	13	16	16	75.29	59.1	13429	746.1	13.36	536.6	70	2.67	948	2.34
40	a	400	100	10.5	18	18	75.04	58.91	17578	878.9	15.3	592	78.8	2.81	1057.9	2.49
	b		102	12.5	18	18	83.04	65.19	18644	932.2	14.98	640.6	82.6	2.78	1135.8	2.44
	c		104	14.5	18	18	91.04	71.47	19711	985.6	14.71	687.8	86.2	2.75	1220.3	2.42

等边角钢

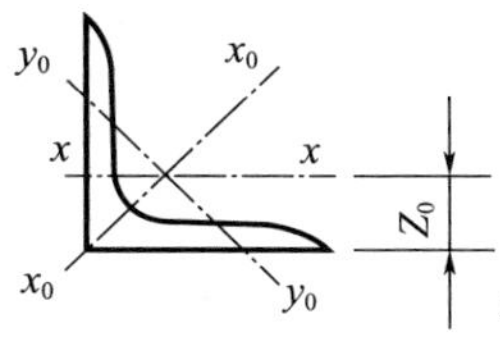

单角钢

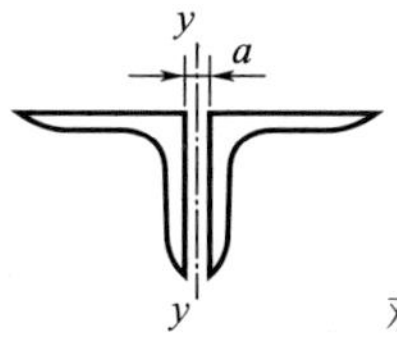

双角钢

型号		圆角	重心矩	截面积	质量	惯性矩	截面模量		回转半径			i_y，当 a 为下列数值				
		R	Z_0	A		I_x	W_{xmax}	W_{xmin}	i_x	i_{x0}	i_{y0}	6mm	8mm	10mm	12mm	14mm
		(mm)		(cm^2)	(kg/m)	(cm^4)	(cm^3)		(cm)			(cm)				
20×	3	3.5	6	1.13	0.89	0.40	0.66	0.29	0.59	0.75	0.39	1.08	1.17	1.25	1.34	1.43
	4		6.4	1.46	1.15	0.50	0.78	0.36	0.58	0.73	0.38	1.11	1.19	1.28	1.37	1.46

续表

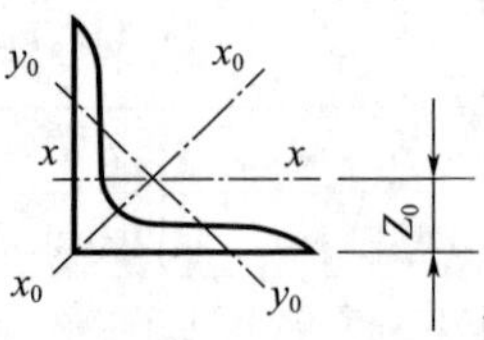

单角钢

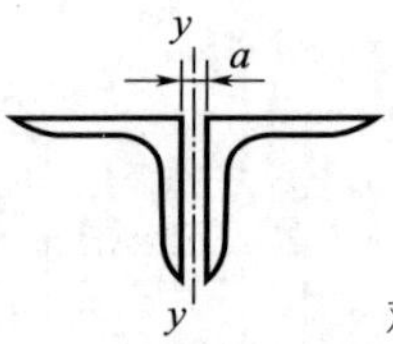

双角钢

型号		圆角	重心矩	截面积	质量	惯性矩	截面模量		回转半径			i_y，当 a 为下列数值				
		R	Z_0	A		I_x	W_{xmax}	W_{xmin}	i_x	i_{x0}	i_{y0}	6mm	8mm	10mm	12mm	14mm
		(mm)		(cm^2)	(kg/m)	(cm^4)	(cm^3)		(cm)			(cm)				
L25×	3	3.5	7.3	1.43	1.12	0.82	1.12	0.46	0.76	0.95	0.49	1.27	1.36	1.44	1.53	1.61
	4		7.6	1.86	1.46	1.03	1.34	0.59	0.74	0.93	0.48	1.30	1.38	1.47	1.55	1.64
L30×	3	4.5	8.5	1.75	1.37	1.46	1.72	0.68	0.91	1.15	0.59	1.47	1.55	1.63	1.71	1.8
	4		8.9	2.28	1.79	1.84	2.08	0.87	0.90	1.13	0.58	1.49	1.57	1.65	1.74	1.82
L36×	3	4.5	10	2.11	1.66	2.58	2.59	0.99	1.11	1.39	0.71	1.70	1.78	1.86	1.94	2.03
	4		10.4	2.76	2.16	3.29	3.18	1.28	1.09	1.38	0.70	1.73	1.8	1.89	1.97	2.05
	5		10.7	2.38	2.65	3.95	3.68	1.56	1.08	1.36	0.70	1.75	1.83	1.91	1.99	2.08
L40×	3	5	10.9	2.36	1.85	3.59	3.28	1.23	1.23	1.55	0.79	1.86	1.94	2.01	2.09	2.18
	4		11.3	3.09	2.42	4.60	4.05	1.60	1.22	1.54	0.79	1.88	1.96	2.04	2.12	2.2
	5		11.7	3.79	2.98	5.53	4.72	1.96	1.21	1.52	0.78	1.90	1.98	2.06	2.14	2.23
L45×	3	5	12.2	2.66	2.09	5.17	4.25	1.58	1.39	1.76	0.90	2.06	2.14	2.21	2.29	2.37
	4		12.6	3.49	2.74	6.65	5.29	2.05	1.38	1.74	0.89	2.08	2.16	2.24	2.32	2.4
	5		13	4.29	3.37	8.04	6.20	2.51	1.37	1.72	0.88	2.10	2.18	2.26	2.34	2.42
	6		13.3	5.08	3.99	9.33	6.99	2.95	1.36	1.71	0.88	2.12	2.2	2.28	2.36	2.44
L50×	3	5.5	13.4	2.97	2.33	7.18	5.36	1.96	1.55	1.96	1.00	2.26	2.33	2.41	2.48	2.56
	4		13.8	3.90	3.06	9.26	6.70	2.56	1.54	1.94	0.99	2.28	2.36	2.43	2.51	2.59
	5		14.2	4.80	3.77	11.21	7.90	3.13	1.53	1.92	0.98	2.30	2.38	2.45	2.53	2.61
	6		14.6	5.69	4.46	13.05	8.95	3.68	1.51	1.91	0.98	2.32	2.4	2.48	2.56	2.64
L56×	3	6	14.8	3.34	2.62	10.19	6.86	2.48	1.75	2.2	1.13	2.50	2.57	2.64	2.72	2.8
	4		15.3	4.39	3.45	13.18	8.63	3.24	1.73	2.18	1.11	2.52	2.59	2.67	2.74	2.82
	5		15.7	5.42	4.25	16.02	10.22	3.97	1.72	2.17	1.10	2.54	2.61	2.69	2.77	2.85
	8		16.8	8.37	6.57	23.63	14.06	6.03	1.68	2.11	1.09	2.60	2.67	2.75	2.83	2.91
L63×	4	7	17	4.98	3.91	19.03	11.22	4.13	1.96	2.46	1.26	2.79	2.87	2.94	3.02	3.09
	5		17.4	6.14	4.82	23.17	13.33	5.08	1.94	2.45	1.25	2.82	2.89	2.96	3.04	3.12
	6		17.8	7.29	5.72	27.12	15.26	6.00	1.93	2.43	1.24	2.83	2.91	2.98	3.06	3.14
	8		18.5	9.51	7.47	34.45	18.59	7.75	1.90	2.39	1.23	2.87	2.95	3.03	3.1	3.18
	10		19.3	11.66	9.15	41.09	21.34	9.39	1.88	2.36	1.22	2.91	2.99	3.07	3.15	3.23

续表

型号		圆角	重心矩	截面积	质量	惯性矩	截面模量		回转半径			i_y，当 a 为下列数值				
		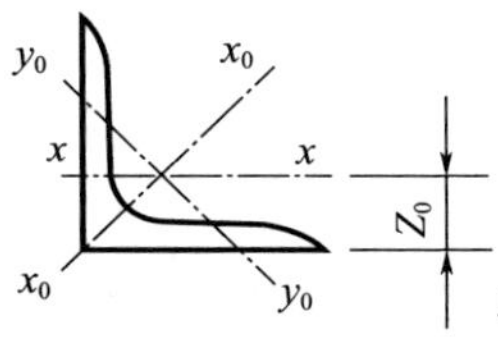 单角钢								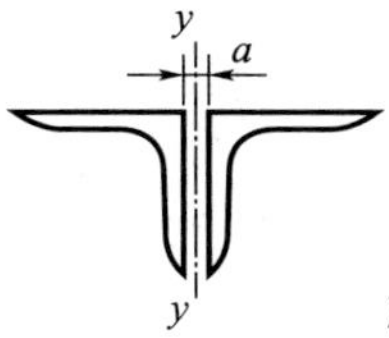 双角钢						
		R	Z_0	A		I_x	W_{xmax}	W_{xmin}	i_x	i_{x0}	i_{y0}	6mm	8mm	10mm	12mm	14mm
		(mm)		(cm²)	(kg/m)	(cm⁴)	(cm³)		(cm)			(cm)				
L70×	4	8	18. 6	5. 57	4. 37	26. 39	14. 16	5. 14	2. 18	2. 74	1. 4	3. 07	3. 14	3. 21	3. 29	3. 36
	5		19. 1	6. 88	5. 40	32. 21	16. 89	6. 32	2. 16	2. 73	1. 39	3. 09	3. 16	3. 24	3. 31	3. 39
	6		19. 5	8. 16	6. 41	37. 77	19. 39	7. 48	2. 15	2. 71	1. 38	3. 11	3. 18	3. 26	3. 33	3. 41
	7		19. 9	9. 42	7. 40	43. 09	21. 68	8. 59	2. 14	2. 69	1. 38	3. 13	3. 2	3. 28	3. 36	3. 43
	8		20. 3	10. 67	8. 37	48. 17	23. 79	9. 68	2. 13	2. 68	1. 37	3. 15	3. 22	3. 30	3. 38	3. 46
L75×	5	9	20. 3	7. 41	5. 82	39. 96	19. 73	7. 30	2. 32	2. 92	1. 5	3. 29	3. 36	3. 43	3. 5	3. 58
	6		20. 7	8. 80	6. 91	46. 91	22. 69	8. 63	2. 31	2. 91	1. 49	3. 31	3. 38	3. 45	3. 53	3. 6
	7		21. 1	10. 16	7. 98	53. 57	25. 42	9. 93	2. 30	2. 89	1. 48	3. 33	3. 4	3. 47	3. 55	3. 63
	8		21. 5	11. 50	9. 03	59. 96	27. 93	11. 2	2. 28	2. 87	1. 47	3. 35	3. 42	3. 50	3. 57	3. 65
	10		22. 2	14. 13	11. 09	71. 98	32. 40	13. 64	2. 26	2. 84	1. 46	3. 38	3. 46	3. 54	3. 61	3. 69
L80×	5	9	21. 5	7. 91	6. 21	48. 79	22. 70	8. 34	2. 48	3. 13	1. 6	3. 49	3. 56	3. 63	3. 71	3. 78
	6		21. 9	9. 40	7. 38	57. 35	26. 16	9. 87	2. 47	3. 11	1. 59	3. 51	3. 58	3. 65	3. 73	3. 8
	7		22. 3	10. 86	8. 53	65. 58	29. 38	11. 37	2. 46	3. 1	1. 58	3. 53	3. 60	3. 67	3. 75	3. 83
	8		22. 7	12. 30	9. 66	73. 50	32. 36	12. 83	2. 44	3. 08	1. 57	3. 55	3. 62	3. 70	3. 77	3. 85
	10		23. 5	15. 13	11. 87	88. 43	37. 68	15. 64	2. 42	3. 04	1. 56	3. 58	3. 66	3. 74	3. 81	3. 89
L90×	6	10	24. 4	10. 64	8. 35	82. 77	33. 99	12. 61	2. 79	3. 51	1. 8	3. 91	3. 98	4. 05	4. 12	4. 2
	7		24. 8	12. 3	9. 66	94. 83	38. 28	14. 54	2. 78	3. 5	1. 78	3. 93	4	4. 07	4. 14	4. 22
	8		25. 2	13. 94	10. 95	106. 5	42. 3	16. 42	2. 76	3. 48	1. 78	3. 95	4. 02	4. 09	4. 17	4. 24
	10		25. 9	17. 17	13. 48	128. 6	49. 57	20. 07	2. 74	3. 45	1. 76	3. 98	4. 06	4. 13	4. 21	4. 28
	12		26. 7	20. 31	15. 94	149. 2	55. 93	23. 57	2. 71	3. 41	1. 75	4. 02	4. 09	4. 17	4. 25	4. 32
L100×	6	12	26. 7	11. 93	9. 37	115	43. 04	15. 68	3. 1	3. 91	2	4. 3	4. 37	4. 44	4. 51	4. 58
	7		27. 1	13. 8	10. 83	131	48. 57	18. 1	3. 09	3. 89	1. 99	4. 32	4. 39	4. 46	4. 53	4. 61
	8		27. 6	15. 64	12. 28	148. 2	53. 78	20. 47	3. 08	3. 88	1. 98	4. 34	4. 41	4. 48	4. 55	4. 63
	10		28. 4	19. 26	15. 12	179. 5	63. 29	25. 06	3. 05	3. 84	1. 96	4. 38	4. 45	4. 52	4. 6	4. 67
	12		29. 1	22. 8	17. 9	208. 9	71. 72	29. 47	3. 03	3. 81	1. 95	4. 41	4. 49	4. 56	4. 64	4. 71
	14		29. 9	26. 26	20. 61	236. 5	79. 19	33. 73	3	3. 77	1. 94	4. 45	4. 53	4. 6	4. 68	4. 75
	16		30. 6	29. 63	23. 26	262. 5	85. 81	37. 82	2. 98	3. 74	1. 93	4. 49	4. 56	4. 64	4. 72	4. 8

续表

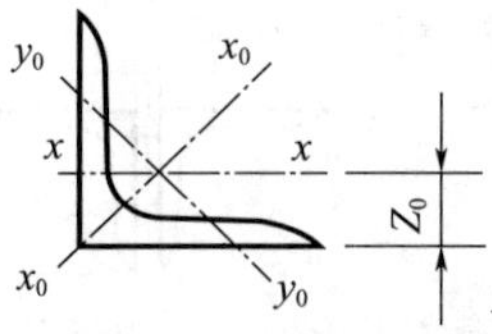

单角钢

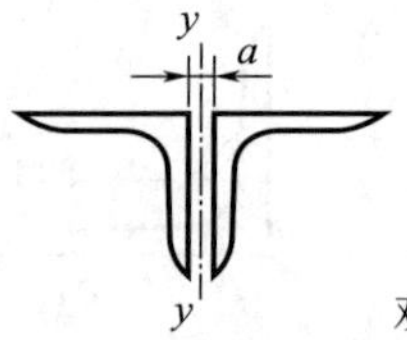

双角钢

型号		圆角	重心矩	截面积	质量	惯性矩	截面模量		回转半径			i_y，当 a 为下列数值				
		R	Z_0	A		I_x	W_{xmax}	W_{xmin}	i_x	i_{x0}	i_{y0}	6mm	8mm	10mm	12mm	14mm
		(mm)		(cm^2)	(kg/m)	(cm^4)	(cm^3)		(cm)			(cm)				
L110×	7	12	29.6	15.2	11.93	177.2	59.78	22.05	3.41	4.3	2.2	4.72	4.79	4.86	4.94	5.01
	8		30.1	17.24	13.53	199.5	66.36	24.95	3.4	4.28	2.19	4.74	4.81	4.88	4.96	5.03
	10		30.9	21.26	16.69	242.2	78.48	30.6	3.38	4.25	2.17	4.78	4.85	4.92	5	5.07
	12		31.6	25.2	19.78	282.6	89.34	36.05	3.35	4.22	2.15	4.82	4.89	4.96	5.04	5.11
	14		32.4	29.06	22.81	320.7	99.07	41.31	3.32	4.18	2.14	4.85	4.93	5	5.08	5.15
L125×	8	14	33.7	19.75	15.5	297	88.2	32.52	3.88	4.88	2.5	5.34	5.41	5.48	5.55	5.62
	10		34.5	24.37	19.13	361.7	104.8	39.97	3.85	4.85	2.48	5.38	5.45	5.52	5.59	5.66
	12		35.3	28.91	22.7	423.2	119.9	47.17	3.83	4.82	2.46	5.41	5.48	5.56	5.63	5.7
	14		36.1	33.37	26.19	481.7	133.6	54.16	3.8	4.78	2.45	5.45	5.52	5.59	5.67	5.74
L140×	10	14	38.2	27.37	21.49	514.7	134.6	50.58	4.34	5.46	2.78	5.98	6.05	6.12	6.2	6.27
	12		39	32.51	25.52	603.7	154.6	59.8	4.31	5.43	2.77	6.02	6.09	6.16	6.23	6.31
	14		39.8	37.57	29.49	688.8	173	68.75	4.28	5.4	2.75	6.06	6.13	6.2	6.27	6.34
	16		40.6	42.54	33.39	770.2	189.9	77.46	4.26	5.36	2.74	6.09	6.16	6.23	6.31	6.38
L160×	10	16	43.1	31.5	24.73	779.5	180.8	66.7	4.97	6.27	3.2	6.78	6.85	6.92	6.99	7.06
	12		43.9	37.44	29.39	916.6	208.6	78.98	4.95	6.24	3.18	6.82	6.89	6.96	7.03	7.1
	14		44.7	43.3	33.99	1048	234.4	90.95	4.92	6.2	3.16	6.86	6.93	7	7.07	7.14
	16		45.5	49.07	38.52	1175	258.3	102.6	4.89	6.17	3.14	6.89	6.96	7.03	7.1	7.18
L180×	12	16	48.9	42.24	33.16	1321	270	100.8	5.59	7.05	3.58	7.63	7.7	7.77	7.84	7.91
	14		49.7	48.9	38.38	1514	304.6	116.3	5.57	7.02	3.57	7.67	7.74	7.81	7.88	7.95
	16		50.5	55.47	43.54	1701	336.9	131.4	5.54	6.98	3.55	7.7	7.77	7.84	7.91	7.98
	18		51.3	61.95	48.63	1881	367.1	146.1	5.51	6.94	3.53	7.73	7.8	7.87	7.95	8.02
L200×	14	18	54.6	54.64	42.89	2104	385.1	144.7	6.2	7.82	3.98	8.47	8.54	8.61	8.67	8.75
	16		55.4	62.01	48.68	2366	427	163.7	6.18	7.79	3.96	8.5	8.57	8.64	8.71	8.78
	18		56.2	69.3	54.4	2621	466.5	182.2	6.15	7.75	3.94	8.53	8.6	8.67	8.75	8.82
	20		56.9	76.5	60.06	2867	503.6	200.4	6.12	7.72	3.93	8.57	8.64	8.71	8.78	8.85
	24		58.4	90.66	71.17	3338	571.5	235.8	6.07	7.64	3.9	8.63	8.71	8.78	8.85	8.92

不等边角钢

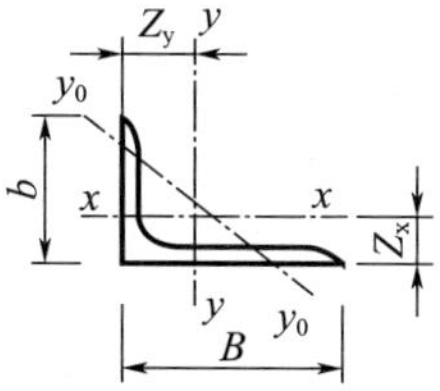

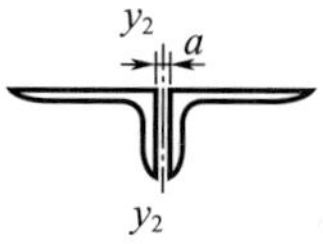

角钢型号 B×b×t		单角钢 圆角 R (mm)	重心矩 Z_x (mm)	重心矩 Z_y (mm)	截面积 A (cm^2)	质量 (kg/m)	回转半径 i_x (cm)	回转半径 i_y (cm)	回转半径 i_{y0} (cm)	双角钢 i_y，当 a 为下列数值 6mm (cm)	8mm	10mm	12mm	i_y，当 a 为下列数值 6mm (cm)	8mm	10mm	12mm
L25×16×	3	3.5	4.2	8.6	1.16	0.91	0.44	0.78	0.34	0.84	0.93	1.02	1.11	1.4	1.48	1.57	1.65
	4		4.6	9.0	1.50	1.18	0.43	0.77	0.34	0.87	0.96	1.05	1.14	1.42	1.51	1.6	1.68
L32×20×	3	3.5	4.9	10.8	1.49	1.17	0.55	1.01	0.43	0.97	1.05	1.14	1.23	1.71	1.79	1.88	1.96
	4		5.3	11.2	1.94	1.52	0.54	1	0.43	0.99	1.08	1.16	1.25	1.74	1.82	1.9	1.99
L40×25×	3	4	5.9	13.2	1.89	1.48	0.7	1.28	0.54	1.13	1.21	1.3	1.38	2.07	2.14	2.23	2.31
	4		6.3	13.7	2.47	1.94	0.69	1.26	0.54	1.16	1.24	1.32	1.41	2.09	2.17	2.25	2.34
L45×28×	3	5	6.4	14.7	2.15	1.69	0.79	1.44	0.61	1.23	1.31	1.39	1.47	2.28	2.36	2.44	2.52
	4		6.8	15.1	2.81	2.2	0.78	1.43	0.6	1.25	1.33	1.41	1.5	2.31	2.39	2.47	2.55
L50×32×	3	5.5	7.3	16	2.43	1.91	0.91	1.6	0.7	1.38	1.45	1.53	1.61	2.49	2.56	2.64	2.72
	4		7.7	16.5	3.18	2.49	0.9	1.59	0.69	1.4	1.47	1.55	1.64	2.51	2.59	2.67	2.75
L56×36×	3	6	8.0	17.8	2.74	2.15	1.03	1.8	0.79	1.51	1.59	1.66	1.74	2.75	2.82	2.9	2.98
	4		8.5	18.2	3.59	2.82	1.02	1.79	0.78	1.53	1.61	1.69	1.77	2.77	2.85	2.93	3.01
	5		8.8	18.7	4.42	3.47	1.01	1.77	0.78	1.56	1.63	1.71	1.79	2.8	2.88	2.96	3.04
L63×40×	4	7	9.2	20.4	4.06	3.19	1.14	2.02	0.88	1.66	1.74	1.81	1.89	3.09	3.16	3.24	3.32
	5		9.5	20.8	4.99	3.92	1.12	2	0.87	1.68	1.76	1.84	1.92	3.11	3.19	3.27	3.35
	6		9.9	21.2	5.91	4.64	1.11	1.99	0.86	1.71	1.78	1.86	1.94	3.13	3.21	3.29	3.37
	7		10.3	21.6	6.8	5.34	1.1	1.96	0.86	1.73	1.8	1.88	1.97	3.15	3.23	3.3	3.39
L70×45×	4	7.5	10.2	22.3	4.55	3.57	1.29	2.25	0.99	1.84	1.91	1.99	2.07	3.39	3.46	3.54	3.62
	5		10.6	22.8	5.61	4.4	1.28	2.23	0.98	1.86	1.94	2.01	2.09	3.41	3.49	3.57	3.64
	6		11.0	23.2	6.64	5.22	1.26	2.22	0.97	1.88	1.96	2.04	2.11	3.44	3.51	3.59	3.67
	7		11.3	23.6	7.66	6.01	1.25	2.2	0.97	1.9	1.98	2.06	2.14	3.46	3.54	3.61	3.69
L75×50×	5	8	11.7	24.0	6.13	4.81	1.43	2.39	1.09	2.06	2.13	2.2	2.28	3.6	3.68	3.76	3.83
	6		12.1	24.4	7.26	5.7	1.42	2.38	1.08	2.08	2.15	2.23	2.3	3.63	3.7	3.78	3.86
	8		12.9	25.2	9.47	7.43	1.4	2.35	1.07	2.12	2.19	2.27	2.35	3.67	3.75	3.83	3.91
	10		13.6	26.0	11.6	9.1	1.38	2.33	1.06	2.16	2.24	2.31	2.4	3.71	3.79	3.87	3.96

续表

角钢型号 B×b×t		单角钢								双角钢							
		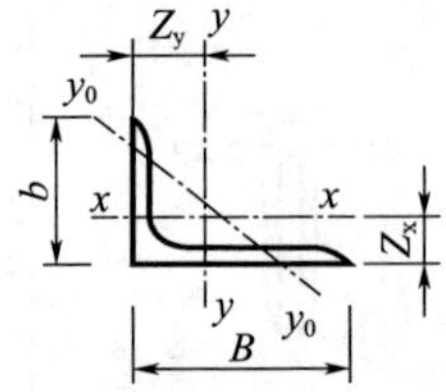												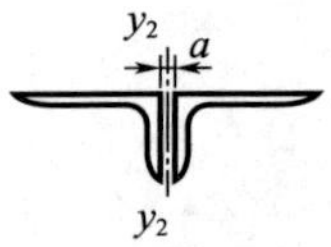			
		圆角	重心矩		截面积	质量	回转半径			i_y，当 a 为下列数值				i_y，当 a 为下列数值			
		R	Z_x	Z_y	A		i_x	i_y	i_{y0}	6mm	8mm	10mm	12mm	6mm	8mm	10mm	12mm
		(mm)			(cm²)	(kg/m)	(cm)			(cm)				(cm)			
L80×50×	5	8	11.4	26.0	6.38	5	1.42	2.57	1.1	2.02	2.09	2.17	2.24	3.88	3.95	4.03	4.1
	6		11.8	26.5	7.56	5.93	1.41	2.55	1.09	2.04	2.11	2.19	2.27	3.9	3.98	4.05	4.13
	7		12.1	26.9	8.72	6.85	1.39	2.54	1.08	2.06	2.13	2.21	2.29	3.92	4	4.08	4.16
	8		12.5	27.3	9.87	7.75	1.38	2.52	1.07	2.08	2.15	2.23	2.31	3.94	4.02	4.1	4.18
L90×56×	5	9	12.5	29.1	7.21	5.66	1.59	2.9	1.23	2.22	2.29	2.36	2.44	4.32	4.39	4.47	4.55
	6		12.9	29.5	8.56	6.72	1.58	2.88	1.22	2.24	2.31	2.39	2.46	4.34	4.42	4.5	4.57
	7		13.3	30.0	9.88	7.76	1.57	2.87	1.22	2.26	2.33	2.41	2.49	4.37	4.44	4.52	4.6
	8		13.6	30.4	11.2	8.78	1.56	2.85	1.21	2.28	2.35	2.43	2.51	4.39	4.47	4.54	4.62
L100×63×	6	10	14.3	32.4	9.62	7.55	1.79	3.21	1.38	2.49	2.56	2.63	2.71	4.77	4.85	4.92	5
	7		14.7	32.8	11.1	8.72	1.78	3.2	1.37	2.51	2.58	2.65	2.73	4.8	4.87	4.95	5.03
	8		15	33.2	12.6	9.88	1.77	3.18	1.37	2.53	2.6	2.67	2.75	4.82	4.9	4.97	5.05
	10		15.8	34	15.5	12.1	1.75	3.15	1.35	2.57	2.64	2.72	2.79	4.86	4.94	5.02	5.1
L100×80×	6	10	19.7	29.5	10.6	8.35	2.4	3.17	1.73	3.31	3.38	3.45	3.52	4.54	4.62	4.69	4.76
	7		20.1	30	12.3	9.66	2.39	3.16	1.71	3.32	3.39	3.47	3.54	4.57	4.64	4.71	4.79
	8		20.5	30.4	13.9	10.9	2.37	3.15	1.71	3.34	3.41	3.49	3.56	4.59	4.66	4.73	4.81
	10		21.3	31.2	17.2	13.5	2.35	3.12	1.69	3.38	3.45	3.53	3.6	4.63	4.7	4.78	4.85
L110×70×	6	10	15.7	35.3	10.6	8.35	2.01	3.54	1.54	2.74	2.81	2.88	2.96	5.21	5.29	5.36	5.44
	7		16.1	35.7	12.3	9.66	2	3.53	1.53	2.76	2.83	2.9	2.98	5.24	5.31	5.39	5.46
	8		16.5	36.2	13.9	10.9	1.98	3.51	1.53	2.78	2.85	2.92	3	5.26	5.34	5.41	5.49
	10		17.2	37	17.2	13.5	1.96	3.48	1.51	2.82	2.89	2.96	3.04	5.3	5.38	5.46	5.53
L125×80×	7	11	18	40.1	14.1	11.1	2.3	4.02	1.76	3.11	3.18	3.25	3.33	5.9	5.97	6.04	6.12
	8		18.4	40.6	16	12.6	2.29	4.01	1.75	3.13	3.2	3.27	3.35	5.92	5.99	6.07	6.14
	10		19.2	41.4	19.7	15.5	2.26	3.98	1.74	3.17	3.24	3.31	3.39	5.96	6.04	6.11	6.19
	12		20	42.2	23.4	18.3	2.24	3.95	1.72	3.21	3.28	3.35	3.43	6	6.08	6.16	6.23

续表

角钢型号 B×b×t		单角钢								双角钢							
		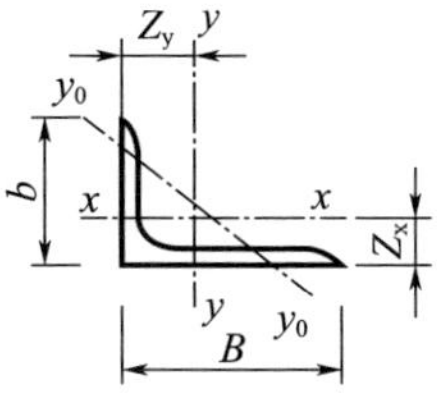												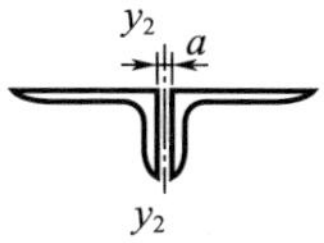			
		圆角	重心矩		截面积	质量	回转半径			i_y，当 a 为下列数值				i_y，当 a 为下列数值			
		R	Z_x	Z_y	A		i_x	i_y	i_{y0}	6mm	8mm	10mm	12mm	6mm	8mm	10mm	12mm
		(mm)			(cm^2)	(kg/m)	(cm)			(cm)				(cm)			
L140×90×	8	12	20.4	45	18	14.2	2.59	4.5	1.98	3.49	3.56	3.63	3.7	6.58	6.65	6.73	6.8
	10		21.2	45.8	22.3	17.5	2.56	4.47	1.96	3.52	3.59	3.66	3.73	6.62	6.7	6.77	6.85
	12		21.9	46.6	26.4	20.7	2.54	4.44	1.95	3.56	3.63	3.7	3.77	6.66	6.74	6.81	6.89
	14		22.7	47.4	30.5	23.9	2.51	4.42	1.94	3.59	3.66	3.74	3.81	6.7	6.78	6.86	6.93
L160×100×	10	13	22.8	52.4	25.3	19.9	2.85	5.14	2.19	3.84	3.91	3.98	4.05	7.55	7.63	7.7	7.78
	12		23.6	53.2	30.1	23.6	2.82	5.11	2.18	3.87	3.94	4.01	4.09	7.6	7.67	7.75	7.82
	14		24.3	54	34.7	27.2	2.8	5.08	2.16	3.91	3.98	4.05	4.12	7.64	7.71	7.79	7.86
	16		25.1	54.8	39.3	30.8	2.77	5.05	2.15	3.94	4.02	4.09	4.16	7.68	7.75	7.83	7.9
L180×110×	10	14	24.4	58.9	28.4	22.3	3.13	8.56	5.78	2.42	4.16	4.23	4.3	4.36	8.49	8.72	8.71
	12		25.2	59.8	33.7	26.5	3.1	8.6	5.75	2.4	4.19	4.33	4.33	4.4	8.53	8.76	8.75
	14		25.9	60.6	39	30.6	3.08	8.64	5.72	2.39	4.23	4.26	4.37	4.44	8.57	8.63	8.79
	16		26.7	61.4	44.1	34.6	3.05	8.68	5.81	2.37	4.26	4.3	4.4	4.47	8.61	8.68	8.84
L200×125×	12	14	28.3	65.4	37.9	29.8	3.57	6.44	2.75	4.75	4.82	4.88	4.95	9.39	9.47	9.54	9.62
	14		29.1	66.2	43.9	34.4	3.54	6.41	2.73	4.78	4.85	4.92	4.99	9.43	9.51	9.58	9.66
	16		29.9	67.8	49.7	39	3.52	6.38	2.71	4.81	4.88	4.95	5.02	9.47	9.55	9.62	9.7
	18		30.6	67	55.5	43.6	3.49	6.35	2.7	4.85	4.92	4.99	5.06	9.51	9.59	9.66	9.74

注：一个角钢的惯性矩 $I_x=Ai_x^2$，$I_y=Ai_y^2$；一个角钢的截面模量 $W_{xmax}=I_x/Z_x$，$W_{xmin}=I_x/(b-Z_x)$；$W_{yax}=I_y Z_y$，$W_{xmin}=I_y(b-Z_y)$。